教育部高职高专规划教材

首届全国机械行业职业教育优秀教材

中国石油和化学工业优秀教材一等奖

工程制图

第六版

胡建生 主 编
刘 爽 副主编
王 瑛 郭会娟
刘学忱 杨英俊 参 编
雷一腾
陈清胜 主 审

化学工业出版社
·北京·

本书针对高职高专教育的特点，强化应用性、实用性技能的训练。本套教材配套资源丰富实用，全部免费提供。包括“工程制图教学软件”和“工程制图解题指导”，其内容、顺序与纸质教材无缝对接，可实现人机互动，完全可以替代教学模型和挂图；“习题答案”和“电子教案”可单独打印，方便教师备课和教学检查；教材和习题集中设置了大量助学的二维码，即扫即得实体动画或习题答案，旨在引发学生的学习兴趣；提供3套Word格式的“模拟试卷、答案及评分标准”供任课教师参考。全面采用在2016年6月颁布实施的最新标准。

本书按70～120学时编写。可作为高职高专院校工科近机类（特别是化工机械）专业的制图课教材，亦可供成人教育工科近机类专业使用或参考。

图书在版编目（CIP）数据

工程制图/胡建生主编. —6版. —北京：化学工业出版社，2017.11（2018.9重印）

教育部高职高专规划教材 首届全国机械行业职业教育优秀教材 中国石油和化学工业优秀教材一等奖

ISBN 978-7-122-30697-5

Ⅰ.①工… Ⅱ.①胡… Ⅲ.①工程制图-高等职业教育-教材 Ⅳ.①TB23

中国版本图书馆CIP数据核字（2017）第238612号

责任编辑：廉 静　　文字编辑：张绪瑞

责任校对：宋 夏　　装帧设计：王晓宇

出版发行：化学工业出版社（北京市东城区青年湖南街13号 邮政编码100011）

印 刷：三河市延风印装有限公司

装 订：三河市宇新装订厂

787mm×1092mm 1/16 印张18¾ 字数462千字 2018年9月北京第6版第2次印刷

购书咨询：010-64518888（传真：010-64519686） 售后服务：010-64518899

网 址：http://www.cip.com.cn

凡购买本书，如有缺损质量问题，本社销售中心负责调换。

定 价：49.00元

第六版前言

《工程制图》(第六版) 主要根据“教育部关于‘十二五’职业教育教材建设的指导意见”的精神，按照立体化教材的建设思路进行修订。与本书配套的《工程制图习题集》(第六版) 也一并修订，同时出版。

本次修订按70～120学时编写。可作为高职高专院校工科近机类 (特别是化工机械) 专业的制图课教材，亦可供成人教育工科近机类专业使用或参考。

在修订过程中着重考虑了以下几点。

(1) 本套教材内容与制图课在培养人才中的作用、地位相适应。教材体系的确立和教学内容的选取，与高职高专工科近机类专业的培养目标和毕业生应具有的基础理论知识适度，与技术应用、知识面较宽的特点相适应。

(2) 针对在校生的实际状况，适当降低纯理论方面的要求，强化应用性、实用性方面技能的训练。大幅缩减了传统的画法几何内容，注重基本内容的介绍，降低学生完成作业的难度，突出读图能力的训练。

(3) 全面贯彻制图国家标准和行业标准。《技术制图》和《机械制图》、《建筑制图》、《电气制图》国家标准是绘制工程图样和制图教学内容的根本依据。教材内容所涉及的行业标准较多，近年来行业标准也进行了较大幅度的调整和更新。凡在2016年6月前颁布实施的制图国家标准和相关行业标准 (如机械行业标准JB/T、化工行业标准HB/T、能源行业标准NB/T等)，全部在教材中予以贯彻，充分体现了本套教材的先进性。

(4) 插图清晰、规范。教材插图中的所有图例，严格按照粗、中、细的线宽比例绘制或重新处理，确保图例清晰、规范。同时，根据编者的教学体会，对一些重点、难点或需提示的内容，进行必要的图示或文字说明，并采用双色印刷，使插图重点突出，既便于教师讲课、辅导，又便于学生自学。

(5) 本套立体化教材配套资源丰富实用，全部免费提供。包括“工程制图教学软件”(约1.47GB)；“习题答案”和“工程制图解题指导”；充分利用互联网+技术，在教材和习题集中设置了大量的“二维码”，即扫即得答案；“电子教案”；“模拟试卷、答案及评分标准”等。

“工程制图教学软件”是助教工具，是根据讲课思路专门为任课教师设计制作的，经过多轮的教学应用，又进一步修改完善。教学软件中的内容与教材一一对应，无缝对接。教学软件最大的优点是可以人机互动，任课教师在教学过程中灵活使用，实现“做中学、做中教”。实践证明，教学软件完全可以替代教学模型和挂图，彻底摒弃黑板、粉笔等传统的教学模式，大大提高讲课效率和教学效果。教学软件具备以下主要功能。

①“死图”变“活图”。将教材中的平面图形，按 1∶1 建立精确的三维实体模型。通过 eDrawings 公共平台，可实现三维实体模型不同角度的观看；六个基本视图和轴测图之间的转换；三维实体模型的剖切；三维实体模型和线条图之间的转换；装配体的爆炸、装配、仿真演示等功能，将教材中的“死图”变成了可由人工控制的“活图”。

② 调用绘图软件边讲边画，实现师生互动。对教材中需要讲解的例题，已预先链接在教学软件中，任课教师可直接调用“CAXA 电子图板 2007”绘图软件，边讲、边画，进行正确与错误的对比分析等，在课堂上实现师生互动，激发学生的学习热情。

③ 讲解习题。根据部分任课教师的要求，编写了教学参考资料《习题答案》。同时，将《习题答案》所有题目全部分解，分别链接在教学软件的相应章节中，以便于教师备课和在课堂上任选题目讲解、答疑，减轻任课教师的教学负担。

④ 调阅教材附录。将教材中的附录按项分解，分别链接在教学软件的相关部位，任课教师可直观地带领学生查阅教材附录。

如需要教学软件，请到化学工业出版社网站：www. cip. com. cn/cbs/electronic/index. htm 免费下载本书的配套资源，下载后请仔细填写“下载必读”中的 readme 文件并返还化学工业出版社，出版社核实后会将解压密码发送给您。

(6) 根据在校生的实际状况，在教材中对不易理解的一些例题，配置了 110 个三维实体模型，以二维码的形式呈现给学生，有利于学生及时理解课堂上讲授的内容。配套的《工程制图习题集》中，除了选择题、判断题等比较简单的题目外，凡是需要学生动手绘图的题目（占 75%）都配有二维码。二维码是助学工具，学生在完成练习题时，通过扫描二维码，即可看到解题步骤或答案。此举可有效地引发学生的学习兴趣，减轻学生的学习负担。

(7) 与《工程制图习题集》配套的“工程制图解题指导”，是既助教又助学的工具。其内容包含第二章～第十二章各习题的三维实体模型，所有功能均可人工操控。解题指导中的所有电子文件（三维模型），以开放式、免费提供给任课教师，WinXP、Win7、Win10 等系统均不需安装，打开解题指导文件夹即可方便地应用。

(8) 提供电子教案。将“工程制图教学软件”PDF 格式的全部内容作为电子教案，供任课教师（用彩喷）打印，方便教师备课和教学检查。

(9) 提供 3 套 Word 格式的“模拟试卷”、“试卷答案”及“评分标准”供任课教师参考。任课教师出考题时，既可以直接使用，也可以根据本校不同专业的要求，修改使用。

所有配套资源都在教学软件文件夹中。教材由“工程制图教学软件”支撑，配套习题集由“工程制图解题指导”和习题答案支撑，进而形成一套完整的《工程制图》立体化教材，为改变传统的教学模式，把教师的传授、教师与学生的交流、学生的自学、学生之间的交流放置到一个立体化的教学系统中，为减轻教与学的负担创造了条件。

参加编写的有：胡建生（编写绪论、第一章、第三章、第四章），王瑛（编写第二章、第五章），郭会娟（编写第六章、第十章），刘学忱（编写第七章、第九章），杨英俊（编写第八章、第十三章），刘爽（编写第十一章、第十二章），雷一腾（编写附录）。全书由胡建生教授统稿。“工程制图教学软件”由胡建生、曾红、刘爽、王瑛、郭会娟、刘学忱、杨英俊、雷一腾设计制作。

本书由陈清胜教授主审。参加审稿的有史彦敏教授、王芳副教授、陈林玲高级工程师、张玉成副教授。参加审稿的各位老师对书稿进行了认真、细致的审查，提出了许多宝贵意见和修改建议，在此表示衷心感谢。

由于编者的水平有限，书中难免仍有错漏之处，欢迎广大读者特别是任课教师提出意见或建议，并及时反馈给我们（主编QQ：1075185975，责任编辑QQ：704686202）。

编　者

目　　录

绪　　论

一、图样及其在生产中的作用

根据投影原理、制图标准或有关规定，表示工程对象并有必要技术说明的图，称为图样。

人类在近代生产活动中，无论是机器的设计、制造、维修，还是机电、冶金、化工、航空航天、汽车、船舶、桥梁、土木建筑、电气等工程的设计与施工，都必须依赖工程图样才能进行。不同性质的生产部门所使用的工程图样，有不同的要求和名称，如机械图样、建筑图样、电气图样、化工图样等。

工程图样是设计、制造、使用和技术交流的重要技术文件，它不仅是生产或施工的依据，也是工程技术人员表达设计意图和交流技术思想的工具，被公认为工程技术界的“语言”。

二、本课程的主要任务

工程制图是一门研究如何绘制和阅读工程图样的技术基础课。本课程的主要任务是培养学生具有画图和读图的能力。

① 掌握正投影法的基本理论及其应用，培养学生的空间想象和思维能力。

② 培养学生具有绘制和阅读工程图样的基本能力，为后续学习计算机绘图和专业知识奠定基础。

③ 学习制图国家标准及相关的行业标准，初步具有查阅标准和技术资料的能力。

④ 使学生能够正确、熟练地使用常用的绘图工具，具有较强的徒手画图能力。

⑤ 培养认真负责的工作态度和一丝不苟的工作作风。

三、学习本课程的注意事项

本课程是一门既有理论又注重实践的课程，学习时应注意以下几点。

① 在听课和复习过程中，要重点掌握正投影法的基本理论和基本方法，学习时不能死记硬背，要通过由空间到平面、由平面到空间的一系列循序渐进的练习，不断提高空间思维能力和表达能力。

② 本课程的特点是实践性较强，其主要内容需要通过一系列的练习和作业才能掌握。因此，及时完成规定的练习和作业，是学好本课程的重要环节。只有通过反复实践，才能不断提高画图与读图的能力。

③ 要重视学习和严格遵守制图方面的国家标准和行业标准，对常用的标准应该牢记并能熟练地运用。

四、我国工程图学发展简史

中国是世界上文明古国之一，在工程图学方面有着悠久的历史。在天文图、地理图、建筑图、机械图等方面都有过杰出的成就，既有文字记载，也有实物考证，得到举世公认。

两千多年前，我国已有记载的图样史料。如春秋时代的一部技术经典著作《周礼考工记》

中，已有画图工具“规”“矩”“绳”“墨”“悬”“水”的记载。以后各朝代都有相应的发展，在当时的一些著作中均有记载。如公元 1100 年宋代李诚所著的《营造法式》中，不仅有轴测图，还有许多采用正投影法绘制的图样，其中有建筑立面图、平面图和详图等。这充分说明，在九百多年前，我国的工程制图技术已达到很高的水平。

在中华人民共和国成立前，由于我国处在半封建、半殖民地社会，工业和科学技术发展缓慢，没有中国自己的标准，德、美、法、日等外国标准均有使用，非常混乱，致使工程图学停滞不前。

中华人民共和国成立后，工农业生产得到很快恢复和发展，建立了自己的工业体系，结束了旧中国遗留下来的混乱局面，为我国的科学技术和文化教育事业开辟了广阔的前景，工程图学也得到了前所未有的发展。

国家十分重视标准化工作，把标准化作为一项重要的技术经济政策。1956年原第一机械工业部颁布了第一个部颁标准《机械制图》，结束了中华人民共和国成立前遗留下来的机械制图的混乱局面。1959 年国家科学技术委员会颁布了第一个国家标准《机械制图》，在全国范围内统一了工程图样的表达方法，标志着我国工程图学进入了一个新的阶段。

随着我国工业技术的发展，自行设计和制造的水平不断提高，对技术规定要不断修改和完善，先后于 1970 年、1974 年修订了国家标准《机械制图》。1978 年我国正式加入国际标准化组织 ISO。为了更好地进行国际技术交流和进一步提高标准化水平，我国明确提出采用 ISO 标准并贯彻于技术领域各个环节的要求。1984 年又重新修订并颁布了含有十七项内容的《机械制图》国家标准。

20 世纪 80 年代末期，我国也开始遵循 ISO 的准则，陆续将需要统一的制图基础通用标准订为技术制图标准，并与国际标准取得一致，以统一和促进工程技术语言在各个技术领域中的发展。自 1988 年起，我国已开始制订和发布了技术制图方面的国家标准，同时陆续发布了一系列机械制图、建筑制图、电气制图等专业制图国家标准，使我国的制图标准体系达到了国际先进水平，对工程制图及工业生产起了极大的促进作用。

随着计算机技术的飞速发展，有力地推动了制图技术的自动化。计算机绘图是利用计算机及绘图软件，对图样进行绘制、编辑、输出及图库管理的一种方法和技术。与传统的手工绘图相比，计算机绘图具有效率高、速度快、创新迅速、绘图精确等特点，因此在机械、航空航天、船舶、建筑、电子、气象和管理等领域得到了广泛应用，必将进一步促进工程图学理论和技术的发展。

第一章　制图的基本知识和技能

教学提示

① 熟悉国家标准《技术制图》与《机械制图》中有关图纸幅面和格式、比例、字体、图线及尺寸标注等基本规定。

② 掌握几何作图方法。在绘制平面图形的过程中，能正确地进行线段分析，掌握正确的绘图步骤。基本做到绘制出的图样布局合理、线型均匀、字体工整、图面整洁，各项内容基本符合国家标准的要求。

③ 基本掌握手工绘图技术，能正确地绘制尺规图和草图。

第一节　制图国家标准简介

图样作为技术交流的共同语言，必须有统一的规范，否则会带来生产过程和技术交流中的混乱和障碍。国家质量监督检验检疫总局发布了《技术制图》和《机械制图》《建筑制图》《电气制图》等一系列制图国家标准。国家标准《技术制图》是一项基础技术标准，在技术内容上具有统一性、通用性和通则性，在制图标准体系中处于最高层次。国家标准《机械制图》《建筑制图》《电气制图》等是专业制图标准，是按照专业要求进行补充，其技术内容是专业性和具体性的。它们都是绘制与使用工程图样的准绳。

在标准代号“GB/T 14689—2008”中，GB/T 为推荐性国家标准代号，一般简称“国标”。G 是“国家”一词汉语拼音的第一个字母，B 是“标准”一词汉语拼音的第一个字母，T 是“推”字汉语拼音的第一个字母。14689 表示标准编号，2008 表示该标准发布的年号。

> 提示：国家标准规定，机械图样中的尺寸以毫米为单位时，不需标注单位符号（或名称）。如采用其他单位，则必须注明相应的单位符号。本书文字叙述和图例中的尺寸单位均为毫米，未标出（注）。

一、图纸幅面和格式（GB/T 14689—2008）

1. 图纸幅面

图纸宽度与长度组成的图面，称为图纸幅面。基本幅面共有五种，其代号由“A”和相应的幅面号组成，如表 1-1 所示。基本幅面的尺寸关系如图 1-1 所示，绘图时优先采用表 1-1 中的基本幅面。

表 1-1　基本幅面　　mm

<table>
<tr><th>幅面代号</th><th>A0</th><th>A1</th><th>A2</th><th>A3</th><th>A4</th></tr>
<tr><td>（短边×长边）B×L</td><td>841×1189</td><td>594×841</td><td>420×594</td><td>297×420</td><td>210×297</td></tr>
<tr><td>（无装订边的留边宽度）e</td><td colspan="2">20</td><td colspan="3">10</td></tr>
<tr><td>（有装订边的留边宽度）c</td><td colspan="3">10</td><td colspan="2">5</td></tr>
<tr><td>（装订边的宽度）a</td><td colspan="5">25</td></tr>
</table>

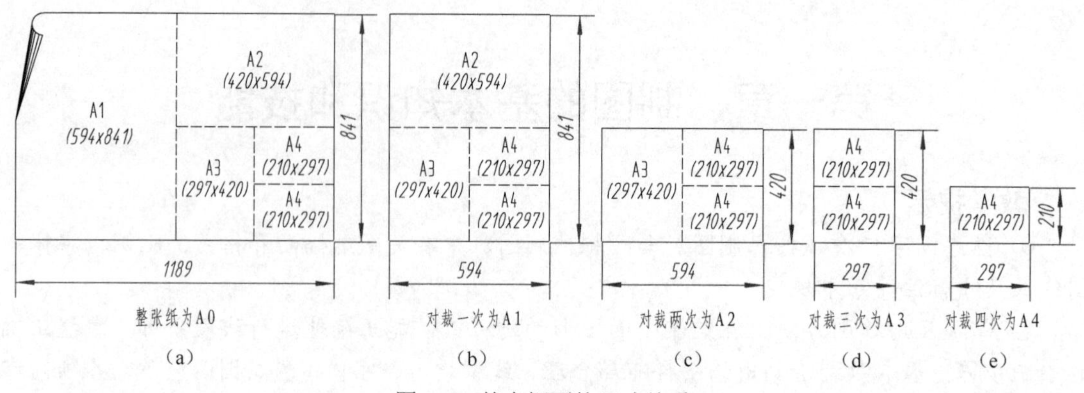

图 1-1　基本幅面的尺寸关系

幅面代号的几何含义，实际上就是对 0 号幅面的对开次数。如 A1 中的“1”，表示将全张纸（A0 幅面）长边对折裁切一次所得的幅面；A4 中的“4”，表示将全张纸长边对折裁切四次所得的幅面。

必要时，允许选用加长幅面，但加长后幅面的尺寸，必须是由基本幅面的短边成整数倍增加后得出。

2. 图框格式

图框是图纸上限定绘图区域的线框，如图 1-2、图 1-3 所示。在图纸上必须用粗实线画出图框，其格式分为不留装订边和留装订边两种，但同一产品的图样只能采用一种格式。

不留装订边的图纸，其图框格式如图 1-2 所示，留有装订边的图纸，其图框格式如图 1-3 所示，其尺寸按表 1-1 的规定。

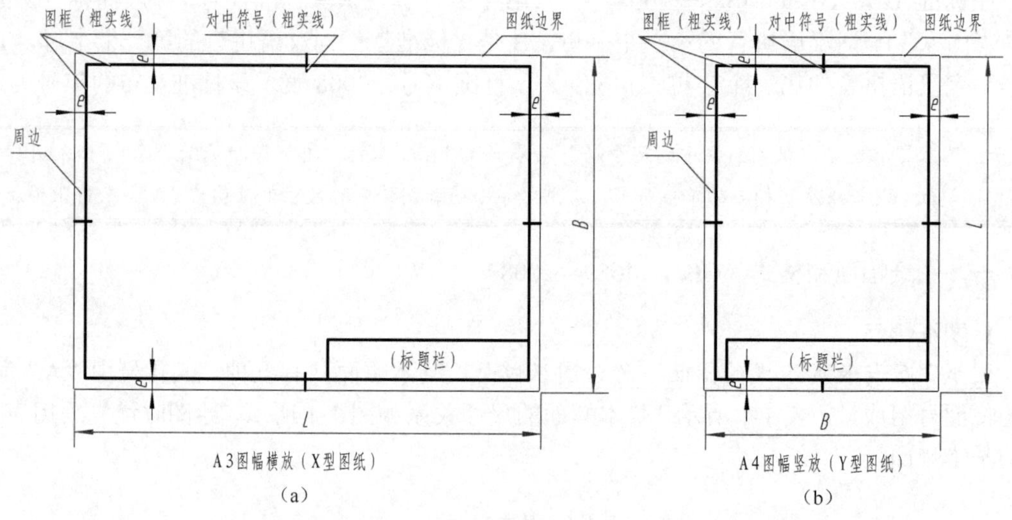

图 1-2　不留装订边的图框格式

3. 标题栏及方位

每张图样都必须画出标题栏。绘制工程图样时，国家标准规定的标题栏格式和尺寸应按 GB/T 10609.1—2008《技术制图　标题栏》中的规定绘制。在学校的制图作业中，为了简化作图，建议采用图 1-4 所示的简化标题栏。填写标题栏时，小格中的内容用 3.5 号字，大格中的内容用 5 号字；明细栏项目栏中的文字用 5 号字，表中的内容用 3.5 号字。

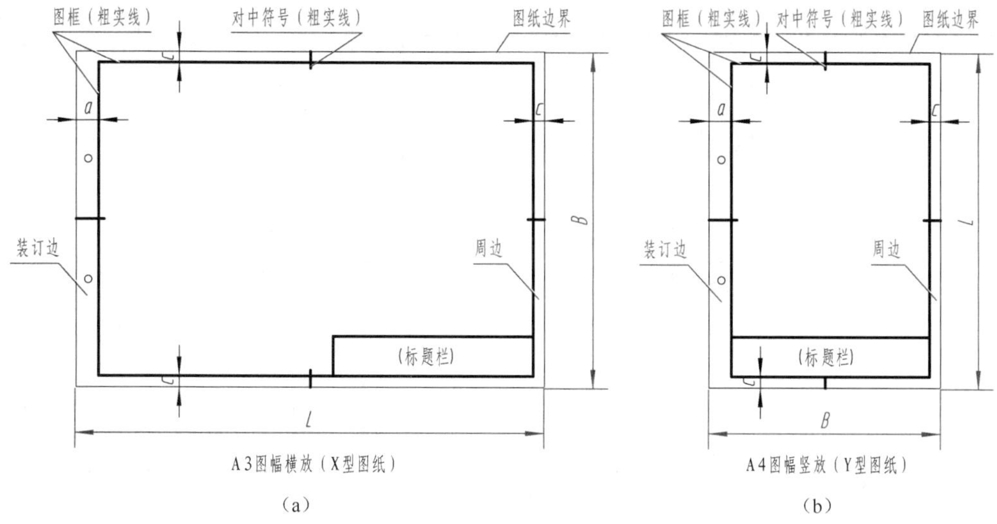

(a)　(b)

图 1-3　留有装订边的图框格式

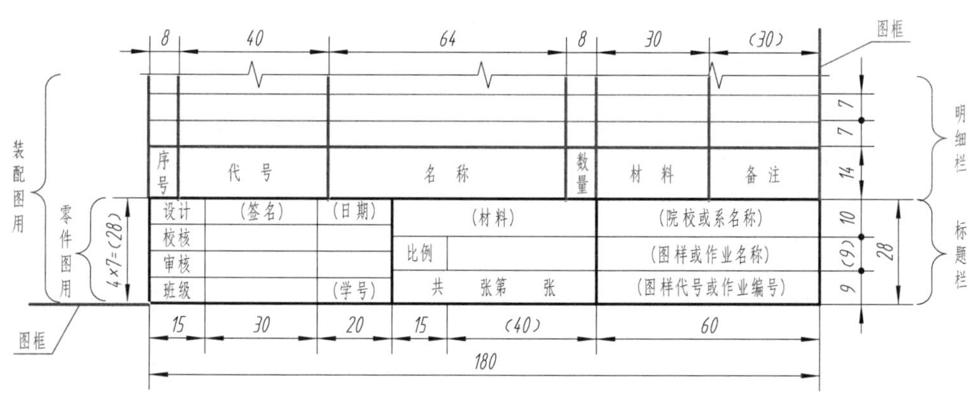

图 1-4　简化标题栏和明细栏的格式

标题栏一般应置于图样的右下角。若标题栏的长边置于水平方向并与图纸的长边平行时，则构成 X 型图纸，如图 1-2（a）、图 1-3（a）所示；若标题栏的长边与图纸的长边垂直时，则构成 Y 型图纸，如图 1-2（b）、图 1-3（b）所示。在此情况下，标题栏中的文字方向为看图方向。

为了利用预先印制的图纸，允许将 X 型图纸的短边置于水平位置使用；或将 Y 型图纸的长边置于水平位置使用，如图 1-5 所示。

4. 附加符号

（1）对中符号　为了使图样复制和缩微摄影时定位方便，对基本幅面的各号图纸，均应在图纸各边长的中点处，分别画出对中符号。对中符号用粗实线绘制，线宽不小于 0.5mm，长度从纸边界开始伸入图框内约 5mm，如图 1-5 所示。当对中符号处在标题栏范围内时，则伸入标题栏部分省略不画，如图 1-5（b）所示。

（2）方向符号　当 X 型图纸竖放或 Y 型图纸横放时，为了明确绘图与看图时的方向，应在图纸的下边对中符号处画出一个方向符号，如图 1-5 所示。

方向符号是用细实线绘制的等边三角形，其大小和所处的位置如图 1-6 所示。

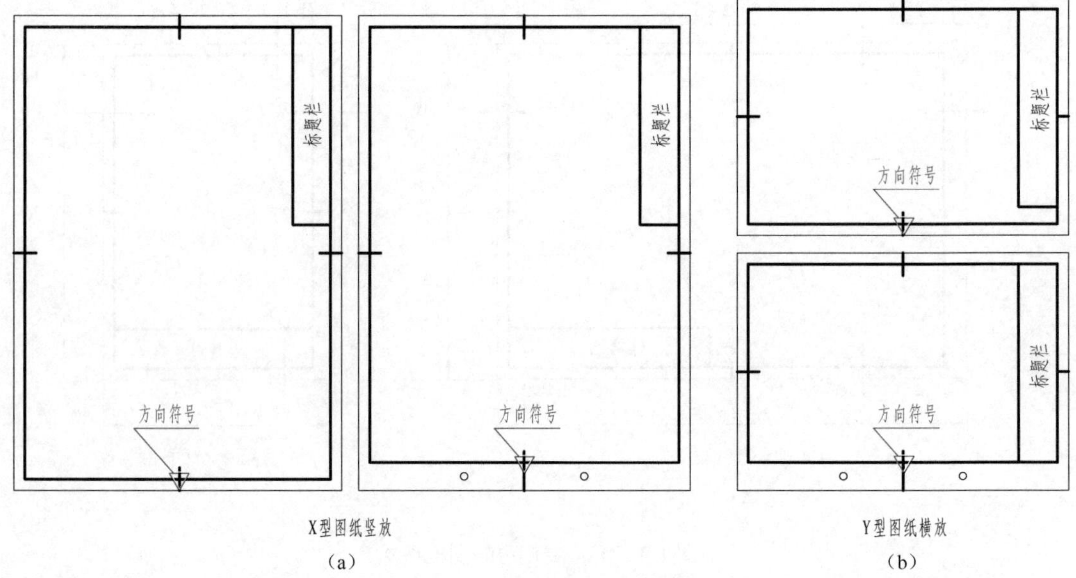

图 1-5　预先印制图纸的摆放方法

二、比例（GB/T 14690—1993）

图中图形与其实物相应要素的线性尺寸之比，称为比例。简单说来，就是“图：物”。绘图比例可以随便确定吗？当然不行。

绘制图样时，应由表 1-2“优先选择系列”中选取适当的绘图比例。必要时，从表 1-2“允许选择系列”中选取。为了直接反映出实物的大小，绘图时应尽量采用原值比例。

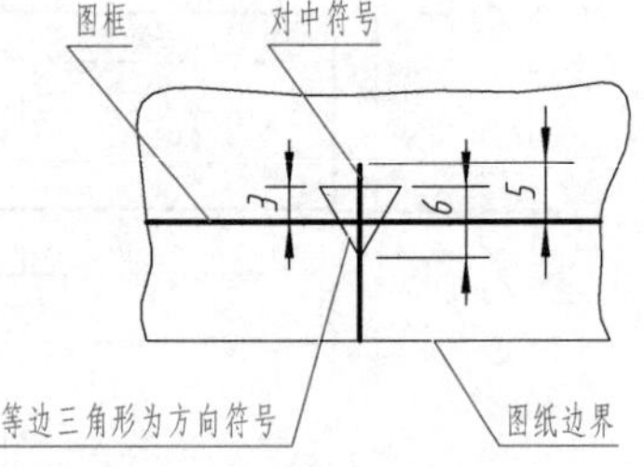

图 1-6　方向符号的画法

比例符号用“：”表示，其表示方法为 1：1、1：2、5：1 等。比例一般应标注在标题栏中的“比例”栏内。不论采用何种比例，图中所标注的尺寸数值必须是实物的实际大小，与图形的绘图比例无关，如图 1-7 所示。

表 1-2　比例系列

种类	定义	优先选择系列	允许选择系列
原值比例	比值为 1 的比例	1：1	—
放大比例	比值大于 1 的比例	5：1　2：1 5×10^n：1　2×10^n：1　1×10^n：1	4：1　2.5：1 4×10^n：1　2.5×10^n：1
缩小比例	比值小于 1 的比例	1：2　1：5　1：10 1：2×10^n　1：5×10^n　1：1×10^n	1：1.5　1：2.5　1：3　1：4　1：6 1：1.5×10^n　1：2.5×10^n　1：3×10^n 1：4×10^n　1：6×10^n

注：n 为正整数。

三、字体（GB/T 14691—1993）

1. 基本规定

① 在图样中书写的汉字、数字和字母，要尽量做到“字体工整、笔画清楚、间隔均匀、排列整齐”。

② 字体高度（用 h 表示）代表字体的号数。字体高度的公称尺寸系列为：1.8mm，2.5mm，3.5mm，5mm，7mm，10mm，14mm，20mm。若要书写更大的字，其字体高度应按 $\sqrt{2}$ 的比率递增。

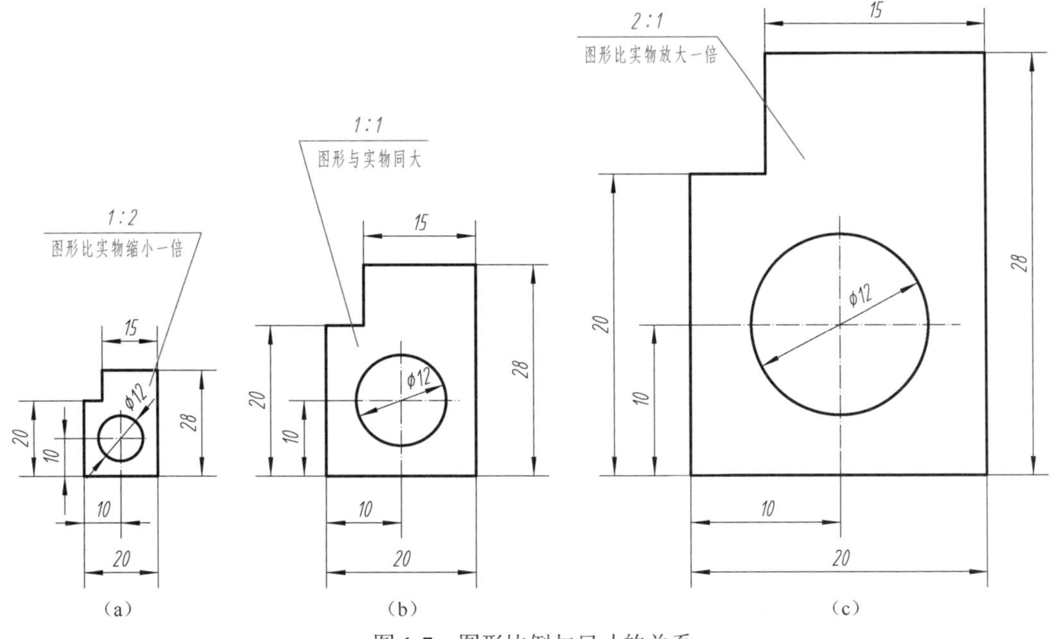

图 1-7　图形比例与尺寸的关系

③ 汉字应写成长仿宋体字，并应采用国家正式公布的简化字。汉字的高度 h 不应小于 3.5，其字宽一般为 $h/\sqrt{2}$。书写长仿宋体字的要领是：横平竖直、注意起落、结构匀称、填满方格。

④ 字母和数字分 A 型和 B 型。A 型字体的笔画宽度（d）为字高（h）的 1/14，B 型字体的笔画宽度（d）为字高（h）的 1/10。在同一张图样上，只允许选用一种型式的字体。

⑤ 字母和数字可写成斜体或直体。斜体字字头向右倾斜，与水平线成 75°。

提示：用计算机绘制机械图样时，汉字、数字、字母（除表示变量外）一般以直体输出。

2. **字体示例**

汉字、数字和字母的示例，见表 1-3。

表 1-3　字体示例

字体		示　　例
长仿宋体汉字	5 号	学好工程制图，培养和发展空间想象能力
	3.5 号	计算机绘图是工程技术人员必须具备的技能之一
拉丁字母	大写	ABCDEFGHIJKLMNOPQRSTUVWXYZ *ABCDEFGHIJKLMNOPQRSTUVWXYZ*
	小写	abcdefghijklmnopqrstuvwxyz *abcdefghijklmnopqrstuvwxyz*
阿拉伯数字	直体	0123456789
	斜体	*0123456789*

续表

字体		示　　例
罗马数字	直体	Ⅰ Ⅱ Ⅲ Ⅳ Ⅴ Ⅵ Ⅶ Ⅷ Ⅸ Ⅹ
	斜体	*Ⅰ Ⅱ Ⅲ Ⅳ Ⅴ Ⅵ Ⅶ Ⅷ Ⅸ Ⅹ*
字体应用示例		10JS5（±0.003） M24 φ35 *R*8 10^3 S^{-1} 5% D_1 T_d 380 kPa m/kg $\phi20^{+0.010}_{-0.023}$ $\phi25\frac{H6}{f5}$ $\frac{II}{1:2}$ $\frac{3}{5}$ $\frac{A}{5:1}$ √Ra 6.3 460r/min 220V l/mm

四、图线（GB/T 4457.4—2002）

图中所采用各种型式的线，称为图线。图线是组成图形的基本要素，由点、短间隔、画、长画、间隔等线素构成。国家标准 GB/T 4457.4—2002《机械制图　图样画法　图线》规定了常用的 9 种图线，其名称、型式、线宽见表 1-4。图线的应用示例如图 1-8 所示。

表 1-4　线型及应用

名称	线　型	线宽	一 般 应 用
粗实线	 d	*d*	可见棱边线、可见轮廓线、相贯线、螺纹牙顶线、螺纹终止线、齿顶圆（线）、表格图和流程图中的主要表示线、系统结构线（金属结构工程）、模样分型线、剖切符号用线
细实线		*d*/2	过渡线、尺寸线、尺寸界线、指引线和基准线、剖面线、重合断面的轮廓线、短中心线、螺纹牙底线、尺寸线的起止线、表示平面的对角线、零件成形前的弯折线、范围线及分界线、重复要素表示线、锥形结构的基面位置线、叠片结构位置线、辅助线、不连续同一表面连线、成规律分布的相同要素连线、投射线、网格线
细虚线	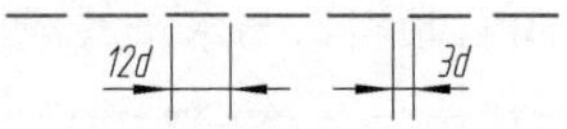 12d　3d	*d*/2	不可见棱边线、不可见轮廓线
细点画线	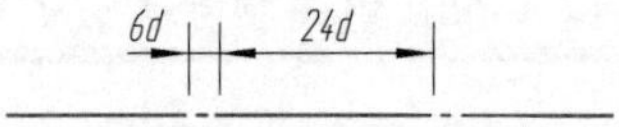 6d　24d	*d*/2	轴线、对称中心线、分度圆（线）、孔系分布的中心线、剖切线
波浪线		*d*/2	断裂处边界线、视图与剖视图的分界线
双折线	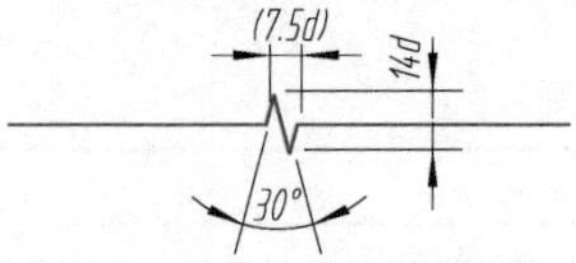 (7.5d)　14d　30°	*d*/2	
粗虚线		*d*	允许表面处理的表示线
粗点画线		*d*	限定范围表示线
细双点画线	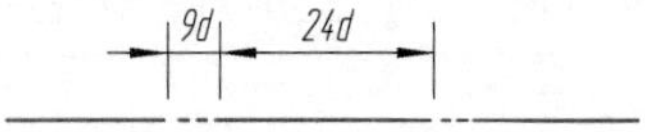 9d　24d	*d*/2	相邻辅助零件的轮廓线、可动零件的极限位置的轮廓线、重心线、成形前轮廓线、剖切面前的结构轮廓线、轨迹线、毛坯图中制成品的轮廓线、特定区域线、延伸公差带表示线、工艺用结构的轮廓线、中断线

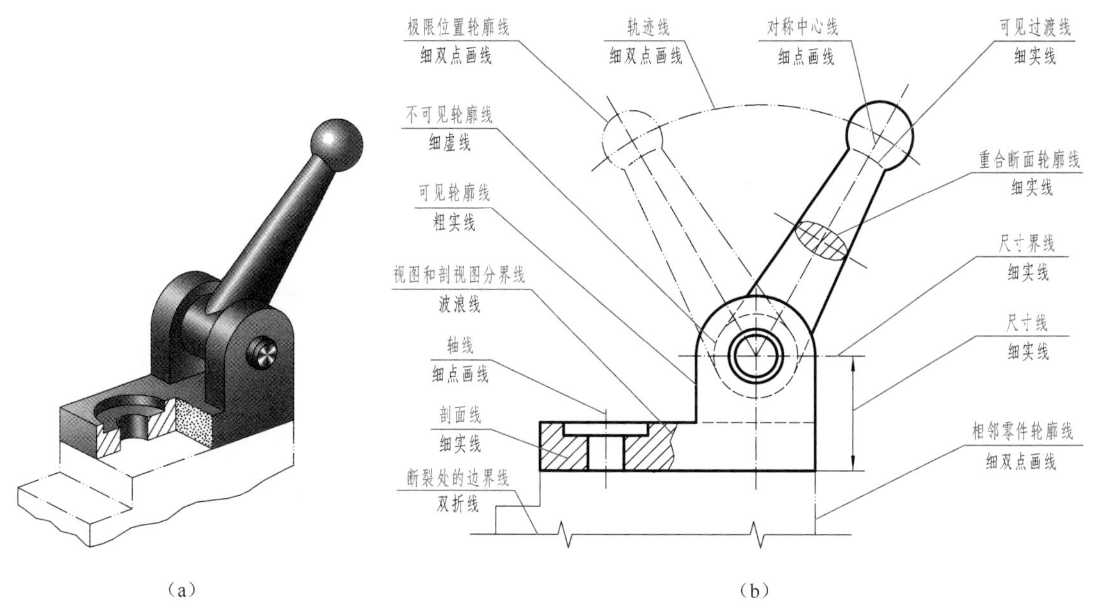

（a）　（b）

图 1-8　图线的应用示例

在机械图样中采用粗、细两种线宽，它们之间的线宽比为 2∶1。图线的宽度应按图样的类型和大小，在 0.13mm、0.18mm、0.25mm、0.35mm、0.5mm、0.7mm、1.0mm、1.4mm、2mm 数系中选取。即粗实线（包括粗虚线、粗点画线）线宽为 0.7mm 时，细实线、波浪线、双折线、细虚线、细点画线、细双点画线的线宽为 0.35mm，这也是优先采用的图线组别。

手工绘图时，同类图线的宽度应基本一致。细（粗）虚线、细（粗）点画线及细双点画线的线段长度和间隔应各自大致相等。当两条以上不同类型的图线重合时，应遵守以下优先顺序：

可见轮廓线和棱线（粗实线）→不可见轮廓线和棱线（细虚线）→剖切线（细点画线）→轴线和对称中心线（细点画线）→假想轮廓线（细双点画线）→尺寸界线和分界线（细实线）。

在手工绘图时，图线的首、末两端应是“画”，不应是“点”；细虚线与细虚线、细点画线与细点画线相交时，都应以“画”相交，而不应该是“点”或“间隔”相交；细虚线是粗实线的延长线（或细虚线圆弧与粗实线相切）时，细虚线应留出间隔，如图 1-9 所示。图线画法的正误对比，如图 1-10 所示。

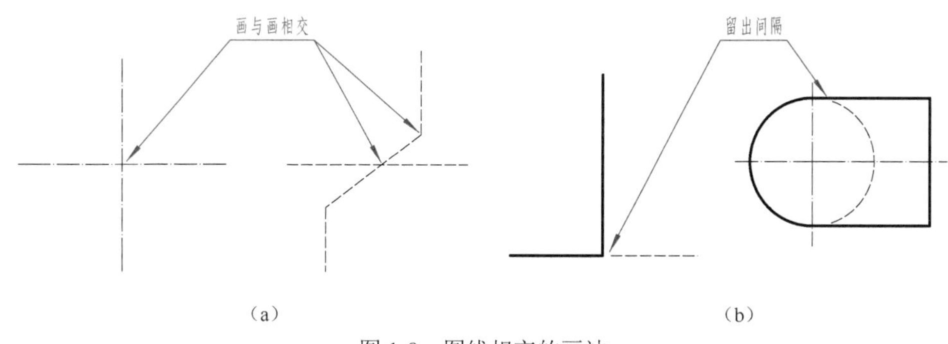

（a）　（b）

图 1-9　图线相交的画法

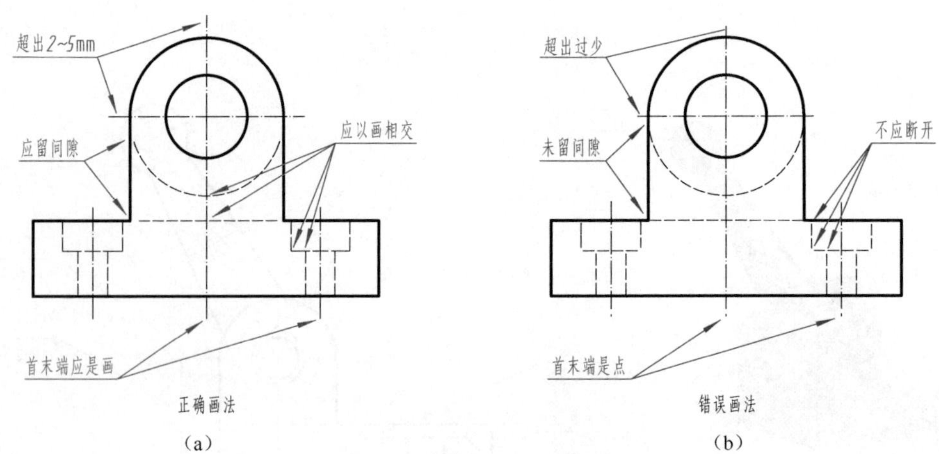

图 1-10　图线画法的正误对比

画圆的对称中心线时，圆心应是画的交点，细点画线的两端应超出轮廓线 2～5mm，如图 1-10（a）所示；当圆的图形较小（直径小于 12mm）时，允许用细实线代替细点画线，如图 1-11 所示。

第二节　标注尺寸的基本规则

图样中的尺寸，是加工制造零件的主要依据。如果尺寸标注错误、不完整或不合理，将给生产带来困难，甚至生产出废品而造成浪费。本节只介绍国家标准关于尺寸注法的基本要求，其他内容将在以后章节中逐步介绍。

一、基本规则（GB/T 4458.4—2003）

尺寸是用特定长度或角度单位表示的数值，并在技术图样上用图线、符号和技术要求表示出来。标注尺寸的基本规则如下：

① 零件的真实大小应以图样上所注的尺寸数值为依据，与图形的大小及绘图的准确度无关。

② 图样中所标注的尺寸，为该图样所示零件的最后完工尺寸，否则应另加说明。

③ 零件的每一尺寸，一般只标注一次，并应标注在反映该结构最清晰的图形上。

二、尺寸的构成

每个完整的尺寸，一般由尺寸界线、尺寸线和尺寸数字组成，通常称为尺寸三要素，如图 1-11 所示。

1. 尺寸界线

尺寸界线表示尺寸的度量范围。尺寸界线用细实线绘制，由图形的轮廓线、轴线或对称中心线处引出，也可利用这些线作为尺寸界线。尺寸界线一般应与尺寸线垂直，且超过尺寸线箭头 2～5mm。必要时也允许倾斜，如图 1-12 所示。

2. 尺寸线

尺寸线表示尺寸的度量方向。尺寸线必须用细实线绘制，而不能用图中的任何图线来代

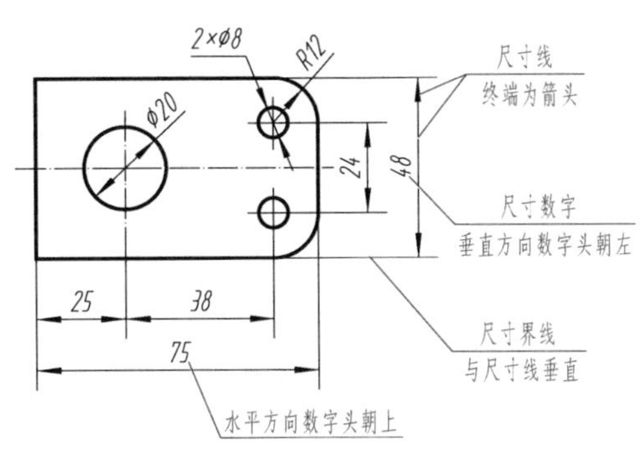

图 1-11 尺寸三要素

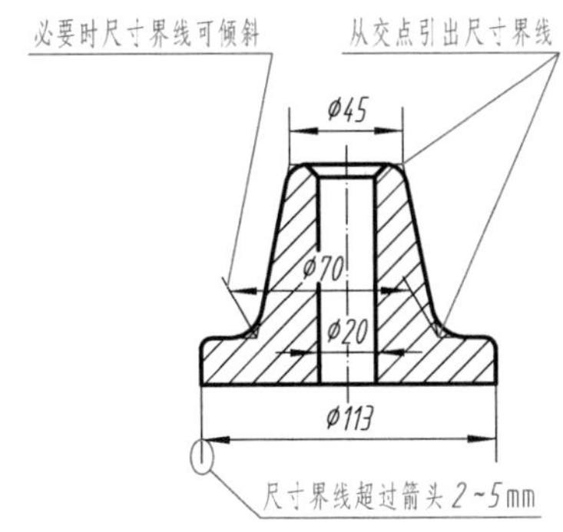

图 1-12 尺寸界线的画法

替，也不得画在其他图线的延长线上。

线性尺寸的尺寸线应与所标注的线段平行；尺寸线与尺寸线之间、尺寸线与尺寸界线之间应尽量避免相交。因此，在标注尺寸时，应将小尺寸放在里面，大尺寸放在外面，如图 1-13 所示。

在机械图样中，尺寸线终端一般采用箭头的形式，箭头的画法如图 1-14 所示。

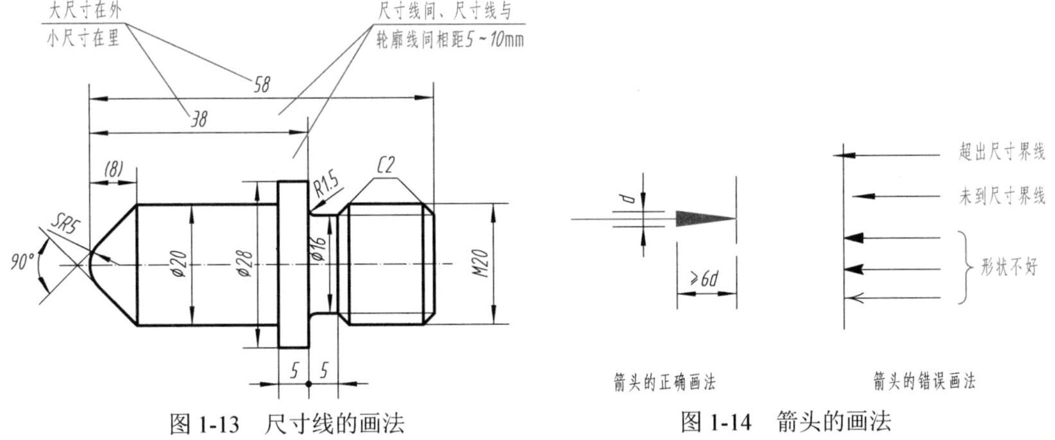

图 1-13 尺寸线的画法

图 1-14 箭头的画法

3. 尺寸数字

尺寸数字表示零件的实际大小，一般用 3.5 号标准字体书写。线性尺寸的尺寸数字，一般应填写在尺寸线的上方或中断处，如图 1-15（a）所示。

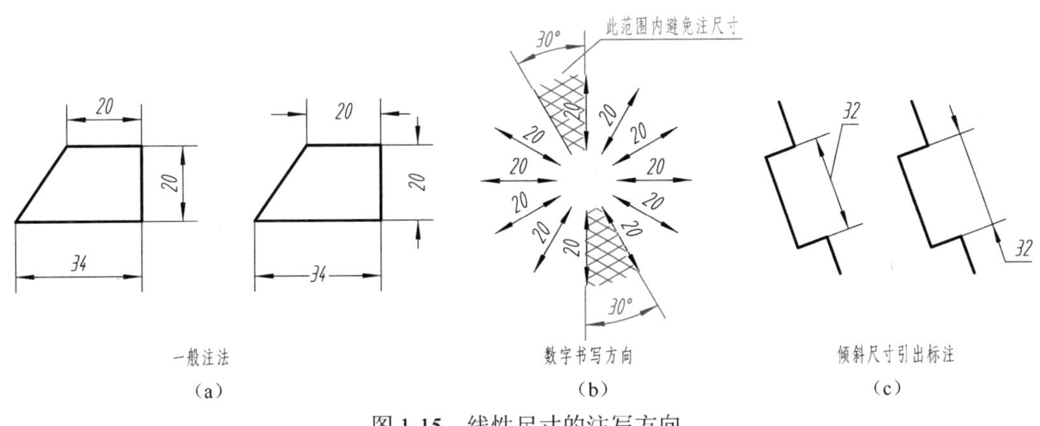

图 1-15 线性尺寸的注写方向

线性尺寸数字的书写应遵循：水平书写方向字头朝上、竖直方向字头朝左（倾斜方向要有向上的趋势），并应尽量避免在30°（网格线）范围内标注尺寸，如图1-15（b）所示；当无法避免时，可采用引出线的形式标注，如图1-15（c）所示。

尺寸数字不允许被任何图线所通过，当不可避免时，必须将图线断开，如图1-16所示。

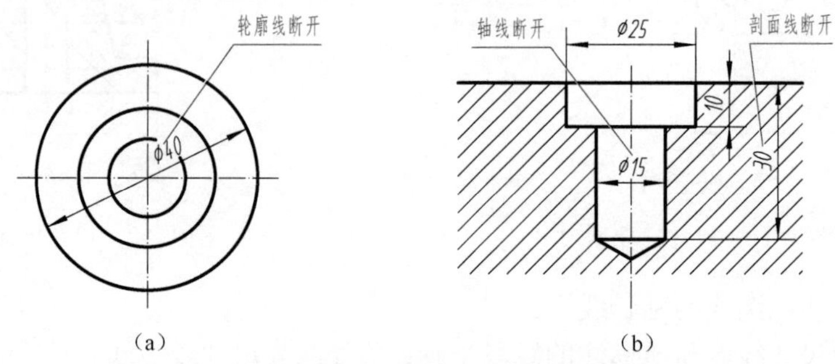

图1-16　任何图线不能通过尺寸数字

三、常用的尺寸注法

1. 圆、圆弧及球面尺寸的注法

① 标注整圆的直径尺寸时，以圆周为尺寸界线，尺寸线通过圆心，并在尺寸数字前加注直径符号“ϕ”，如图1-17（a）所示。标注大于半圆的圆弧直径，其尺寸线应画至略超过圆心，只在尺寸线一端画箭头指向圆弧，如图1-17（b）所示。

② 标注小于或等于半圆的圆弧半径时，尺寸线应以圆心出发引向圆弧，只画一个箭头，并在尺寸数字前加注半径符号“R”，且尺寸线必须通过圆心，如图1-17（c）所示。

③ 当圆弧的半径过大或在图纸范围内无法标出圆心位置时，可采用折线的形式标注，如图1-17（d）所示。当不需标出圆心位置时，则尺寸线只画靠近箭头的一段，如图1-17（e）所示。

④ 标注球面的直径或半径时，应在尺寸数字前加注球直径符号“$S\phi$”或球半径符号“SR”，如图1-17（f）所示。

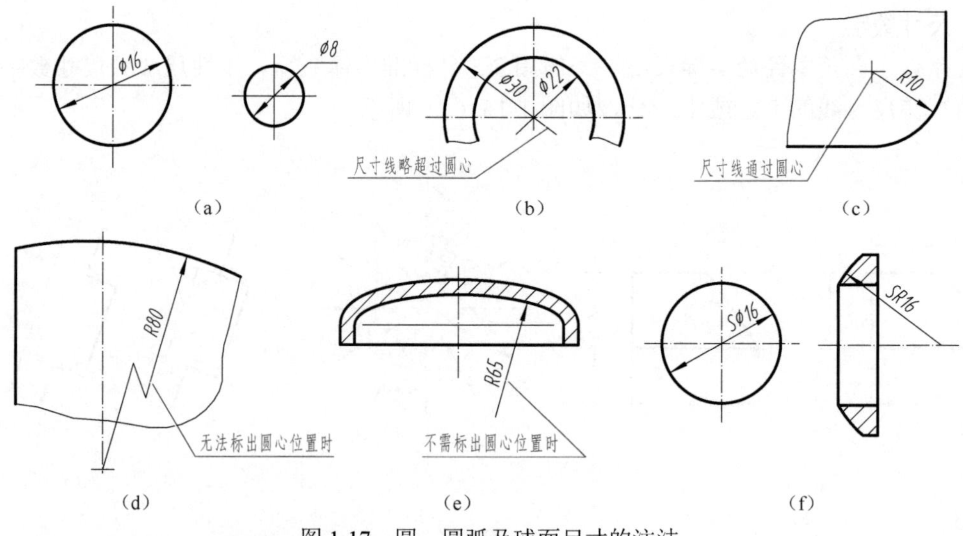

图1-17　圆、圆弧及球面尺寸的注法

2. 小尺寸的注法

标注一连串的小尺寸时，可用小圆点代替箭头，但最外两端箭头仍应画出。当直径或半径尺寸较小时，箭头和数字都可以布置在外面，如图 1-18 所示。

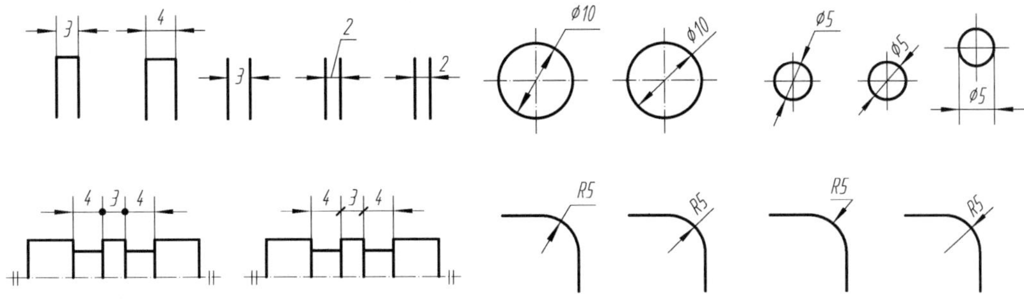

图 1-18　小尺寸的注法

3. 角度尺寸注法

标注角度尺寸的尺寸界线，应沿径向引出，尺寸线是以角度顶点为圆心的圆弧。角度的数字，一律写成水平方向，角度尺寸一般注在尺寸线的中断处，如图 1-19（a）所示。必要时可以写在尺寸线的上方或外面，也可引出标注，如图 1-19（b）所示。

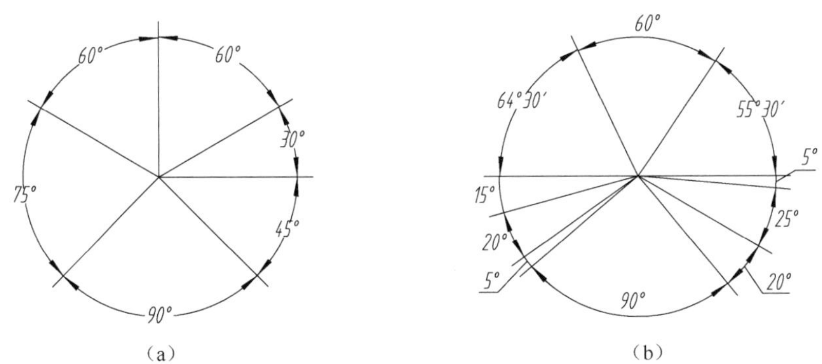

（a）　（b）

图 1-19　角度尺寸的标注

4. 对称图形的尺寸注法

对于对称图形，应把尺寸标注为对称分布，如图 1-20（a）中的尺寸 22、14；当对称图形只画出一半或略大于一半时，尺寸线应略超过对称中心线或断裂处的边界线，此时仅在尺寸线的一端画出箭头，如图 1-20（a）中的尺寸 36、44、ϕ10。

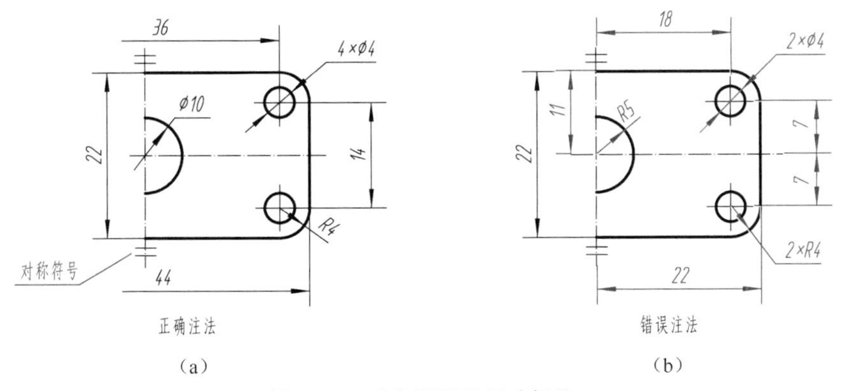

（a）　（b）

图 1-20　对称图形的尺寸标注

四、尺寸的简化注法（GB/T 16675.2—2012）

1. 常用的符号和缩写词

标注尺寸时，应尽可能使用符号和缩写词。常用的符号和缩写词见表 1-5。

表 1-5　常用的符号和缩写词

名　称	符号和缩写词	名　称	符号和缩写词	名　称	符号和缩写词
直径	ϕ	厚度	t	沉孔或锪平	⌴
半径	R	正方形	□	埋头孔	⌵
球直径	$S\phi$	45°倒角	C	均布	EQS
球半径	SR	深度	↧	弧长	⌒

注：图形符号的尺寸及比例画法见附表 11。

2. 简化注法

① 在同一图形中，对于尺寸相同的孔、槽等组成要素，可仅在一个要素上注出其尺寸和数量，并用缩写词“EQS”表示“均匀分布”，如图 1-21（a）所示。当组成要素的定位和分布情况在图形中已明确时，可不标注其角度，并省略“EQS”，如图 1-21（b）所示。

② 标注板状零件的厚度时，可在尺寸数字前加注厚度符号“t”，如图 1-22 所示。

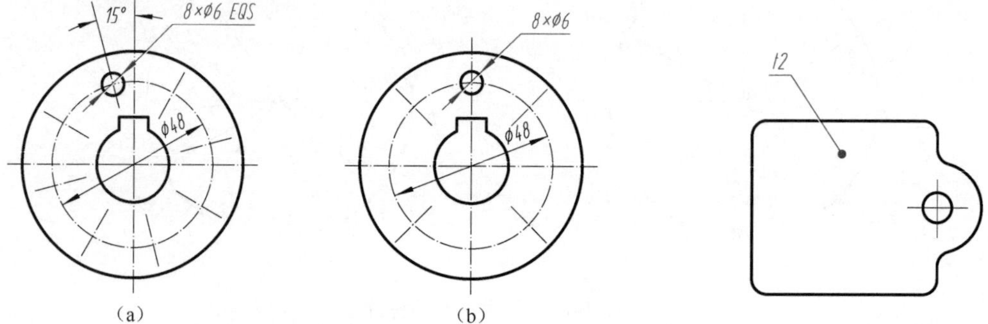

图 1-21　尺寸的简化注法　　　　图 1-22　板状零件厚度的注法

第三节　几 何 作 图

物体的轮廓形状是多种多样的，但它们基本上是由直线、圆、圆弧或其他平面曲线所组成的几何图形。掌握几何图形的作图方法，不仅是手工绘制工程图样的重要技能，也是计算机绘图的基础。

一、等分圆周及作正多边形

1. 三角板与丁字尺配合作正六边形

【例 1-1】　用 30°～60°三角板和丁字尺配合，作圆的内接正六边形。

作图

① 过点 A，用 60°三角板画斜边 AB；过点 D，画斜边 DE，如图 1-23（a）所示。

② 翻转三角板，过点 D 画斜边 CD；过点 A 画斜边 AF，如图 1-23（b）所示。

③ 用丁字尺连接两水平边 BC、FE，即得圆的内接正六边形，如图 1-23（c）、（d）所示。

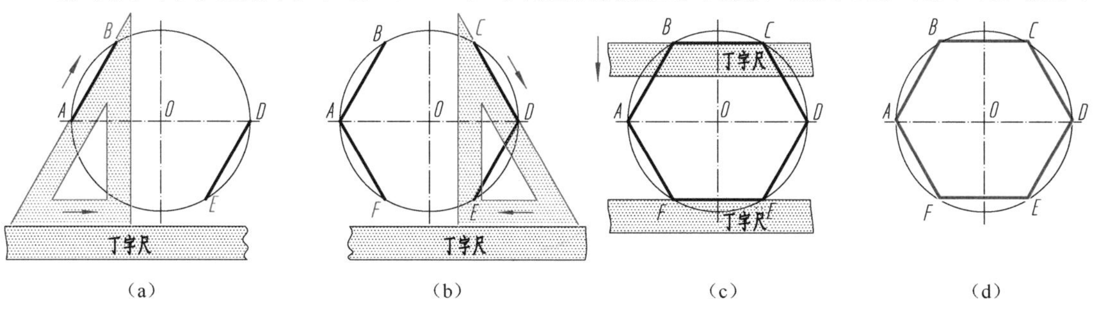

（a）　（b）　（c）　（d）

图 1-23　用三角板和丁字尺配合作正六边形

2. 用圆规作圆的内接正（三）六边形

【例 1-2】　用圆规作圆的内接正六边形。

作图

① 以点 F 为圆心，R 为半径作弧，交圆周得 B、C 两点，如图 1-24（a）所示。

② 依次连接 $A \to B \to C \to A$ 各点，即得到圆的内接正三边形，如图 1-24（b）所示。

③ 若作圆的内接正六边形，则再以点 A 为圆心、R 为半径画弧，交圆周得 D、E 两点，如图 1-24（c）所示。

④ 依次连接 $A \to D \to C \to F \to B \to E \to A$ 各点，即得到圆的内接正六边形，如图 1-24（d）所示。

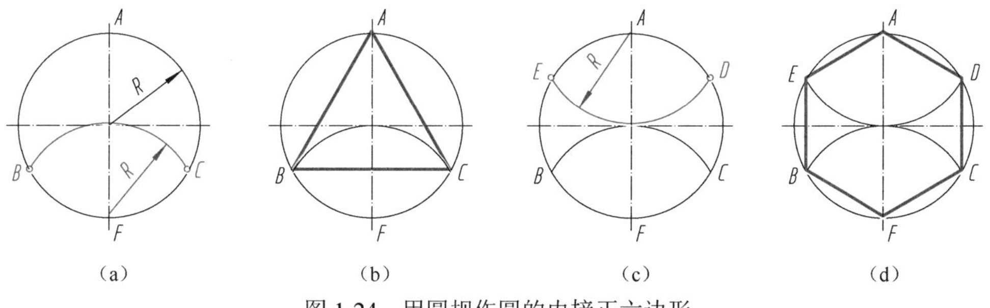

（a）　（b）　（c）　（d）

图 1-24　用圆规作圆的内接正六边形

二、圆弧连接

用一已知半径的圆弧，光滑地连接相邻两线段（直线或圆弧），称为圆弧连接。要使连接是“光滑”的连接，就必须使线段与线段在连接处相切。因此，作图时必须先求出连接圆弧的圆心和确定切点的位置。

1. 圆与直线相切作图原理

若半径为 R 的圆，与已知直线 AB 相切，其圆心轨迹是与 AB 直线相距 R 的一条平行线。切点是自圆心 O 向 AB 直线所作垂线的垂足，如图 1-25 所示。

2. 圆与圆相切作图原理

若半径为 R 的圆，与已知圆（圆心为 O_1，半径为 R_1）相切，其圆心 O 的轨迹是已知圆的同心圆。同心圆的半径根据相切情况分为：

——两圆外切时，为两圆半径之和（R_1+R），如图 1-26（a）所示；

——两圆内切时，为两圆半径之差$|R_1-R|$，如图 1-26（b）所示。

两圆相切的切点，为两圆的圆心连线与已知圆弧的交点。

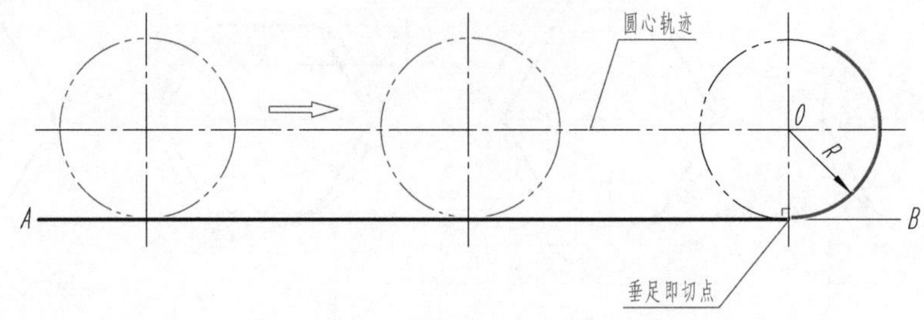

图 1-25　圆与直线相切

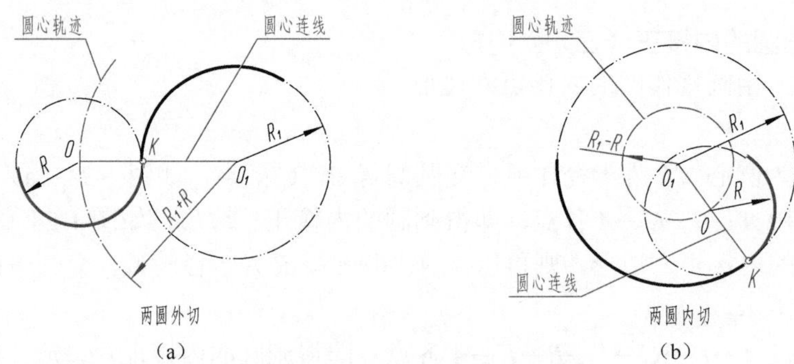

图 1-26　圆与圆相切

3. 圆弧连接的作图步骤

根据圆弧连接的作图原理可知，圆弧连接的作图步骤如下：

① 求连接弧的圆心；

② 定出切点的位置；

③ 准确地画出连接圆弧。

【例 1-3】　用半径为 R 的圆弧，连接已知直线。

作图

① 求连接弧圆心。作与已知角两边分别相距为 R 的平行线，交点 O 即为连接弧圆心，如图 1-27（b）、（f）所示。

② 确定切点。自点 O 分别向已知角两边作垂线，垂足 M、N 即为切点，如图 1-27（c）、（g）所示。

③ 画连接弧。以点 O 为圆心、R 为半径，在两切点 M、N 之间画连接圆弧，即完成作图，如图 1-27（d）、（h）所示。

"用圆弧连接直角的两边"作图如图 1-27（i）～（l）所示，请读者自行分析。

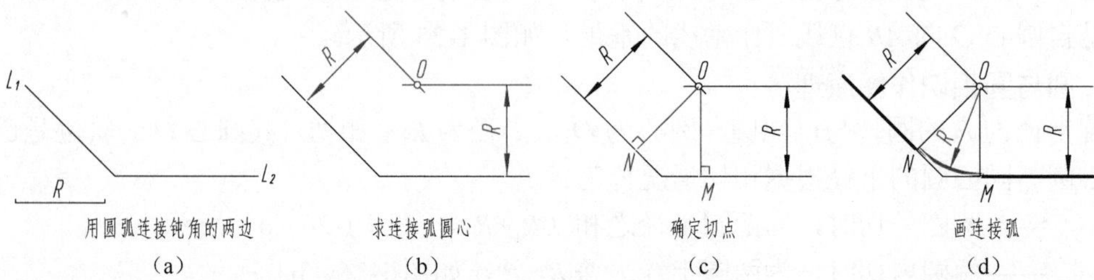

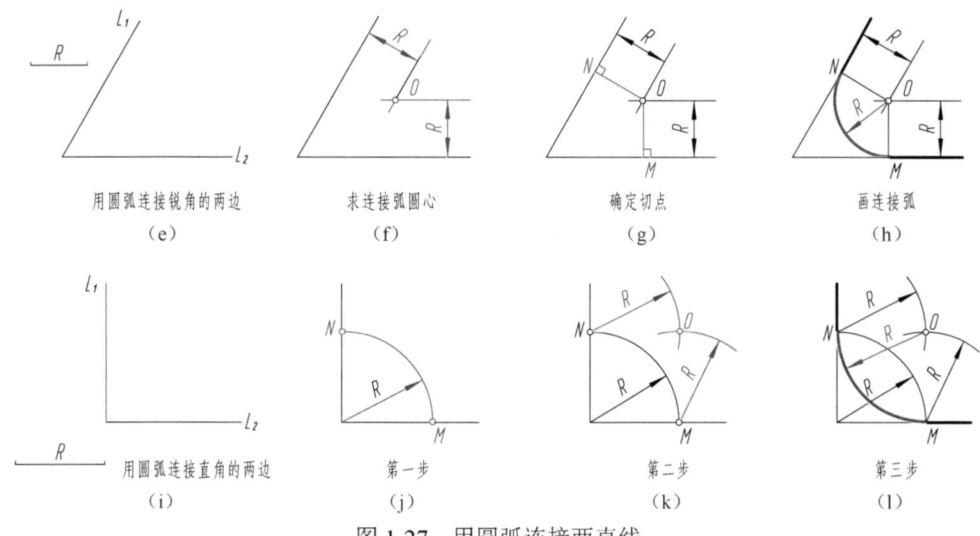

图 1-27　用圆弧连接两直线

【例 1-4】　如图 1-28（a）所示，用半径为 R 的圆弧，连接直线和圆弧。

作图

① 求连接弧圆心。作直线 L_2 平行于直线 L_1（其间距为 R）；再作已知圆弧的同心圆（半径为 R_1+R）与直线 L_2 相交于点 O，点 O 即连接弧圆心，如图 1-28（b）所示。

② 确定切点。作 OM 垂直于直线 L_1；连 OO_1 与已知圆弧交于点 N，点 M、N 即为切点，如图 1-28（c）所示。

③ 画连接弧。以点 O 为圆心、R 为半径，在点 M、N 之间画出连接弧，即完成作图，如图 1-28（d）所示。

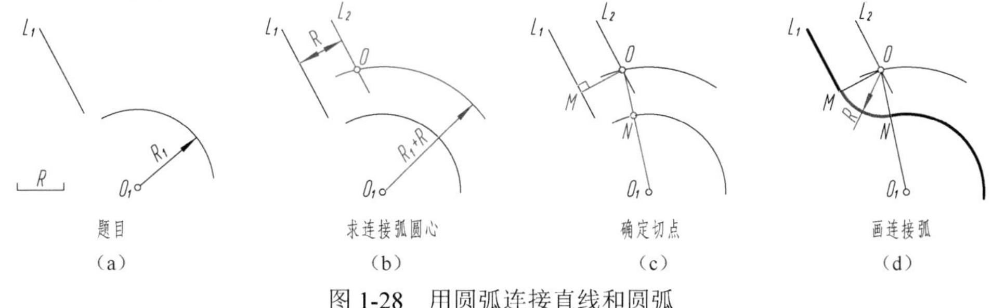

图 1-28　用圆弧连接直线和圆弧

【例 1-5】　如图 1-29（a）所示，用半径为 R 的圆弧，与两已知圆弧同时外切。

作图

① 求连接弧圆心。分别以 O_1、O_2 为圆心，R_1+R 和 R_2+R 为半径画弧，得交点 O，即为

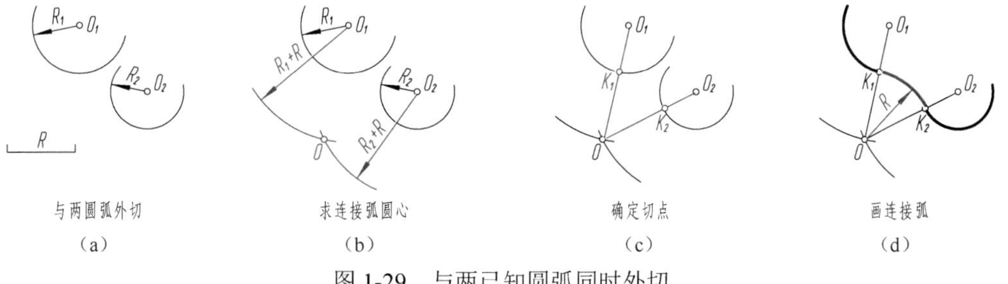

图 1-29　与两已知圆弧同时外切

连接弧的圆心，如图 1-29（b）所示。

② 确定切点。作两圆心连线 O_1O、O_2O，与两已知圆弧分别交于点 K_1、K_2，则 K_1、K_2 即为切点，如图 1-29（c）所示。

③ 画连接弧。以 O 为圆心，R 为半径，自点 K_1 至 K_2 画圆弧，即完成作图，如图 1-29（d）所示。

【例 1-6】 如图 1-30（a）所示，用半径为 R 的圆弧，与两已知圆弧同时内切。

作图

① 求连接弧圆心。分别以 O_1、O_2 为圆心，$|R-R_1|$和$|R-R_2|$为半径画弧，得交点 O，即为连接弧的圆心，如图 1-30（b）所示。

② 确定切点。作 OO_1、OO_2 的延长线，与两已知圆弧分别交于点 K_1、K_2，则 K_1、K_2 即为切点，如图 1-30（c）所示。

③ 画连接弧。以 O 为圆心，R 为半径，自点 K_1 至 K_2 画圆弧，即完成作图，如图 1-30（d）所示。

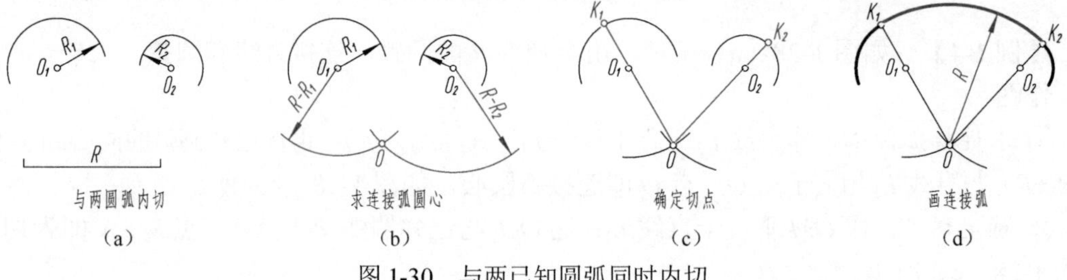

图 1-30　与两已知圆弧同时内切

【例 1-7】 如图 1-31（a）所示，用半径为 R 的圆弧，与两已知圆弧同时内、外切。

作图

① 求连接弧圆心。分别以 O_1、O_2 为圆心、$|R_1-R|$和 R_2+R 为半径画弧，得交点 O，即为连接弧的圆心，如图 1-31（b）所示。

② 确定切点。作两圆心连线 O_2O 和 O_1O 的延长线，与两已知圆弧分别交于点 K_1、K_2，则 K_1、K_2 即为切点，如图 1-31（c）所示。

③ 画连接弧。以 O 为圆心，R 为半径，自点 K_1 至 K_2 画圆弧，即完成作图，如图 1-31（d）所示。

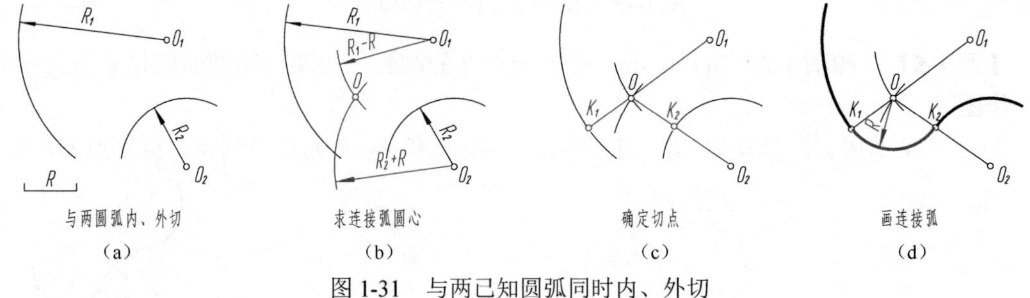

图 1-31　与两已知圆弧同时内、外切

三、斜度和锥度

1. 斜度（GB/T 4096—2001、GB/T 4458.4—2003）

棱体高之差与平行于棱并垂直一个棱面的、两个截面之间的距离之比，称为斜度，用代号“S”表示。可以把斜度简单理解为一个平面（或直线）对另一个平面（或直线）倾斜的程度，如图 1-32 所示。

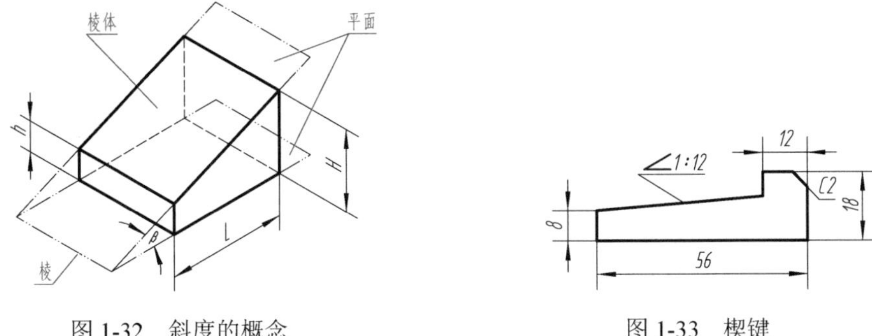

图 1-32 斜度的概念　　图 1-33 楔键

如最大棱体高 H 与最小棱体高 h 之差，与棱体长度 L 之比，用关系式表示为：

$$S = \frac{H-h}{L} = \tan\beta$$

通常把比例的前项化为 1，以简单分数 1∶n 的形式来表示斜度。

【例 1-8】 画出图 1-33 所示楔键的图形。

作图

① 根据图中的尺寸，画出已知的直线部分。

② 过点 A，按 1∶12 画出直角三角形，求出斜边 AC，如图 1-34（a）所示。

③ 过已知点 E，作 AC 的平行线，如图 1-34（b）所示。

④ 描深加粗楔键图形，标注斜度符号，如图 1-34（c）所示。

斜度符号的底线应与基准面（线）平行，符号的尖端方向应与斜面的倾斜方向一致。斜度符号的画法，如图 1-34（d）所示。

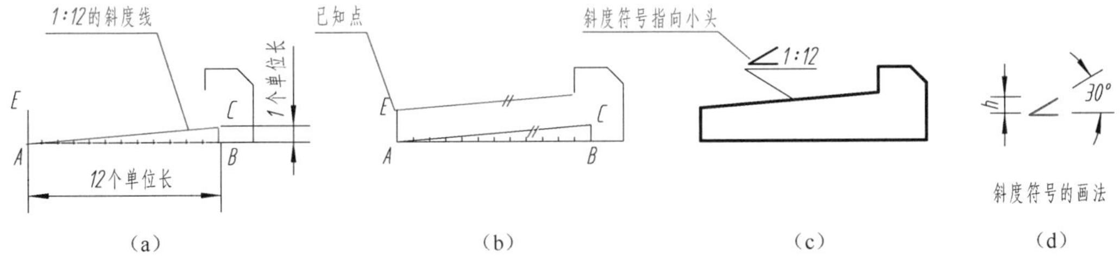

（a）　（b）　（c）　（d）

图 1-34 楔键斜度的画法及标注

2. 锥度（GB/T 157—2001、GB/T 4458.4—2003）

两个垂直圆锥轴线的圆锥直径差与该两截面间的轴向距离之比，称为锥度，代号为“C”。可以把锥度简单理解为圆锥底圆直径与锥高之比。

由图 1-35 可知，α 为圆锥角，D 为最大端圆锥直径，d 为最小端圆锥直径，L 为圆锥长度，即

$$C = \frac{D-d}{L} = 2\tan\left(\frac{\alpha}{2}\right)$$

与斜度的表示方法一样，通常也把锥度的比例前项化为 1，写成 1∶n 的形式。

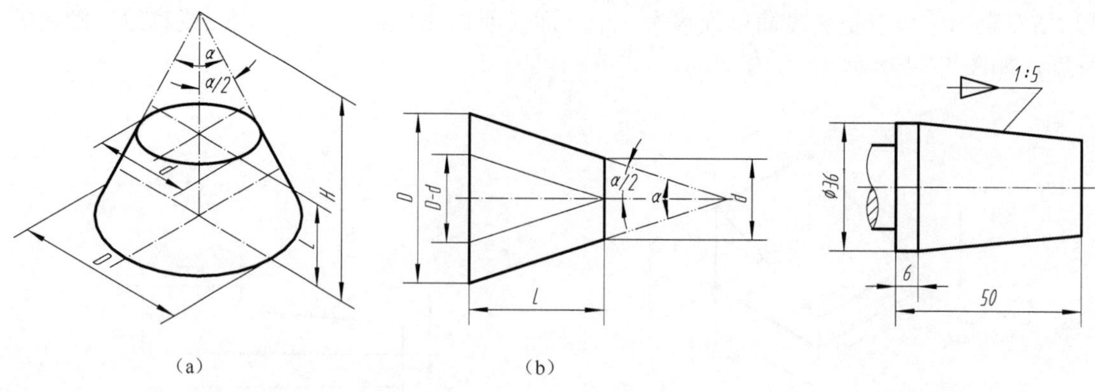

（a）　　（b）

图 1-35　锥度的概念　　图 1-36　锥度图例

【例 1-9】　画出图 1-36 所示具有 1∶5 锥度的图形。

作图

① 根据图中的尺寸，画出已知的直线部分，如图 1-37（a）所示。

② 任意确定等腰三角形的底边 *AB* 为 1 个单位长度，高为 5 个单位长度，画出等腰三角形 *ABC*，如图 1-37（a）所示。

③ 分别过已知点 *D*、*E*，作 *AC* 和 *BC* 的平行线，如图 1-37（b）所示。

④ 描深加粗图形，标注锥度代号，如图 1-37（c）所示。

标注锥度时用引出线从锥面的轮廓线上引出，锥度符号的尖端指向锥度的小头方向。锥度符号的画法，如图 1-37（d）所示。

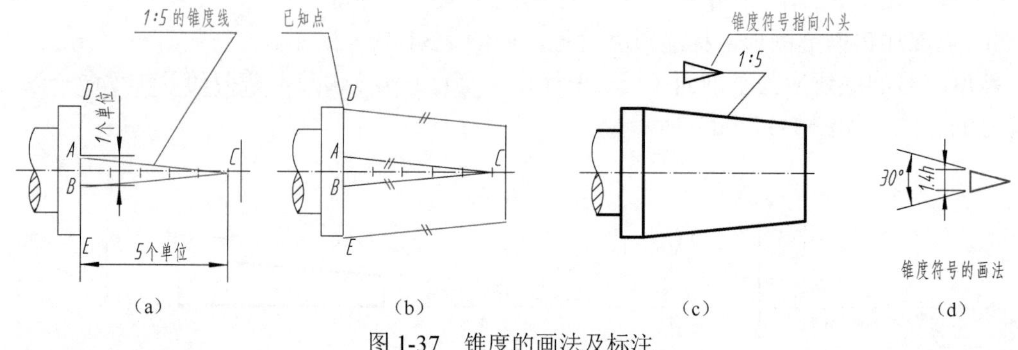

（a）　（b）　（c）　（d）

图 1-37　锥度的画法及标注

四、椭圆的画法

椭圆是常见的非圆曲线。已知椭圆长轴和短轴，可用不同的画法画出椭圆。

1. 四心近似画法

【例 1-10】　已知椭圆长轴 *AB* 和短轴 *CD*，用四心近似画法画椭圆。

作图

① 连 *AC*；以 *O* 为圆心，*OA* 为半径画弧得点 *E*；再以 *C* 为圆心，*CE* 为半径画弧得点 *F*，如图 1-38（a）所示。

② 作 *AF* 的垂直平分线，与 *AB* 交于点 1，与 *CD* 交于点 2；量取 1、2 两点的对称点 3 和 4（1、2、3、4 点即圆心），如图 1-38（b）所示。

③ 连接点 23、点 34、点 41 并延长，得到一菱形，如图 1-38（c）所示。

④ 分别以点 2、点 4 为圆心，R（$R=2C=4D$）为半径画弧，与菱形的延长线相交，即得两条大圆弧；再分别以点 1、点 3 为圆心，r（$r=1A=3B$）为半径画弧，与所画的大圆弧连接，即得到近似椭圆（实为扁圆），如图 1-38（d）所示。

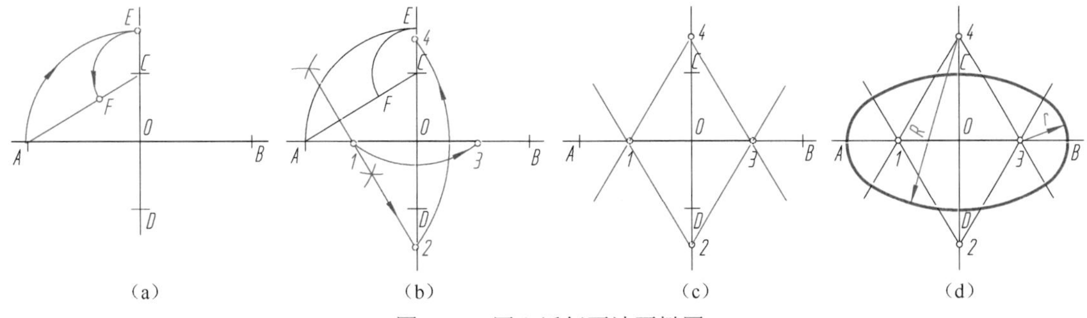

图 1-38　四心近似画法画椭圆

2. 同心圆法

【例 1-11】　已知椭圆长轴 AB 和短轴 CD，用同心圆法画椭圆。

作图

① 以椭圆中心为圆心，分别以长轴、短轴长度为直径，作两个同心圆，如图 1-39（a）所示。

② 作圆的 12 等分，过圆心作放射线，求出与两圆的交点，如图 1-39（b）所示。

③ 过大圆上的等分点作竖线、过小圆上的等分点作横线，竖线与横线的交点即椭圆上的点，如图 1-39（c）所示。

④ 用曲线板光滑地连接诸点即得椭圆，如图 1-39（d）所示。

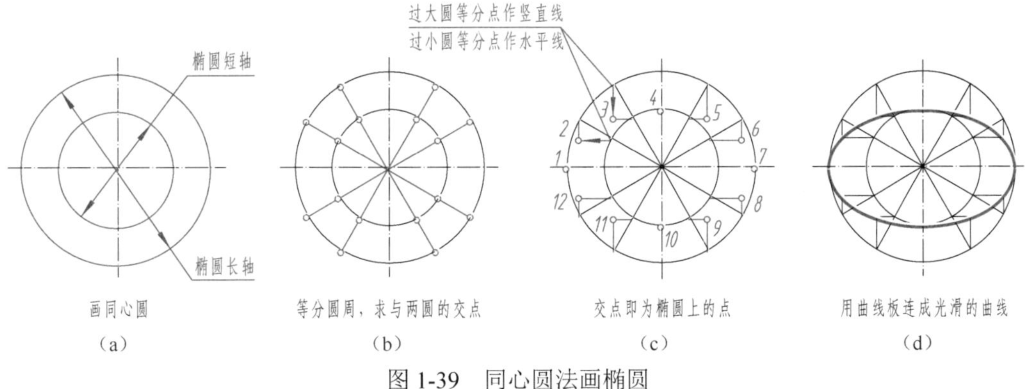

图 1-39　同心圆法画椭圆

*第四节　手工绘图技术

对于工程技术人员来说，要熟练地掌握相应的绘图技术。这里所说的绘图技术，包括尺规绘图技术（借助于绘图工具和仪器绘图）、徒手绘图技术和计算机绘图技术。本节主要介绍手工绘图（即尺规绘图和徒手绘图）的基本方法。

一、常用的绘图工具及其使用

1. 图板、丁字尺、三角板

图板是用作画图的垫板，表面平整光洁，棱边光滑平直。左、右两侧为工作导边。

丁字尺由尺头和尺身组成，尺身上有刻度的一边为工作边，用于绘制水平线。使用时，将尺头内侧紧靠图板的左侧导边上下移动，沿尺身上边可画出一系列水平线，如图 1-40 所示。

三角板由 45°和 30°、60°的两块组成一副。将三角板和丁字尺配合使用，可画垂直线和与水平线成特殊角度的倾斜线，如图 1-41 所示。

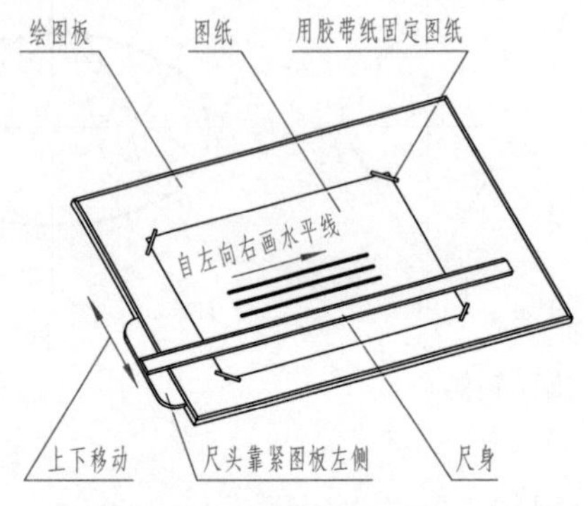

图 1-40　利用丁字尺画水平线

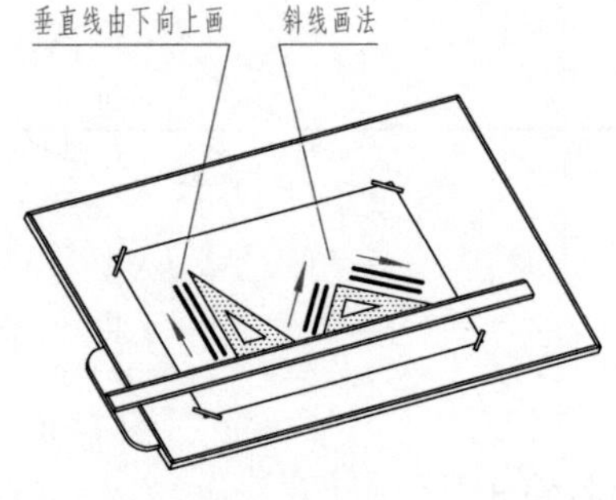

图 1-41　三角板和丁字尺配合使用

2. 圆规和分规

圆规是画圆及圆弧的工具。使用前应先调整针脚，使针尖稍长于铅芯，如图 1-42（a）所示；圆规上铅的削法如图 1-42（b）所示；画图时，先将两腿分开至所需的半径尺寸，借左手食指把针尖放在圆心位置，如图 1-42（c）所示；转动时用的力和速度都要均匀，并使圆规向转动方向稍微倾斜，如图 1-42（d）所示。

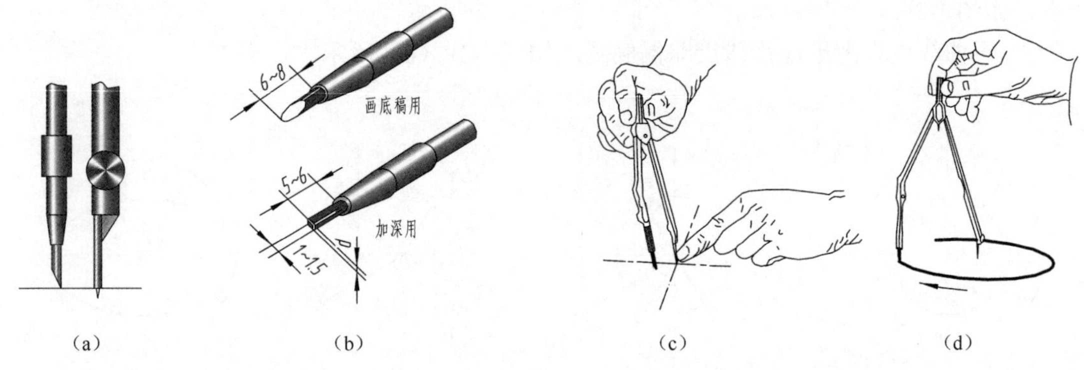

图 1-42　圆规及其用法

分规是用来量取尺寸和等分线段或圆周的工具。分规的两条腿均安有钢针，当两条腿并拢时，分规的两个针尖应对齐，如图 1-43（a）所示。调整分规两脚间距离的手法，如图 1-43（b）所示。分规的使用方法，如图 1-43（c）所示。

3. 铅笔

绘图铅笔的铅芯有软硬之分，用代号 H、B 和 HB 来表示。B 前的数字愈大，表示铅芯愈软，绘出的图线颜色愈深；H 前的数字愈大，表示铅芯愈硬；HB 表示铅芯软硬适中。

画粗实线常用 2B 或 B 的铅笔；画细实线、细虚线、细点画线和写字时，常用 H 或 HB 的铅笔；画底稿线常用 2H 的铅笔。

铅笔应从没有标号的一端开始使用，以便保留铅芯软硬的标号。画粗实线时，应将铅芯磨成铲形（扁平四棱柱），如图 1-44（a）所示。画其余的线型时应将铅芯磨成圆锥形，如图 1-44（b）所示。

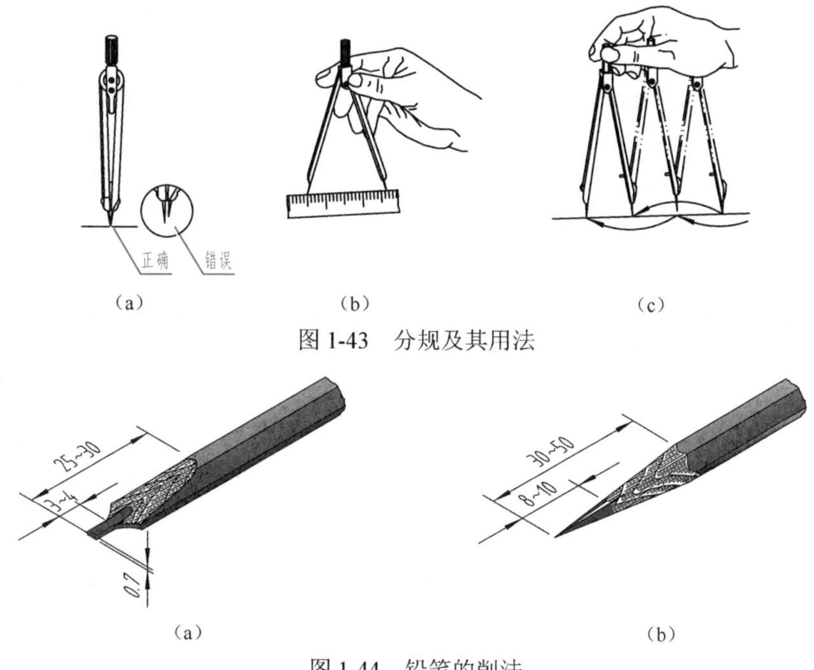

图 1-43　分规及其用法

图 1-44　铅笔的削法

二、尺规图的绘图方法

图样中的图形都是由各种线段连接而成的，这些线段之间的相对位置和连接关系，靠给定的尺寸来确定。借助于绘图工具绘图时，首先要分析尺寸和线段之间的关系，然后才能顺利地完成作图。尺规作图的方法和步骤如下。

1. 尺寸分析

平面图形中的尺寸，按其作用可分为两类。

（1）定形尺寸　确定平面图形上几何元素形状大小的尺寸称为定形尺寸。例如，线段长度、圆及圆弧的直径和半径、角度大小等。如图 1-45 中的 $\phi16$、$R12$、$R35$、$R25$、$R85$、$R18$ 等，均属于定形尺寸。

（2）定位尺寸　确定几何元素位置的尺寸称为定位尺寸。如图 1-45 中的 20、40、46、15°、45、15 等，均属于定位尺寸。

（3）尺寸基准　标注定位尺寸时的起点，称为尺寸基准。平面图形有长和高两个方向，每个方向至少应有一个尺寸基准。通常以图形的对称中心线、较长的底线或边线作为尺寸基准。如图 1-45 中注有 $R12$ 长圆形的一对对称中心线，分别是水平方向和竖直方向的尺寸基准。

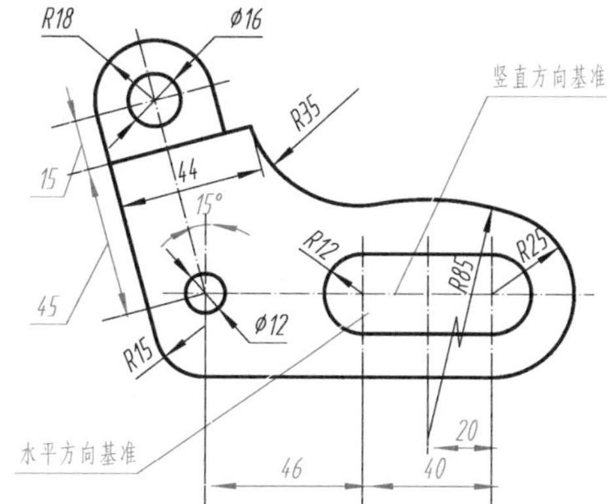

图 1-45　转动导架的尺寸和线段分析

2. 线段分析

平面图形中的线段（这里只讲圆弧），根据其定位尺寸的完整与否，可分为以下三类。

（1）已知弧　给出半径大小及圆心在两个方向的定位尺寸的圆弧，称为已知弧。如图 1-45 中的 $\phi16$、$\phi12$ 圆和 $R12$、$R25$、$R18$ 圆弧。

（2）中间弧　给出半径大小及圆心一个方向的定位尺寸的圆弧，称为中间弧。如图 1-45 中的 *R*85 圆弧。

（3）连接弧　已知圆弧半径而无圆心定位尺寸的圆弧，称为连接弧。如图 1-45 中的 *R*15、*R*35 的圆弧。

在作图时，由于已知弧有两个定位尺寸，故可直接画出；而中间弧虽然缺少一个定位尺寸，但它总是和一个已知线段相连接，利用相切的条件便可画出；连接弧则由于缺少两个定位尺寸，因此，唯有借助于它和已经画出的两条线段的相切条件才能画出来。

> 提示：手工画图时，应先画已知弧，再画中间弧，最后画连接弧。

3. 绘图步骤

（1）绘图准备　确定比例→选择图幅→固定图纸→画出图框、对中符号和标题栏。

（2）绘制底稿　合理、匀称地布图，画出基准线和定位线，如图 1-46（a）所示→先画已知弧，如图 1-46（b）所示→再画中间弧，如图 1-46（c）所示→最后画连接弧，如图 1-46（d）所示。

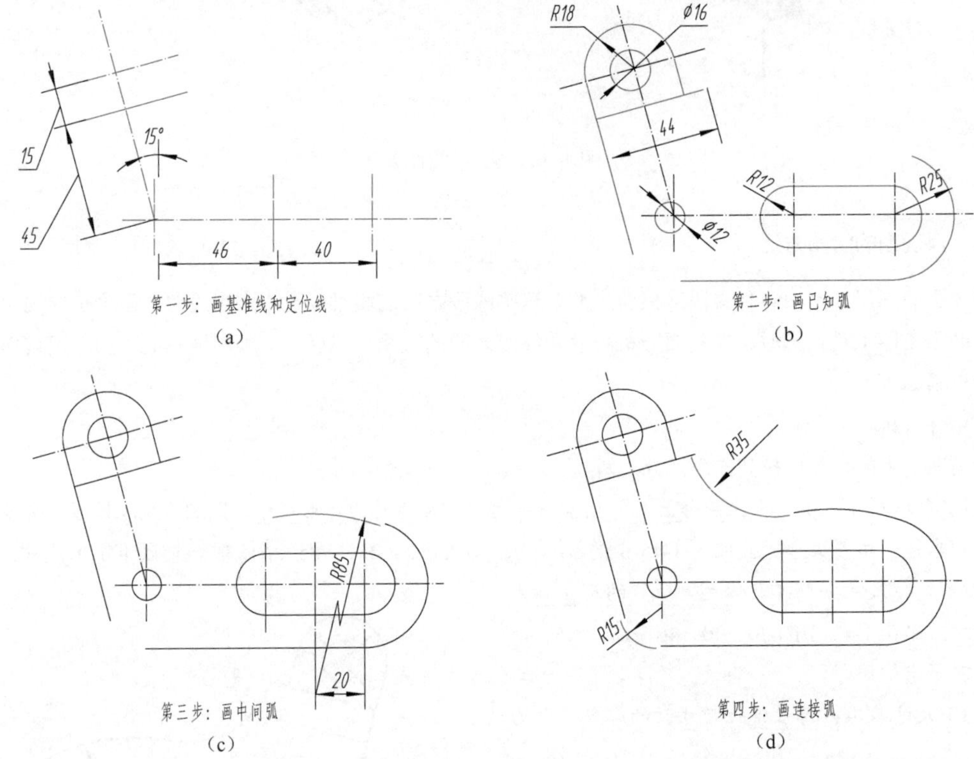

图 1-46　画底稿的步骤

绘制底稿时，图线要清淡、准确，并保持图面整洁。

（3）加深描粗　加深描粗前，要全面检查底稿，修正错误，擦去画错的线条及作图辅助线。加深描粗要注意以下几点。

① 先粗后细。先加深全部粗实线，再加深全部细虚线、细点画线及细实线等。

② 先曲后直。在加深同一种线（特别是粗实线）时，应先画圆弧或圆，后画直线。

③ 先水平、后垂斜。先用丁字尺自上而下画出水平线，再用三角板自左向右画出垂直线，最后画倾斜的直线。

④ 标注尺寸、填写标题栏。此步骤可将图纸从图板上取下来进行。

加深描粗时，应尽量使同类图线粗细、浓淡一致，连接光滑，图面整洁。

三、徒手画图的方法

徒手画出的图也称草图。它是以目测估计图形与实物的比例，按一定画法要求徒手（或部分使用绘图仪器）绘制的图。草图是工程技术人员交流、记录、构思、创作的有力工具，是工程技术人员必须掌握的一项基本技能。

与尺规绘图一样，徒手绘图基本上也应做到：图形正确、比例匀称、线型分明、图面整洁、字体工整。开始练习徒手绘图时，可先在方格纸上进行，这样较容易控制图形的大小比例。尽量让图形中的直线与分格线重合，以保证所画图线的平直。一般选用 HB 或 B 铅笔，铅芯磨成圆锥形。画可见轮廓线时，铅芯应磨得较钝，画细点画线和尺寸线时，铅芯应磨得较尖。

画图的基本方法如下。

1. 直线的画法

徒手画直线时，执笔要自然，手腕抬起，不要靠在图纸上，眼睛应朝着前进的方向，注意画线的终点。同时，小手指可轻轻与纸面接触，以作为支点，使运笔平稳。

短直线应一笔画出，长直线则可分段相接而成；画水平线时，为方便起见，可将图纸稍微倾斜放置，从左到右画出；画垂直线时，由上向下较为顺手。画斜线时，最好将图纸转动一个适宜运笔的角度，一般是稍向右上方倾斜，为了防止发生偶然性的笔误，斜线画好后，要马上把图纸转回到原来的位置。图 1-47 表示水平线、竖直线、倾斜线的画法。

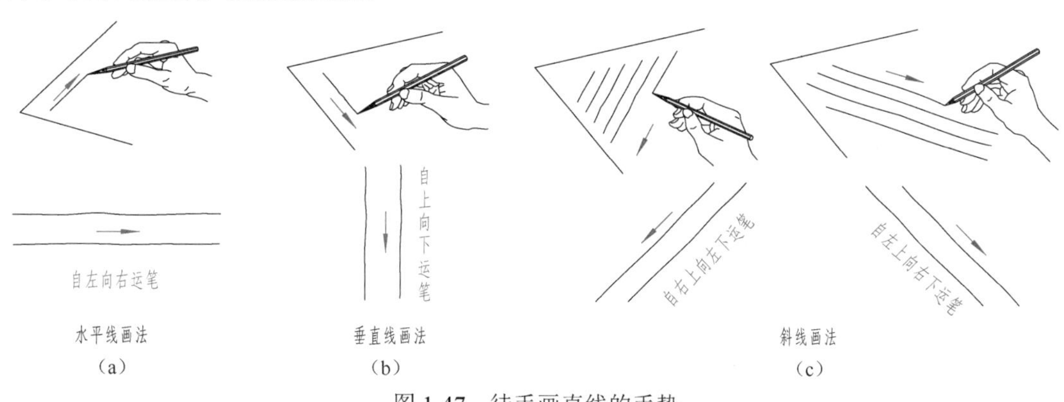

图 1-47　徒手画直线的手势

2. 圆的画法

画小圆时，先定圆心，画出相互垂直的两条中心线，再按半径目测在中心线上定出四个点，然后过四点分两半画出；画较大的圆时，可增加两条斜线，在斜线上再根据半径目测定出四个点，然后分段画出，如图 1-48 所示。

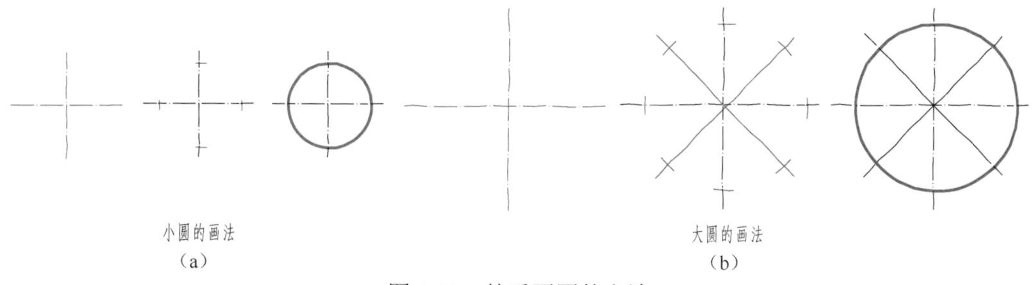

图 1-48　徒手画圆的方法

3. 圆角及圆弧连接的画法

画圆角时，先将两直线徒手画成相交，然后目测，在角分线上定出圆心位置，使它与角两边的距离等于圆角半径的大小。过圆心向两边引垂线定出圆弧的起点和终点，并在角分线上也定出一圆周点，然后徒手画圆弧把三点连接起来。也可以利用其与正方形相切的特点，画出圆角或圆弧，如图 1-49 所示。

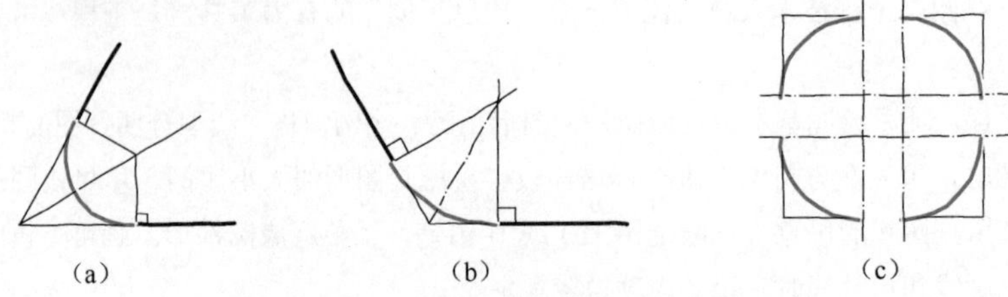

图 1-49　圆角及圆弧连接的徒手画法

4. 椭圆的画法

画椭圆时，先根据长短轴定出四个端点，过四个端点分别作长短轴的平行线，构成一矩形，最后作出与矩形相切的椭圆。也可以先画出椭圆的外接菱形，然后作出椭圆，如图 1-50 所示。

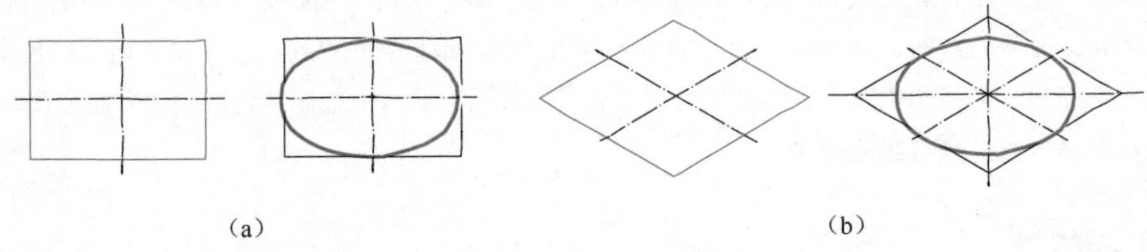

图 1-50　椭圆的徒手画法

5. 常用角度的画法

画 30°、45°、60°等常用角度，可根据两直角边的比例关系，在两直角边上定出两端点，然后连接而成。若画 10°、15°、75°等角度的斜线，则可先画出 30°的角后，再等分求得，如图 1-51 所示。

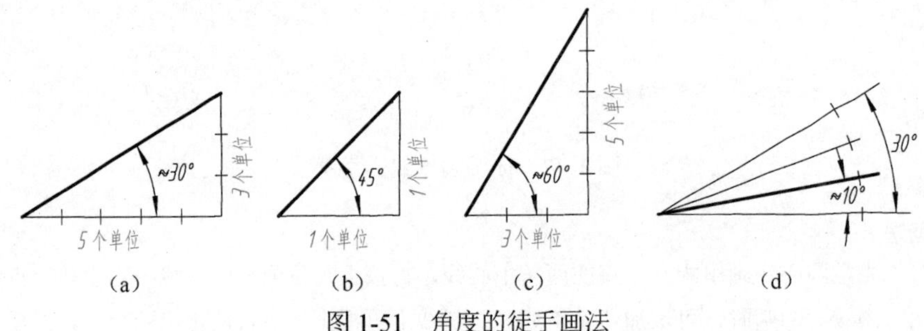

图 1-51　角度的徒手画法

第二章　投影基础

教学提示

① 建立投影法的概念，掌握正投影法的基本原理和正投影的基本性质。
② 掌握三视图的形成及“三等”规律，并能运用正投影法绘制简单立体的三视图。
③ 掌握点、直线、平面在三投影面体系中的投影特性。
④ 掌握在直线、平面上取点以及平面上取直线的作图方法。
⑤ 掌握几何体的投影特性以及在几何体表面上取点、线的作图方法。

第一节　投影法和视图的基本概念

在阳光或灯光照射下，物体会在地面上留下一个灰黑的影子，这个影子只能反映出物体的轮廓，却表达不出物体的形状和大小。人们根据生产活动的需要，对这种现象经过科学地抽象，总结出了影子和物体之间的几何关系，逐步形成了投影法，使在图纸上准确而全面地表达物体形状和大小的要求得以实现。

一、投影法

如图 2-1 所示，将□*ABCD* 放在平面 *P* 和光源 *S* 之间，自 *S* 分别向 *A*、*B*、*C*、*D* 引直线并延长之，使它与平面 *P* 交于 *a*、*b*、*c*、*d*。平面 *P* 称为投影面，*S* 称为投射中心，*SAa*、*SBb*、*SCc*、*SDd* 称为投射线，□*abcd* 即是空间□*ABCD* 在平面 *P* 上的投影。

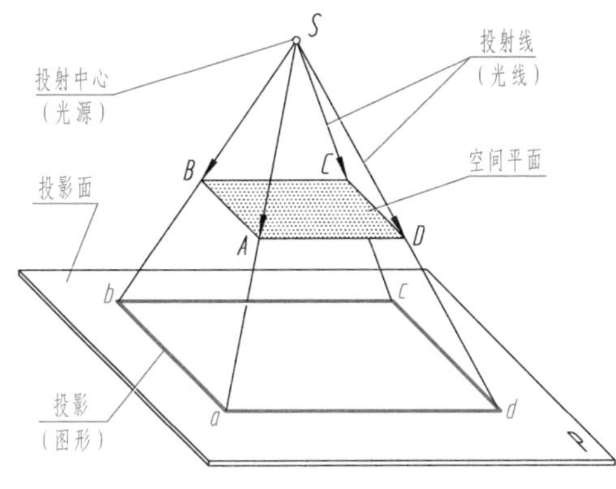

图 2-1　中心投影法

投射线通过物体，向选定的面投射，并在该面上得到图形的方法称为投影法。根据投影法得到的图形，称为投影。

由此可看出，要获得投影，必须具备光源、物体、投影面这三个基本条件。

根据投射线的类型（平行或汇交），投影法分为以下两类：

- 中心投影法（投射线汇交一点的投影法）
- 平行投影法
  - 正投影法（投射线相互平行且与投影面垂直的投影法）
  - 斜投影法（投射线相互平行但与投影面倾斜的投影法）

根据正投影法所得到的图形，称为正投影，如图 2-2（a）所示；根据斜投影法所得到的图形，称为斜投影，如图 2-2（b）所示。

采用正投影法度量性好，作图简便，容易表达空间物体的形状和大小，在工程上应用较广。机械图样都是采用正投影法绘制的，正投影法是机械制图的主要理论基础。

用中心投影法所得的投影大小，随着投影面、物体、投射中心三者之间距离的变化而变化，不能反映物体的真实形状和大小，且度量性差，作图比较复杂，因此在机械图样中很少采用。

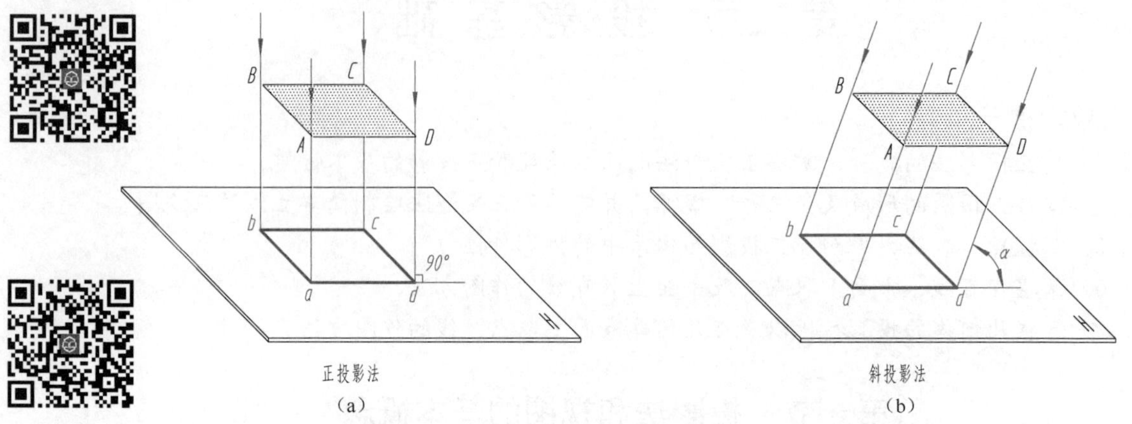

图 2-2　平行投影法

二、正投影的基本性质

（1）真实性　平面（直线）平行投影面，投影反映实形（实长），这种性质称为真实性，如图 2-3（a）所示。

（2）积聚性　平面（直线）垂直投影面，投影积聚成一线（一点），这种性质称为积聚性，如图 2-3（b）所示。

（3）类似性　平面（直线）倾斜投影面，投影往小变（长缩短），这种性质称为类似性，如图 2-3（c）所示。

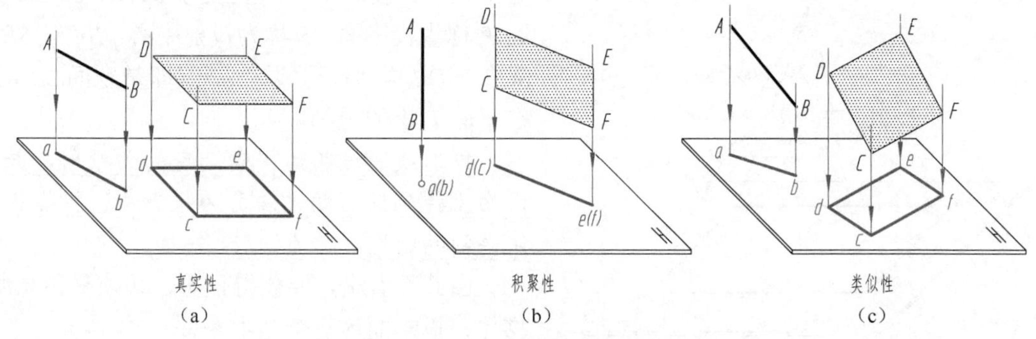

图 2-3　平面与直线的正投影特性

三、视图的基本概念

用正投影法绘制物体的图形时，可把人的视线假想成相互平行且垂直投影面的一组投射线，进而将物体在投影面上的投影称为视图，如图 2-4 所示。

> 提示：绘制视图时，可见的棱边线和可见的轮廓线用粗实线绘制，不可见的棱边线和不可见的轮廓线用细虚线绘制。

从图 2-4 中可以看出，这个物体的视图只能反映物体的长度和高度，而没有反映出物体的宽度。因此，在一般情况下，一个视图不能确定物体的形状和大小。

如图 2-5 所示，两个物体的结构形状不同，但其视图相同。

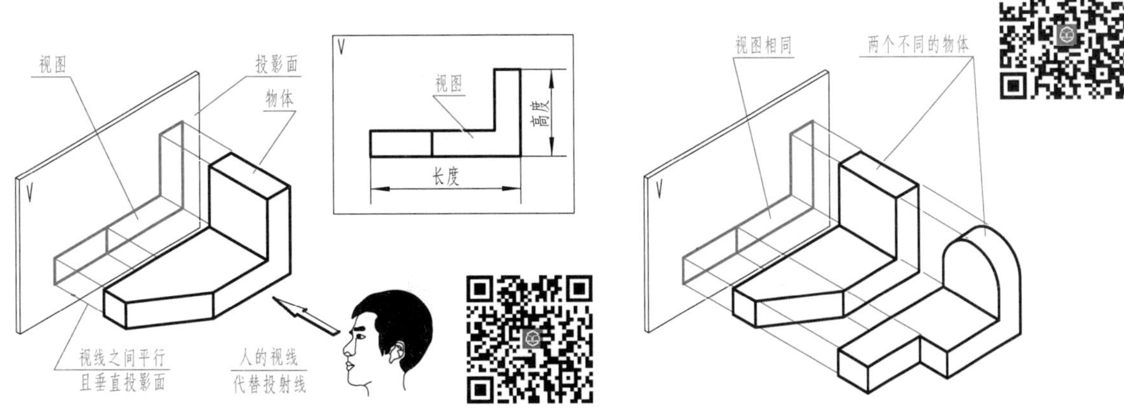

图 2-4　视图的概念　　　　图 2-5　一个视图不能确定物体的形状

四、三视图的形成

将物体置于三个相互垂直的投影面体系内，然后从物体的三个方向进行观察，就可以在三个投影面上得到三个视图，如图 2-6 所示。

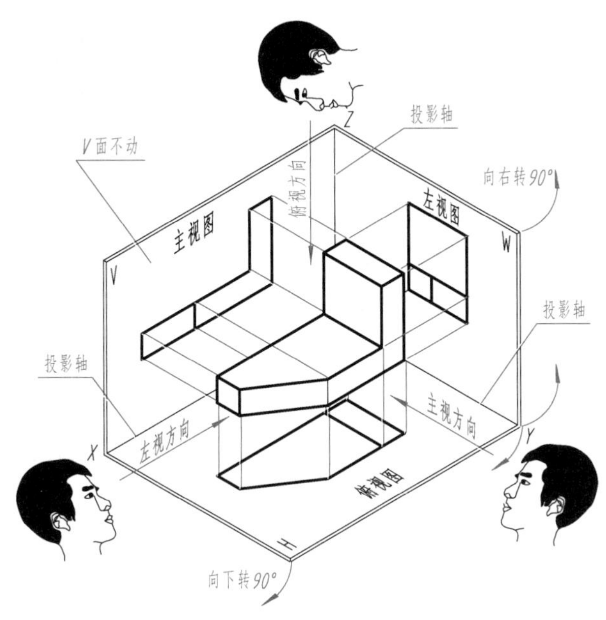

图 2-6　三视图的获得

三投影面体系由三个相互垂直的正立投影面（简称正面或 *V* 面）、水平投影面（简称水平面或 *H* 面）、侧立投影面（简称侧面或 *W* 面）组成。

相互垂直的投影面之间的交线，称为投影轴，它们分别是：

OX 轴（简称 *X* 轴），是 *V* 面与 *H* 面的交线，它代表长度方向。

OY 轴（简称 *Y* 轴），是 *H* 面与 *W* 面的交线，它代表宽度方向。

OZ 轴（简称 *Z* 轴），是 *V* 面与 *W* 面的交线，它代表高度方向。

三个投影轴相互垂直，其交点称为原点，用 *O* 表示。

主视图——由前向后投射在正面所得的视图。

左视图——由左向右投射在侧面所得的视图。

俯视图——由上向下投射在水平面所得的视图。

这三个视图统称为三视图。

为把三个视图画在同一张图纸上，必须将相互垂直的三个投影面展开在一个平面上。展开方法如图 2-6 所示，规定：*V* 面保持不动，将 *H* 面绕 *OX* 轴向下旋转 90°，将 *W* 面绕 *OZ* 轴向右旋转 90°，就得到展开后的三视图，如图 2-7 所示。实际绘图时，应去掉投影面边框和投影轴，如图 2-8 所示。

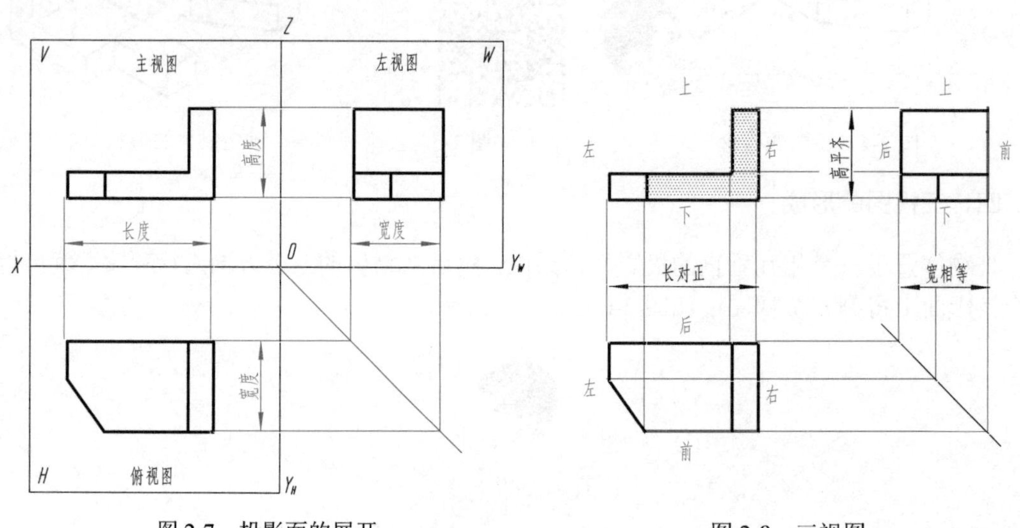

图 2-7　投影面的展开　　　　图 2-8　三视图

由此可知，三视图之间的相对位置是固定的，即：主视图定位后，左视图在主视图的右方，俯视图在主视图的下方，各视图的名称不需标注。

五、三视图之间的对应关系

1. 三视图的投影规律

从图 2-7 中可以看出，每一个视图只能反映出物体两个方向的尺度，即

主视图——反映物体的长度（*X*）和高度（*Z*）；

左视图——反映物体的高度（*Z*）和宽度（*Y*）。

俯视图——反映物体的长度（*X*）和宽度（*Y*）；

从图 2-8 中可以得出三视图之间的投影规律（简称三等规律），即

主、俯长对正；

主、左高平齐；

左、俯宽相等。

三视图之间的三等规律，不仅反映在物体的整体上，也反映在物体的任意一个局部结构上。这一规律是画图和看图的依据，必须熟练掌握和运用。

2. 三视图与物体的方位关系

物体有左右、前后、上下六个方位。从三视图中可以看出，每一个视图只能反映物体的四个方位，即

主视图反映物体的上、下和左、右。

左视图反映物体的上、下和前、后。

俯视图反映物体的左、右和前、后。

> 提示：画图与看图时，要特别注意左视图和俯视图的前、后对应关系。在三个投影面的展开过程中，当侧面向右旋转后，左视图的右方表示物体的前面，左视图的左方表示物体的后面；水平面向下旋转后，俯视图的下方表示物体的前面，俯视图的上方表示物体的后面；即左、俯视图远离主视图的一边，表示物体的前面；靠近主视图的一边，表示物体的后面。物体的左、俯视图不仅宽相等，还应保持前、后位置的对应关系。

六、三视图的作图方法和步骤

根据物体（或轴测图）画三视图时，应先选好主视图的投射方向，然后摆正物体（使物体的主要表面尽量平行于投影面），再根据图纸幅面和视图的大小，画出三视图的定位线。三视图的具体作图步骤如图 2-9 所示。

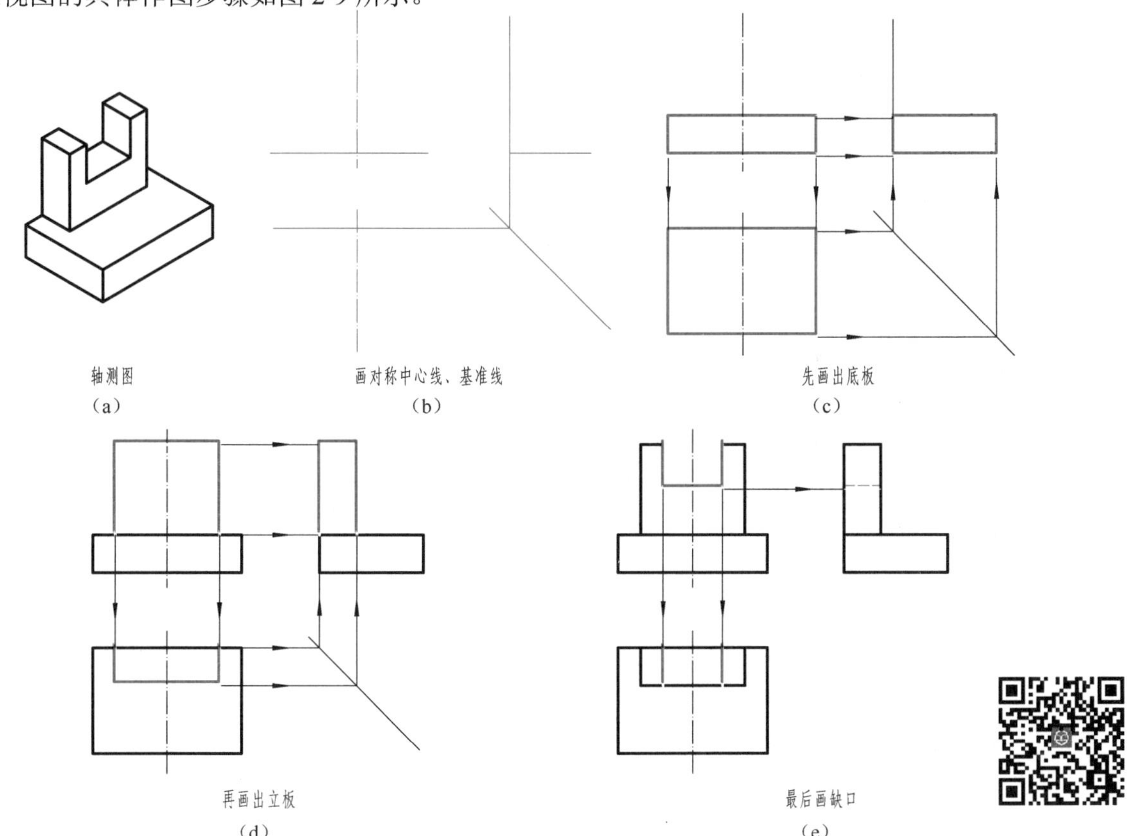

图 2-9　三视图的作图步骤

第二节　点、直线、平面的投影

点、直线、平面是构成物体表面的最基本的几何要素。为了快速而正确地画出物体的三视图，必须首先掌握这些几何元素的投影规律。为了叙述方便，以后把正投影简称为投影。

一、点的投影

1. 点的投影规律

如图 2-10（a）所示，将空间点 S 置于三个相互垂直的投影面体系中，分别作垂直于 V 面、H 面、W 面的投射线，得到点 S 的正面投影 s'、水平面投影 s 和侧面投影 s''。

> 提示：空间点用大写拉丁字母表示，如 A、B、C…；水平面投影用相应的小写字母表示，如 a、b、c…；正面投影用相应的小写字母加一撇表示，如 a'、b'、c'…；侧面投影用相应的小写字母加两撇表示，如 a''、b''、c''…。

如图 2-10（b）所示，将投影面按箭头所指的方向摊平在一个平面上，便得到点 S 的三面投影，如图 2-10（c）所示。图中 s_X、s_Y、s_Z 分别为点的投影连线与投影轴 X、Y、Z 的交点。

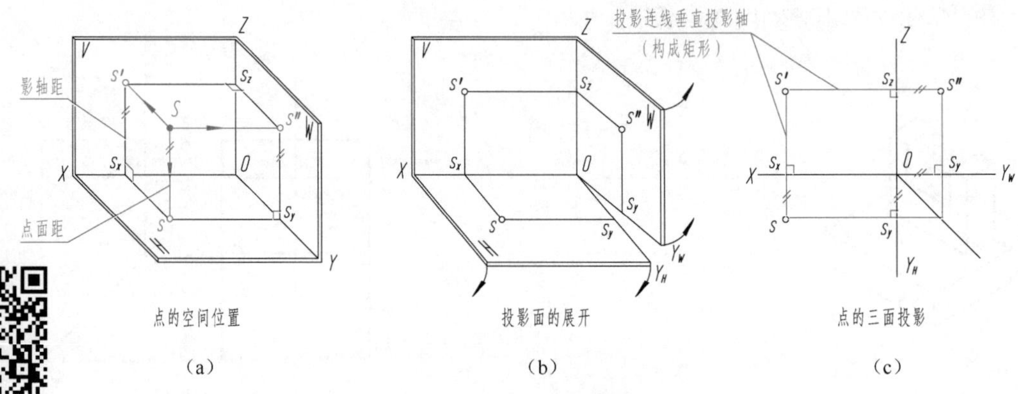

（a）（b）（c）

图 2-10　点的投影规律

通过点的三面投影的形成过程，可总结出点的投影规律：

① 点的两面投影的连线，必定垂直于相应的投影轴。即

$ss' \perp X$ 轴，$s's'' \perp Z$ 轴，$ss_Y \perp Y$ 轴，$s''s_Y \perp Y$ 轴。

② 点的投影到投影轴的距离，等于空间点到相应的投影面的距离，即

$s's_X=s''s_Y=S$ 点到 H 面的距离 Ss；
$ss_X=s''s_Z=S$ 点到 V 面的距离 Ss'；
$ss_Y=s's_Z=S$ 点到 W 面的距离 Ss''。

} 影轴距=点面距

2. 点的投影与直角坐标的关系

三投影面体系可以看成是空间直角坐标系，即把投影面作为坐标面，投影轴作为坐标轴，三个轴的交点 O 即为坐标原点。

如图 2-11 所示，空间点 A 到三个投影面的距离，就是空间点到坐标面的距离，也就是点 A 的三个坐标，即

点 A 的 x 坐标=点 A 到 W 面的距离 Aa''；点 A 的 y 坐标=点 A 到 V 面的距离 Aa'；点 A 的 z 坐标=点 A 到 H 面的距离 Aa。

3. 两点的相对位置

两点在空间的相对位置，可以由两点的坐标关系来确定。两点的左、右相对位置由 x 坐

标确定，x 坐标值大者在左；两点的前、后相对位置由 y 坐标确定，y 坐标值大者在前；两点的上、下相对位置由 z 坐标确定，z 坐标值大者在上。

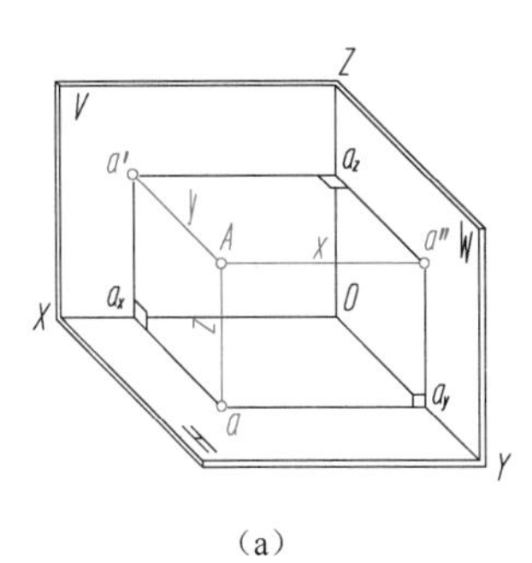

（a）

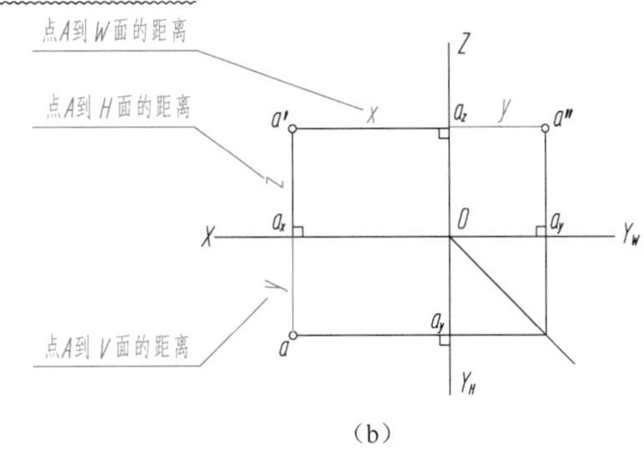

（b）

图 2-11　点的投影与坐标的关系

从图 2-12 中可以看出，由于 $x_A>x_B$，所以点 A 在点 B 的左方；由于 $y_B>y_A$，所以点 A 在点 B 的后方；由于 $z_B>z_A$，所以点 A 在点 B 的下方，即点 A 在点 B 的左、后、下方。

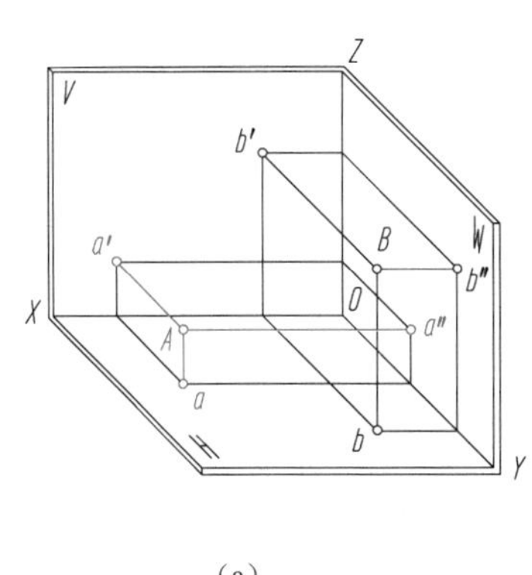

（a）

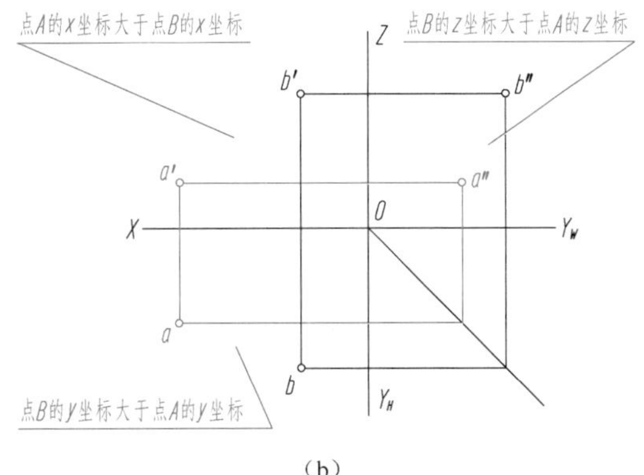

（b）

图 2-12　两点的相对位置

当两点共处于同一条投射线时，其投影必在相应的投影面上重合。这两个点被称为对该投影面的一对重影点。重影点的可见性，需根据两点不重影的投影的坐标来判别。即

当两点在 V 面的投影重合时，需判别其 H 面或 W 面投影，则 y 坐标大者在前（可见）；

当两点在 H 面的投影重合时，需判别其 V 面或 W 面投影，则 z 坐标大者在上（可见）；

若两点在 W 面的投影重合时，需判别其 H 面或 V 面投影，则 x 坐标大者在左（可见）。

在图 2-13 中，E、F 两点的 x、z 坐标相同（$x_E=x_F$、$z_E=z_F$），即 E、F 两点处于对正面的同一条投射线上，E、F 两点的正面投影 e′、f′重合，但水平投影不重合，且 e 在前、f 在后，即 $y_E>y_F$。所以对 V 面来说，E 可见，F 不可见。

提示：在投影图中，对不可见点的标记，需加圆括号表示。如图 2-13 中，点 F 的 V 面投影，加圆括号表示为（f′）。

二、直线的投影

1. 直线的三面投影

一般情况下，直线的投影仍是直线。如图 2-14（a）中的直线 AB，它在 H 面上的投影

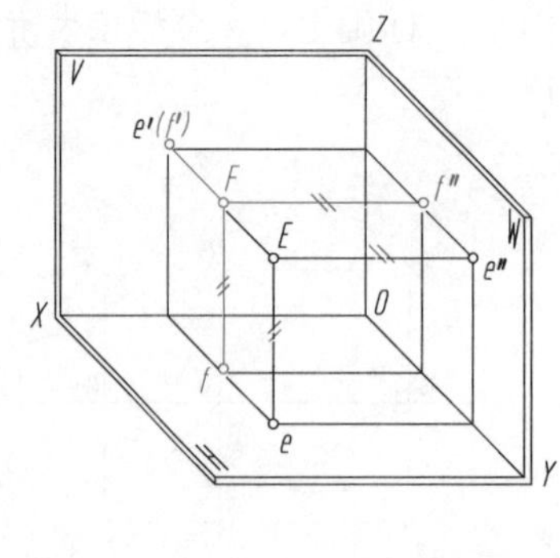

（a）

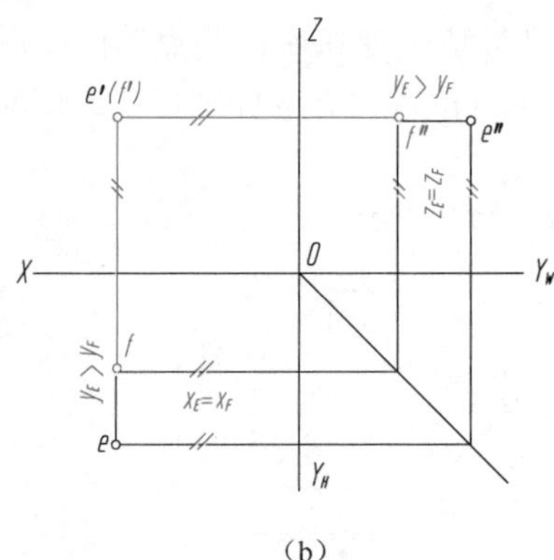

（b）

图 2-13　重影点和可见性判别

为直线 ab。特殊情况下（直线 CD 垂直于投影面），直线的投影积聚为一点 c（d）。

求作直线的三面投影时，可分别作出直线的两端点的三面投影，然后将同一投影面上的投影（简称同面投影）用直线连接起来，即得直线的三面投影，如图 2-14（b）、（c）所示。

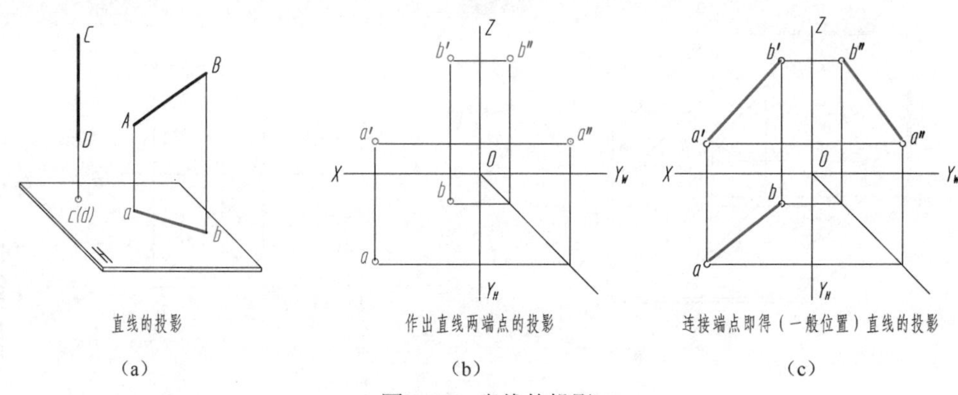

直线的投影　　作出直线两端点的投影　　连接端点即得（一般位置）直线的投影

（a）　　（b）　　（c）

图 2-14　直线的投影

2. **属于直线的点**

直线上点的投影有下列从属关系：

如果一个点在直线上，则此点的各个投影必在该直线的同面投影上。反之，如果点的各个投影都在直线的同面投影上，则该点一定在该直线上。

如图 2-15 所示，点 K 在直线 AB 上，则 k 在 ab 上，k'在 $a'b'$上，k''在 $a''b''$上。应指出：

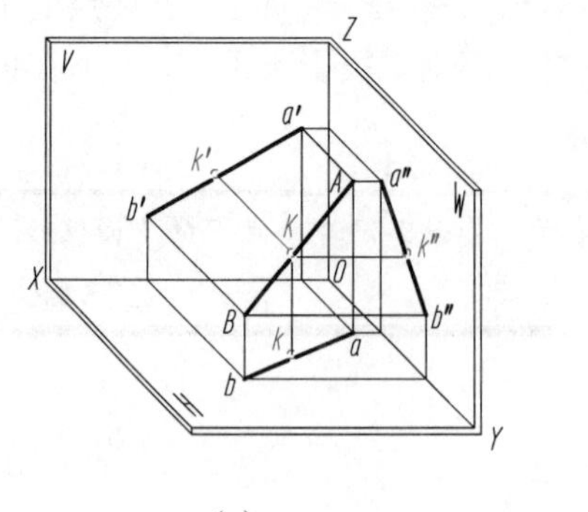

（a）

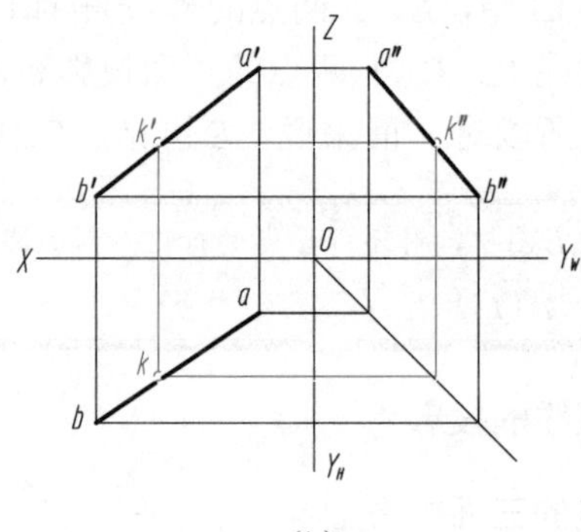

（b）

图 2-15　直线上点的投影

如果一点的三面投影中，有一面投影不在直线的同面投影上，则可判定该点必不在该直线上。

3. 各种位置直线的投影特性

这里所说的直线位置，指的是直线与三投影面体系之间的关系。共有三种情形，即平行、垂直或倾斜（既不平行也不垂直）。

（1）投影面平行线　平行于一个基本投影面而与其他两个基本投影面倾斜的直线，称为投影面平行线。投影面的平行线共有三种，即水平线（//*H* 面）、正平线（//*V* 面）、侧平线（//*W* 面）。

各种投影面平行线的投影特性，列于表 2-1 中。

表 2-1　投影面平行线的投影特性

名称	水平线（// *H*，与 *V*、*W* 倾斜）	正平线（// *V*、与 *H*、*W* 倾斜）	侧平线（// *W*，与 *H*、*V* 倾斜）
轴测图	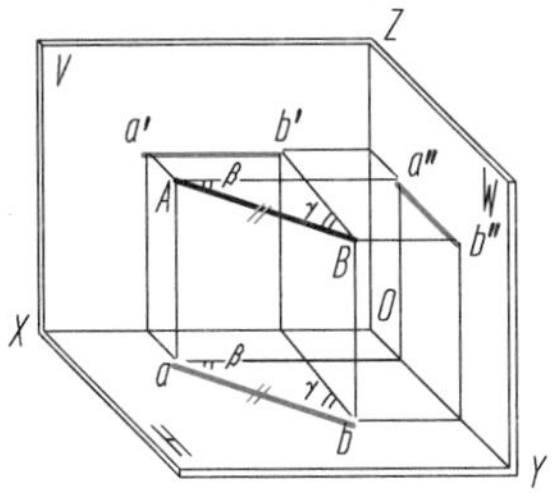	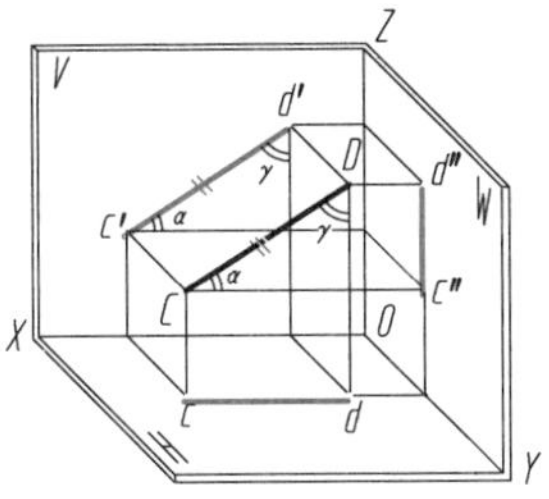	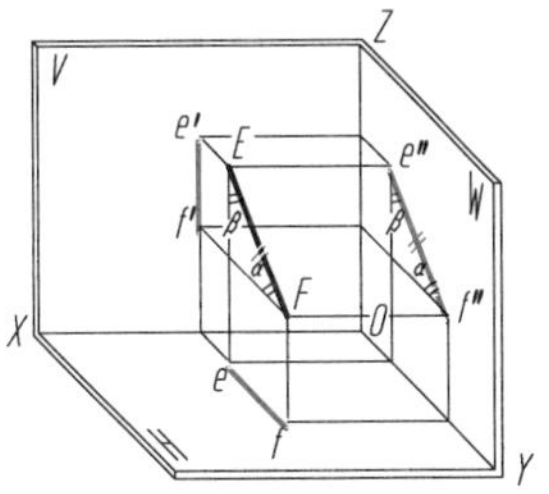
投影	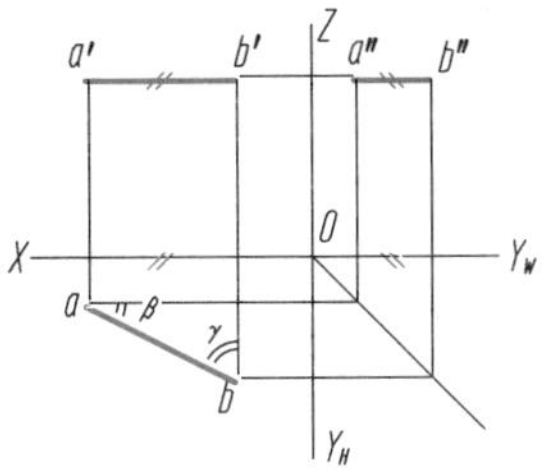	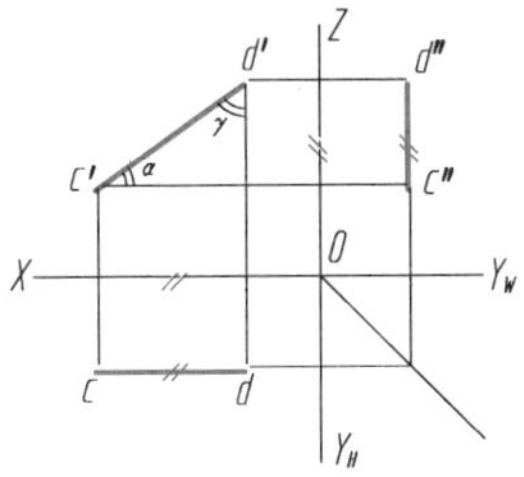	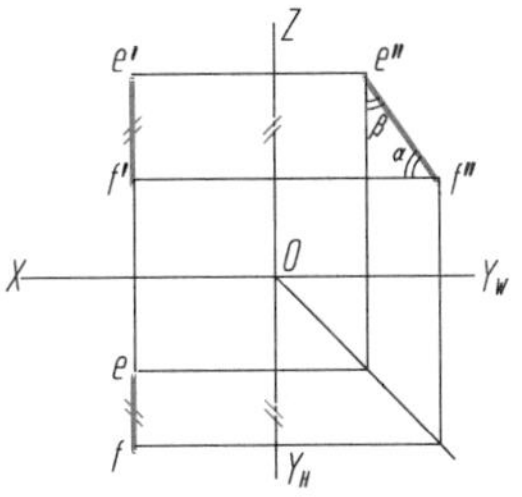
投影特性	① 水平投影 *ab* 等于实长； ② 正面投影 *a'b'* // *OX*，侧面投影 *a''b''* // *OY*，且均不反映实长； ③ *ab* 与 *OX* 和 *OY* 的夹角 β、γ 等于 *AB* 对 *V*、*W* 面的倾角	① 正面投影 *c'd'* 等于实长； ② 水平投影 *cd* // *OX*，侧面投影 *c''d''* // *OZ*，且均不反映实长； ③ *c'd'* 与 *OX* 和 *OZ* 的夹角 α、γ 等于 *CD* 对 *H*、*W* 的倾角	① 侧面投影 *e''f''* 等于实长； ② 水平投影 *ef* // *OY*，正面投影 *e'f'* // *OZ*，且均不反映实长； ③ *e''f''* 与 *OY* 和 *OZ* 的夹角 α、β 等于 *EF* 对 *H*、*V* 面的倾角
	① 直线在所平行的投影面上的投影，均反映实长； ② 其他两面投影平行于相应的投影轴； ③ 反映实长的投影与投影轴所夹的角度，等于空间直线对相应投影面的倾角		

（2）投影面垂直线　垂直于一个基本投影面的直线，称为投影面垂直线。按照所垂直的投影面不同，投影面的垂直线共有三种，即铅垂线（⊥*H* 面）、正垂线（⊥*V* 面）和侧垂线（⊥*W* 面）。

各种投影面垂直线的投影特性，列于表 2-2 中。

表 2-2　投影面垂直线的投影特性

名称	铅垂线（⊥H）	正垂线（⊥V）	侧垂线（⊥W）
轴测图			
投影			
投影特性	① 水平投影 a（b）积聚成点； ② $a'b'=a''b''$等于实长，且 $a'b'\perp OX$，$a''b''\perp OY$	① 正面投影 c'（d'）积聚成点； ② $cd=c''d''$等于实长，且 $cd\perp OX$，$c''d''\perp OZ$	① 侧面投影 e''（f''）积聚成点； ② $ef=e'f'$等于实长，且 $ef\perp OY$，$e'f'\perp OZ$
	① 直线在所垂直的投影面上的投影，积聚成一点； ② 其他两面投影反映该直线的实长，且分别垂直于相应的投影轴		

（3）一般位置直线　对三个投影面都倾斜的直线，称为一般位置直线，如图 2-15 所示。一般位置直线的投影特性为：

① 三面投影都与投影轴倾斜。

② 三面投影长度均小于该线的实长。

三、平面的投影

1. 平面的表示法

不属于同一直线的三点可确定一平面。因此平面可以用下列任何一组几何要素的投影来表示，如图 2-16 所示。在投影中，常用平面图形来表示空间的平面。

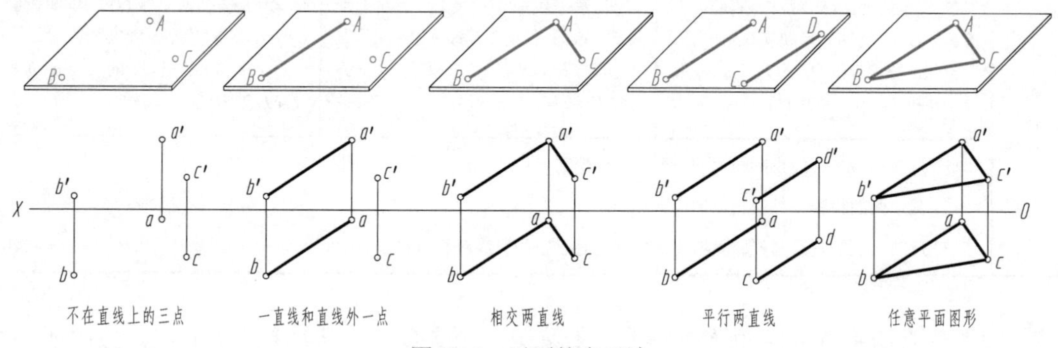

图 2-16　平面的表示法

2. 各种位置平面的投影

在三投影面体系中，平面相对于投影面来说，也有平行、垂直和一般位置（既不平行也不垂直）等三种情况，它们的投影特性分述如下。

（1）投影面平行面　平行于一个基本投影面的平面，称为投影面平行面。投影面的平行面共有三种：平行于 H 面的平面，称为水平面；平行于 V 面的平面，称为正平面；平行于 W 面的平面，称为侧平面。

各种投影面平行面的图例及投影特性，列于表 2-3 中。

表 2-3　投影面平行面的投影特性

名称	水平面（$/\!/H$）	正平面（$/\!/V$）	侧平面（$/\!/W$）
轴测图	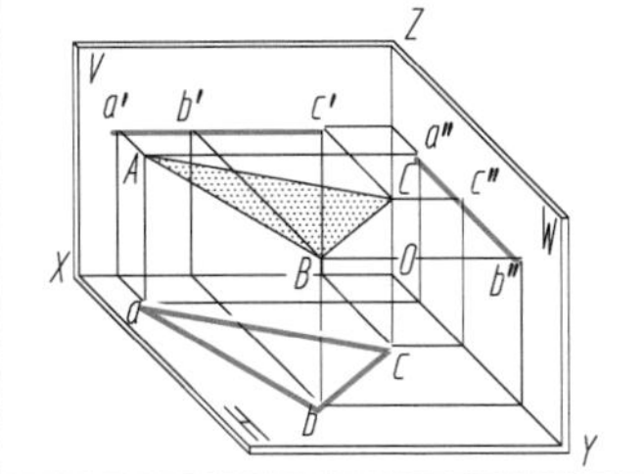	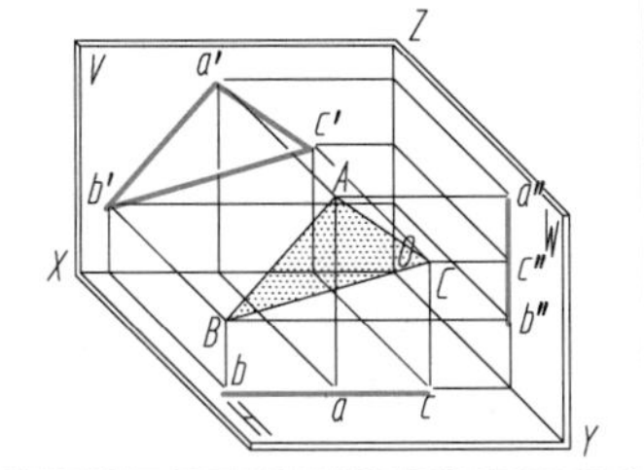	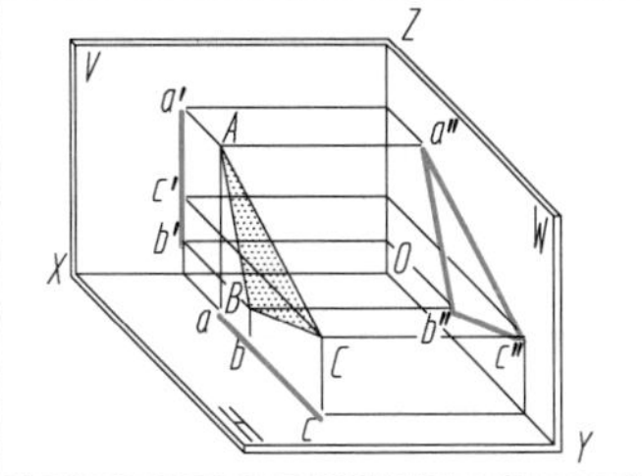
投影	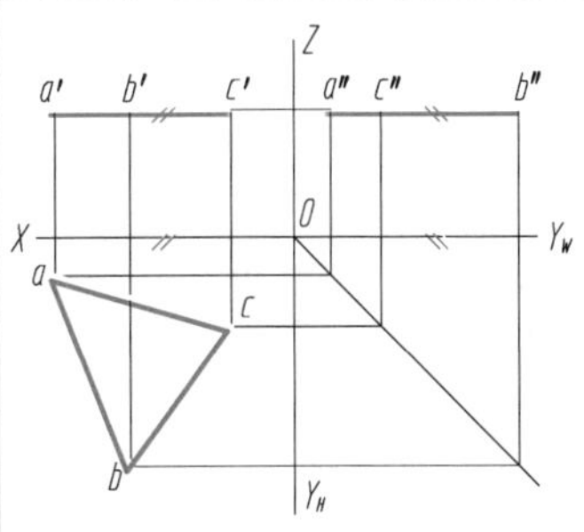	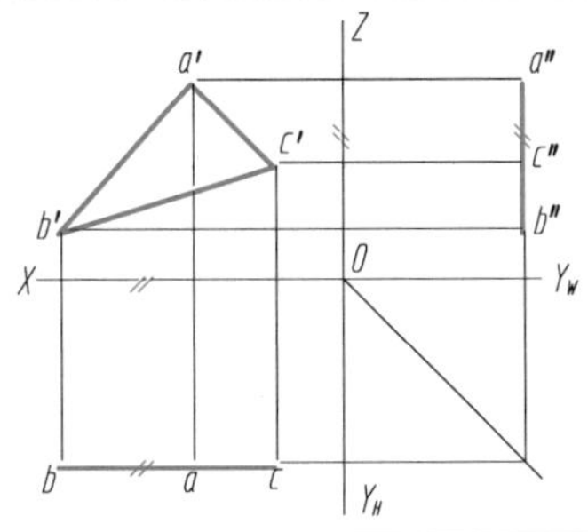	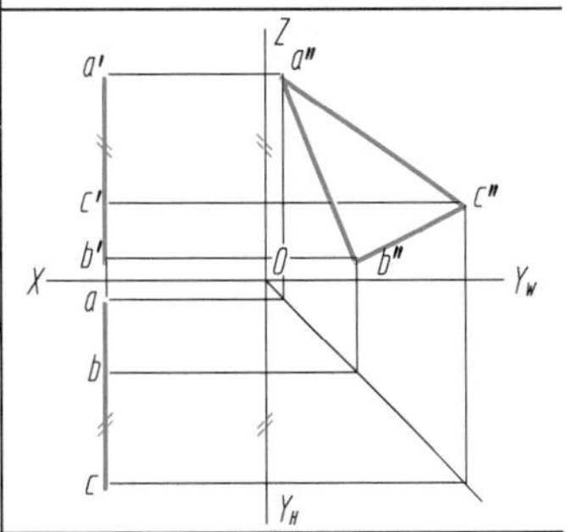
投影特性	①水平投影反映实形； ②正面投影积聚成直线，且平行于 OX 轴；侧面投影积聚成直线，且平行于 OY 轴	①正面投影反映实形； ②水平投影积聚成直线，且平行于 OX 轴；侧面投影积聚成直线，且平行于 OZ 轴	①侧面投影反映实形； ②水平投影积聚成直线，且平行于 OY 轴；正面投影积聚成直线，且平行于 OZ 轴
	①平面图形在所平行的投影面上的投影反映实形； ②其他两面投影积聚成直线，且平行于相应的投影轴		

（2）投影面垂直面　垂直于一个基本投影面，与其他两个基本投影面倾斜的平面，称为投影面垂直面。垂直于 H 面的平面，称为铅垂面；垂直于 V 面的平面，称为正垂面；垂直于 W 面的平面，称为侧垂面。

各种投影面垂直面的图例及投影特性，列于表 2-4 中。

表 2-4　投影面垂直面的投影特性

名称	铅垂面（$\perp H$，与 V、W 倾斜）	正垂面（$\perp V$，与 H、W 倾斜）	侧垂面（$\perp W$，与 V、H 倾斜）
轴测图	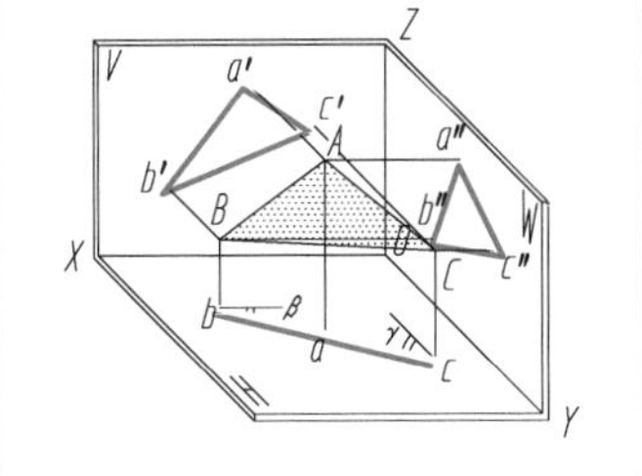	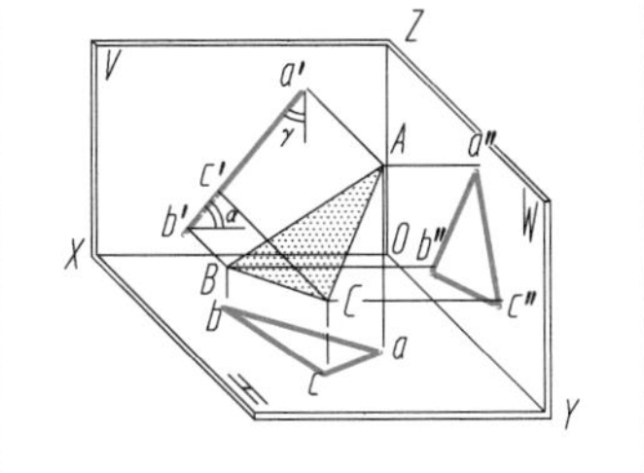	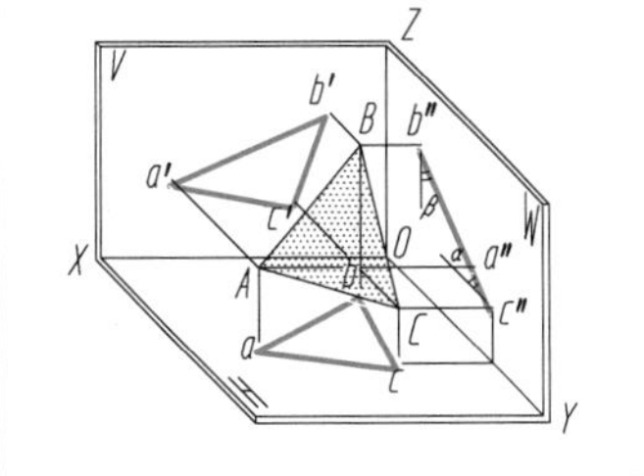

续表

名称	铅垂面（⊥H，与 V、W 倾斜）	正垂面（⊥V，与 H、W 倾斜）	侧垂面（⊥W，与 V、H 倾斜）
投影			
投影特性	①水平投影积聚成直线，该直线与 X、Y 轴的夹角 β、γ，等于平面对 V、W 面的倾角； ②正面投影和侧面投影为原形的类似形	①正面投影积聚成直线，该直线与 X、Z 轴的夹角 α、γ，等于平面对 H、W 面的倾角； ②水平投影和侧面投影为原形的类似形	①侧面投影积聚成直线，该直线与 Y、Z 轴的夹角 α、β，等于平面对 H、V 面的倾角； ②正面投影和水平投影为原形的类似形
	①平面图形在所垂直的投影面上的投影，积聚成与投影轴倾斜的直线，该直线与投影轴的夹角等于平面对相应投影面的倾角； ②其他两面投影均为原形的类似形		

（3）一般位置平面　对三个投影面都倾斜的平面，称为一般位置平面。如图 2-17（a）所示，正三棱锥的左侧面与三个投影面均倾斜，是一般位置平面。三角形 SAB 的水平投影 sab、正面投影 $s'a'b'$、侧面投影 $s''a''b''$ 均为三角形，如图 2-17（b）所示。

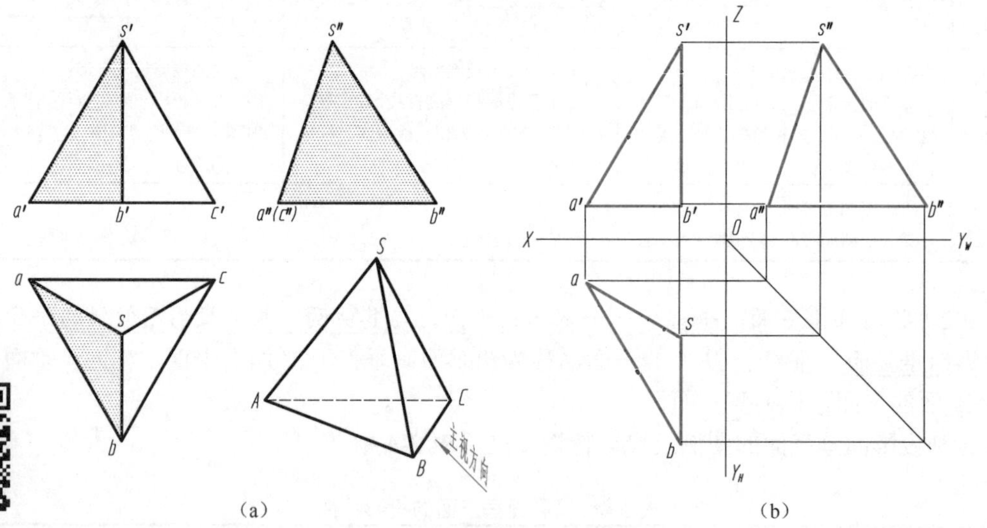

图 2-17　一般位置平面的投影

从中可以看出，一般位置平面的投影特性为：一般位置平面的三面投影，都是小于原平面图形的类似形。

四、平面上直线和点的投影

1. 平面上的直线

在平面上取直线的几何条件有两条：

① 一直线经过平面上的两点。

② 一直线经过平面上的一点，且平行于平面上的另一已知直线。

【例 2-1】　如图 2-18（a）所示，已知平面△*ABC*，试作出该平面上的任一直线。

作法一　过 *a'* 点作任一直线，得点 *m'*，求出 *m*；连接 *a*、*m* 即为所求，如图 2-18（b）所示。

作法二　在直线 *a'b'* 上任取一点 *m'*，过 *m'* 点作直线 *b'*、*c'* 的平行线；求出 *m*，过 *m* 点作直线 *b*、*c* 的平行线即为所求，如图 2-18（c）所示。

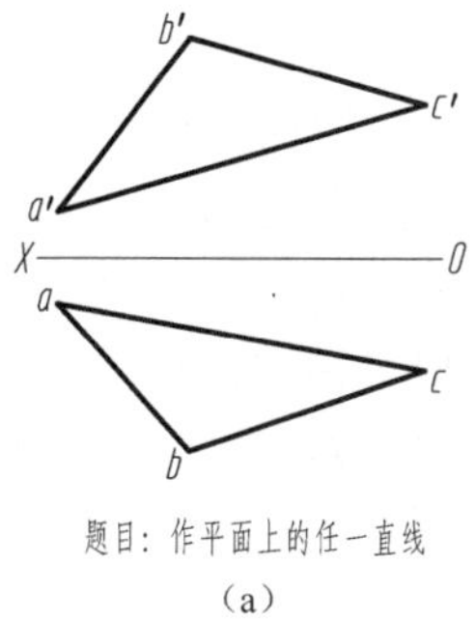

题目：作平面上的任一直线

（a）

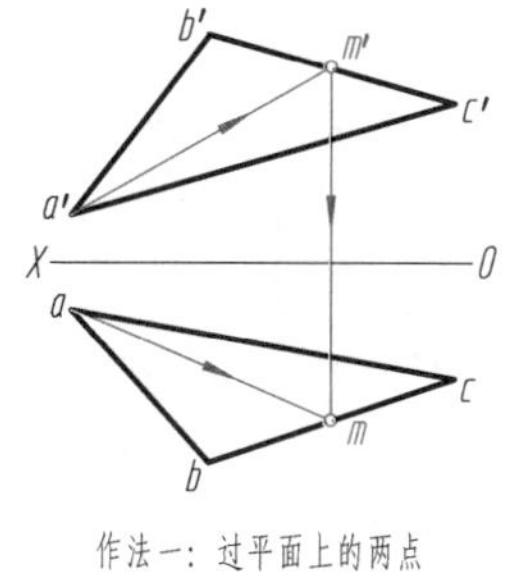

作法一：过平面上的两点

（b）

作法二：过平面上一点且平行于另一直线

（c）

图 2-18　在平面上取直线

2. 平面上的点

在平面上取点的几何条件是：

若点在直线上、直线在平面上，则点一定在该平面上。因此，在平面上取点时，应先在平面上取直线，再在该直线上取点。

【例 2-2】　如图 2-19（a）所示，已知△*ABC* 上点 *E* 的正面投影 *e'* 和点 *F* 的水平面投影 *f*，求作它们的另一面投影。

作图

① 过 *a'*、*e'* 作一条辅助直线，得点 1'；求出点 1' 的水平面投影 1，连接 *a*、1；过 *e'* 作 *OX* 轴的垂线与 *a*1 相交，交点 *e* 即为点 *E* 的水平面投影，如图 2-19（b）所示。

② 连接 *a*、*f* 作辅助直线，得点 2；求出点 2 的正面投影 2'；过 *f* 作 *OX* 轴的垂线，与 *a'*2' 的延长线相交，交点即为点 *F* 的正面投影 *f'*，如图 2-19（c）所示。

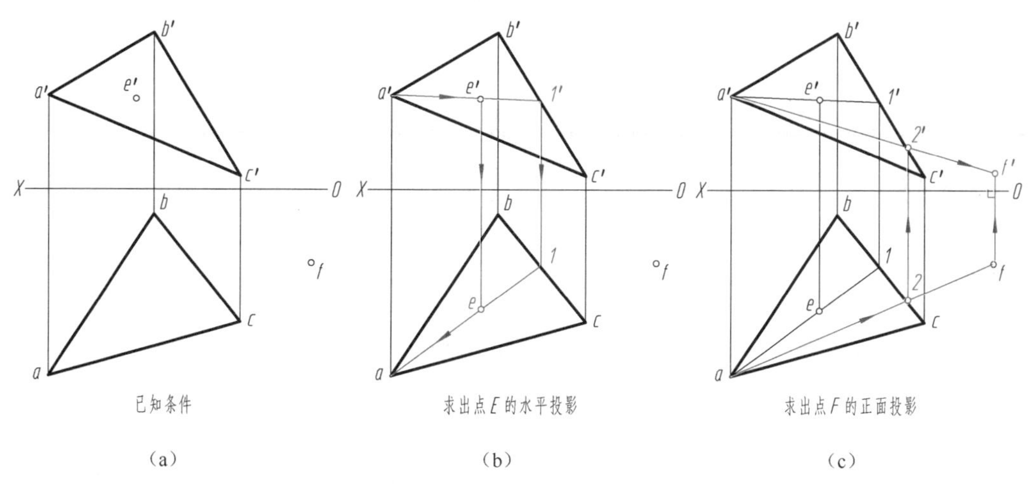

已知条件　　求出点 *E* 的水平投影　　求出点 *F* 的正面投影

（a）　　（b）　　（c）

图 2-19　求平面内点的投影

第三节　几何体的投影

几何体分为平面立体和曲面立体。表面均为平面的立体，称为平面立体；表面由曲面或曲面与平面组成的立体，称为曲面立体。

本节重点讨论上述两类立体的三视图画法，以及在立体表面上取点的作图问题。

一、平面立体

1. 棱柱

（1）三棱柱的三视图　图2-20（a）表示一个正三棱柱的投影。它的顶面和底面为水平面，三个矩形侧面中，后面是正平面，左右两面为铅垂面，三条侧棱为铅垂线。

画三棱柱的三视图时，先画顶面和底面的投影：在水平面投影中，它们均反映实形（三角形）且重影；其正面和侧面投影都有积聚性，分别为平行于 X 轴和 Y 轴的直线；三条侧棱的水平面投影都有积聚性，为三角形的三个顶点，它们的正面和侧面投影，均平行于 Z 轴且反映了棱柱的高。画完这些面和棱线的投影，即得该三棱柱的三视图，如图2-20（b）所示。

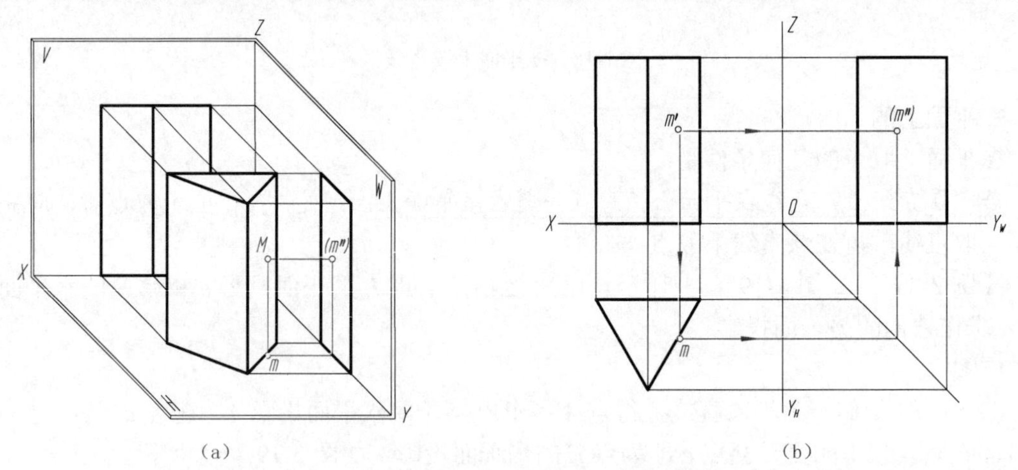

(a)　(b)

图2-20　正三棱柱的三视图及其表面上点的求法

（2）棱柱表面上的点　求体表面上点的投影，应依据在平面上取点的方法作图。但需判别点的投影的可见性：若点所在表面的投影可见，则点的同面投影也可见；反之为不可见。

> 提示：对不可见的点的投影，需加圆括号表示。

【例2-3】　如图2-20（b）所示，已知三棱柱上一点 M 的正面投影 m'，求其水平投影 m 和侧面投影 m''。

分析作图

按 m' 的位置和可见性，可判定点 M 在三棱柱的右侧棱面上。因点 M 所在平面为铅垂面，因此，其水平面投影 m 必落在该平面有积聚性的水平面投影上。根据 m' 和 m 即可求出侧面投影 m''。由于点 M 在三棱柱的右侧面上，该棱面的侧面投影不可见，故 m'' 不可见。

2. 棱锥

（1）棱锥的三视图　图 2-21（a）表示正三棱锥的投影。它由底面△ABC 和三个棱面

$\triangle SAB$、$\triangle SBC$ 和 $\triangle SAC$ 所组成。底面为水平面，其水平面投影反映实形，正面和侧面投影积聚成直线。棱面 $\triangle SAC$ 为侧垂面，侧面投影积聚成直线，水平面投影和正面投影都是类似形。棱面 $\triangle SAB$ 和 $\triangle SBC$ 为一般位置平面，其三面投影均为类似形。棱线 SB 为侧平线，棱线 SA、SC 为一般位置直线，棱线 AC 为侧垂线，棱线 AB、AC 为水平线。它们的投影特性读者可自行分析。

画正三棱锥的三视图时，先画出底面 $\triangle ABC$ 的各面投影，如图 2-21（b）所示；再画出锥顶 S 的各面投影，连接各顶点的同面投影，即为正三棱锥的三视图，如图 2-21（c）所示。

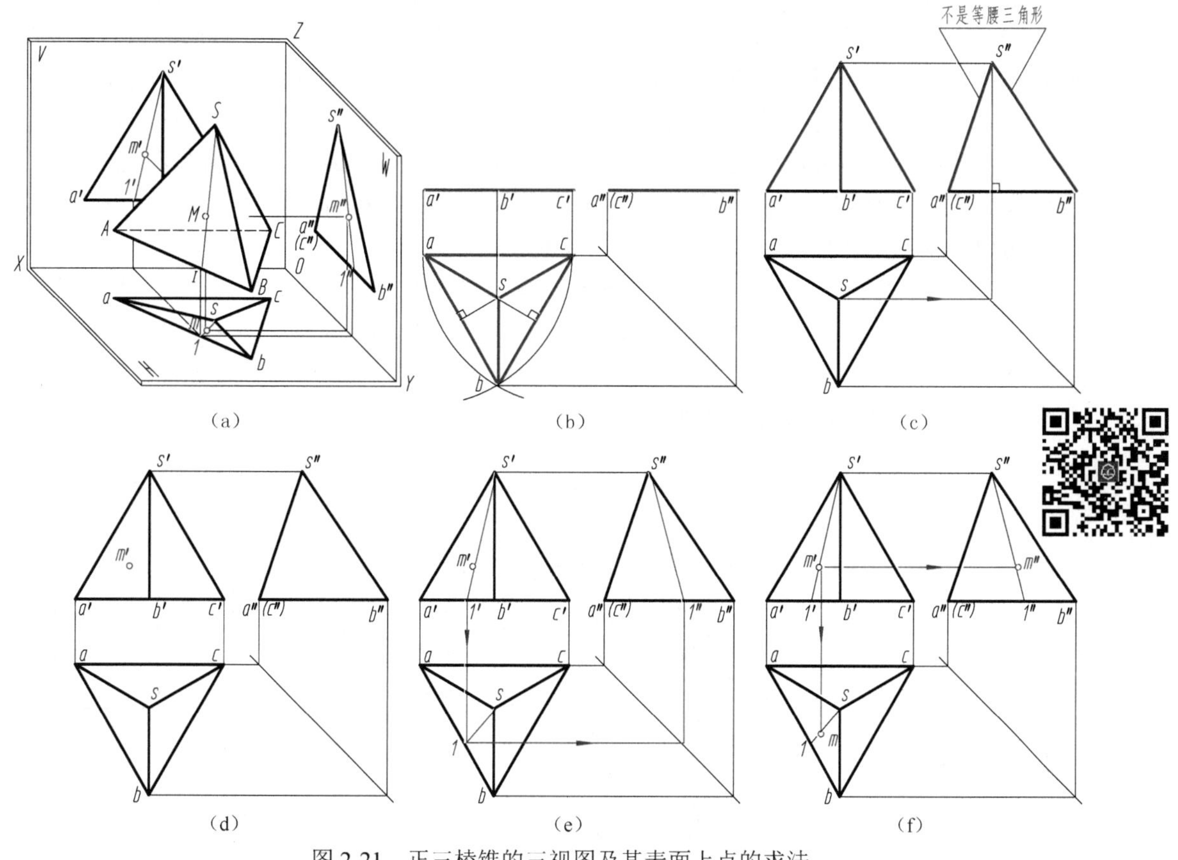

图 2-21　正三棱锥的三视图及其表面上点的求法

提示：正三棱锥的左视图并不是等腰三角形。

（2）棱锥表面上的点　正三棱锥的表面有特殊位置平面，也有一般位置平面。特殊位置平面上点的投影，可利用该平面投影的积聚性直接作图；一般位置平面上点的投影，可通过在平面上作辅助线的方法求得。

【例 2-4】　如图 2-21（d）所示，已知棱面 $\triangle SAB$ 上点 M 的正面投影 m'，试求点 M 的其他两面投影。

分析作图

棱面 $\triangle SAB$ 是一般位置平面，需过锥顶 S 及点 M 作一辅助线 SⅠ（即过 m' 作 $s'1'$，其水平面投影为 $s1$），如图 2-21（e）所示；然后根据点在直线上的投影特性，求出其水平面投影 m，再由 m'、m 求出 m''，如图 2-21（f）所示。

提示：若过点 M 作一水平辅助线，同样可求得点 M 的其他两面投影。

二、曲面立体

1. 圆柱

（1）圆柱面的形成　如图 2-22（a）所示，圆柱面可看作一条直线 AB 围绕与它平行的轴线 OO 回转而成。OO 称为轴线，直线 AB 称为母线，母线转至任一位置时称为素线。这种由一条母线绕轴线回转而形成的表面称为回转面；由回转面构成的立体称为回转体。

（2）圆柱的三视图　由图 2-22（b）可以看出，圆柱的主视图为一个矩形线框。其中左右两轮廓线是两组由投射线组成（和圆柱面相切）的平面与 V 面的交线。这两条交线也正是圆柱面上最左、最右素线的投影，它们把圆柱面分为前后两部分，其投影前半部分可见，后半部分不可见，而这两条素线是可见与不可见的分界线。最左、最右素线的侧面投影和轴线的侧面投影重合（不需画出其投影），水平投影在横向中心线和圆周的交点处。矩形线框的上、下两边分别为圆柱顶面、底面的积聚性投影。

图 2-22（c）为圆柱的三视图。俯视图为一圆线框。由于圆柱轴线是铅垂线，圆柱表面所有素线都是铅垂线，因此，圆柱面的水平投影积聚成一个圆。同时，圆柱顶面、底面的投影（反映实形），也与该圆相重合。画圆柱的三视图时，一般先画投影具有积聚性的圆，再根据投影规律和圆柱的高度完成其他两视图。

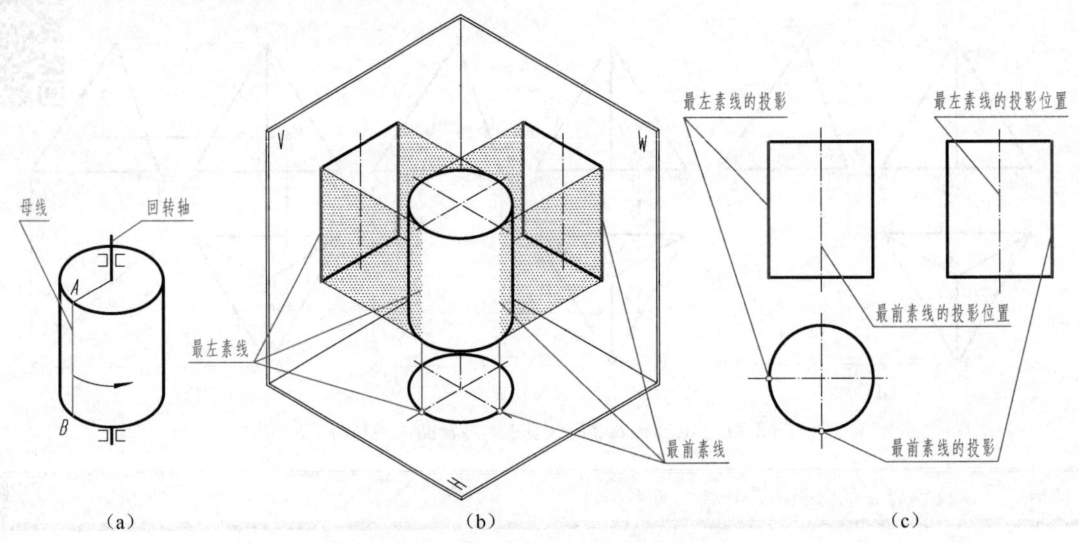

图 2-22　圆柱的形成、视图及其分析

（3）圆柱表面上的点　如图 2-23（a）所示，已知圆柱面上点 M 的正面投影 m'，求另两面投影 m 和 m''。根据给定的 m'的位置，可判定点 M 在前半圆柱面的左半部分；因圆柱面的水平投影有积聚性，故 m 必在前半圆周的左部，m''可根据 m'和 m 求得，如图 2-23（b）所示。又知圆柱面上点 N 的侧面投影 n''，其他两面投影 n 和 n'的求法和可见性，如图 2-23（c）所示。

2. 圆锥

（1）圆锥面的形成　圆锥面可看作由一条直母线 SA 围绕和它相交的轴线回转而成，如图 2-24（a）所示。

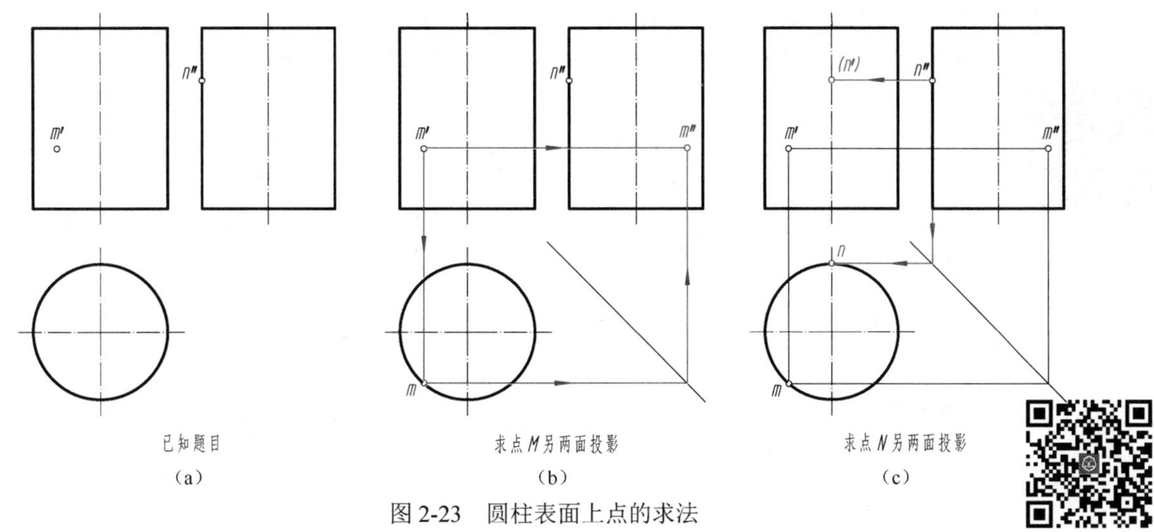

图 2-23　圆柱表面上点的求法

（2）圆锥的三视图　图 2-24（b）为圆锥的三视图。俯视图的圆形，反映圆锥底面的实形，同时也表示圆锥面的投影。主、左视图的等腰三角形线框，其下边为圆锥底面的积聚性投影。主视图中三角形的左、右两边，分别表示圆锥面最左素线 *SA* 和最右素线 *SB*（反映实长）的投影，它们是圆锥面正面投影可见与不可见部分的分界线；左视图中三角形的两边，分别表示圆锥面最前、最后素线 *SC*、*SD* 的投影（反映实长），它们是圆锥面侧面投影可见与不可见的分界线。

画圆锥的三视图时，先画出圆锥底面的各个投影，再画出锥顶点的投影，然后分别画出特殊位置素线的投影，即完成圆锥的三视图。

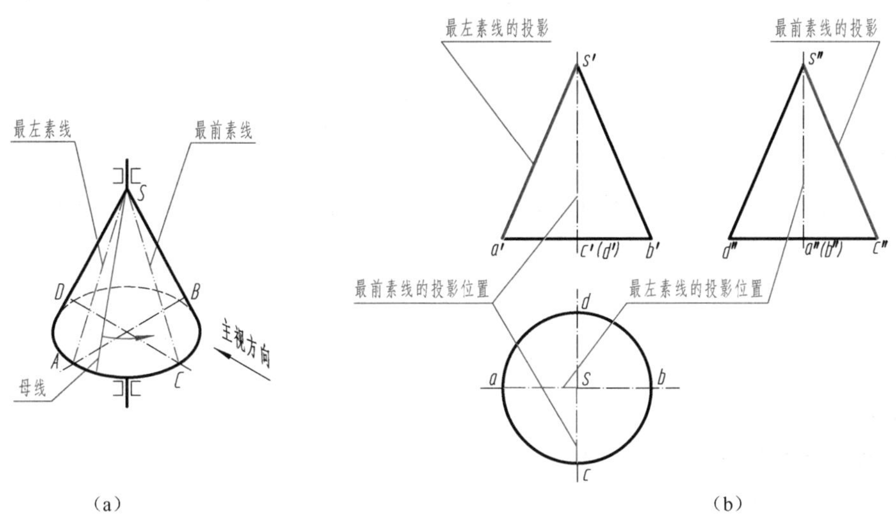

图 2-24　圆锥的形成、视图及其分析

（3）圆锥表面上的点　如图 2-25（a）、（d）所示，已知圆锥面上的点 *M* 的正面投影 *m'*，在圆锥表面作辅助线或辅助圆，都可求出 *m* 和 *m''*。根据 *M* 的位置和可见性，可判定点 *M* 在前、左圆锥面上，点 *M* 的三面投影均可见。作图可采用如下两种方法。

第一种方法——辅助素线法

① 过锥顶 *S* 和点 *M* 作一辅助素线 *S* Ⅰ，即连接 *s'm'*，并延长到与底面的正面投影相交

于 1′，求得 $s1$ 和 $s''1''$，如图 2-25（b）所示。

② 根据点在直线上的投影规律作出 m 和 m''，如图 2-25（c）所示。

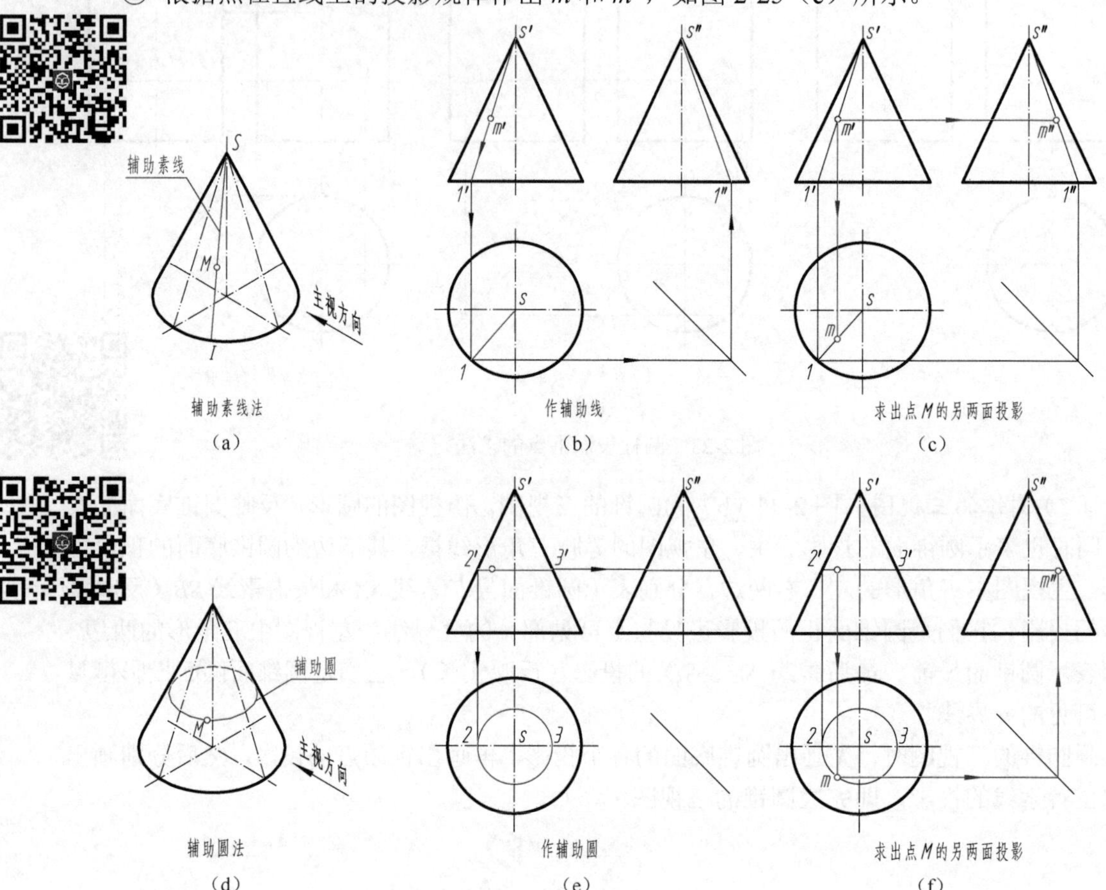

图 2-25　圆锥表面上点的求法

第二种方法——辅助面法

① 过点 M 在圆锥面上作垂直于圆锥轴线的水平辅助圆（该圆的正面投影积聚为一直线），即过 m'所作的 2′3′；它的水平投影为一直径等于 2′3′的圆，圆心为 s，如图 2-25（e）所示。

② 由 m'作 X 轴的垂线，与辅助圆的交点即为 m。再根据 m'和 m 求出 m''，如图 2-25（f）所示。

3. 圆球

（1）圆球面的形成　如图 2-26（a）所示，圆球面可看作一个圆（母线），围绕它的直径回转而成。

（2）圆球的三视图　图 2-26（b）为圆球的三视图。它们都是与圆球直径相等的圆，均表示圆球面的投影。球的各个投影虽然都是圆形，但各个圆的意义不同。正面投影的圆是平行于正面的圆素线（前、后两半球的分界线，圆球正面投影可见与不可见的分界线）的投影；按此做类似的分析，水平面投影的圆，是平行于水平面的圆素线的投影；侧面投影的圆，是平行于侧面的圆素线的投影。这三条圆素线的其他两面投影，都与圆的相应中心线重合。

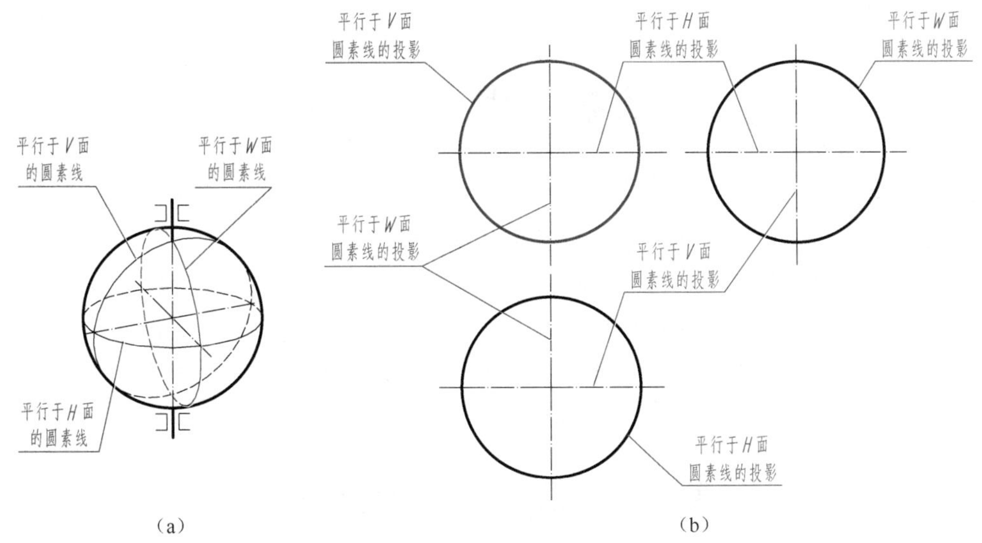

（a）（b）

图 2-26 圆球的形成及视图

（3）圆球表面上的点 如图 2-27（a）所示，已知圆球面上点 *M* 的水平投影 *m* 和点 *N* 的正面投影 *n*′，求其他两面投影。

根据点的位置和可见性，可判定：点 *N* 在前、后两半球的分界线上（点 *N* 在右半球，其侧面投影不可见），*n* 和 *n*″可直接求出，如图 2-27（b）所示。

点 *M* 在前、左、上半球（点 *M* 的三面投影均为可见），需采用辅助圆法求 *m*′和 *m*″，即过点 *m* 在球面上作一平行于水平面的辅助圆（也可作平行于正面或侧面的圆）。因点在辅助圆上，故点的投影必在辅助圆的同面投影上。作图时，先在水平投影中过 *m* 作 *X* 轴的平行线 *ef*（*ef* 为辅助圆在水平投影面上的积聚性投影），其正面投影为直径等于 *ef* 的圆，由 *m* 作 *X* 轴的垂线，与辅助圆正面投影的交点即为 *m*′，再由 *m*′求得 *m*″，如图 2-27（c）所示。

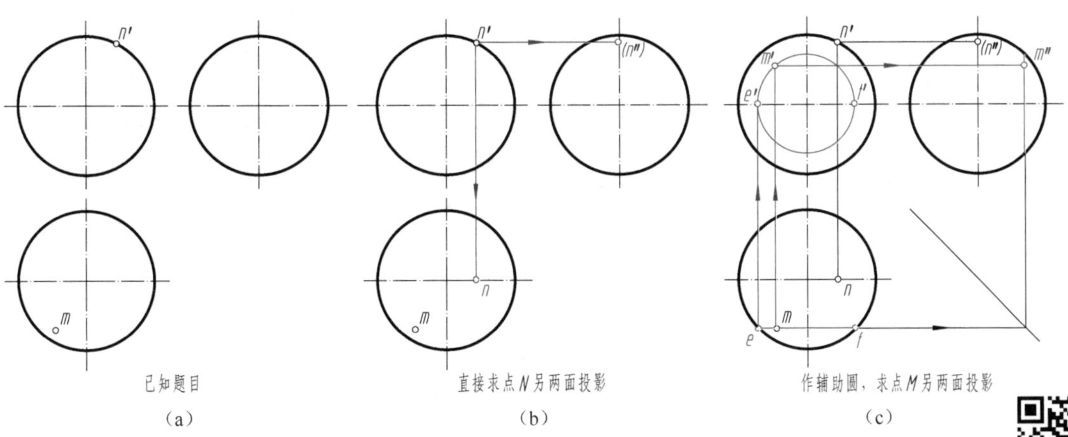

（a）（b）（c）

图 2-27 圆球表面上点的求法

第三章　组　合　体

教学提示

① 理解形体分析法的定义，掌握组合体的组合形式。
② 熟悉截交线和相贯线的投影特性，掌握求作截交线和相贯线的基本方法。
③ 掌握绘制组合体视图和尺寸标注的方法，基本达到完整、准确、清晰的要求。
④ 掌握看组合体视图的基本方法，能根据视图想象出组合体的空间形状。
⑤ 具有根据已知两视图补画第三视图的能力。

第一节　组合体的形体分析

任何复杂的物体，从形体角度看，都可认为是由若干基本形体（如柱、锥、球体等），按一定的连接方式组合而成的。由两个或两上以上基本形体组成的物体，称为组合体。

一、形体分析法

如图 3-1（a）所示轴承座，可看成是由两个尺寸不同的四棱柱和一个半圆柱叠加起来后，再切去一个较大圆柱体和两个小圆柱体而成的组合体，如图 3-1（a）、（b）所示。

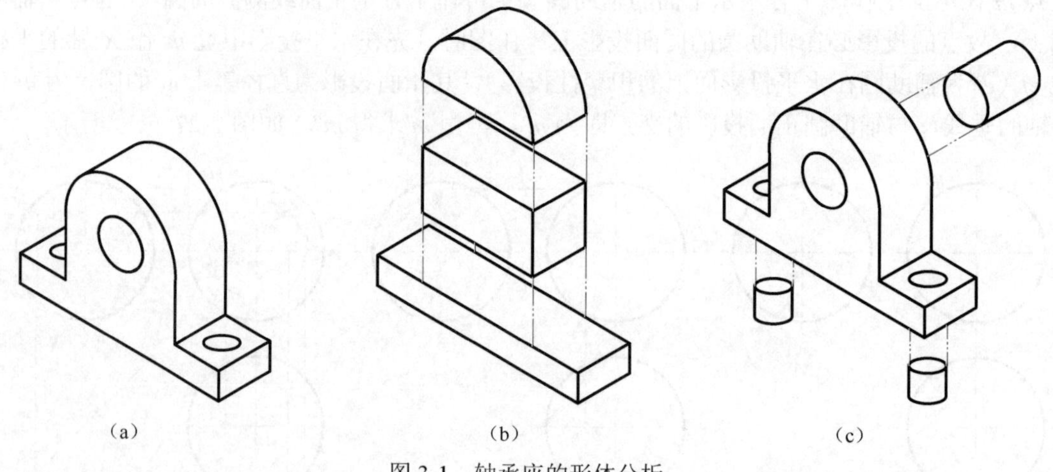

图 3-1　轴承座的形体分析

既然如此，画组合体的三视图时，就可采用“先分后合”的方法，即先在想象中将组合体分解成若干个基本形体，然后按其相对位置逐个画出各基本形体的投影，综合起来，即得到整个组合体的视图。这样，就可把一个复杂的问题，分解成几个简单的问题加以解决。

通过分析，将物体分解成若干个基本形体，并搞清它们之间相对位置和组合形式的方法，称为形体分析法。

二、组合体的组合形式

组合体的组合形式，可粗略地分为叠加型、切割型和综合型三种。讨论组合体的组合形式，关键是搞清相邻两形体间的接合形式，以利于分析接合处分界线的投影。

1. 叠加型

叠加型是两形体组合的基本形式，按照形体表面接合的方式不同，又可细分为共面、相切、相交和相贯等几种形式。

（1）共面与非共面　如图 3-2（a）所示，当两形体的邻接表面不共面时，在两形体的连接处应有交线，如图 3-2（b）所示。如图 3-3（a）所示，当两形体的邻接表面共面时，在共面处没有交线，如图 3-3（b）所示。

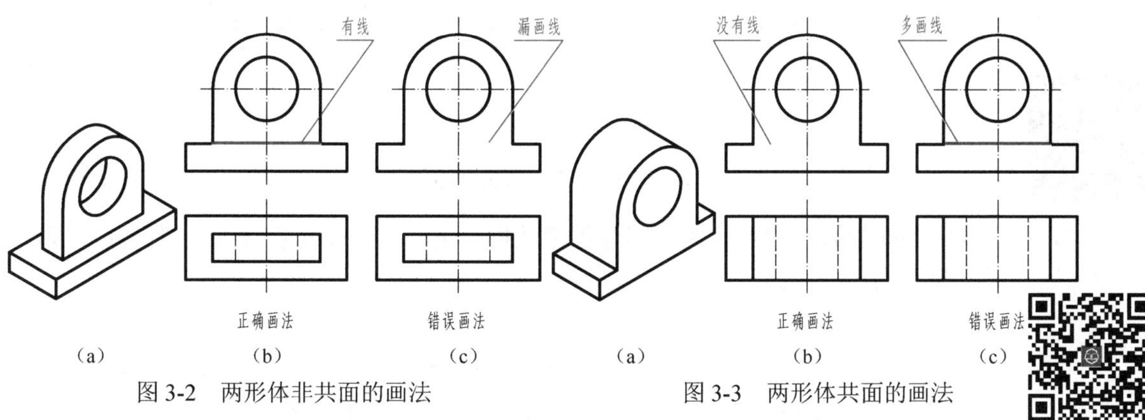

图 3-2　两形体非共面的画法　　图 3-3　两形体共面的画法

（2）相切　图 3-4（a）中的组合体由耳板和圆筒组成。耳板前后两平面与左右两大小圆柱面光滑连接，即相切。在水平投影中，表现为直线和圆弧相切。在其正面和侧面投影中，相切处不画线，耳板上表面的投影只画至切点处，如图 3-4（b）所示。

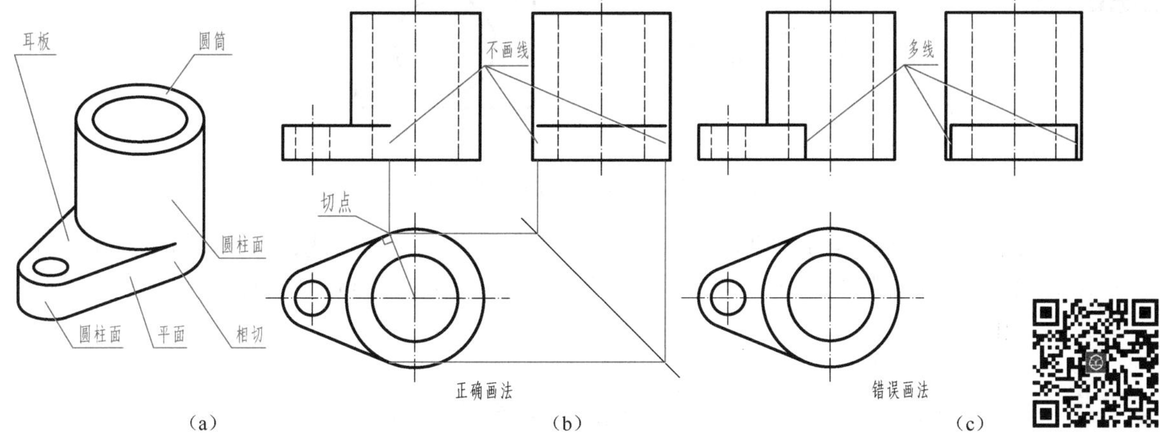

图 3-4　两形体表面相切的画法

（3）相交　图 3-5（a）中的组合体也是由耳板和圆筒组成，但耳板前后两平面平行，与左右两大小圆柱面相交。在水平投影中，表现为直线和圆弧相交。在其正面和侧面投影中，应画出交线，如图 3-5（b）所示。

（4）相贯　两回转体的表面相交称为相贯，相交处的交线称为相贯线，如图 3-6（a）所示。

两圆柱异径正交，其相贯线是闭合的一条空间曲线。小圆柱的轴线垂直于水平面，相贯线的水平投影与小圆柱面的积聚性投影重合——即相贯线为圆；大圆柱面的轴线垂直于侧

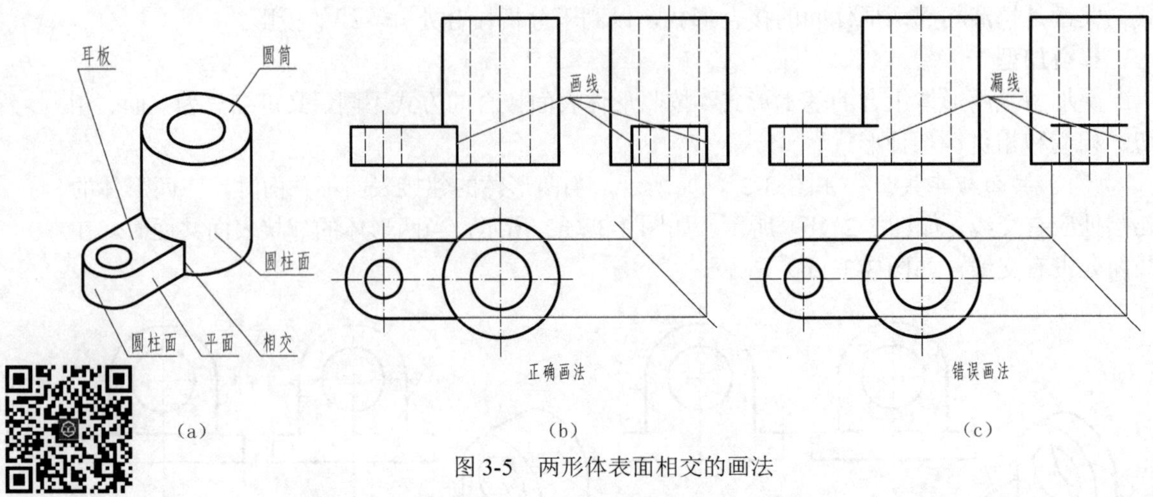

图 3-5　两形体表面相交的画法

面，相贯线的侧面投影与大圆柱面的部分积聚性投影重合——即相贯线为一段圆弧。因此，只需补画相贯线的正面投影，如图 3-6（b）所示。

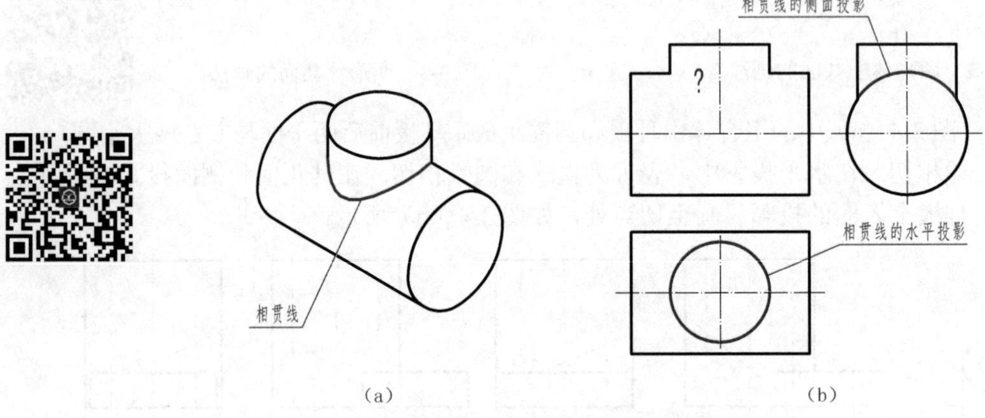

图 3-6　两圆柱异径正交时的相贯线

为了简化作图，国家标准规定，允许采用简化画法画出相贯线的投影，即用圆弧代替非圆曲线。当两圆柱异径正交，且不需要准确地求出相贯线时，可采用简化画法作出相贯线的投影。相贯线的简化画法如下：

① 求出相贯线的最低点 *K*，如图 3-7（a）所示。

② 作 *AK* 的垂直平分线与小圆柱轴线相交，得到点 *O*，如图 3-7（b）所示。

③ 以点 *O* 为圆心、*OA*（*R*）长为半径画出圆弧即为所求，如图 3-7（c）所示。

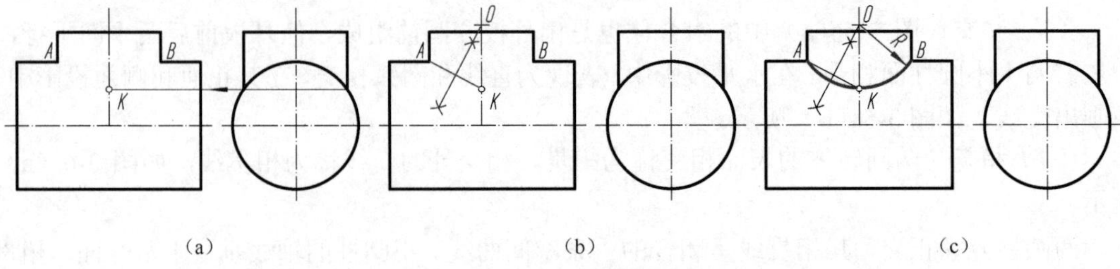

图 3-7　相贯线的简化画法

2. 切割型

对于不完整的形体，以采用切割的概念对它进行分析为宜。如图 3-8（a）所示的物体，可看成是长方体经切割而形成的。画图时，可先画出完整长方体的三视图，然后逐个画出被切部分的投影，如图 3-8（b）所示。

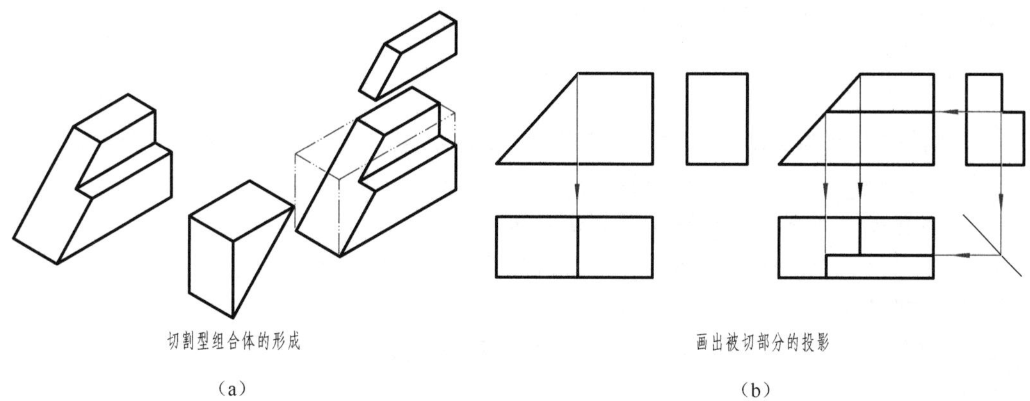

图 3-8　切割型组合体的画法

3. 综合型

大部分组合体都是既有叠加又有切割，属综合型。画图时，一般可先画叠加各形体的投影，再画被切各形体的投影。如图 3-9（a）所示组合体，就是按底板、四棱柱叠加后，再切掉两个 U 形柱、半圆柱和一个小圆柱的顺序画出的，如图 3-9（b）～（f）所示。

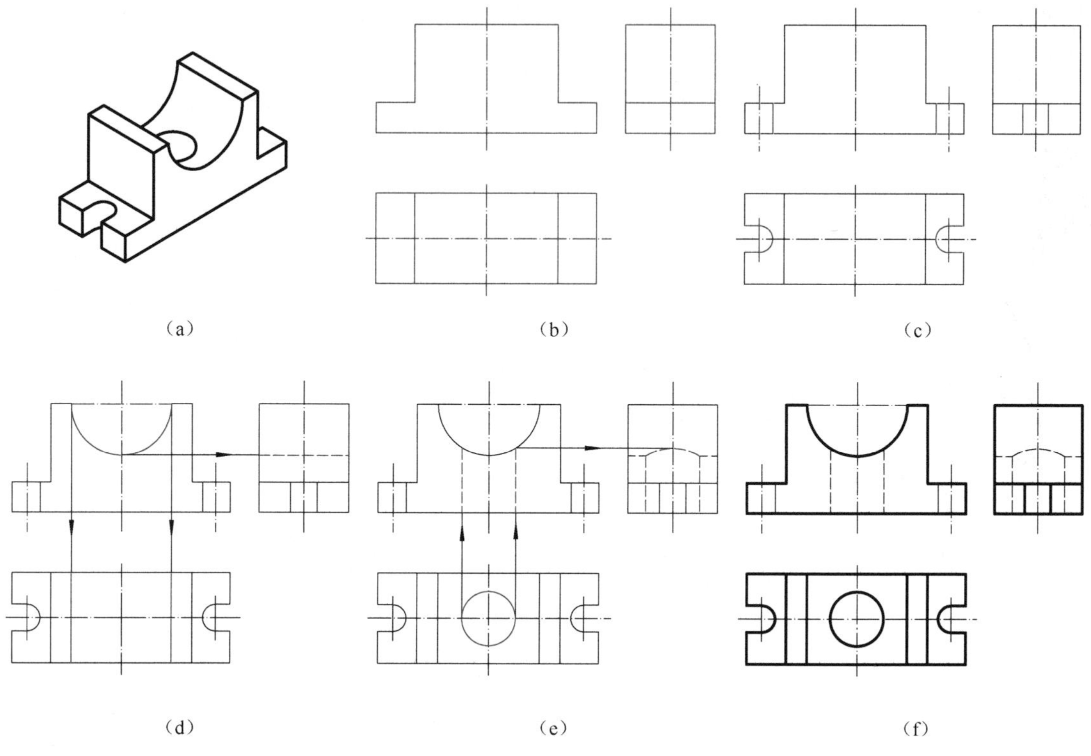

图 3-9　综合型组合体

第二节　立体表面交线

在机械零件上常见到一些交线。在这些交线中，有的是平面与立体表面相交而产生的交线（截交线），有的是两立体表面相交而形成的交线（相贯线）。了解这些交线的性质并掌握其画法，有助于正确地分析和表达机械零件的结构形状。

一、截交线

当立体被平面截断成两部分时，其中任何一部分均称为截断体，用来截切立体的平面称为截平面，截平面与立体表面的交线称为截交线。截交线具有两个基本性质：

（1）共有性　截交线是截平面与立体表面的共有线。

（2）封闭性　由于任何立体都有一定的范围，所以截交线一定是闭合的平面图形。

1. 平面切割棱锥

【例 3-1】　求作图 3-10（a）所示正六棱锥截交线的投影。

分析

由图 3-10（a）中可见，正六棱锥被正垂面 *P* 截切，截交线是六边形，六个顶点分别是截平面与六条侧棱的交点。由此可见，平面立体的截交线是一个平面多边形；多边形的每一条边，是截平面与平面立体各棱面的交线；多边形的各个顶点就是截平面与平面立体棱线的交点。求平面立体的截交线，实质上就是求截平面与各被截棱线交点的投影。

作图

① 利用截平面的积聚性投影，先找出截交线各顶点的正面投影 a'、b'、c'、d'（B、C 各为前后对称的两个点）；再依据直线上点的投影特性，求出各顶点的水平投影 a、b、c、d 及侧面投影 a''、b''、c''、d''，如图 3-10（b）所示。

② 依次连接各顶点的同面投影，即为截交线的投影，如图 3-10（c）所示。

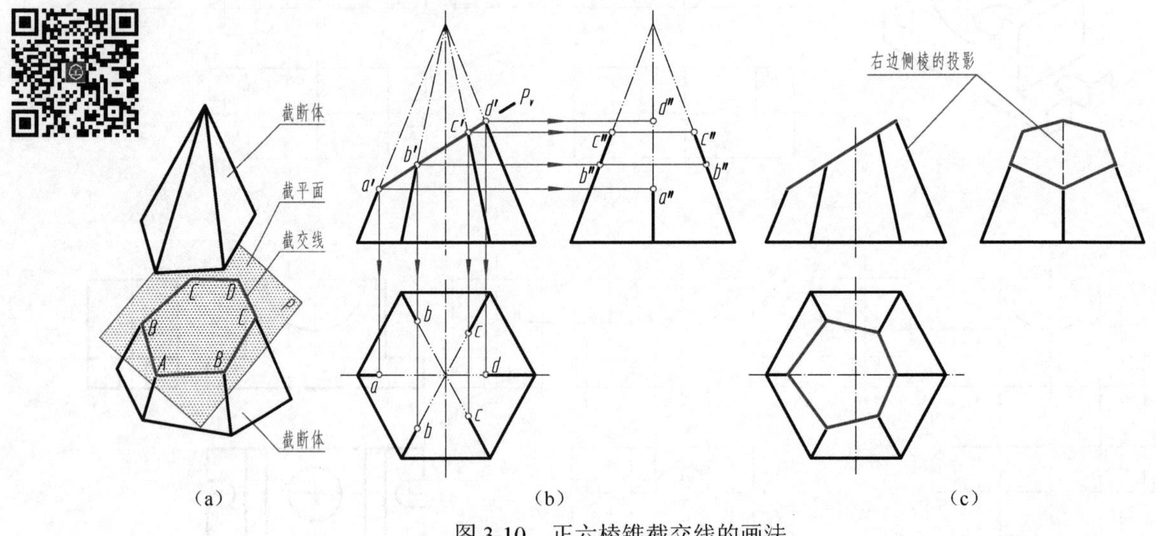

图 3-10　正六棱锥截交线的画法

提示：要注意正六棱锥右边棱线在侧面投影中的可见性问题。

2. 平面切割圆柱

圆柱的截交线，因截平面与圆柱轴线的相对位置不同有三种情况，见表 3-1。

表 3-1　截平面和圆柱轴线的相对位置不同时所得的三种截交线

截平面的位置	与轴线平行	与轴线垂直	与轴线倾斜
轴测图			
投影			
截交线的形状	矩　形	圆	椭　圆

【例 3-2】　补全图 3-11（a）所示开槽圆柱的三视图。

分析

由图 3-11（b）可见，开槽部分是由两个侧平面和一个水平面截切而成的，圆柱面上的截交线都分别位于被切出的各个平面上。由于这些面均为投影面平行面，其投影具有积聚性或真实性，因此，截交线的投影应依附于这些面的投影，不需另行求出。

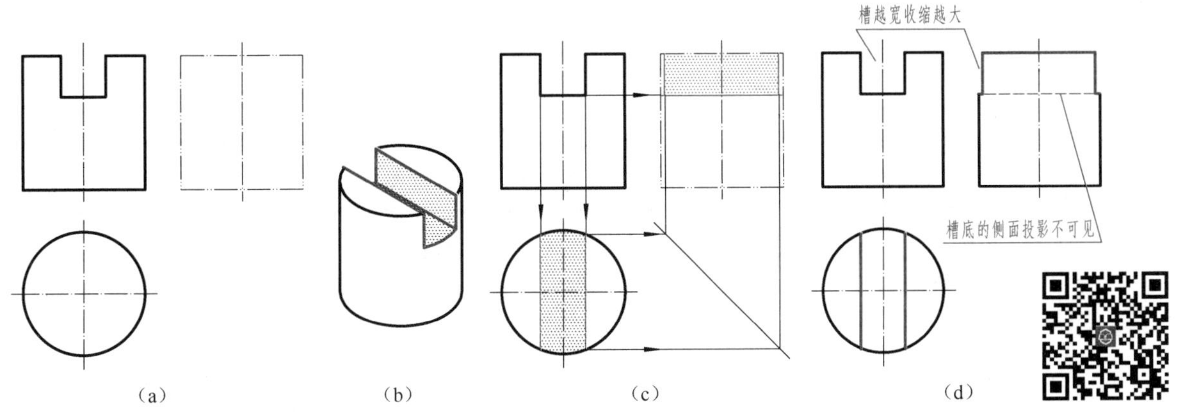

图 3-11　圆柱开槽的画法

作图

① 先画出完整圆柱的三视图。再按槽宽、槽深依次画出正面和水平面投影，如图 3-11

（c）所示。

② 再依据直线、平面的投影规律求出侧面投影，并判别可见性，如图 3-11（d）所示。

> 提示：①因圆柱的最前、最后素线均在开槽部位被切去，故左视图中的外形轮廓线，在开槽部位向内“收缩”，其收缩程度与槽宽有关。②注意区分槽底侧面投影的可见性，即槽底的侧面投影积聚为一直线，中间部分是不可见的。

3. 平面切割圆锥

【例 3-3】 如图 3-12（a）所示，圆锥被倾斜于轴线的平面截切，用辅助线法求圆锥的截交线。

分析

如图 3-12（b）所示，截交线上任一点 *M*，可看成是圆锥表面某一素线 *S*Ⅰ与截平面 *P* 的交点。因 *M* 点在素线 *S*Ⅰ上，故 *M* 点的三面投影分别在该素线的同面投影上。由于截平面 *P* 为正垂面，截交线的正面投影积聚成一直线，故需求作截交线的水平投影和侧面投影。

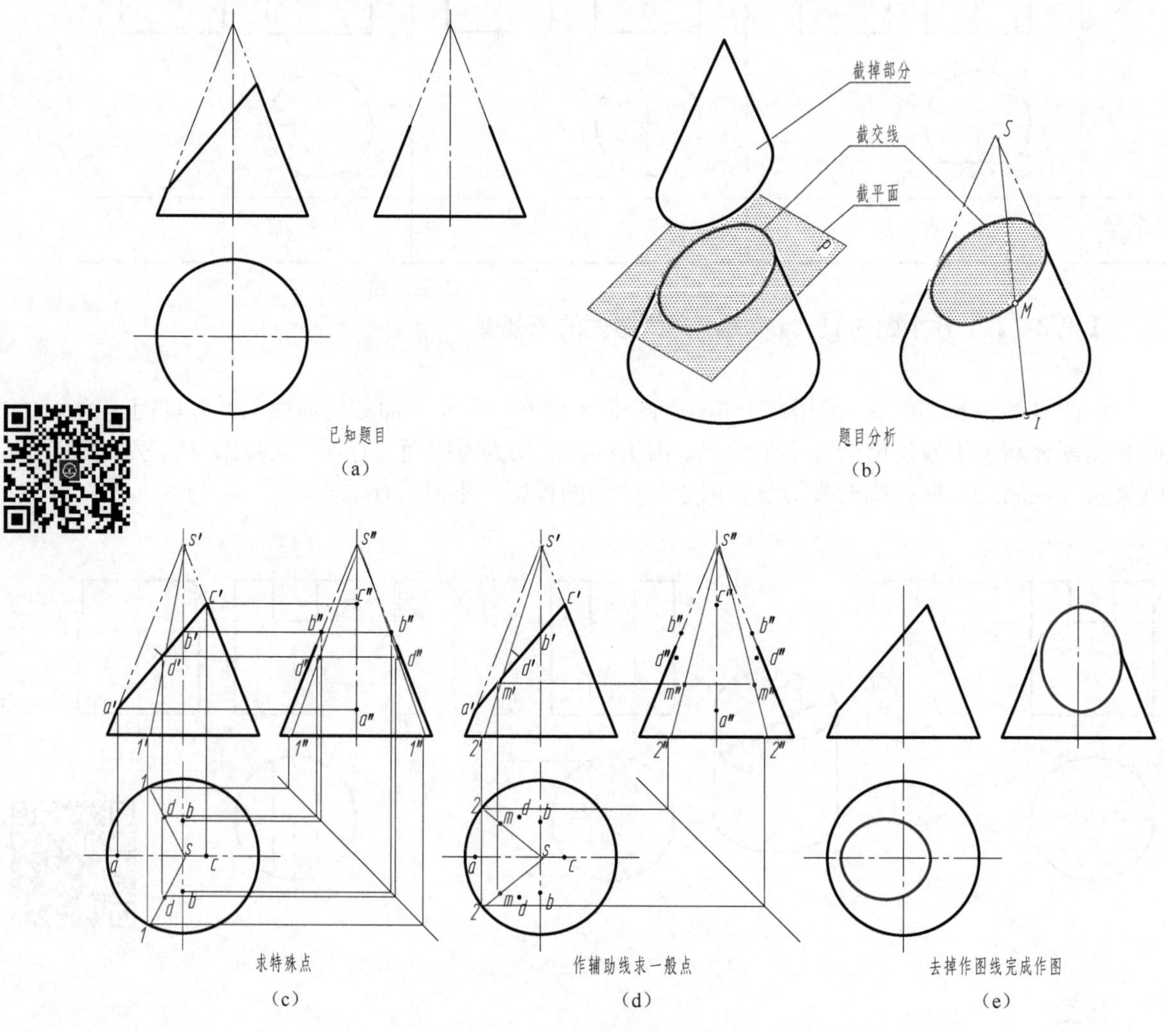

图 3-12　用辅助线法求圆锥的截交线

作图

① 求特殊点。C 为最高点，根据 c'，求出 c 及 c''；A 为最低点，根据 a'，求出 a 及 a''；$a'c'$的中点 d' 为最前、最后点的正面投影，过 d' 作辅助线 $s'1'$，求出 $s1$、$s''1''$，进而求出 d 和 d''；B 为前后转向素线上的点，根据 b'，求出 b''，进而求出 b，如图 3-12（c）所示。

② 利用辅助线法求一般点。作辅助线 $s'1'$与截交线的正面投影相交，得 m'，求出辅助线的其余两投影 $s1$ 及 $s''1''$，进而求出 m 和 m''，如图 3-12（d）所示。

③ 去掉多余图线，将各点依次连成光滑的曲线，即得到截交线的水平投影和侧面投影，如图 3-12（e）所示。

4. 平面切割圆球

圆球被任意方向的平面截切，其截交线都是圆。当截平面为投影面平行面时，截交线在所平行的投影面上的投影为一圆，其余两面投影积聚为直线，该直线长度等于圆的直径。

【例 3-4】　补全半圆球开槽的三视图。

分析

如图 3-13（a）所示，由于半圆球被两个对称的侧平面和一个水平面截切，所以两个侧平面与球面的截交线，各为一段平行于侧面的圆弧，而水平面与球面的截交线为两段水平圆弧。

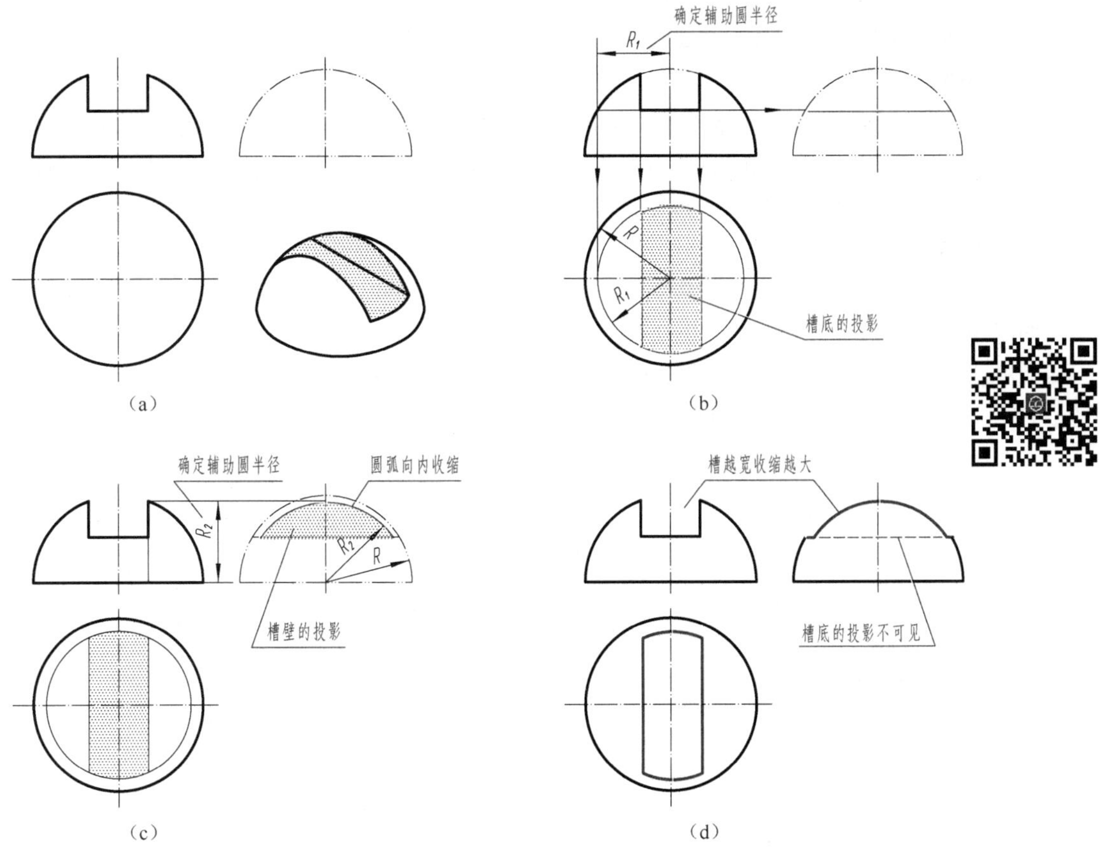

图 3-13　半圆球开槽的画法

作图

① 首先画出完整半圆球的三视图。再根据槽宽和槽深依次画出正面、水平面和侧面投

影，作图的关键在于确定辅助圆弧半径 R_1 和 R_2（R_1 和 R_2 均小于半圆球的半径 R），如图 3-13（b）、（c）所示。

② 去掉多余图线并判别可见性，完成截交线的投影，如图 3-13（d）所示。

提示：①因圆球的最高处在开槽部位被切去，故左视图中上方的外形轮廓线向内“收缩”，其收缩程度与槽宽有关，槽愈宽、收缩愈大。②注意区分槽底侧面投影的可见性，槽底的中间部分是不可见的。

二、相贯线

两立体表面相交时产生的交线，称为相贯线。由于两相交回转体的形状、大小和相对位置不同，相贯线的形状也不同。相贯线具有下列基本性质：

（1）共有性　相贯线是两回转体表面上的共有线，也是两回转体表面的分界线，所以相贯线上的所有点，都是两回转体表面上的共有点。

（2）封闭性　一般情况下，相贯线是封闭的空间曲线，在特殊情况下，相贯线是平面曲线或直线。

1. 利用投影的积聚性求相贯线

【例 3-5】　如图 3-14（a）所示，圆柱与圆柱异径正交，补画相贯线的投影。

分析

小圆柱的轴线垂直于水平面，相贯线的水平投影为圆（与小圆柱面的积聚性投影重合）；大圆柱面的轴线垂直于侧面，相贯线的侧面投影为圆弧（与大圆柱面的部分积聚性投影重合），只需补画相贯线的正面投影。

作图

① 求特殊点。由水平投影看出，1、5 两点是最左、最右点的投影，它们也是两圆柱正面投影外形轮廓线的交点，可由 1、5 对应求出 1″（5″）及 1′、5′（此两点也是最高点）；由侧面投影看出，小圆柱与大圆柱的交点 3″、7″，是相贯线最低点的投影，由 3″、7″可直接对应求出 3、7 及 3′（7′），如图 3-14（b）所示。

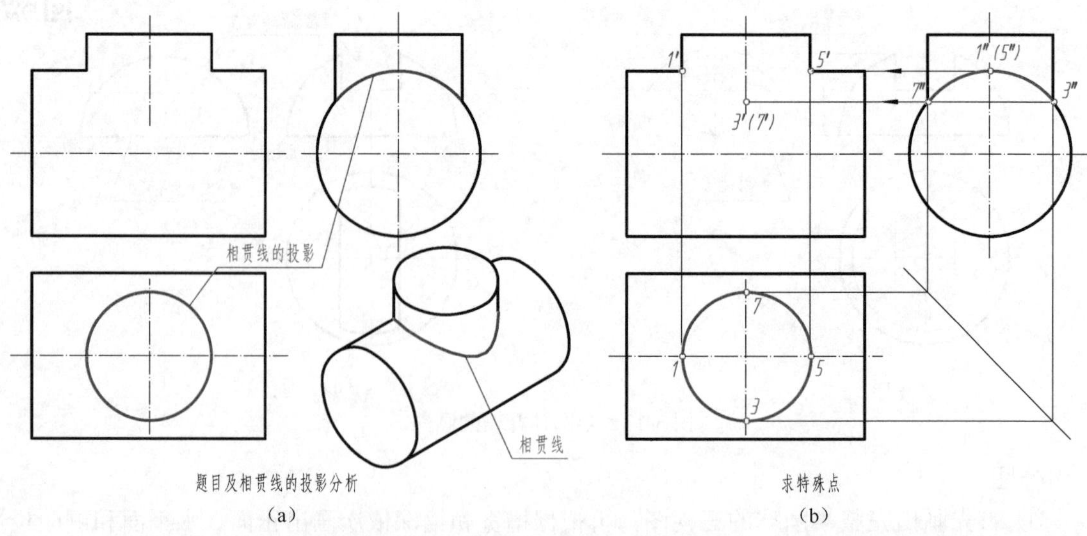

题目及相贯线的投影分析　　求特殊点

（a）　　（b）

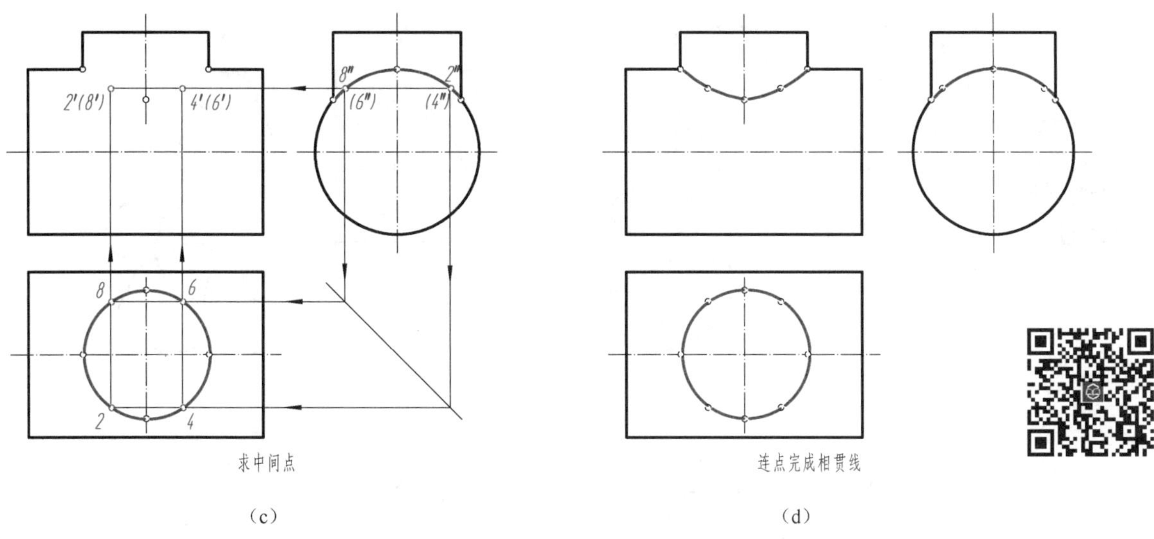

（c）　（d）

图 3-14　两圆柱异径正交的相贯线画法

② 求一般点。一般点决定曲线的趋势。任取对称点的水平投影 2、4、6、8，然后求出其侧面投影 2″（4″）及 8″（6″），最后求出正面投影 2′（8′）及 4′（6′），如图 3-14（c）所示。

③ 按顺序光滑地连接 1′、2′、3′、4′、5′，即得相贯线的正面投影，如图 3-14（d）所示。

提示：相贯线的简化画法见图 3-7。

2. 内相贯线的画法

当两个圆筒相贯时，两个圆筒外表面及内表面均有相贯线，如图 3-15（a）所示。在内表面产生的交线，称为内相贯线。内相贯线和外相贯线的画法相同，因为内相贯线的投影不可见而画成细虚线，如图 3-15（b）所示。

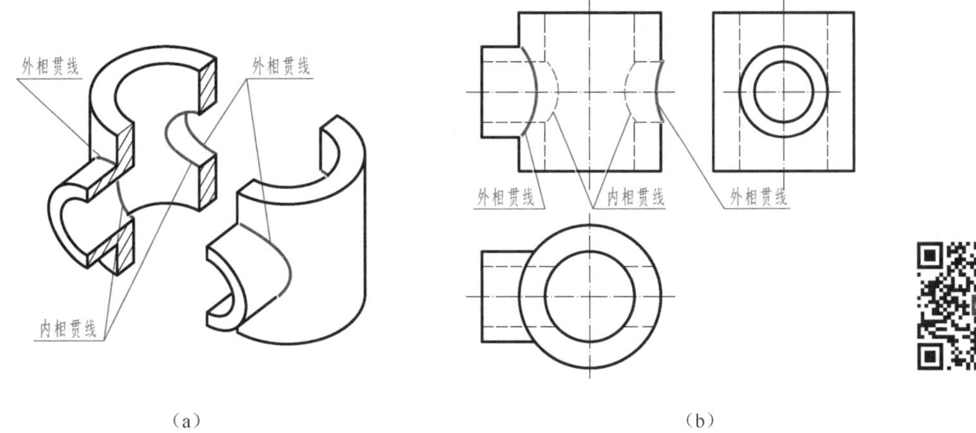

（a）　（b）

图 3-15　孔与孔相交时相贯线的画法

3. 相贯线的特殊情况

两回转体相交，在一般情况下相贯线为空间曲线。但在特殊情况下，相贯线为平面曲线或直线，如图 3-16 所示。

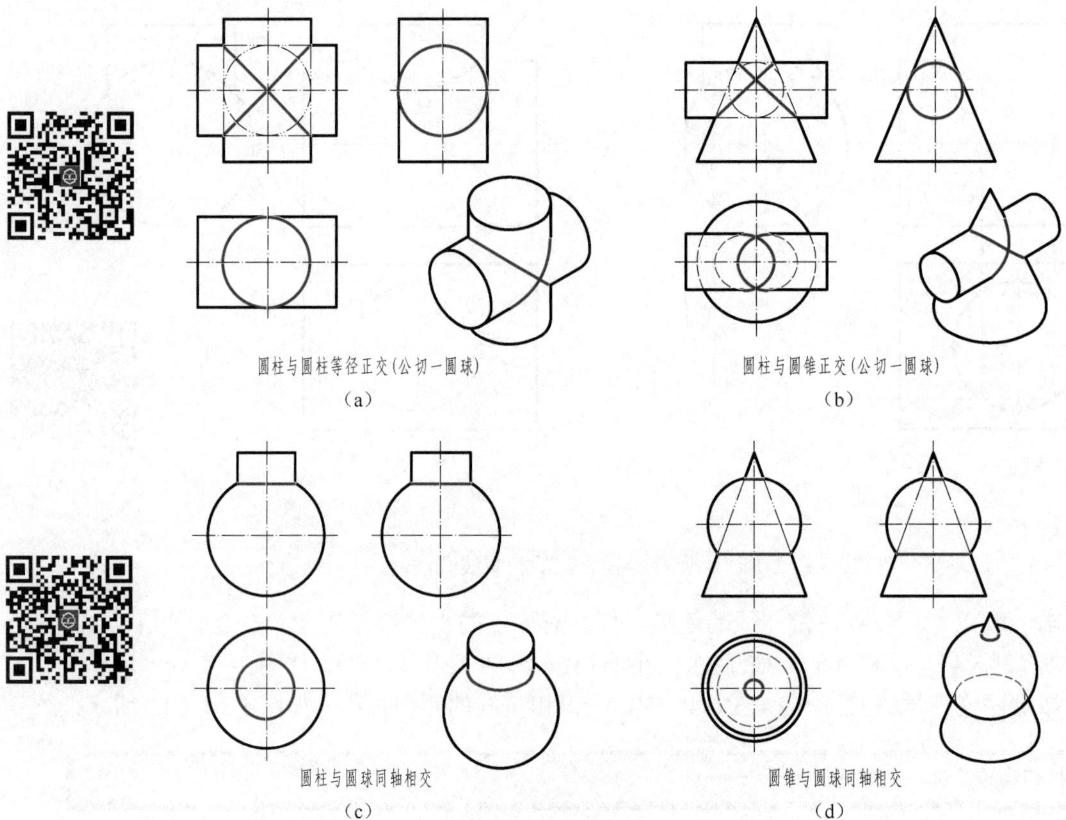

图 3-16　相贯线的特殊情况

第三节　组合体视图的画法

形体分析法是使复杂形体简单化的一种思维方法。因此画组合体视图，一般采用形体分析法。下面结合图例，说明利用形体分析法绘制组合体视图的方法和步骤。

一、形体分析

拿到组合体实物（或轴测图）后，首先应对它进行形体分析，要搞清楚它的前后、左右和上下等六个面的形状，并根据其结构特点，想一想大致可以分成几个组成部分？它们之间的相对位置关系如何？是什么样的组合形式？等等，为后面的工作准备条件。

图 3-17（a）所示支架，按它的结构特点可分为底板、圆筒、肋板和支承板四个部分，如图 3-17（b）所示。底板、肋板和支承板之间的组合形式为叠加；支承板的左右两侧面和圆筒外表面相切；肋板和圆筒属于相贯，其相贯线为圆弧和直线。

二、视图选择

（1）主视图的选择　主视图是表达组合体的一组视图中最主要的视图。通常要求主视图能较多地反映物体的形体特征，即反映各组成部分的形状特点和相互位置关系。

如图 3-17（a）所示，分别从 A、B、C 三个方向看去，可以得到三组不同的三视图，如

图 3-18 所示。经比较可很容易地看出，*B* 方向的三视图比较好，主视图能较多地反映支架各组成部分的形状特点和相互位置关系。

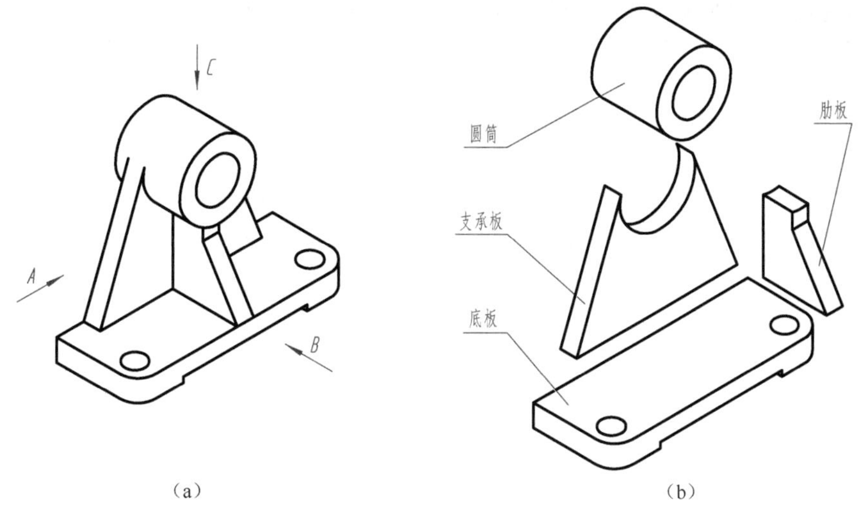

（a）　　（b）

图 3-17　支架的形体分析

（2）视图数量的确定　在组合体形状表达完整、清晰的前提下，其视图数量越少越好。支架的主视图按 *B* 箭头方向确定后，还要画出俯视图，表达底板的形状和两孔的中心位置；画出左视图，表达肋板的形状。因此，要完整表达出该支架的形状，必须要画出主、俯、左三个视图。

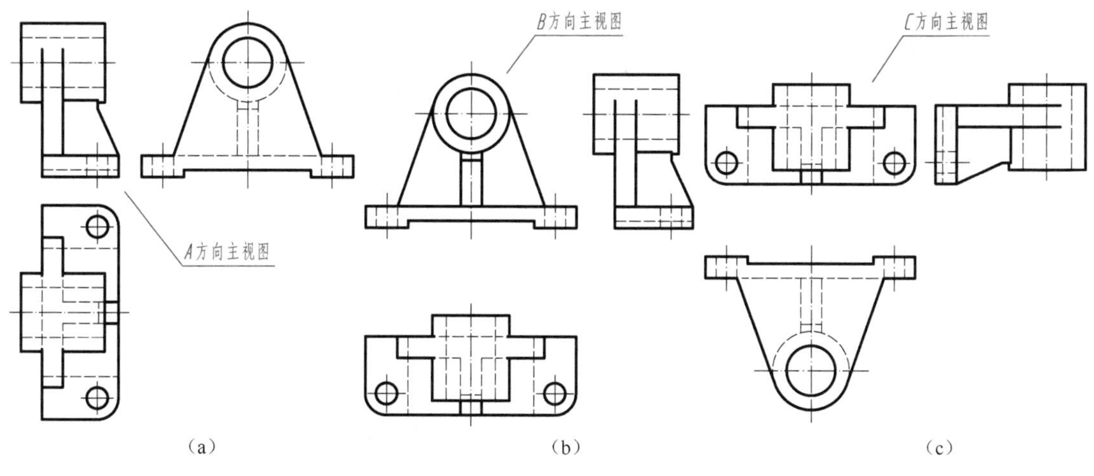

（a）　　（b）　　（c）

图 3-18　不同三视图的比较

三、画图的方法与步骤

1. 选比例，定图幅

视图确定以后，便要根据组合体的大小和复杂程度，选定作图比例和图幅。应注意，所选的图纸幅面要比绘制视图所需的面积大一些，以便标注尺寸和画标题栏。

2. 布置视图

布图时，应将视图匀称地布置在幅面上，视图间的空档应保证能注全所需的尺寸。

3. 绘制底稿

支架的画图步骤如图 3-19 所示。

为了迅速而正确地画出组合体的三视图，画底稿时，应注意以下两点：

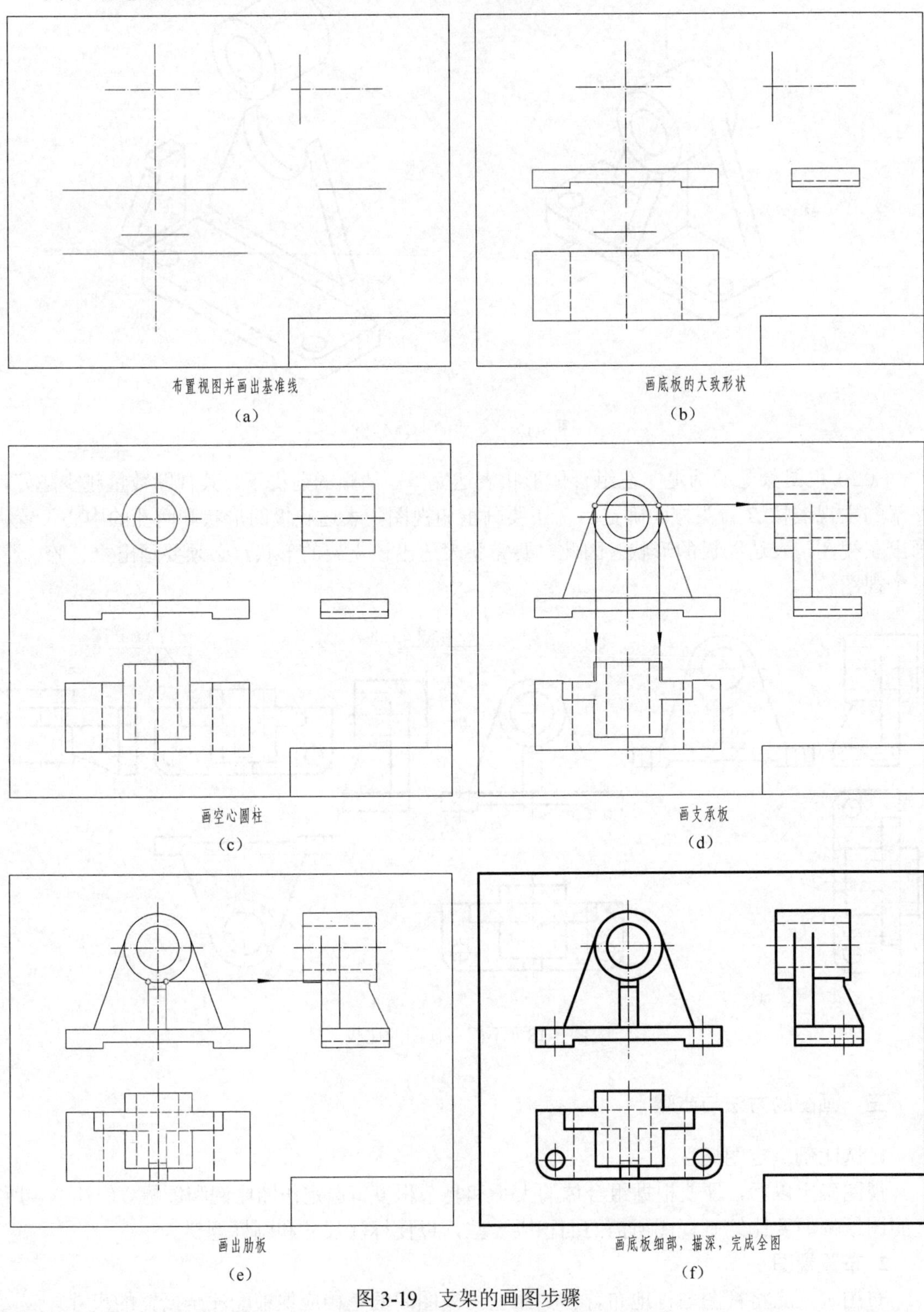

图 3-19　支架的画图步骤

① 画图的先后顺序，一般应从形状特征明显的视图入手。先画主要部分，后画次要部分；先画可见部分，后画不可见部分；先画圆或圆弧，后画直线。

② 画图时，物体的每一组成部分，最好是三个视图配合着画。就是说，不要先把一个视图画完再画另一个视图。这样，不但可以提高绘图速度，还能避免多线、漏线。

4. 检查描深

底稿完成后，应认真进行检查：在三视图中依次核对各组成部分的投影对应关系正确与否；分析清楚相邻两形体衔接处的画法有无错误，是否多线、漏线；再以实物或轴测图与三视图对照，确认无误后，描深图线，完成全图，如图 3-19（f）所示。

第四节　组合体的尺寸注法

视图只能表达组合体的结构和形状，而要表示它的大小，则不但需要注出尺寸，而且必须注得完整、清晰，并符合国家标准关于尺寸标注的规定。

一、基本形体的尺寸注法

为了掌握组合体的尺寸标注，必须先熟悉基本形体的尺寸标注方法。标注基本形体的尺寸时，一般要注出长、宽、高三个方向的尺寸。

对于回转体的直径尺寸，尽量注在不反映圆的视图上，既便于看图，又可省略视图。圆柱、圆锥、圆台、圆球用一个视图即可，如图 3-20 所示。

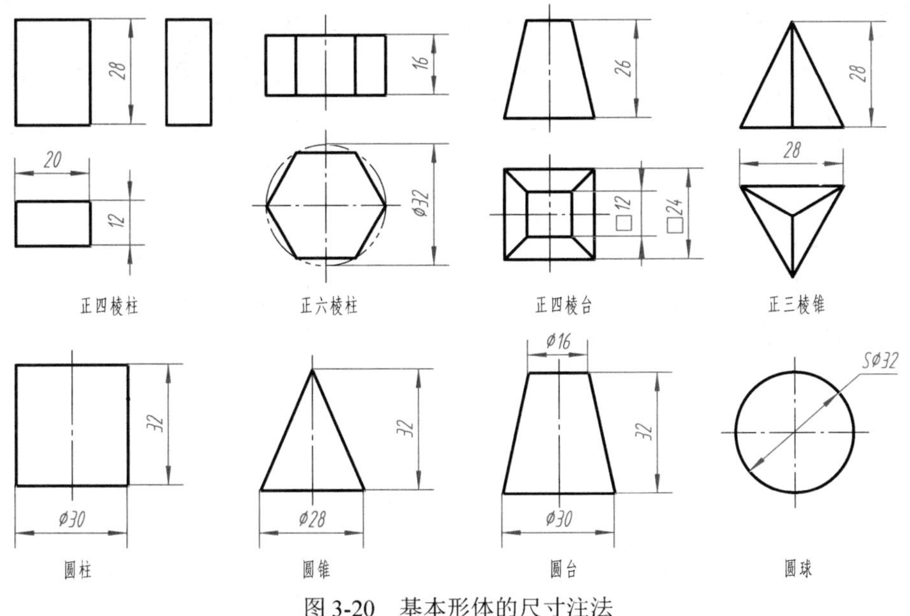

图 3-20　基本形体的尺寸注法

二、组合体的尺寸标注

1. 尺寸种类

为了将尺寸标注得完整，在组合体视图上，一般需标注下列几类尺寸。

（1）定形尺寸　确定组合体各组成部分的长、宽、高三个方向的大小尺寸。

（2）定位尺寸　确定组合体各组成部分相对位置的尺寸。

（3）总体尺寸　确定组合体外形的总长、总宽、总高尺寸。

2. 标注组合体尺寸的方法和步骤

组合体是由一些基本形体按一定的连接关系组合而成的。因此，在标注组合体的尺寸时，仍然运用形体分析法。下面以支架（图 3-21）为例，说明标注组合体尺寸的方法和步骤。

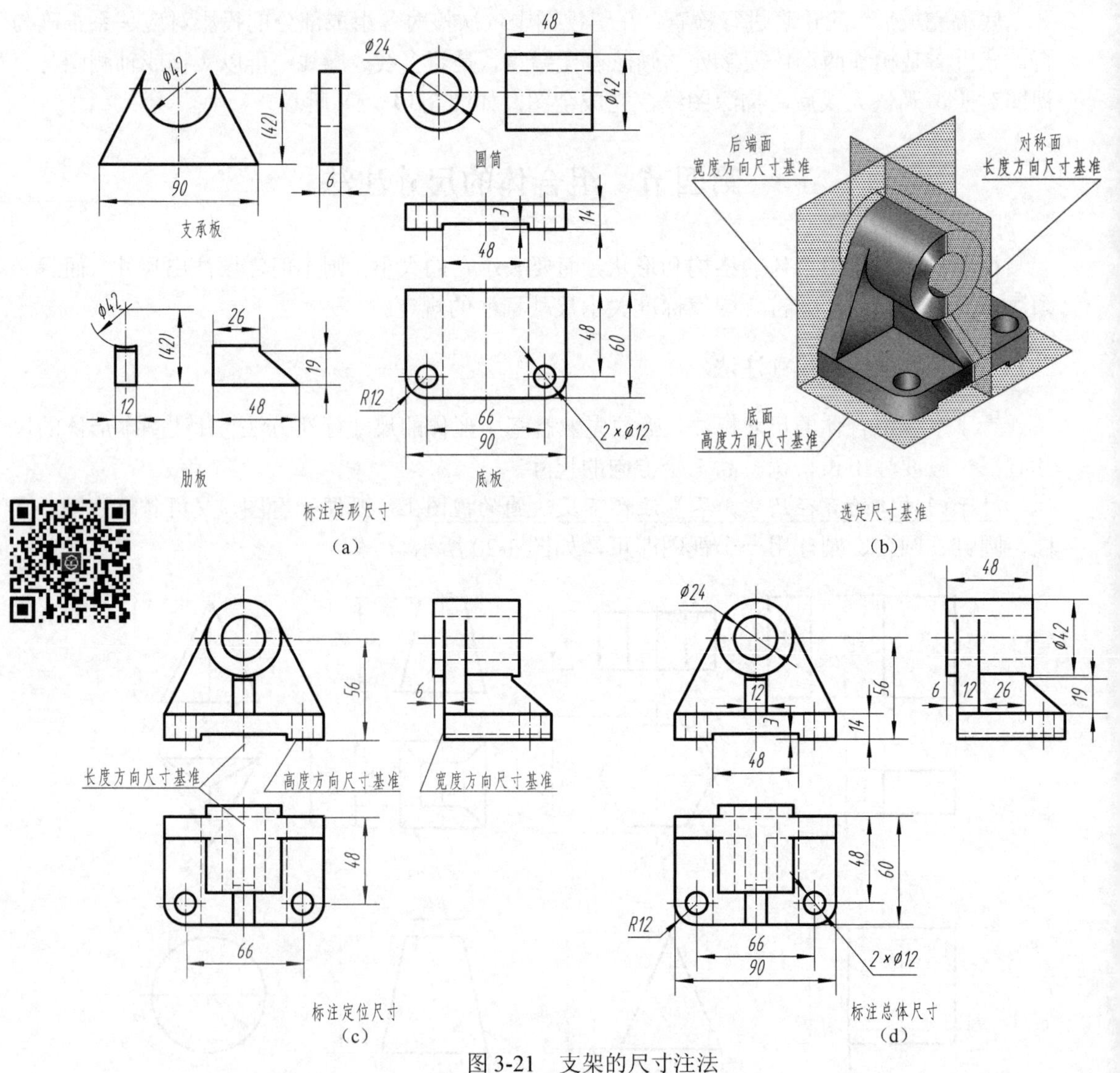

图 3-21　支架的尺寸注法

（1）标注定形尺寸　按形体分析法将组合体分解为若干个组成部分，然后逐个注出各组成部分所必需的尺寸。通过分析，可将支架分解成四个部分，即圆筒、底板、支承板和肋板，分头标出圆筒、底板、支承板和肋板所必需的尺寸。如确定空心圆柱的大小，应标注外径 $\phi 42$、孔径 $\phi 24$ 和长度 48 这三个尺寸，如图 3-21（a）所示。

（2）标注定位尺寸　标注确定各组成部分相对位置的定位尺寸。标注定位尺寸时，必须选择好尺寸基准。标注尺寸时用以确定尺寸位置所依据的一些面、线或点称为尺寸基准。组合体有长、宽、高三个方向的尺寸，每个方向至少有一个尺寸基准，以它来确定基本形体在该方向的相对位置。标注尺寸时，通常以组合体的底面、端面、对称面、回转体轴线等作为尺寸基准。

支架的尺寸基准是：以左右对称面为长度方向的基准；以底板和支承板的后面作为宽度方向的基准；以底板的底面作为高度方向的基准，如图 3-21（b）所示。

根据尺寸基准，标注各组成部分相对位置的定位尺寸，如图 3-21（c）所示。

（3）标注总体尺寸　底板的长度 90 即为支架的总长；总宽由底板宽 60 和空心圆柱向后伸出的长 6 决定；总高由空心圆柱轴线高 56 加上空心圆柱直径的一半决定，如图 3-21（d）所示。

> 提示：当组合体的一端或两端为回转体时，总体尺寸一般标注至轴线，总高是不能直接注出的，否则会出现重复尺寸。如图 3-21（d）中支架的总高不能标注成 77。

3. 标注尺寸的注意事项

为了将尺寸注得清晰，应注意以下几点。

① 尺寸尽可能标注在表达形体特征最明显的视图上。如底板的高度 14 注在主视图上比注在左视图上要好；圆筒的定位尺寸 6，注在左视图上比注在俯视图上要好；底板上两圆孔的定位尺寸 66、48，注在俯视图上则比较明显。

② 同一形体的尺寸应尽量集中标注。如底板上两圆孔 2×ϕ12 和定位尺寸 66、48，就集中注在俯视图上，便于看图时查找。

③ 直径尺寸尽量注在投影为非圆的视图上，如圆筒的外径 ϕ42 注在左视图上。圆弧的半径必须注在投影为圆的视图上，如底板上的圆角半径 R12。

④ 尺寸尽量不在细虚线上标注。如圆筒的孔径 ϕ24，注在主视图上是为了避免在细虚线上标注尺寸。

⑤ 尺寸应尽量注在视图外部，避免尺寸线、尺寸界线与轮廓线相交，以保持图形清晰。

在标注尺寸时，上述各点有时会出现不能完全兼顾的情况，必须在保证标注尺寸正确、完整、清晰的条件下，合理布置。

三、组合体常见结构的尺寸注法

组合体常见结构的尺寸注法如图 3-22 所示。

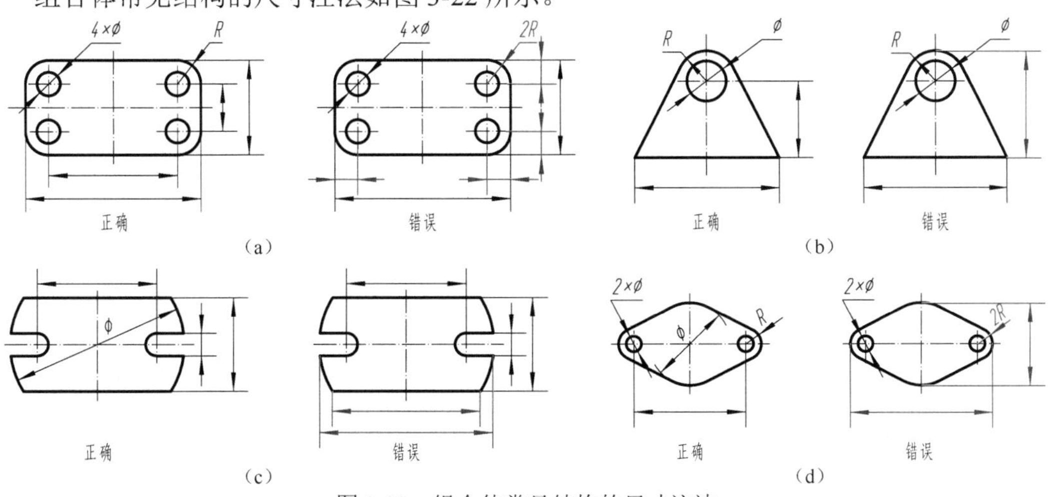

图 3-22　组合体常见结构的尺寸注法

第五节　看组合体视图的方法

画图，是将物体画成视图来表达其形状；看图，是依据视图想象出物体的形状。显然，照物画图与依图想物相比，后者的难度要大一些。为了能看懂视图，必须掌握看图的基本要领和基本方法，并通过反复实践，培养空间想象能力，不断提高自己的看图能力。

一、看图的基本要领

1. 将几个视图联系起来看

一个视图不能确定物体的形状。如图 3-23（a）～（c）所示，三个主视图都相同，但所表示的是三个不同的物体。有时只看两个视图，也无法确定物体的形状。如图 3-23（d）～（f）所示，它们的主、俯两个视图完全相同，但实际上也是三个不同的物体。

由此可见，看图时，必须把所给的视图联系起来看，才能想象出物体的确切形状。

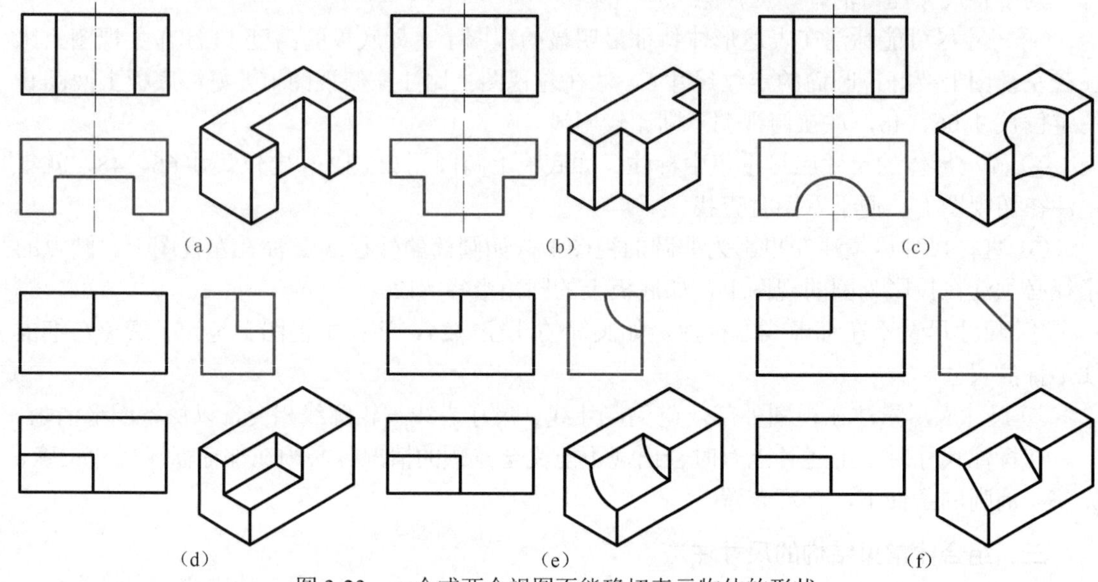

图 3-23　一个或两个视图不能确切表示物体的形状

2. 搞清视图中图线和线框的含义

视图是由一个个封闭线框组成的，而线框又是由图线构成的。因此，弄清图线及线框的含义，是十分必要的。

（1）视图中图线的含义　如图 3-24 所示，视图中的图线有以下三种含义。

① 有积聚性的面的投影。

② 面与面的交线（棱边线）。

③ 曲面的转向轮廓线。

（2）视图中线框的含义　如图 3-24 所示，视图中的线框有以下三种含义。

① 一个封闭的线框，表示物体的一个面，可能是平面、曲面、组合面或孔洞。

② 相邻的两个封闭线框，表示物体上位置不同的两个面。由于不同线框代表不同的面，它们表示的面有前、后、左、右、上、下的相对位置关系，可以通过这些线框在其他视图中的对应投影来加以判断。

③ 一个大封闭线框内所包含的各个小线框，表示在大平面体（或曲面体）上凸出或凹下各个小平面体（或曲面体）。

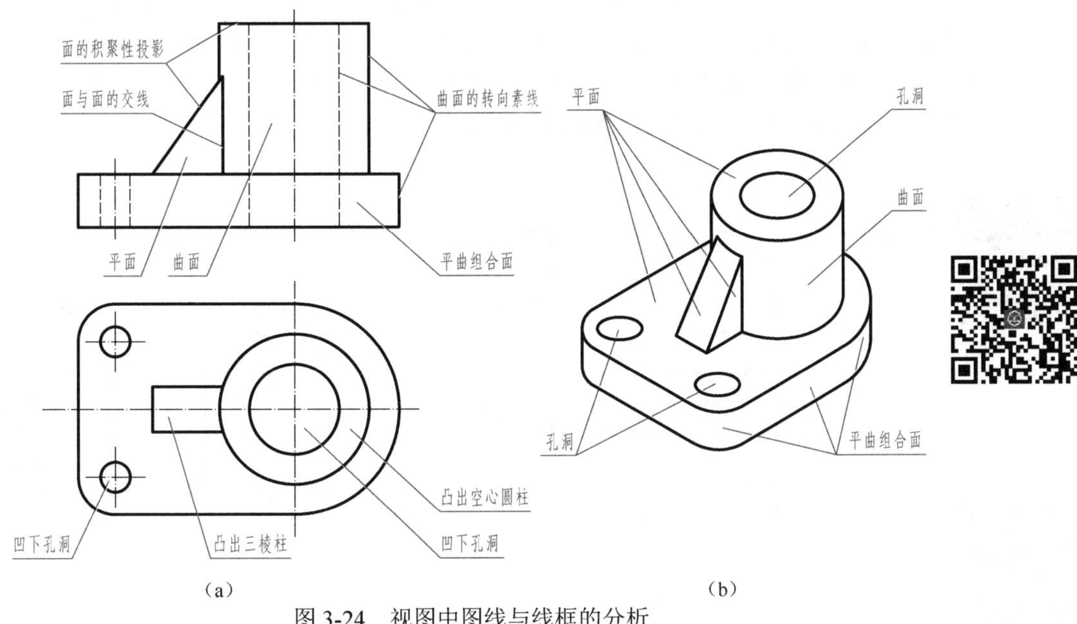

图 3-24　视图中图线与线框的分析

二、看图的方法和步骤

1. 形体分析法

形体分析法是画图和标注尺寸的基本方法，也是看图的主要方法。运用形体分析法看图，关键在于掌握分解复杂图形的方法。只有将复杂的图形分解出几个简单图形来，看懂简单图形的形状并加以综合，才能达到看懂复杂图形的目的。看图的步骤如下。

（1）抓住特征分部分　所谓特征，是指物体的形状特征和位置特征。

① 形状特征。图 3-25（a）为底板的三视图，假如只看主、左两视图，那么除了板厚以外，其他形状就很难分析了；如果将主、俯视图配合起来看，即使不要左视图，也能想象出它的全貌。显然，俯视图是反映该物体形状特征最明显的视图。用同样的分析方法可知，

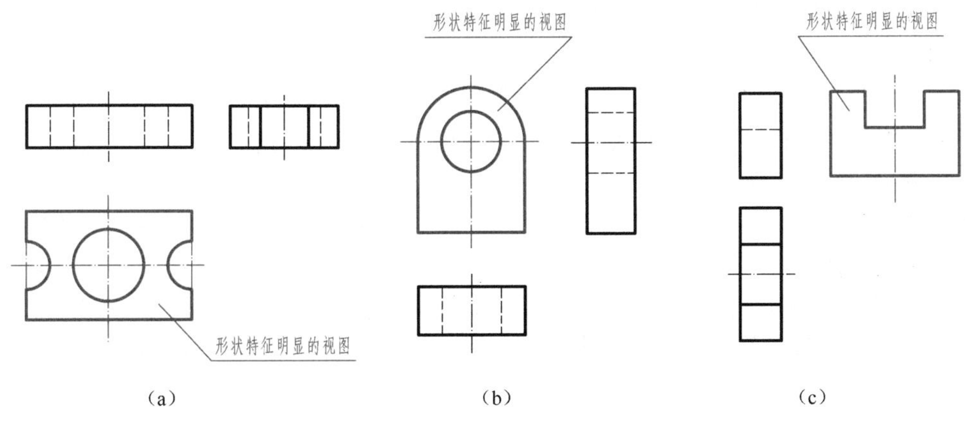

图 3-25　形状特征明显的视图

图 3-25（b）中的主视图、图 3-25（c）中的左视图是形状特征最明显的视图。

② 位置特征。在图 3-26（a）中，如果只看主、俯视图，圆线框和矩形线框两个形体哪个凸出？哪个凹进？无法确定。因为这两个线框既可以表示图 3-26（b）的情况，也可以表示图 3-26（c）的情况。但如果将主、左视图配合起来看，则不仅形状容易想清楚，而且圆线框凸出、矩形线框凹进也确定了，即图 3-26（c）所示的一种情况。显然，左视图是反映该物体各组成部分之间位置特征最明显的视图。

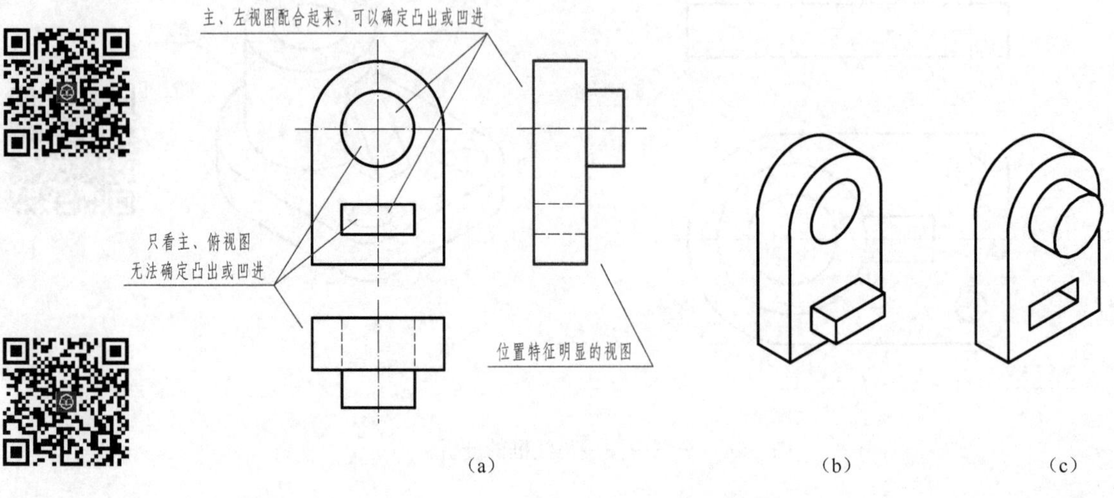

图 3-26　位置特征明显的视图

> 提示：物体上每一组成部分的特征，并非总是全部集中在一个视图上。因此，在分部分时，无论哪个视图（一般以主视图为主），只要形状、位置特征有明显之处，就应从该视图入手，这样就能较快地将其分解成若干个组成部分。

（2）对准投影想形状　依据“三等”规律，从反映特征部分的线框（一般表示该部分形体）出发，分别在其他两视图上对准投影，并想象出它们的形状。

（3）综合起来想整体　想出各组成部分形状之后，再根据整体三视图，分析它们之间的相对位置和组合形式，进而综合想象出该物体的整体形状。

【例 3-6】　看懂图 3-27（a）所示轴承座的三视图。

看图

第一步：抓住特征分部分　通过形体分析可知，主视图较明显地反映出Ⅰ（座体）、Ⅱ（肋板）两形体的特征，而左视图则较明显地反映出形体Ⅲ（底板）的特征。据此，该轴承座可大体分为三部分，如图 3-27（a）所示。

第二步：对准投影想形状　形体Ⅰ（座体）、Ⅱ（肋板）从主视图出发，形体Ⅲ（底板）从左视图出发，依据“三等”规律，分别在其他两视图上找出对应投影，如图 3-27（b）、（c）、（d）中的红色线所示，并想出它们的形状，如各图中的轴测图所示。

第三步：综合起来想整体　座体Ⅰ在底板Ⅲ的上面，两形体的对称面重合且后面靠齐；肋板Ⅱ在座体Ⅰ的左、右两侧，且与其相接，后面靠齐。综合想象出物体的整体形状，如图 3-28 所示。

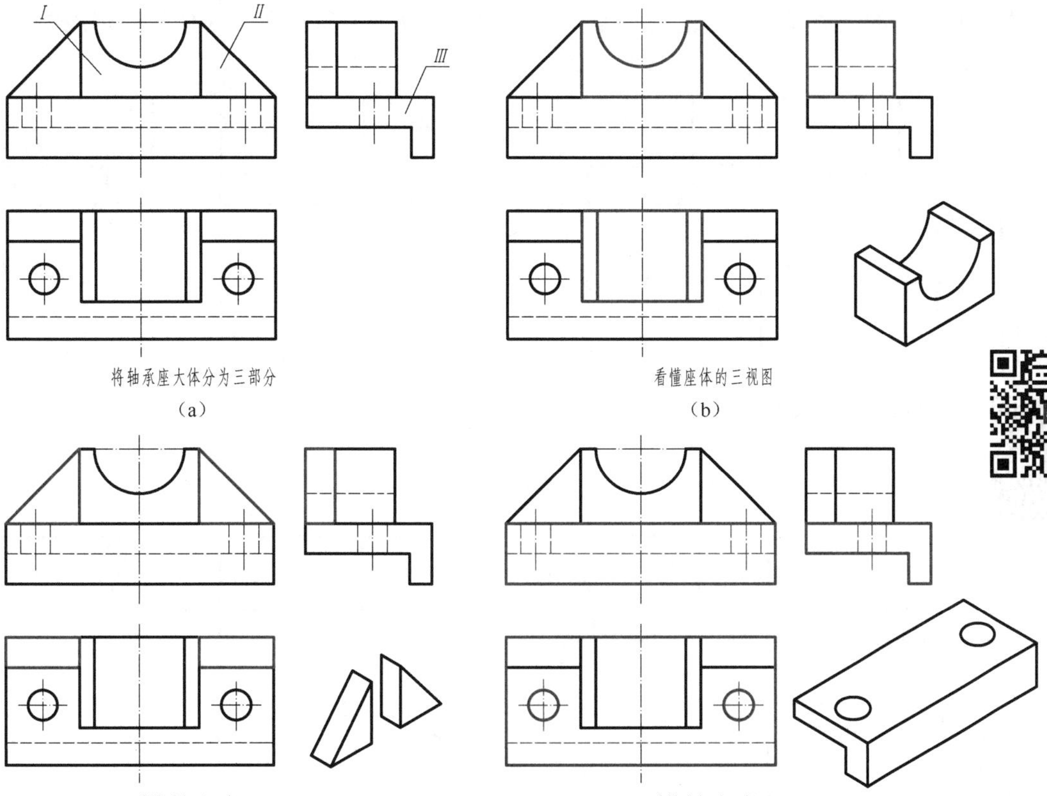

Ⅰ　Ⅱ　Ⅲ

将轴承座大体分为三部分

（a）

看懂座体的三视图

（b）

看懂肋板的三视图

（c）

看懂底板的三视图

（d）

图 3-27　轴承座的看图步骤

2. 线面分析法

用线面分析法看图，就是运用投影规律，通过识别线、面等几何要素的空间位置、形状，进而想象出物体的形状。在看切割型组合体的三视图时，主要靠线面分析法。

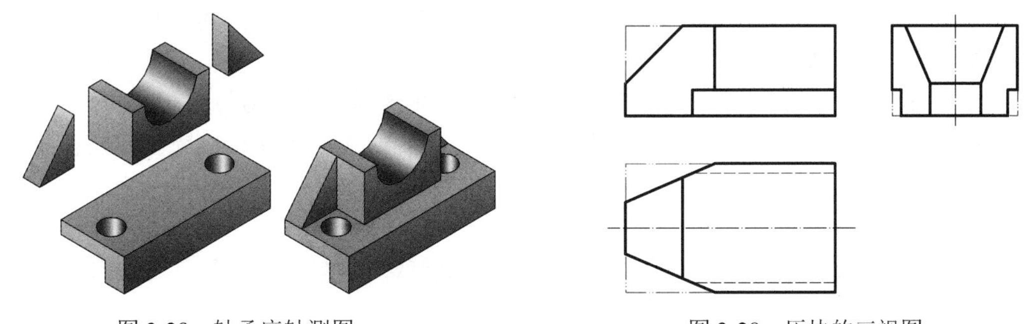

图 3-28　轴承座轴测图　　　　图 3-29　压块的三视图

【例 3-7】　看懂图 3-29 所示压块的三视图。

看图

第一步：进行形体分析　由于压块三个视图的轮廓基本上都是矩形（只切掉了几个角），所以它的原始形体是长方体。

第二步：进行线面分析　从压块的外表面来看，主视图左上方的缺角是用正垂面切出的；俯视图左端的前、后缺角是用两个铅垂面切出的；左视图下方前、后的缺块，则是用正平面和水平面切出的。可见，压块的外形是一个长方体被几个特殊位置平面切割后形成的。

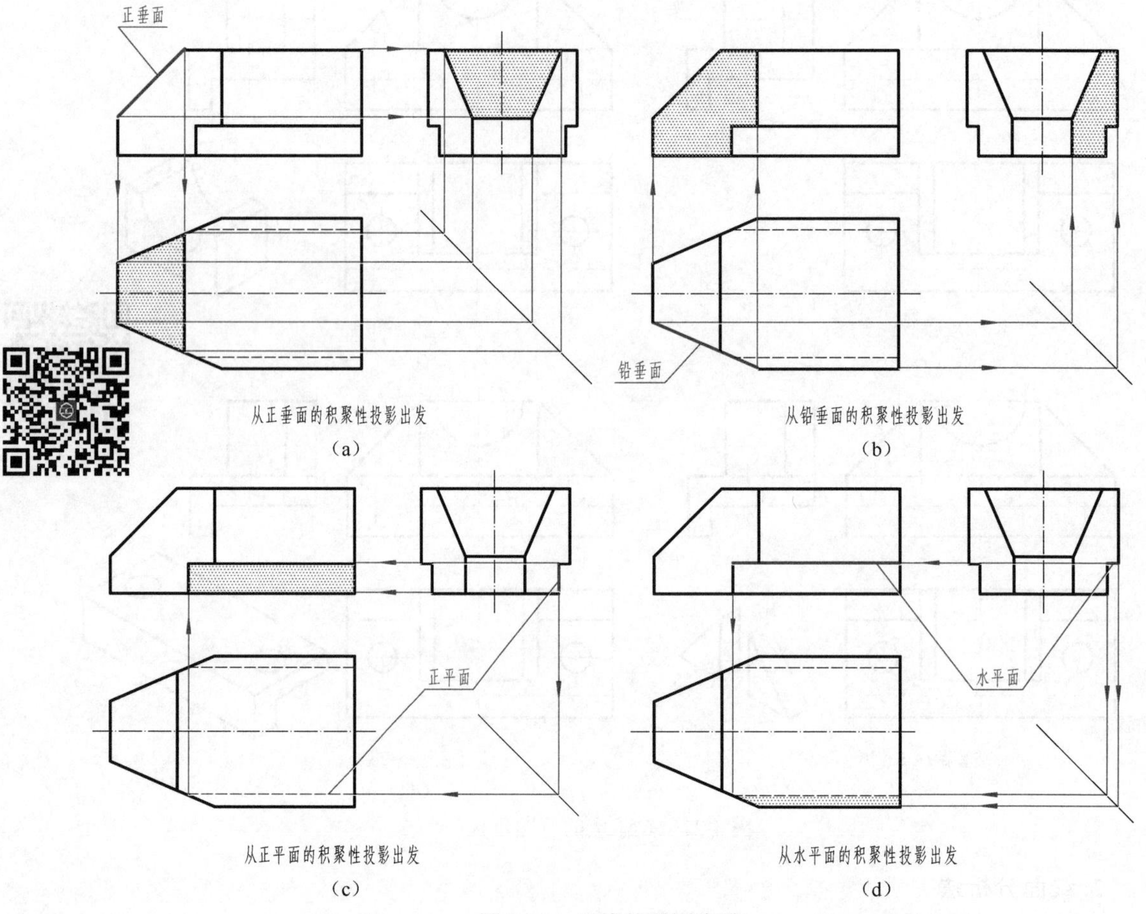

图 3-30　压块的看图步骤

在搞清被切面的空间位置后，再根据平面的投影特性，分清各切面的几何形状。

① 当被切面为“垂直面”时，从该平面投影积聚成的直线出发，在其他两视图上找出对应的线框，即一对边数相等的类似形。

从主视图中斜线（正垂面的积聚性投影）出发，在俯视图中找出与它对应的梯形线框，则左视图中的对应投影，也一定是一个梯形线框，如图 3-30（a）中的红色粗实线；从俯视图中的斜线（铅垂面的投影）出发，在主、左视图上找出与它对应的投影，一对七边形，如图 3-30（b）所示。

② 当被切面为“平行面”时，也从该平面投影积聚成的直线出发，在其他两视图上找出对应的投影——一直线和一平面图形。

从左视图中正平面的积聚性投影（红色竖线）出发，找出其正面投影（矩形线框）和水平投影（一直线），如图 3-30（c）所示；从左视图中水平面的积聚性投影（红色横线）出发，找出其水平投影（四边形）和正面投影（一直线），如图 3-30（d）所示。

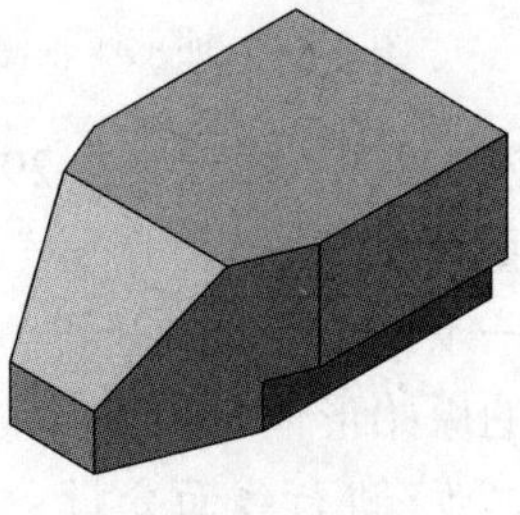

图 3-31　压块的轴测图

第三步：综合起来想整体　在看懂压块各表面的空间位置与形状后，还必须根据视图搞清面与面之间的相对位置，进而综合想象出压块的整体形状，如图 3-31 所示。

> 提示：在上述看图过程中，没有利用尺寸来帮助看图。有时图中的尺寸，是有助于分析物体形状的。如直径符号 ϕ 表示圆孔或圆柱形，半径符号 R 则表示圆角等等。

三、由已知两视图补画第三视图（简称二求三）

由已知两视图补画第三视图是训练看图能力，培养空间想象力的重要手段。补画视图，实际上是看图和画图的综合练习，一般按以下两步进行。

① 根据已给的视图按前述方法将图看懂，并想出物体的形状；

② 在想出形状的基础上再进行作图。作图时，应根据已知的两个视图，按各组成部分逐个地作出第三视图，进而完成整个物体的第三视图。

【例 3-8】 由图 3-32（a）中的主、俯两视图，补画左视图。

分析

根据已知的两视图，可以看出该物体是由底板、前半圆板和后立板叠加起来后，在后面切去一个上下通槽、钻一个前后通孔而成的。

作图

按形体分析法，依次画出底板、后立板、前半圆板和通槽、通孔等细节，如图 3-32（b）～（f）所示。

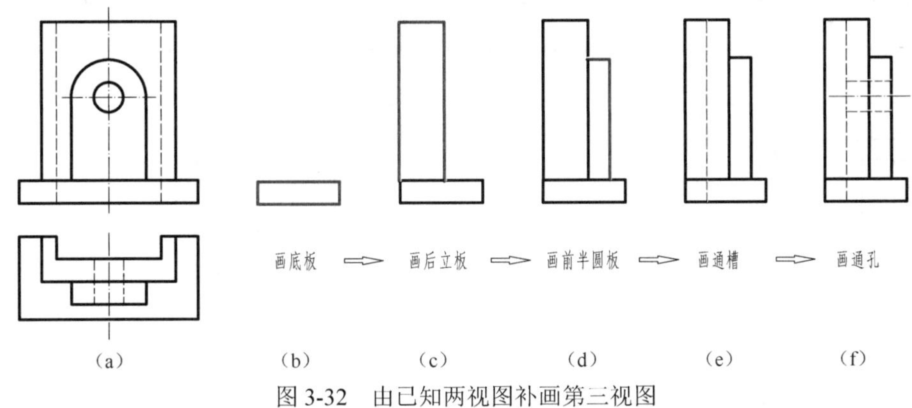

图 3-32 由已知两视图补画第三视图

【例 3-9】 由图 3-33（a）所示机座的两视图，补画左视图。

分析

看懂机座的主视图和俯视图，想象出它的形状。从主视图着手，按主视图上的封闭粗实线线框，可将机座大致分成三部分，即底板、圆柱体、右端与圆柱面相交的厚肋板。

再进一步分析细节，如主视图的细虚线和俯视图的细虚线表示什么？通过逐个对投影的方法知道，主视图右边的细虚线表示直径不同的阶梯圆柱孔，左边的细虚线表示一个长方形槽和上下挖通的缺口。

在形体分析的基础上，根据三部分在俯视图上的对应投影，综合想象出机座的整体形状，如图 3-33（b）所示。

作图

① 按形体分析法，先补画出底板的左视图，如图 3-34（a）所示。

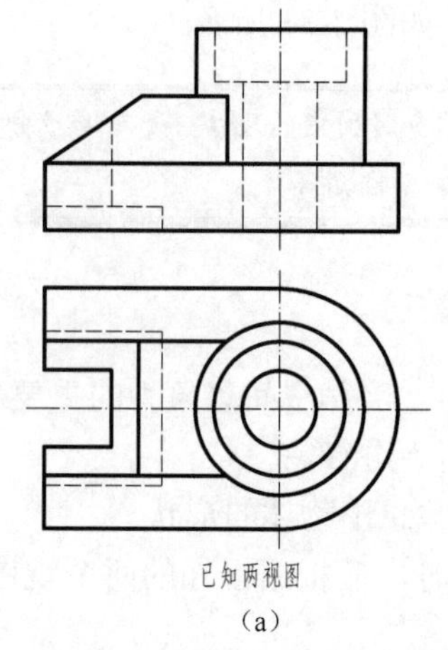

已知两视图

（a）

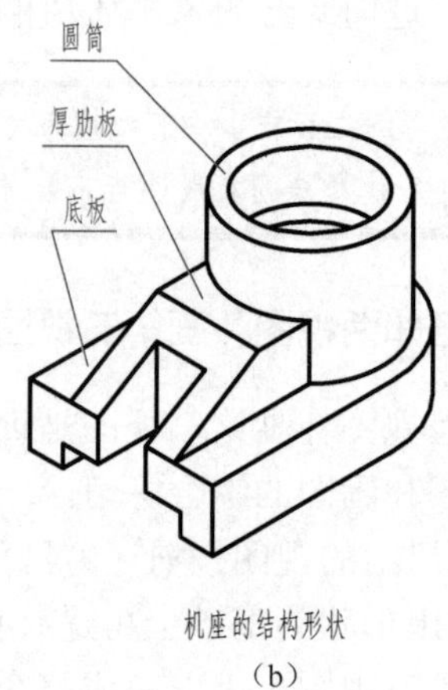

机座的结构形状

（b）

图 3-33　机座

② 在底板的上方补画出圆筒（含阶梯孔）的左视图，如图 3-34（b）所示。

③ 补画出厚肋板的左视图，如图 3-34（c）所示。

④ 最后补画出上、下挖通的缺口等细节，完成机座的左视图，如图 3-34（d）所示。

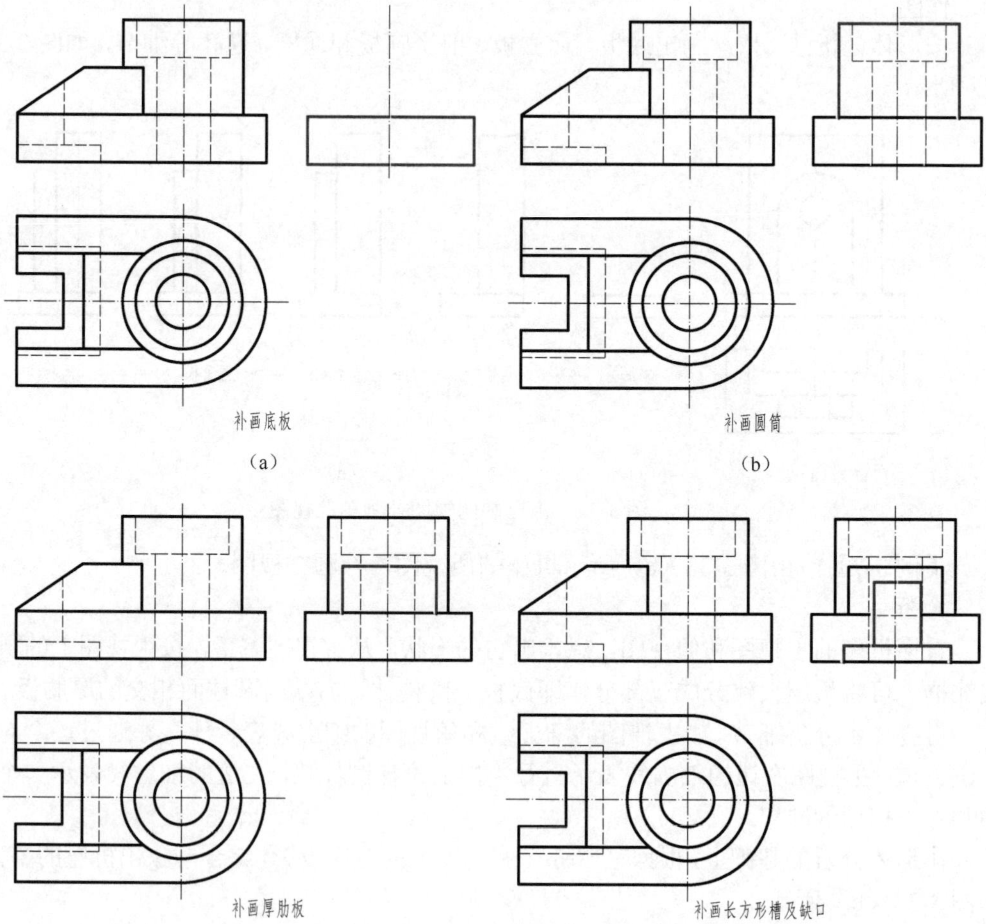

补画底板

（a）

补画圆筒

（b）

补画厚肋板

（c）

补画长方形槽及缺口

（d）

图 3-34　补画机座左视图的步骤

由此可知，看懂已知的两视图，想出组合体的形状，是补画第三视图的必备条件。所以看图和画图是密切相关的。在整个看图过程中，一般是以形体分析法为主，边分析、边作图、边想象。这样就能较快地看懂组合体的视图，想出其整体形状，正确地补画出第三视图。

四、补画视图中的漏线

补漏线就是在给出的三视图中，补画缺漏的线条。首先，运用形体分析法，看懂三视图所表达的组合体形状，然后细心检查组合体中各组成部分的投影是否有漏线，最后补出缺漏的图线。

【例 3-10】　补画图 3-35（a）所示组合体三视图中缺漏的图线。

分析

通过投影分析可知，三视图所表达的组合体由柱体和座板叠加而成，两组成部分分界处的表面是相切的，如图 3-35（b）中轴测图所示。

作图

对照各组成部分在三视图中的投影，发现在主视图中相切处（座板最前面）缺少一条粗实线；在左视图缺少座板顶面的投影（一条细虚线）。将它们逐一补上，如图 3-35（c）中的红色线所示。

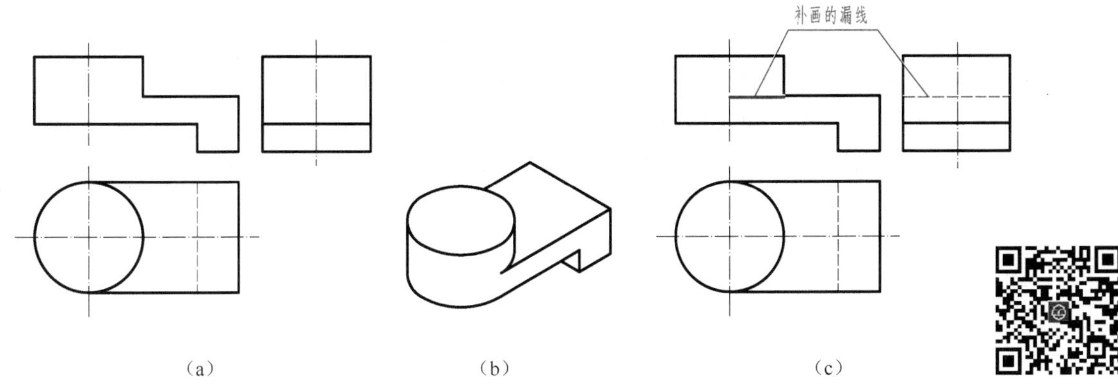

图 3-35　补画组合体视图中缺漏的图线

第四章　轴　测　图

教学提示

① 了解轴测图的基本知识。

② 掌握正等轴测图的绘制原理和基本作图方法。

③ 了解斜二等轴测图的绘制原理和作图方法。

第一节　轴测图的基本知识

在工程图样中，主要是用视图来表达物体的形状和大小。由于视图是按正投影法绘制的，每个视图只能反映物体二维空间大小，所以缺乏立体感。轴测图是一种能同时反映物体三个方向形状的单面投影图，具有较强的立体感。但轴测图度量性差，作图复杂，在工程上只作为辅助图样。

一、轴测图的形成

将物体连同其参考直角坐标体系，沿不平行于任一坐标面的方向，用平行投影法将其投射在单一投影面上所得到的图形，称为轴测投影，亦称轴测图。

图 4-1 表示物体在空间的投射情况，投影面 P 称为轴测投影面，其投影放正之后，即为常见的正等轴测图。由于这样的图形能同时反映出物体长、宽、高三个方向的形状，所以具有立体感。

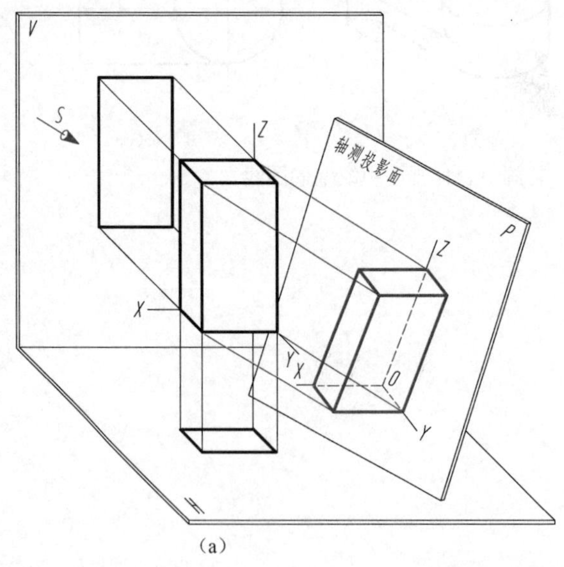

(a)

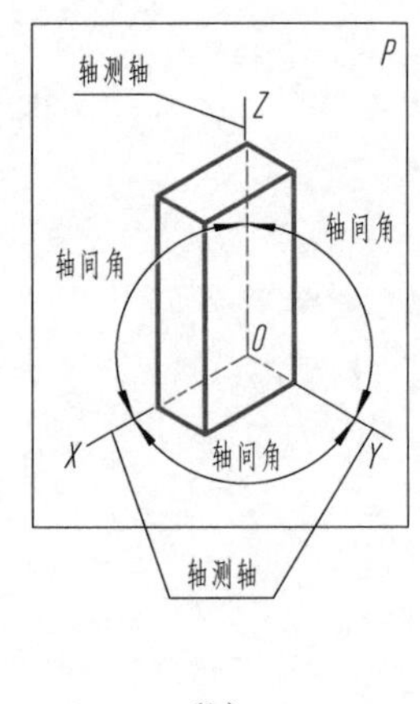

(b)

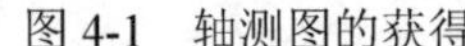

图 4-1　轴测图的获得

二、术语和定义（GB/T 4458.3—2013）

（1）轴测轴　空间直角坐标轴在轴测投影面上的投影称为轴测轴，如图 4-1 中的 OX

轴、*OY* 轴、*OZ* 轴。

（2）轴间角　在轴测图中，两根轴测轴之间的夹角，称为轴间角，如图 4-1 中的∠*XOY*、∠*YOZ*、∠*XOZ*。

（3）轴向伸缩系数　轴测轴上的单位长度与相应投影轴上单位长度的比值，称为轴向伸缩系数。不同的轴测图，其轴向伸缩系数不同，如图 4-2 所示。

三、一般规定

理论上轴测图可以有许多种，但从作图简便等因素考虑，一般采用以下两种：

1. 正等轴测投影（正等轴测图）

用正投影法得到的轴测投影，称为正轴测投影。三个轴向伸缩系数均相等的正轴测投影，称为正等轴测投影，简称正等测。此时三个轴间角相等。绘制正等测轴测图时，其轴间角和轴向伸缩系数（p、q、r），按图 4-2（a）中的规定绘制。

2. 斜二等轴测投影（斜二等轴测图）

轴测投影面平行于一个坐标平面，且平行于坐标平面的那两个轴的轴向伸缩系数相等的斜轴测投影，称为斜二等轴测投影，简称斜二测。绘制斜二测轴测图时，其轴间角和轴向伸缩系数（p_1、q_1、r_1），按图 4-2（b）中的规定绘制。

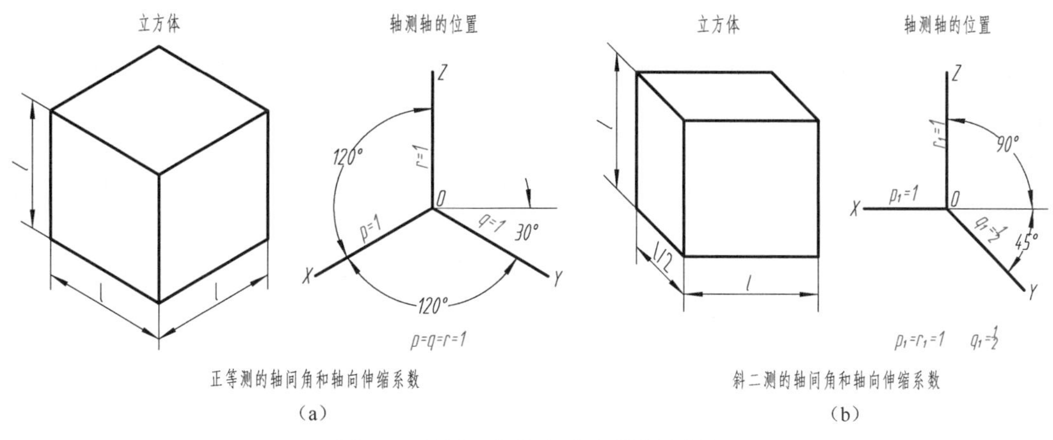

（a）　（b）

图 4-2　轴间角和轴向伸缩系数的规定

四、轴测图的投影特性

① 物体上与坐标轴平行的线段，在轴测图中平行于相应的轴测轴。

② 物体上相互平行的线段，在轴测图中也相互平行。

第二节　正等轴测图

一、正等测轴测轴的画法

在绘制正等测轴测图时，先要准确地画出轴测轴，然后才能根据轴测图的投影特性，画出轴测图。如图 4-2（a）所示，正等测中的轴间角相等，均为 120°。绘图时，可利用丁字尺和 30°三角板配合，准确地画出轴测轴，如图 4-3 所示。

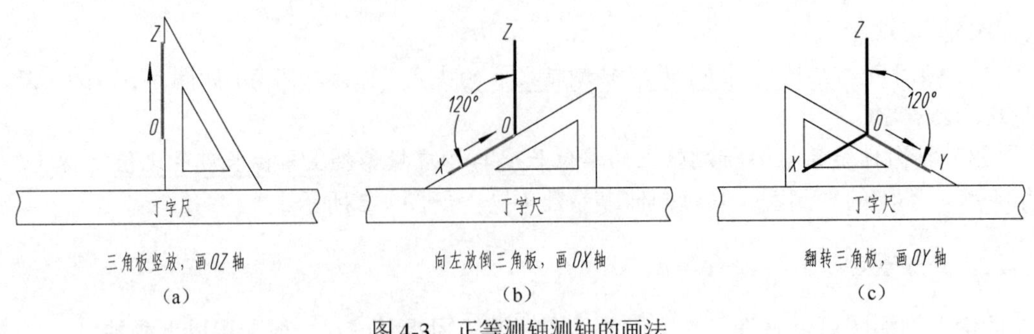

（a）　（b）　（c）

图 4-3　正等测轴测轴的画法

二、平面立体的正等测画法

画轴测图时，应用粗实线画出物体的可见轮廓。一般情况下，在轴测图中表示不可见轮廓的细虚线省略不画。必要时，用细虚线画出物体的不可见轮廓。

绘制轴测图的常用方法是坐标法。作图时，首先定出空间直角坐标系，画出轴测轴；再按立体表面上各顶点或线段的端点坐标，画出其轴测图；最后分别连线，完成整个轴测图。为简化作图步骤，要充分利用轴测图平行性的投影特性。

【例 4-1】　画出图 4-4（a）所示管路 $A \to B \to C \to D \to E \to F$ 的正等测。

分析

若画出其正等测，关键是先按坐标画出管路上 A、B、C、D、E、F 各个点的轴测图，进而连点成线。

作图

① 画出轴测轴，根据 A、B、C、D、E、F 各点的 x、y 坐标，确定各点在水平面的位置，如图 4-4（b）所示。

② 根据 A、B、C、D 各点的 z 坐标（E、F 两点的 z 坐标为零），向上拔高（平行于 Z 轴），即完成管路的正等测，如图 4-4（c）所示。

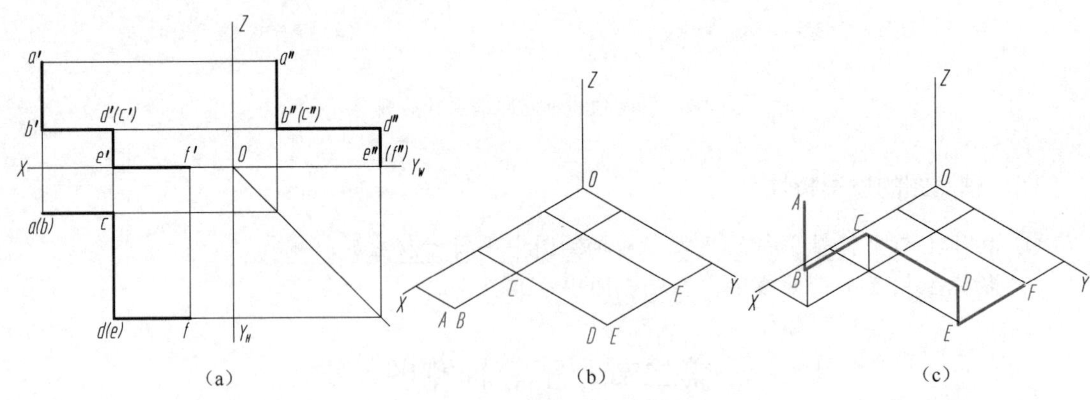

（a）　（b）　（c）

图 4-4　管路的正等测画法

【例 4-2】　根据图 4-5（a）所示正六棱柱的两视图，画出其正等测。

分析

由于正六棱柱前后、左右对称，故选择顶面的中点作为坐标原点，棱柱的轴线作为 Z 轴，顶面的两条对称中心线作为 X、Y 轴，如图 4-5（a）所示。用坐标法从顶面开始作图，可直接作出顶面六边形各顶点的坐标。

作图

① 画出轴测轴，定出Ⅰ、Ⅱ、Ⅲ、Ⅳ点；通过Ⅰ、Ⅱ点，作 X 轴的平行线，如图 4-5（b）所示。

② 在过Ⅰ、Ⅱ点的平行线上，确定 m、n 点，连接各顶点得到六边形的正等测，如图 4-5（c）所示。

③ 过六边形的各顶点，向下作 Z 轴的平行线，并在其上截取高度 h，画出底面上可见的各条边，如图 4-5（d）所示。

④ 擦去作图线并描深，完成正六棱柱的正等测，如图 4-5（e）所示。

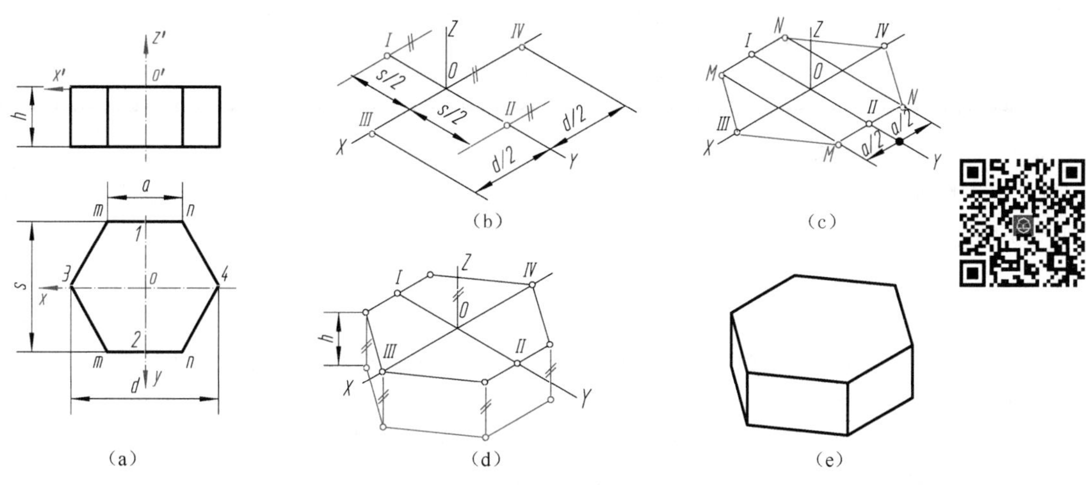

图 4-5　正六棱柱正等测的作图步骤

三、曲面立体的正等测画法

1. 不同坐标面的圆的正等测画法

在正等测中，三个坐标面上的圆的轴测投影——都是椭圆，其长轴和短轴的比例都是相同的，即椭圆的大小相同。

从图 4-6（a）中可以看出，椭圆长轴的方向与相应的轴测轴 X、Y、Z 垂直，短轴的方向与相应的轴测轴 X、Y、Z 平行。平行于不同坐标面的圆的正等测，除了椭圆长、短轴方

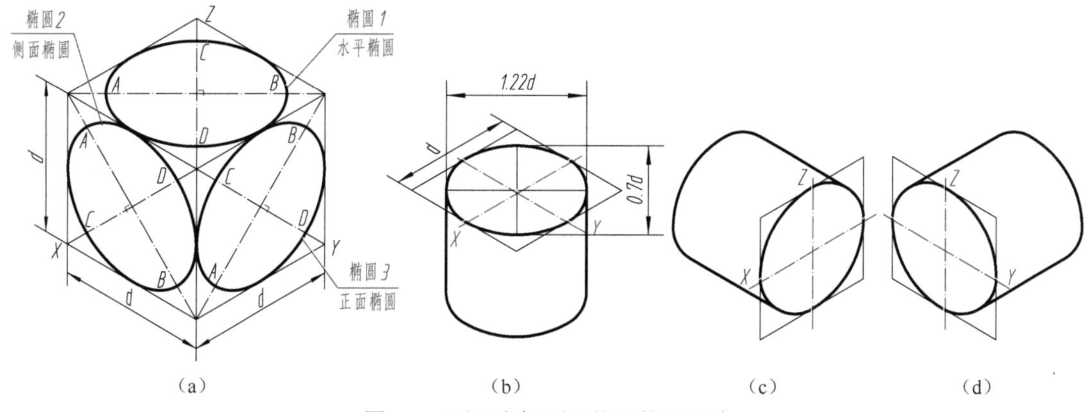

图 4-6　不同坐标面圆的正等测画法

向不同外，其画法是一样的。椭圆具有如下特征：

椭圆 1（水平椭圆）的长轴垂直于 Z 轴。

椭圆 2（侧面椭圆）的长轴垂直于 X 轴。

椭圆 3（正面椭圆）的长轴垂直于 Y 轴。

各椭圆的长轴：$AB \approx 1.22d$。

各椭圆的短轴：$CD \approx 0.7d$。

画回转体的正等测时，只有明确圆所在的平面与哪一个坐标面平行，才能画出方位正确的椭圆，如图 4-6（b）～（d）所示。

> 提示：画圆的正等测时，只要知道圆的直径 d，即可计算出椭圆的长、短轴，如图 4-6（b）所示。应记住 $1.22d$ 和 $0.71d$ 这两个参数，在利用计算机画椭圆时非常方便。

2. 圆的正等测画法

【例 4-3】 已知圆的直径为 $\phi 24$，圆平面与水平面平行（即椭圆长轴垂直于 Z 轴），用六点共圆法画出其正等测。

作图

① 画出轴测轴 X、Y、Z 以及椭圆长轴（红色细实线），如图 4-7（a）所示。

② 以 O 为圆心、$R12$ 为半径画圆，与 X、Y、Z 轴相交，得 A、B、C、D、1、2 六个点，如图 4-7（b）所示。

③ 连接 $A2$ 和 $D2$，与椭圆长轴交于点 3、点 4，如图 4-7（c）所示。

④ 分别以点 1、点 2 为圆心，R（$A2$）为半径画大圆弧；再分别以点 3、点 4 为圆心，r（$3A$）为半径画小圆弧。四段圆弧相切于 A、B、C、D 四点，如图 4-7（d）所示。

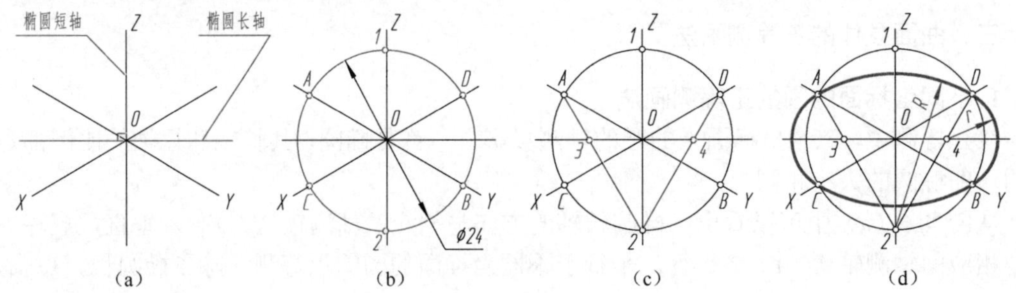

图 4-7　用六点共圆法画圆的正等测

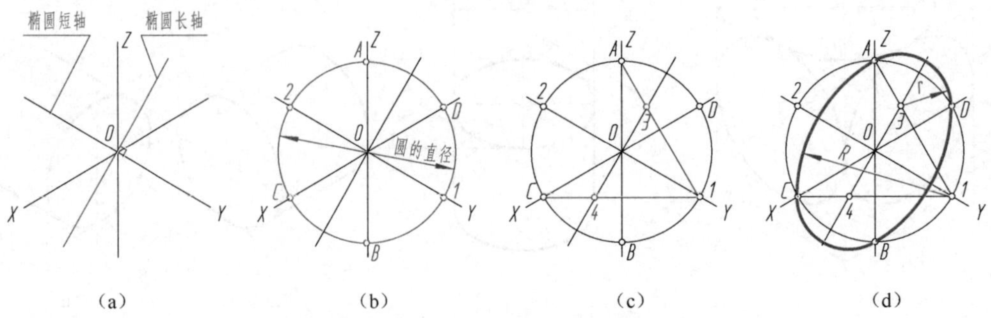

图 4-8　平行于正面的圆的正等测画法

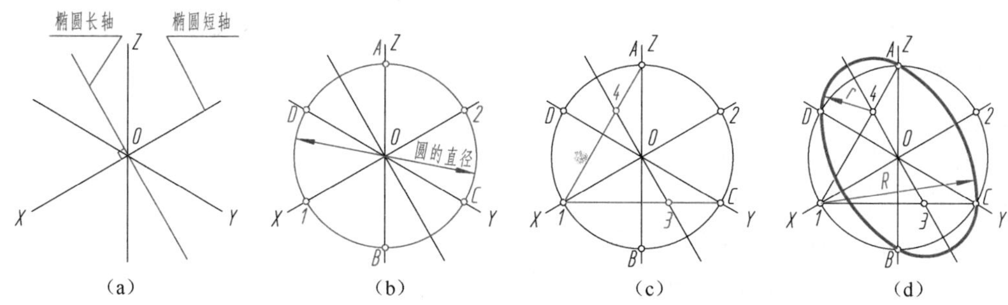

图 4-9　平行于侧面的圆的正等测画法

> 提示：画圆的正等测时，必须搞清圆平行于哪一个坐标面。根据椭圆长、短轴的特征，先确定椭圆的短轴方向；再作短轴的垂线，确定椭圆的长轴方向，进而画出圆的正等测。正面椭圆的正等测画法，如图 4-8 所示。侧面椭圆的正等测画法，如图 4-9 所示。具体作图步骤与图 4-7 基本相同。

3. 圆柱的正等测画法

【例 4-4】　根据图 4-10（a）所示圆柱的视图，画出其正等测。

分析

圆柱轴线垂直于水平面，其上、下底两个圆与水平面平行（即椭圆长轴垂直 Z 轴）且大小相等。可根据直径 d 和高度 h 作出大小完全相同、中心距为 h 的两个椭圆，然后作两个椭圆的公切线即成。

作图

① 采用六点共圆法，画出上底圆的正等测，如图 4-10（b）所示。

② 向下量取圆柱的高度 h，画出下底圆的正等测，如图 4-10（c）所示。

③ 分别作两椭圆的公切线，如图 4-10（d）所示。

④ 擦去作图线并描深，完成圆柱的正等测，如图 4-10（e）所示。

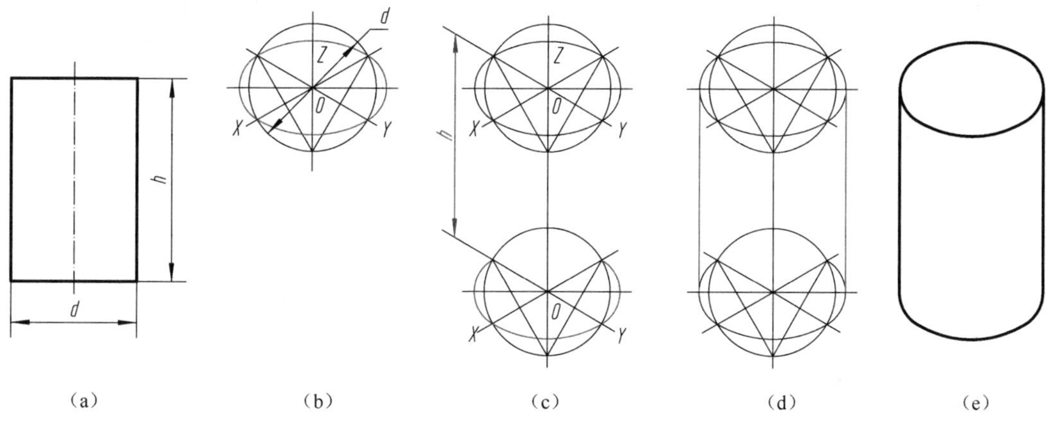

图 4-10　圆柱的正等测画法

4. 圆台的正等测画法

【例 4-5】　根据图 4-11（a）所示圆台的两视图，画出其正等测。

分析

圆台轴线垂直于水平面，其上、下底两个圆与水平面平行但大小不等。可根据其上底直

径 d_2、下底直径 d_1 和高度 h 作出两个大小不同、中心距为 h 的两个椭圆，然后作两个椭圆的公切线即成。

作图

① 采用六点共圆法，画出上底圆的正等测；自圆心向下量取圆柱的高度 h，画出下底圆的正等测，如图 4-11（b）所示。

② 分别作两椭圆的公切线，如图 4-11（c）所示。

③ 擦去作图线并描深，完成圆台的正等测，如图 4-11（d）所示。

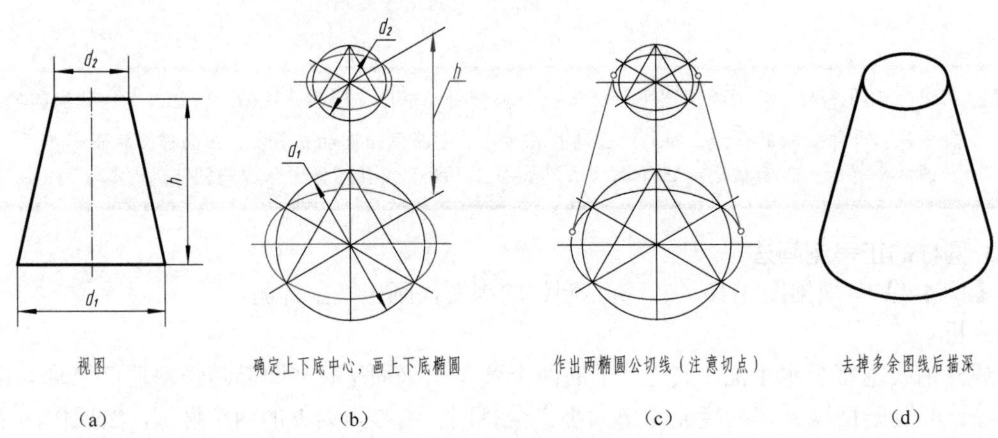

图 4-11　圆台的正等测画法

5. 圆角的简化画法

平行于坐标面的圆角是圆的一部分，其轴测图是椭圆的一部分。特别是常见的四分之一圆周的圆角，其正等测恰好是近似椭圆的四段圆弧中的一段。从切点作相应棱线的垂线，即可获得圆弧的圆心。

【例 4-6】 根据图 4-12（a）所示带圆角平板的两视图，画出其正等测。

作图

① 首先画出平板上面（矩形）的正等测，如图 4-12（b）所示。

② 沿棱线分别量取 R，确定圆弧与棱线的切点；过切点作棱线的垂线，垂线与垂线的交点即为圆心，圆心到切点的距离即连接弧半径 R_1 和 R_2；分别画出连接弧，如图 4-12（c）所示。

③ 分别将圆心和切点向下平移 h（板厚），如图 4-12（d）所示。

④ 画出平板下面（矩形）和相应圆弧的正等测，作出左右两段小圆弧的公切线，如图

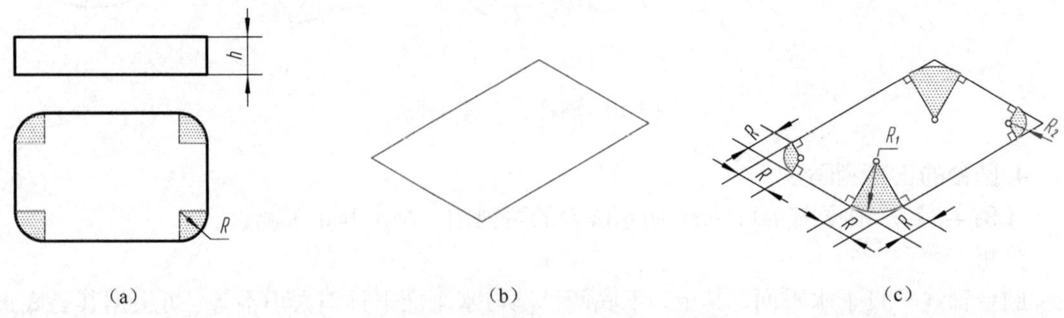

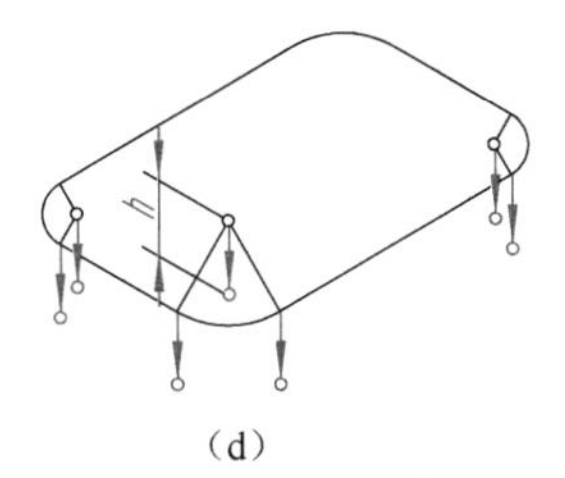

(d)

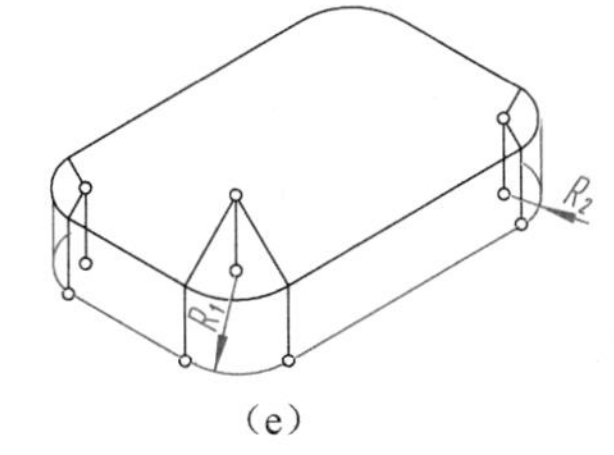

(e)

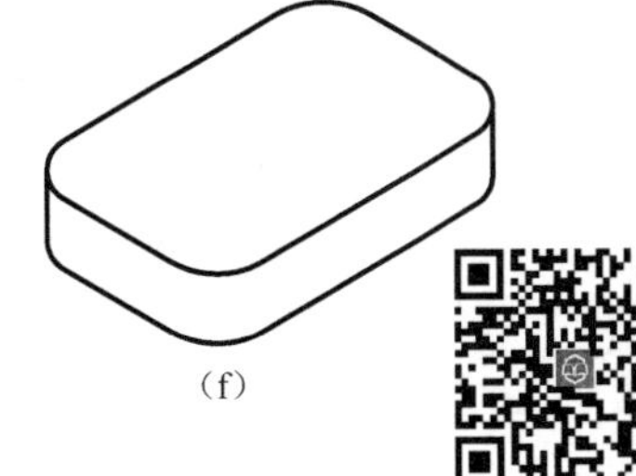
(f)

图 4-12　圆角正等测的简化画法

4-12（e）所示。

⑤ 擦去作图线并描深，完成带圆角平板的正等测，如图 4-12（f）所示。

四、组合体的正等测画法

画组合体的轴测图时，仍应用形体分析法。对切割型组合体用切割法，对叠加型组合体用叠加法，有时也可两种方法并用。

1. 叠加法

先将组合体分解成若干个基本形体，然后按其相对位置逐个画出各基本形体的轴测图，进而完成整体的轴测图，这种方法称为叠加法。

【例 4-7】　根据图 4-13（a）所示组合体三视图，画出其正等测。

分析

该组合体由底板、立板及两个三角形肋板叠加而成。画其正等测时，可采用叠加法，依次画出底板、立板及三角形肋板。

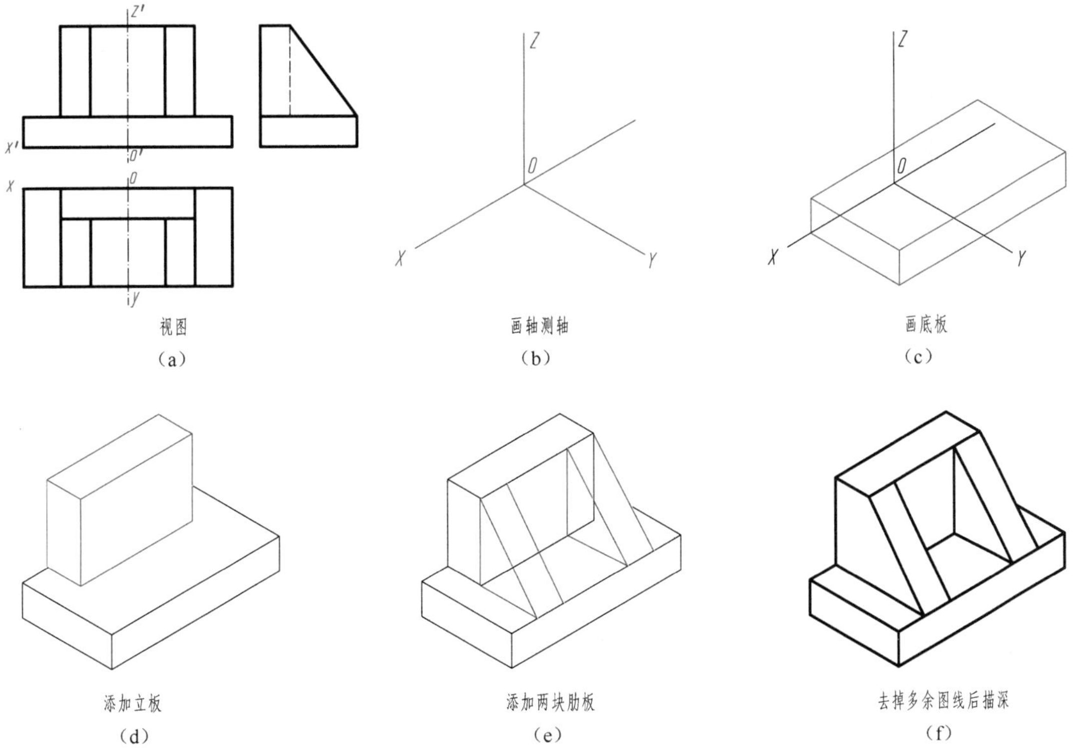

(a)　(b)　(c)　(d)　(e)　(f)

图 4-13　用叠加法画组合体的正等测

作图

① 首先在组合体三视图中确定坐标轴，画出轴测轴，如图 4-13（a）、（b）所示。

② 画出底板的正等测，如图 4-13（c）所示。

③ 在底板上添画立板的正等测，如图 4-13（d）所示。

④ 在底板之上、立板的前面添画三角形肋板的正等测，如图 4-13（e）所示。

⑤ 擦去多余图线并描深，完成组合体的正等测，如图 4-13（f）所示。

2. 切割法

先画出完整的基本形体的轴测图（通常为方箱），然后按其结构特点逐个切去多余的部分，进而完成组合体的轴测图，这种方法称为切割法。

【例 4-8】 根据图 4-14（a）所示组合体三视图，用切割法画出其正等测。

分析

组合体是由一长方体经过多次切割而形成的。画其轴测图时，可用切割法，即先画出整体（方箱），再逐步截切而成。

作图

① 先画出轴测轴，再画出长方体（方箱）的正等测，如图 4-14（b）、（c）所示。

② 在长方体的基础上，切去左上角，如图 4-14（d）所示。

③ 在左下方切出方形槽，如图 4-14（e）所示。

④ 去掉多余图线后描深，完成组合体的正等测，如图 4-14（f）所示。

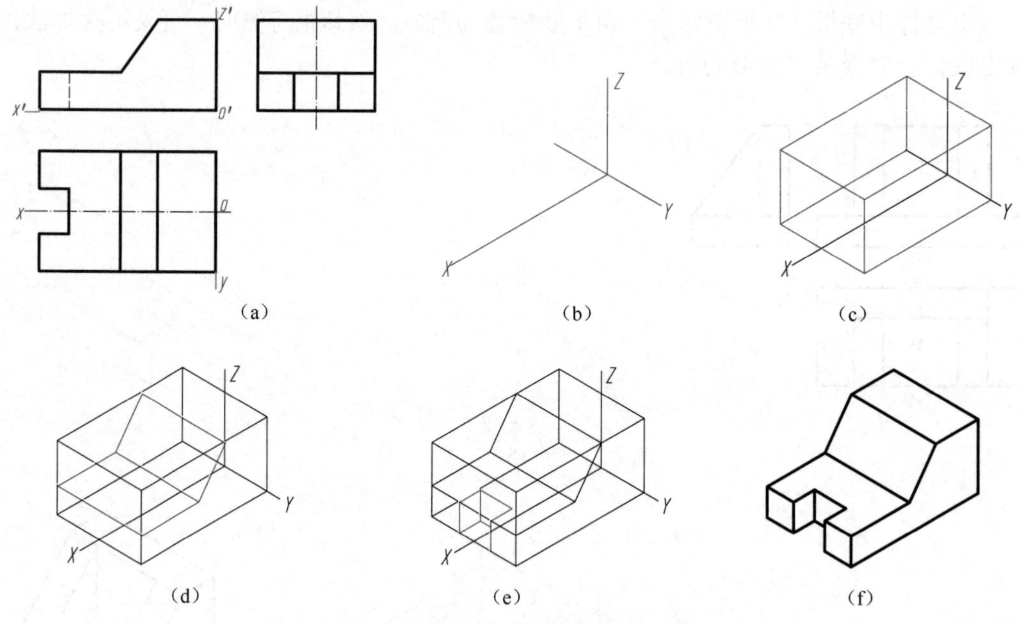

图 4-14 用切割法画组合体的正等测

3. 综合画法

【例 4-9】 根据图 4-15（a）所示支架的视图，画出其正等测。

分析

支架是由底板、立板叠加而成。底板为长方体，有两个圆角；立板的上半部为半圆柱面，下半部为长方体，中间有一通孔。支架左右对称，底板和立板后表面共面，并以底板上面为结合面。为方便作图，坐标原点选在底板的上面与对称中心线的交点处。画轴测图时，先采用叠加法，再用切割法。

作图

① 先画出底板的正等测，如图 4-15（b）所示。

② 按相对位置尺寸叠加立板（长方体），如图 4-15（c）所示。

③ 画细节。在底板上采用圆角的简化画法，切割出两个圆角；采用六点共圆法，画出立板上方半圆柱面的正等测，如图 4-15（d）所示。

④ 采用六点共圆法，切割出立板上方的圆孔，如图 4-15（e）所示。

⑤ 擦去作图线并描深，完成支架的正等测，如图 4-15（f）所示。

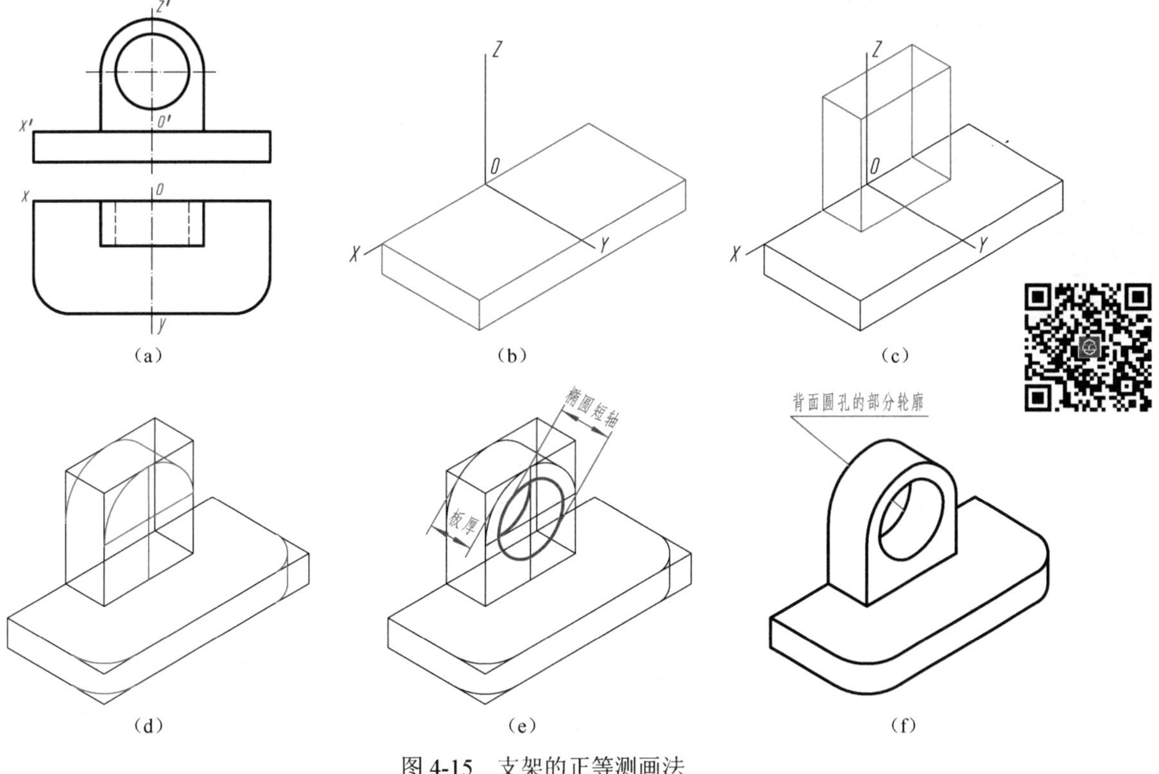

图 4-15　支架的正等测画法

> 提示：若椭圆短轴尺寸大于板厚尺寸时，则立板背面圆孔的部分轮廓应漏出一部分，如图 4-15（e）所示。

第三节　斜二等轴测图简介

一、斜二等轴测图的形成及投影特点

1. 斜二等轴测图的形成

在确定物体的直角坐标系时，使 X 轴和 Z 轴平行轴测投影面 P，用斜投影法将物体连同其直角坐标轴一起向 P 面投射，所得到的轴测图称为斜二等轴测图，简称斜二测，如图 4-16

所示。

2. 斜二测的轴间角和轴向伸缩系数

由于 *XOZ* 坐标面与轴测投影面平行，*X*、*Z* 轴的轴向伸缩系数相等，即 $p_1=r_1=1$，轴间角∠*XOZ*=90°。为了便于绘图，国家标准 GB/T 4458.3—2013《机械制图　轴测图》规定：选取 *Y* 轴的轴向伸缩系数 $q_1=1/2$，轴间角∠*XOY*=∠*YOZ*=135°，如图 4-17（a）所示。随着投射方向的不同，*Y* 轴的方向可以任意选定，如图 4-17（b）所示。只有按照这些规定绘制出来的斜轴测图，才能称为斜二等轴测图。

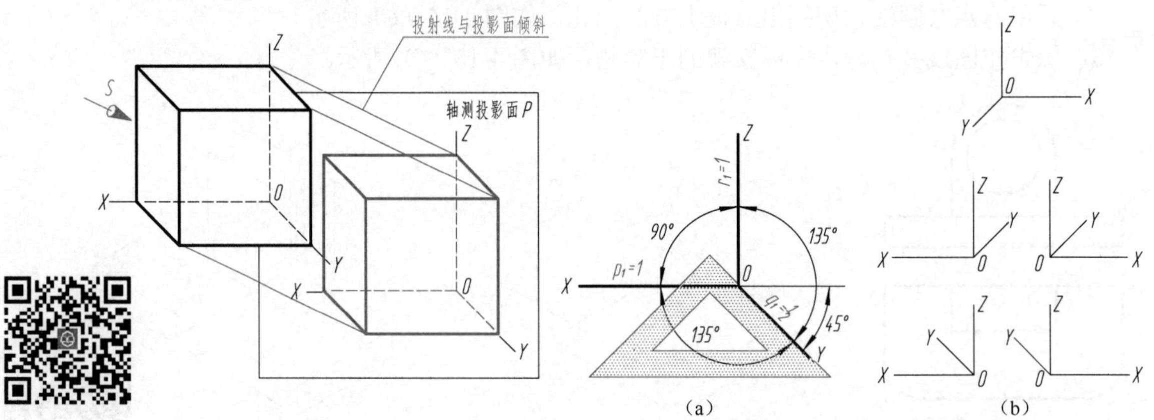

图 4-16　斜二测的形成

图 4-17　轴向伸缩系数和轴间角

3. 斜二测的投影特性

斜二测的投影特性是：物体上凡平行于 *XOZ* 坐标面的表面，其轴测投影反映实形。利用这一特点，在绘制单方向形状较复杂的物体（主要是出现较多的圆）的斜二测时，比较简便易画。

二、斜二测的画法

斜二测的具体画法与正等测的画法相似，但它们的轴间角及轴向伸缩系数均不同。由于斜二测中 *Y* 轴的轴向伸缩系数 $q_1=1/2$，所以在画斜二测时，沿 *Y* 轴方向的长度应取物体上相应长度的一半。

【例 4-10】　根据图 4-18（a）所示立方体的三视图，画出其斜二测。

分析

立方体的所有棱线，均平行于相应的投影轴，画其斜二测时，*Y* 轴方向的长度应取相应长度的一半。

作图

① 首先在视图上确定原点和坐标轴，画出 *XOY* 坐标面的轴测图（与主视图相同），如图 4-18（b）所示。

② 沿 *Y* 轴向前量取 *L*/2 画出前面，连接前后两个面，完成立方体的斜二测，如图 4-18（c）所示。

【例 4-11】　根据图 4-19（a）所示支架的两视图，画出其斜二测。

分析

支架表面上的圆（半圆）均平行于正面。确定直角坐标系时，使坐标轴 *Y* 与圆孔轴线重

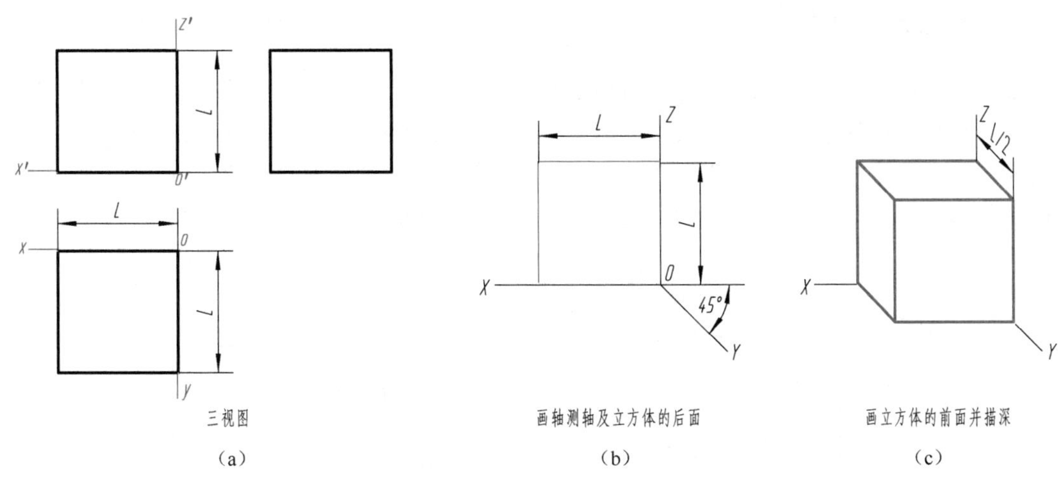

(a)　(b)　(c)

图 4-18　立方体的斜二测画法

合，坐标原点与前表面圆的中心重合，使坐标面 *XOZ* 与正面平行，选择正面作轴测投影面，如图 4-19（a）所示。这样，物体上的圆和半圆，其轴测图均反映实形，作图比较简便。

作图

① 首先在视图上确定原点和坐标轴，画出 *XOY* 坐标面的轴测图（与主视图相同），如图 4-19（b）所示。

② 沿 *Y* 轴向后量取 *L*/2 画出后面，连接前后两个面，如图 4-19（c）、（d）所示。

③ 去掉多余图线后描深，完成支架的斜二测，如图 4-19（e）所示。

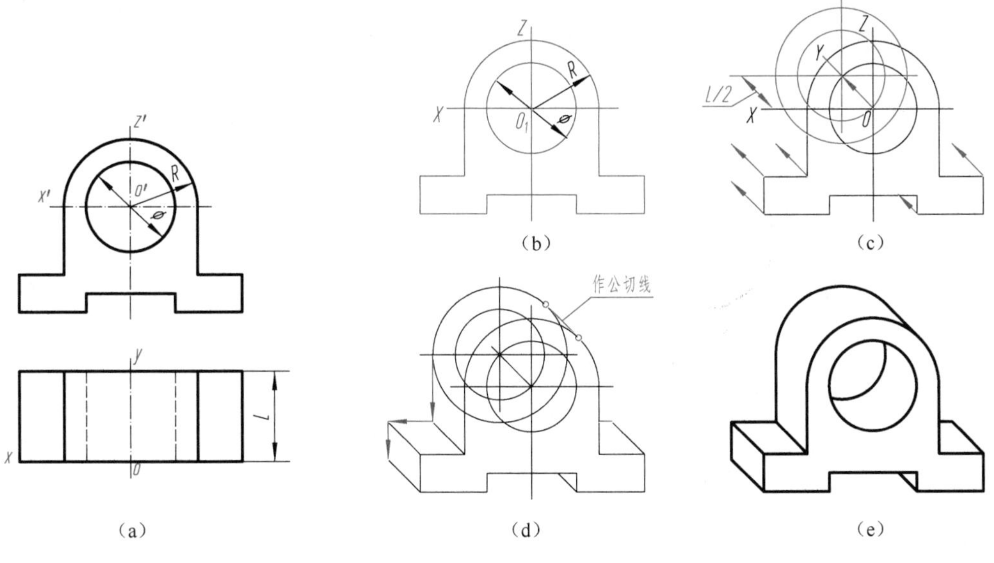

(a)　(b)　(c)　(d)　(e)

图 4-19　支架的斜二测画法

第四节　轴测图的尺寸注法

国家标准 GBT 4458.3—2013《机械制图　轴测图》规定了轴测图中的尺寸注法。

一、线性尺寸的注法

轴测图中的线性尺寸，一般应沿轴测轴的方向标注。尺寸数值为零件的公称尺寸。尺寸数字应按相应的轴测图形标注在尺寸线的上方。尺寸线必须和所标注的线段平行，尺寸界线一般应平行于某一轴测轴，如图 4-20 所示。当在图形中出现字头向下时应引出标注，将数字按水平位置注写，如图 4-20（a）、（b）中右侧尺寸 35 的注法。

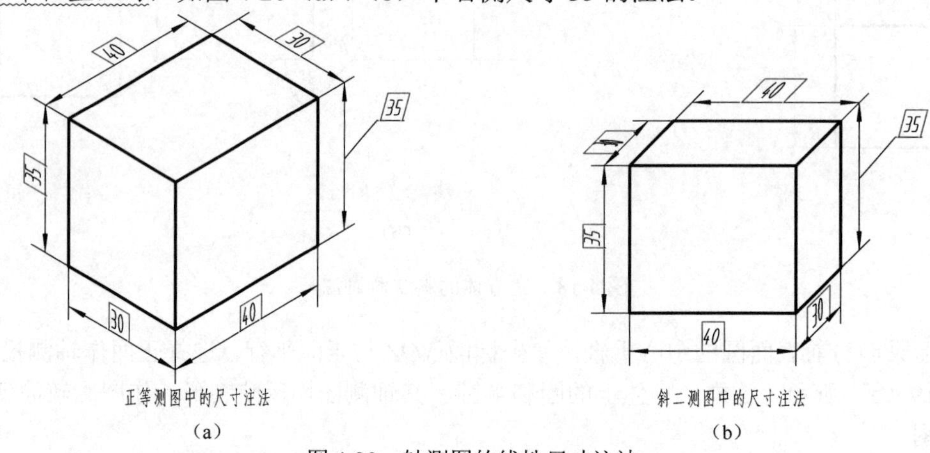

图 4-20　轴测图的线性尺寸注法

二、圆和圆弧的注法

标注圆的直径尺寸时，尺寸线和尺寸界线应分别平行于圆所在的平面内的轴测轴，如图 4-21 中 $\phi 24$ 的注法；标注圆弧半径或较小圆的直径时，尺寸线可从（或通过）圆心引出标注，但注写数字的横线必须平行于轴测轴，如图 4-21 中 2×$\phi 12$、$R5$ 的注法。

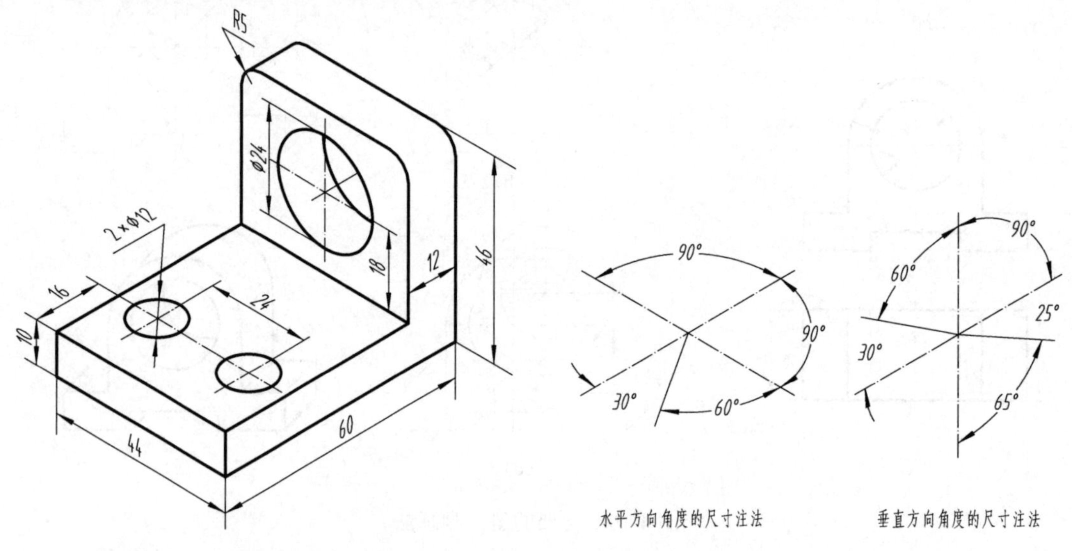

图 4-21　轴测图中圆的尺寸注法　　　图 4-22　轴测图中角度尺寸的注法

三、角度尺寸的注法

标注角度的尺寸线，应画成与该坐标平面相应的椭圆弧，角度数字一般写在尺寸线的中断处，字头向上，如图 4-22 所示。

正等轴测图的尺寸标注示例，如图 4-23 所示。

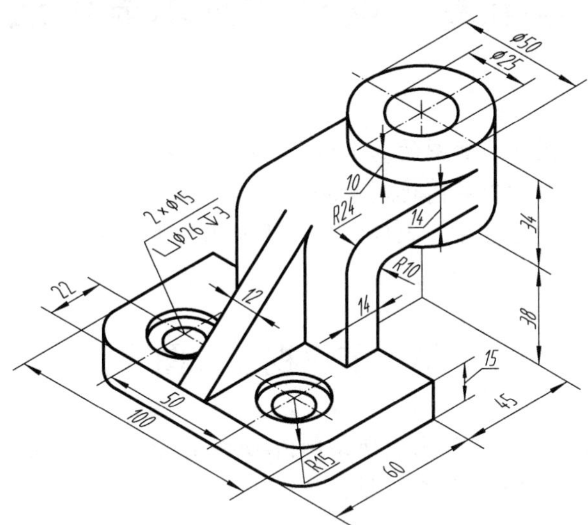

图 4-23　正等轴测图的尺寸注法示例

第五章　图样的基本表示法

教学提示

① 掌握视图、剖视图和断面图的基本概念、画法、标注方法和使用条件。

② 了解局部放大图和常用的简化表示法。

③ 能初步应用各种表达方法，比较完整、清晰地表达物体的结构形状。

④ 了解第三角画法的基本内容。

第一节　视　　图

根据有关标准和规定，用正投影法所绘制出物体的图形，称为视图。视图主要用于表达物体的可见部分，必要时才画出其不可见部分。

一、基本视图（GB/T 13361—2012、GB/T 17451—1998）

将物体向基本投影面投射所得的视图，称为基本视图。

当物体的构形复杂时，为了完整、清晰地表达物体各方面的形状，国家标准规定，在原有三个投影面的基础上，再增设三个投影面，组成一个正六面体，如图 5-1（a）所示。六面体的六个面称为基本投影面。将物体置于六面体中，分别向六个基本投影面投射，即得到六个基本视图（通常用大写字母 *A*、*B*、*C*、*D*、*E*、*F* 表示）。

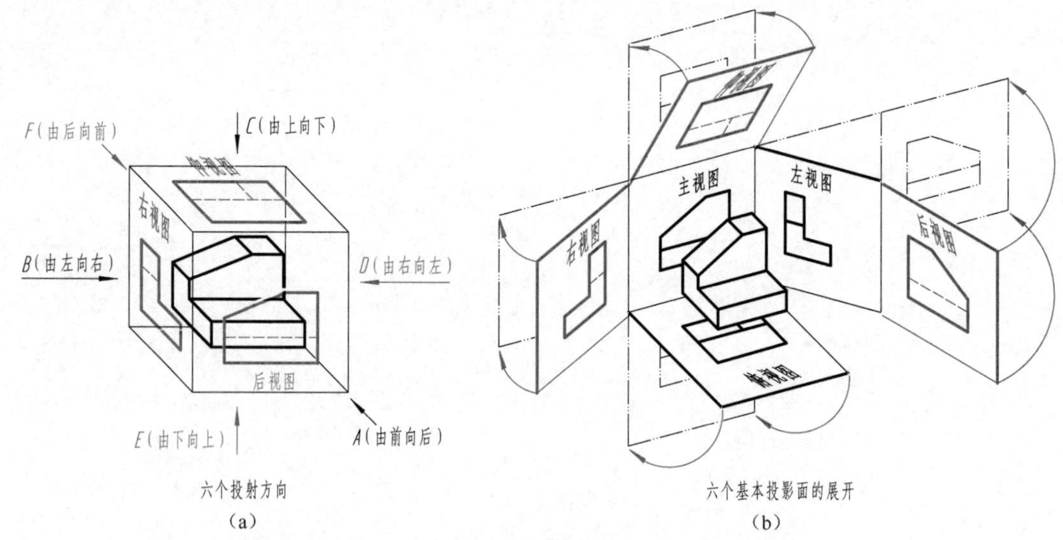

图 5-1　基本视图

主视图（或称 *A* 视图）——由前向后投射所得的视图。

左视图（或称 *B* 视图）——由左向右投射所得的视图。

俯视图（或称 *C* 视图）——由上向下投射所得的视图。

右视图（或称 *D* 视图）——由右向左投射所得的视图。

仰视图（或称 E 视图）——由下向上投射所得的视图。

后视图（或称 F 视图）——由后向前投射所得的视图。

六个基本投影面展开的方法如图 5-1（b）所示，即正面保持不动，其他投影面按箭头所示方向旋转到与正面共处在同一平面。

六个基本视图在同一张图样内按图 5-2 配置时，各视图一律不注图名。六个基本视图仍符合“长对正、高平齐、宽相等”的投影规律。除后视图外，其他视图靠近主视图的一边是物体的后面，远离主视图的一边是物体的前面。

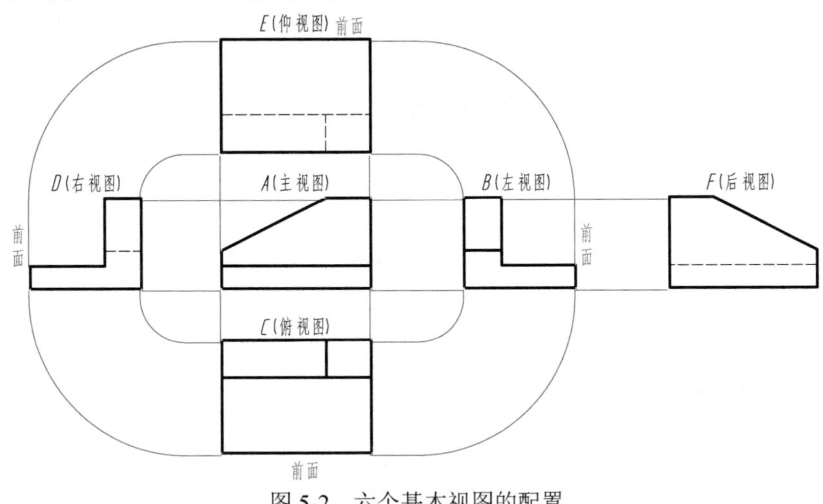

图 5-2　六个基本视图的配置

> 提示：在绘制工程图样时，一般并不需要将物体的六个基本视图全部画出，而是根据物体的结构特点和复杂程度，选择适当的基本视图。优先采用主、左、俯视图。

二、向视图（GB/T 17451—1998）

向视图是可以自由配置的基本视图。

在实际绘图过程中，有时难以将六个基本视图按图 5-2 的形式配置，此时如采用向视图的形式配置，即可使问题得到解决。如图 5-3 所示，在向视图的上方标注“×”（×为大写拉丁字母），在相应的视图附近，用箭头指明投射方向，并标注相同的字母。

向视图是基本视图的一种表达形式，它们的主要区别在于视图的配置形式不同。

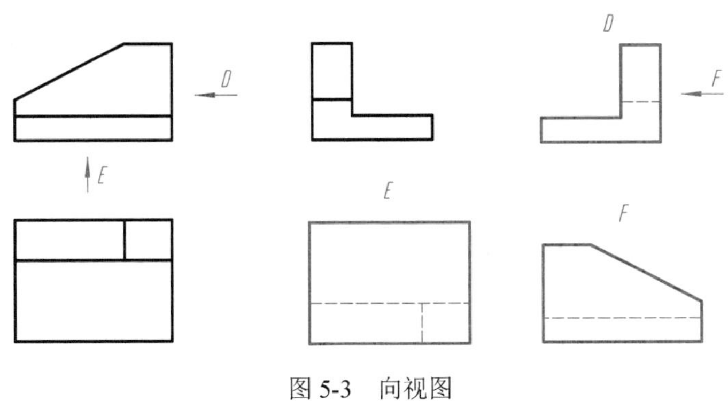

图 5-3　向视图

三、局部视图（GB/T 17451—1998、GB/T 4458.1—2002）

将物体的某一部分向基本投影面投射所得的视图，称为局部视图。

如图 5-4（a）所示物体左侧的凸台，在其主、俯视图中未表达清楚，而又不必画出完整的左视图［图 5-4（d）］，这时可用“*A*”向局部视图表示。

局部视图的断裂边界通常以波浪线（或双折线）表示，如图 5-4（c）所示。当所表示的局部结构是完整的，且外轮廓又封闭时，波浪线可省略不画，如图 5-7 中的“*C*”向局部视图。

当局部视图按基本视图的形式配置，中间又无其他图形隔开时，可省略标注，如图 5-7（b）中的俯视图。局部视图也可按向视图的配置形式配置并标注，如图 5-4（c）所示。

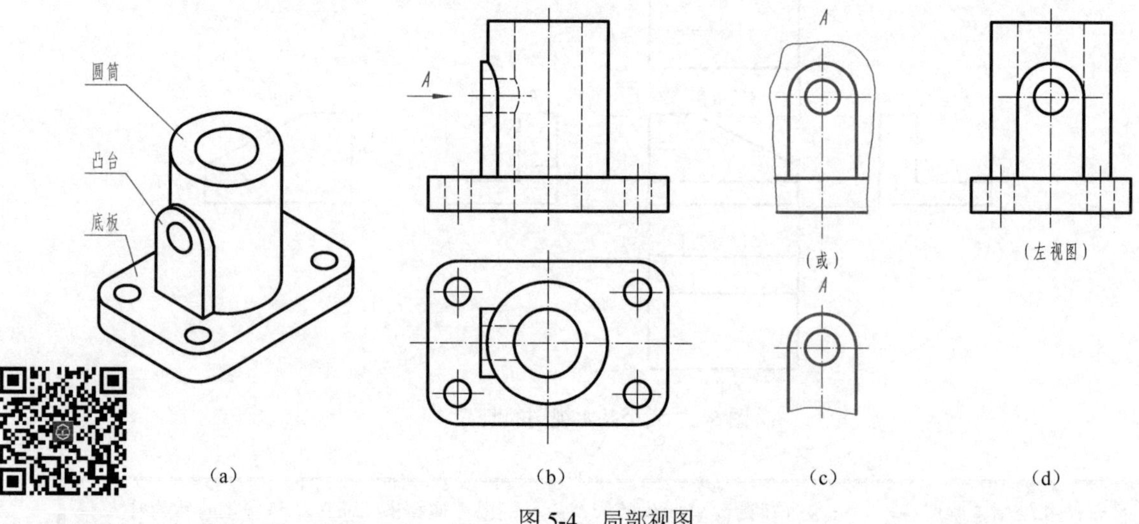

图 5-4　局部视图

为了节省绘图时间和图幅，对称物体的视图也可按局部视图绘制，即只画 1/2 或 1/4，并在对称线的两端画出对称符号（即两条与对称线垂直的平行细实线），如图 5-5 所示。

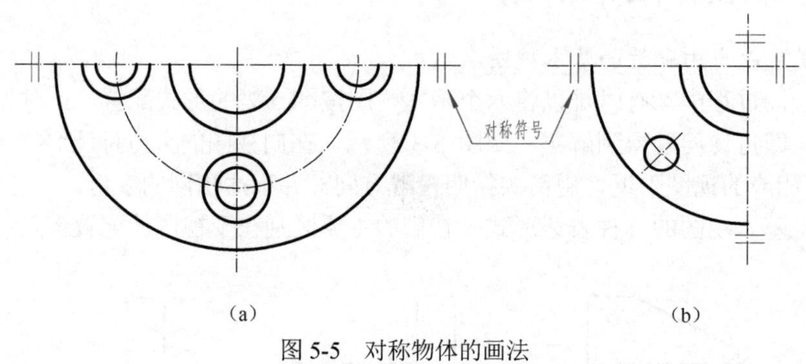

图 5-5　对称物体的画法

四、斜视图（GB/T 17451—1998）

将物体向不平行于基本投影面的平面投射所得的视图，称为斜视图。斜视图通常用于表达物体上的倾斜部分。

如图 5-6 所示，物体左侧部分与基本投影面倾斜，其基本视图不反映实形。为此增设一个与倾斜部分平行的辅助投影面 *P*（*P* 面垂直于 *V* 面），将倾斜部分向 *P* 面投射，得到反映该部分实形的视图，即斜视图。

斜视图一般只画出倾斜部分的局部形状，其断裂边界用波浪线表示，并通常按向视图的配置形式配置并标注，如图 5-7（a）中的“*A*”图。

必要时，允许将斜视图旋转配置。此时，表示该视图名称的大写拉丁字母，要靠近旋转符号的箭头端；也允许将旋转角度标注在字母之后，如图 5-7（b）中的“⌒*A*45°”。旋转符号的箭头指向，应与实际旋转方向一致。旋转符号画法见附表 11。

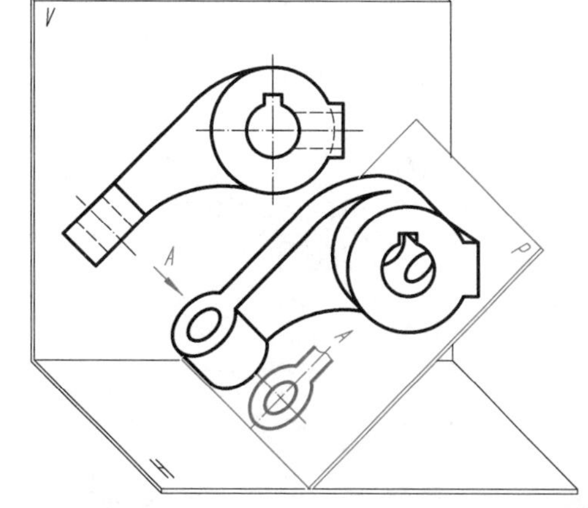

图 5-6　斜视图的形成

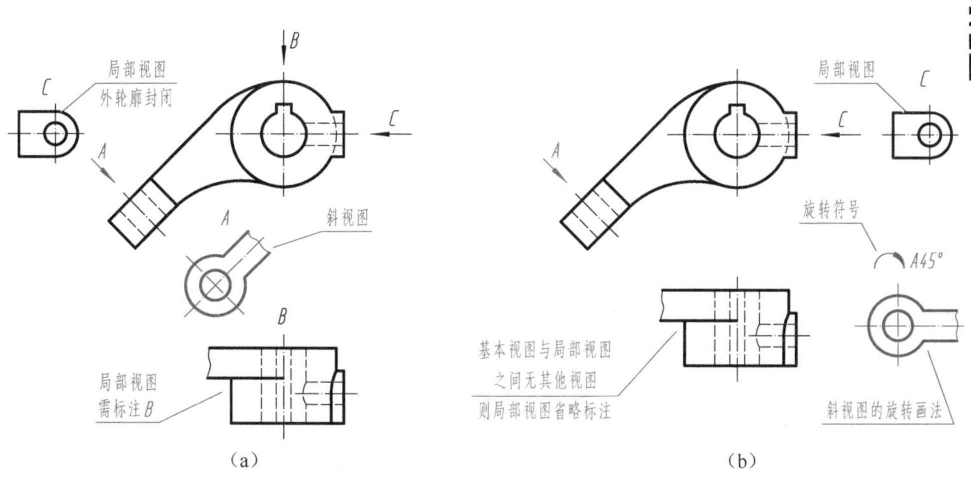

图 5-7　局部视图与斜视图的配置

第二节　剖　视　图

当物体的内部结构比较复杂时，视图中就会出现较多的细虚线，既影响图形清晰，又不利于标注尺寸。为了清晰地表示物体的内部形状，国家标准 GB/T 17452—1998《技术制图　图样画法　剖视图和断面图》和 GB/T 4458.6—2002《机械制图　图样画法　剖视图和断面图》规定了剖视图的画法。

一、剖视图的基本概念

1. 剖视图的获得（GB/T 17452—1998、GB/T 4458.6—2002）

假想用剖切面剖开物体，将处在观察者和剖切面之间的部分移去，而将其余部分向投影面投射所得的图形，称为剖视图，简称剖视，如图 5-8（a）所示。

如图 5-8（b）、（c）所示，将视图与剖视图进行比较：由于主视图采用了剖视，原来不可见的孔变成可见的，视图上的细虚线在剖视图中变成了粗实线，再加上在剖面区域内画出了规定的剖面符号，使图形层次分明，更加清晰。

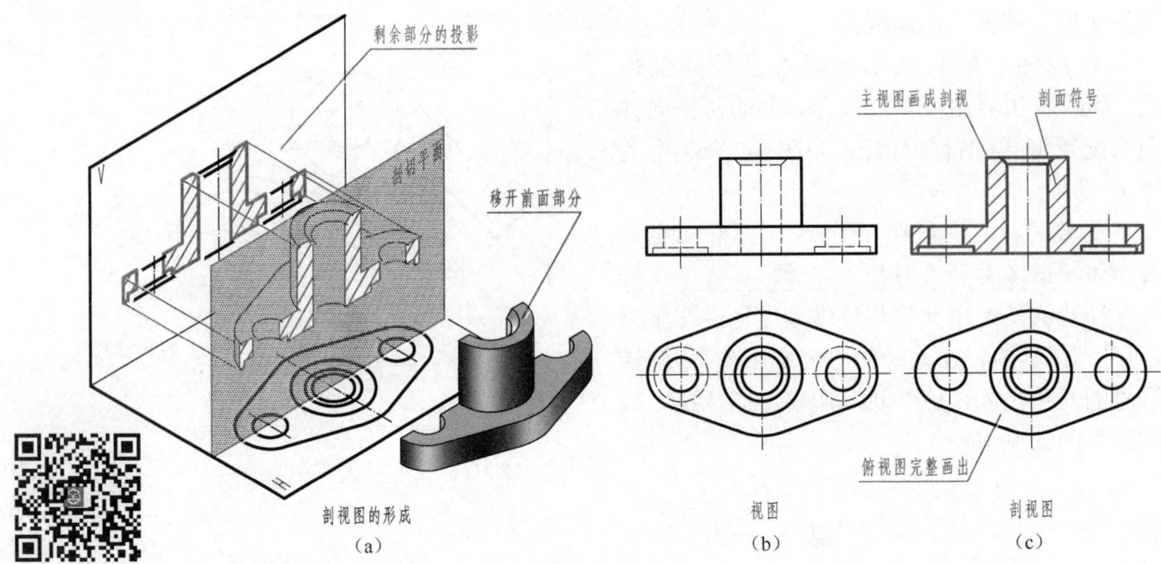

（a）　（b）　（c）

图 5-8　剖视图

2. **剖面区域的表示法**（GBT 17453—2005、GB/T 4457.5—2013）

假想用剖切面剖开物体，剖切面与物体的接触部分，称为剖面区域。通常要在剖面区域画出剖面符号。剖面符号的作用一是明显地区分被剖切部分与未剖切部分，增强剖视的层次感；二是识别相邻零件的形状结构及其装配关系；三是区分材料的类别。

① 不需在剖面区域中表示物体的材料类别时，应按国家标准 GB/T 17453—2005《技术制图　图样画法　剖面区域的表示法》中的规定：剖面符号用通用的剖面线表示；同一物体的各个剖面区域，其剖面线的方向及间隔应一致。通用剖面线是与图形的主要轮廓线或剖面区域的对称线成 45°角、且间距（≈3mm）相等的细实线，如图 5-9 所示。

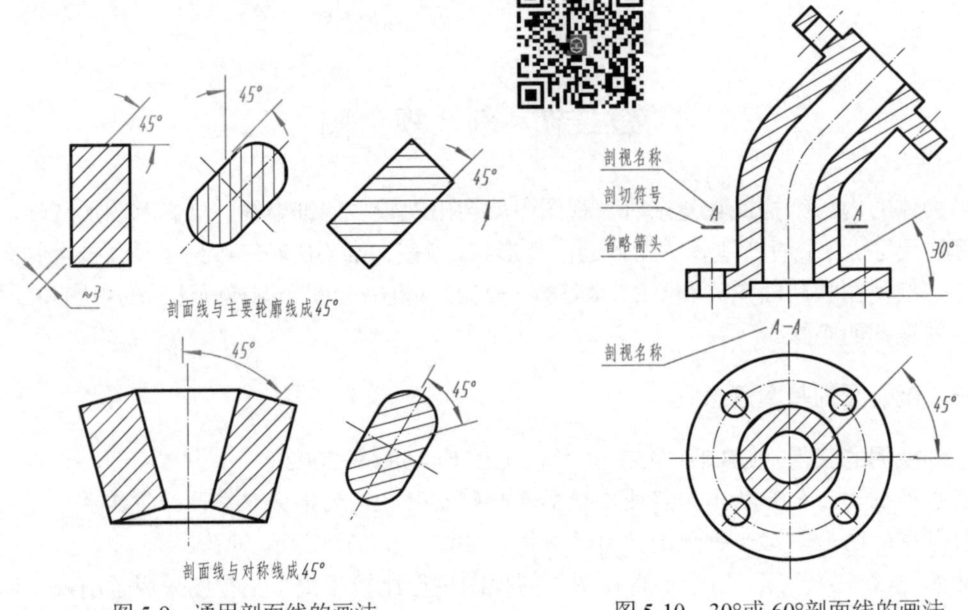

图 5-9　通用剖面线的画法　　图 5-10　30°或 60°剖面线的画法

在图 5-10 的主视图中，由于物体倾斜部分的轮廓与底面成 45°，而不宜将剖面线画成与主要轮廓成45°时，可将该图形的剖面线画成与底面成30°或60°的平行线，但其倾斜方向仍应与其他图形的剖面线一致。

② 需要在剖面区域中表示物体的材料类别时，应根据国家标准GB/T 4457.5—2013《机械制图　剖面符号》中的规定绘制，常用的剖面符号如图5-11所示。

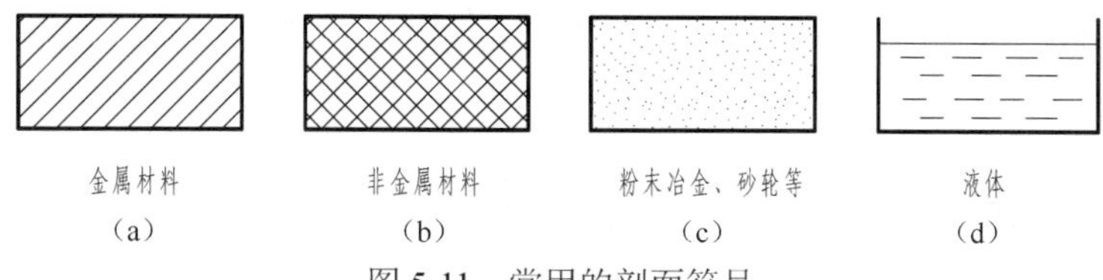

图5-11　常用的剖面符号

3. 剖视的标注

为了便于看图，在画剖视图时，应将剖切位置、剖切后的投射方向和剖视图名称标注在相应的视图上，标注的内容如图5-10所示。

（1）剖切符号　表示剖切面的位置。在相应的视图上，用剖切符号（线长5～8mm的粗实线）表示剖切面的起、迄和转折处位置，并尽可能不与图形的轮廓线相交。

（2）投射方向　在剖切符号的两端外侧，用箭头指明剖切后的投射方向。

（3）剖视图的名称　在剖视图的上方用大写拉丁字母标注剖视图的名称"×—×"，并在剖切符号的一侧注上同样的字母。

在下列情况下，可省略或简化标注。

① 当单一剖切平面通过物体的对称面或基本对称面，且剖视图按投影关系配置，中间又没有其他图形隔开时，可以省略标注，如图5-8（c）所示。

② 当剖视图按投影关系配置，中间又没有其他图形隔开时，可以省略箭头，如图5-10中的主视图所示。

二、画剖视图应注意的问题

① 剖切面一般应通过物体的对称面、基本对称面或内部孔、槽的轴线，并与投影面平行。如图5-8（c）、图5-10中的剖切面通过物体的前后对称面且平行于正面。

② 因为剖视图是物体被剖切后剩余部分的完整投影，所以，凡是剖切面后面的可见棱边线或轮廓线应全部画出，不得遗漏，如表5-1所示。

表5-1　剖视图中漏画线的示例

轴测剖视图	正确画法	漏线示例

续表

轴测剖视图	正确画法	漏线示例

③ 在剖视图中，表示物体不可见部分的细虚线，如在其他视图中已表达清楚，可以省略不画。

如图 5-10 所示，主视图中上下突缘的后部，在剖视中是不可见的，该结构在俯视图中已表达清晰，主视图中的细虚线予以省略；俯视图中省略了下突缘内一个孔的细虚线。

只有对尚未表达清楚的结构形状，才用细虚线画出，如图 5-12（b）中的主视图。

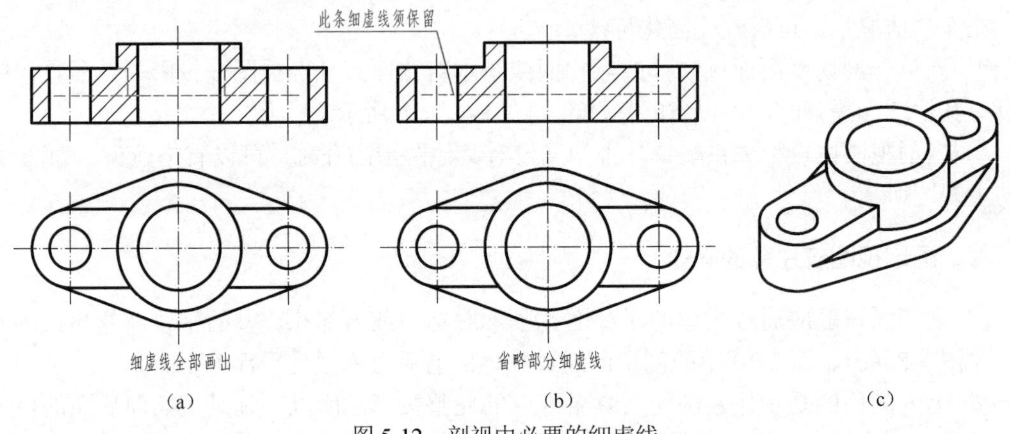

图 5-12　剖视中必要的细虚线

④ 由于剖切是假想的，所以一个视图画成剖视后，在画其他视图时，仍应按完整物体画出，如图 5-8（c）中的俯视图。

三、剖视图的种类

根据剖开物体的范围，可将剖视图分为全剖视图、半剖视图和局部剖视图。国家标准规定，剖切面可以是平面、也可以是曲面，可以是单一的剖切面、也可以是组合的剖切面。绘图时，应根据物体的结构特点，恰当地选用单一剖切面、几个平行的剖切平面或几个相交的剖切面（交线垂直于某一投影面），绘制物体的全剖视图、半剖视图和局部剖视图。

1. 全剖视图

用剖切面完全地剖开物体所得的剖视图，称为全剖视图，简称全剖视。全剖视主要用于表达外形简单、内形复杂而又不对称的物体。全剖视的标注规则如前所述。

（1）用单一剖切面获得的全剖视图　单一剖切面通常指平面或柱面。图 5-8、图 5-10、图 5-11 都是用单一剖切平面剖切得到的全剖视图，是最常用的剖切形式。

图 5-13（b）中的“A—A”剖视图，是用单一斜剖切面完全地剖开物体得到的全剖视。主要用于表达物体上倾斜部分的结构形状。用单一斜剖切面获得的剖视图，一般按投影关系配置，也可将剖视图平移到适当位置。必要时允许将图形旋转配置，但必须标注旋转符号。对此类剖视图必须进行标注，不能省略。

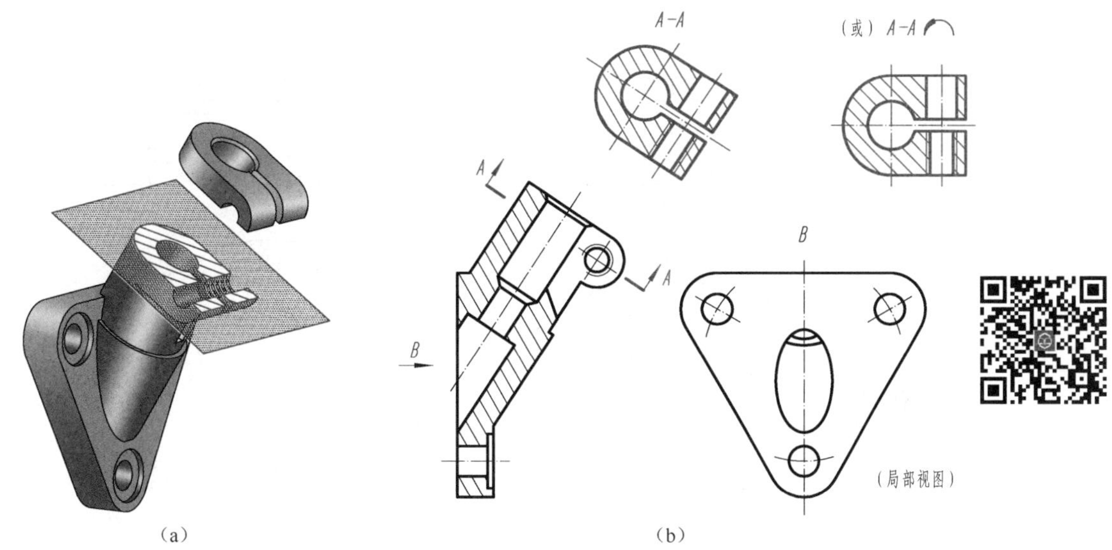

图 5-13　单一斜剖切面剖切获得的全剖视图

（2）用几个平行的剖切平面获得的全剖视图　当物体上有若干不在同一平面上而又需要表达的内部结构时，可采用几个平行的剖切平面剖开物体。几个平行的剖切平面可能是两个或两个以上，各剖切平面的转折必须是直角。

如图 5-14 所示，物体上的三个孔不在前后对称面上，用一个剖切平面不能同时剖到。这时，可用两个相互平行的剖切平面分别通过左侧的阶梯孔和前后对称面，再将两个剖切平面后面的部分，同时向基本投影面投射，即得到用两个平行平面剖切的全剖视图。

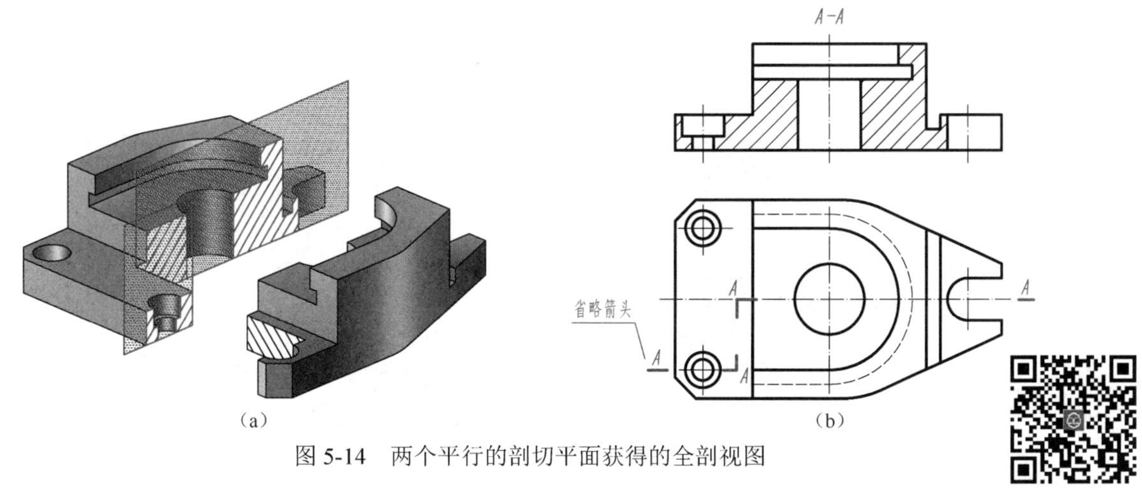

图 5-14　两个平行的剖切平面获得的全剖视图

用几个平行的剖切平面剖切时，应注意以下几点：

① 在剖视图的上方，用大写拉丁字母标注图名“×—×”，在剖切平面的起、迄和转折处画出剖切符号，并注上相同的字母。若剖视图按投影关系配置，中间又没有其他图形隔开时，允许省略箭头，如图 5-14（b）所示。

② 在剖视图中一般不应出现不完整的结构要素，如图 5-15（a）所示。在剖视图中不应画出剖切平面转折处的界线，且剖切平面的转折处也不应与图中的轮廓线重合，如图 5-15（b）所示。

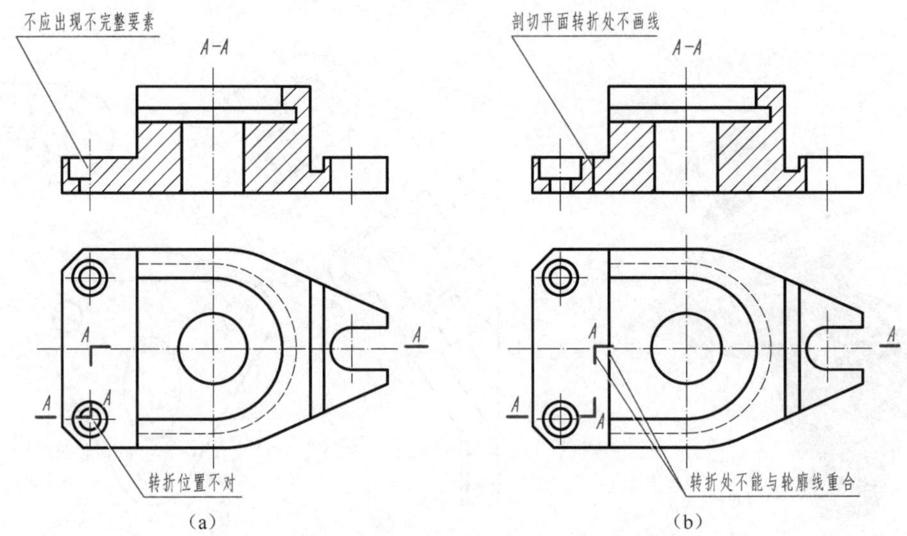

（a）　（b）

图 5-15　用几个平行平面剖切时的错误画法

（3）用几个相交的剖切面获得的全剖视图　当物体上的孔（槽）等结构不在同一平面上、但却沿物体的某一回转轴线分布时，可采用几个相交于回转轴线的剖切面剖开物体，将剖切面剖开的结构及有关部分，旋转到与选定的投影面平行后，再进行投射。几个相交剖切面的交线，必须垂直于某一基本投影面。

如图 5-16（a）所示，用相交的侧平面和正垂面将物体剖切，并将倾斜部分绕轴线旋转到与侧面平行后再向侧面投射，即得到用两个相交平面剖切的全剖视图，如图 5-16（b）所示。

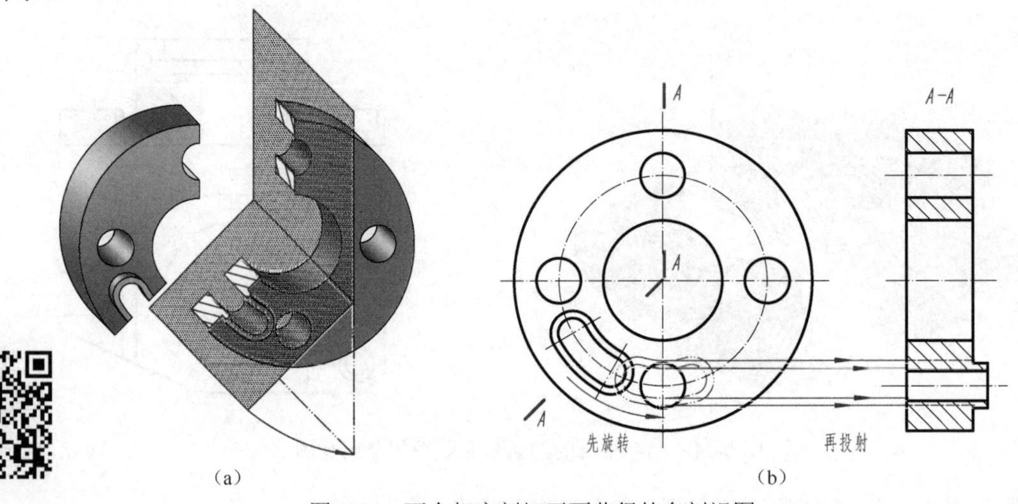

（a）　（b）

图 5-16　两个相交剖切平面获得的全剖视图

用几个相交的剖切面剖切时，应注意以下几点。

① 剖切平面后的其他结构，一般仍按原来的位置进行投射，如图 5-17（b）所示。

② 剖切平面的交线应与物体的回转轴线重合。

③ 必须对剖视图进行标注，其标注形式及内容，与几个平行平面剖切的剖视图相同。

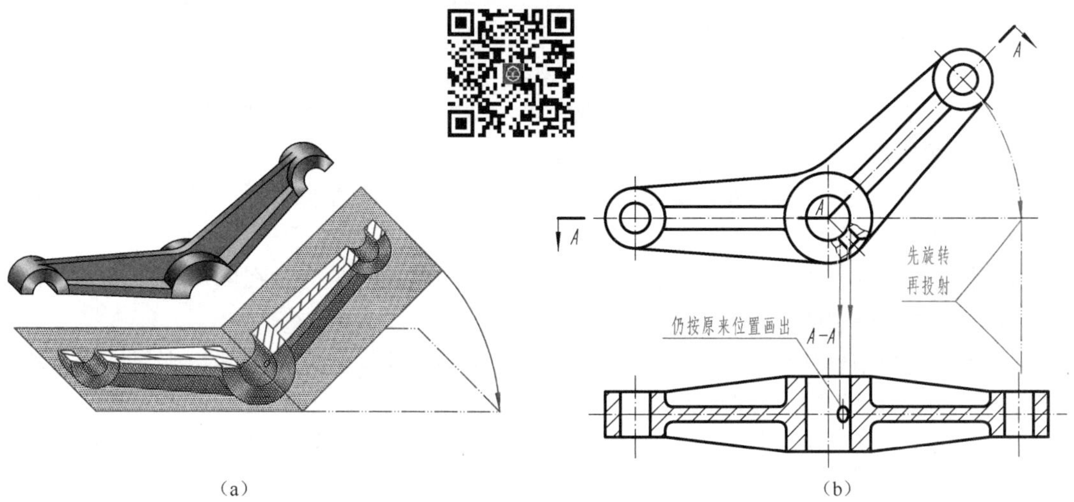

图 5-17　剖切平面后的结构画法

2. **半剖视图**

当物体具有垂直于投影面的对称平面时，在该投影面上投射所得的图形，可以对称线为界，一半画成剖视图，另一半画成视图，这种组合的图形称为半剖视图，简称半剖视，如图 5-18（a）所示。半剖视图主要用于内、外形状都需要表示的对称物体。

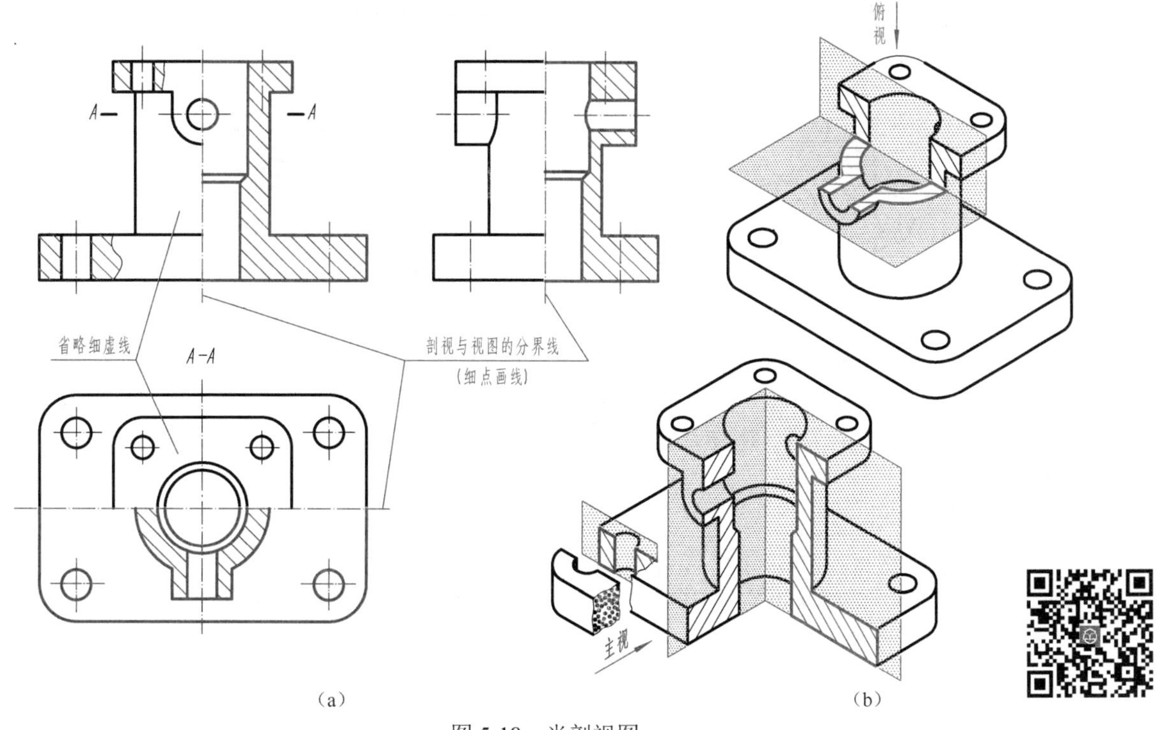

图 5-18　半剖视图

画半剖视图时应注意以下几点。

① 视图部分和剖视图部分必须以细点画线为界。在半剖视图中，剖视部分的位置通常按以下原则配置：

——在主视图中，位于对称中心线的右侧；

——在俯视图中，位于对称中心线的下方；

——在左视图中，位于对称中心线的右侧。

② 由于物体的内部形状已在半个剖视中表示清楚，所以在半个视图中的细虚线省略，但对孔、槽等需用细点画线表示其中心位置。

③ 对于那些在半剖视中不易表达的部分，如图 5-18（b）中安装板上的孔，可在视图中以局部剖视的方式表达。

④ 半剖视的标注方法与全剖视相同。但要注意：剖切符号应画在图形轮廓线以外，如图 5-18（a）主视图中的“*A*— —*A*”。

⑤ 在半剖视中标注对称结构的尺寸时，由于结构形状未能完整显示，则尺寸线应略超过对称中心线，并只在另一端画出箭头，如图 5-19 所示。

⑥ 当物体形状接近对称，且不对称部分已在其他视图中表达清楚时，也可画成半剖视图，如图 5-20 所示。

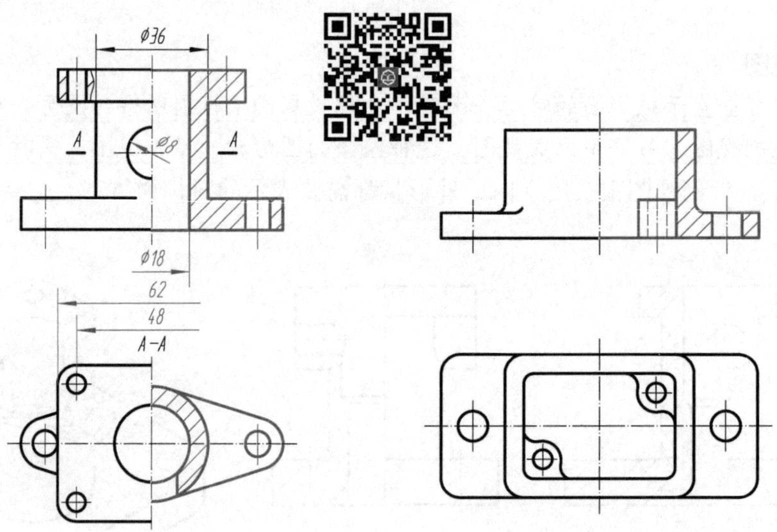

图 5-19 半剖视的标注

图 5-20 基本对称物体的半剖视

图 5-21 是采用两个平行的剖切平面获得的半剖视图示例，图 5-22 是采用几个相交的剖切面获得的半剖视图示例。

3. 局部剖视图

用剖切面局部地剖开物体所得的剖视图，称为局部剖视图，简称局部剖视。当物体只有局部内形需要表示，而又不宜采用全剖视时，可采用局部剖视表达，如图 5-23 所示。局部剖视是一种灵活、便捷的表达方法。它的剖切位置和剖切范围，可根据实际需要确定。但在一个视图中，过多的选用局部剖视，会使图形零乱，给看图造成困难。

画局部剖视时应注意以下几点。

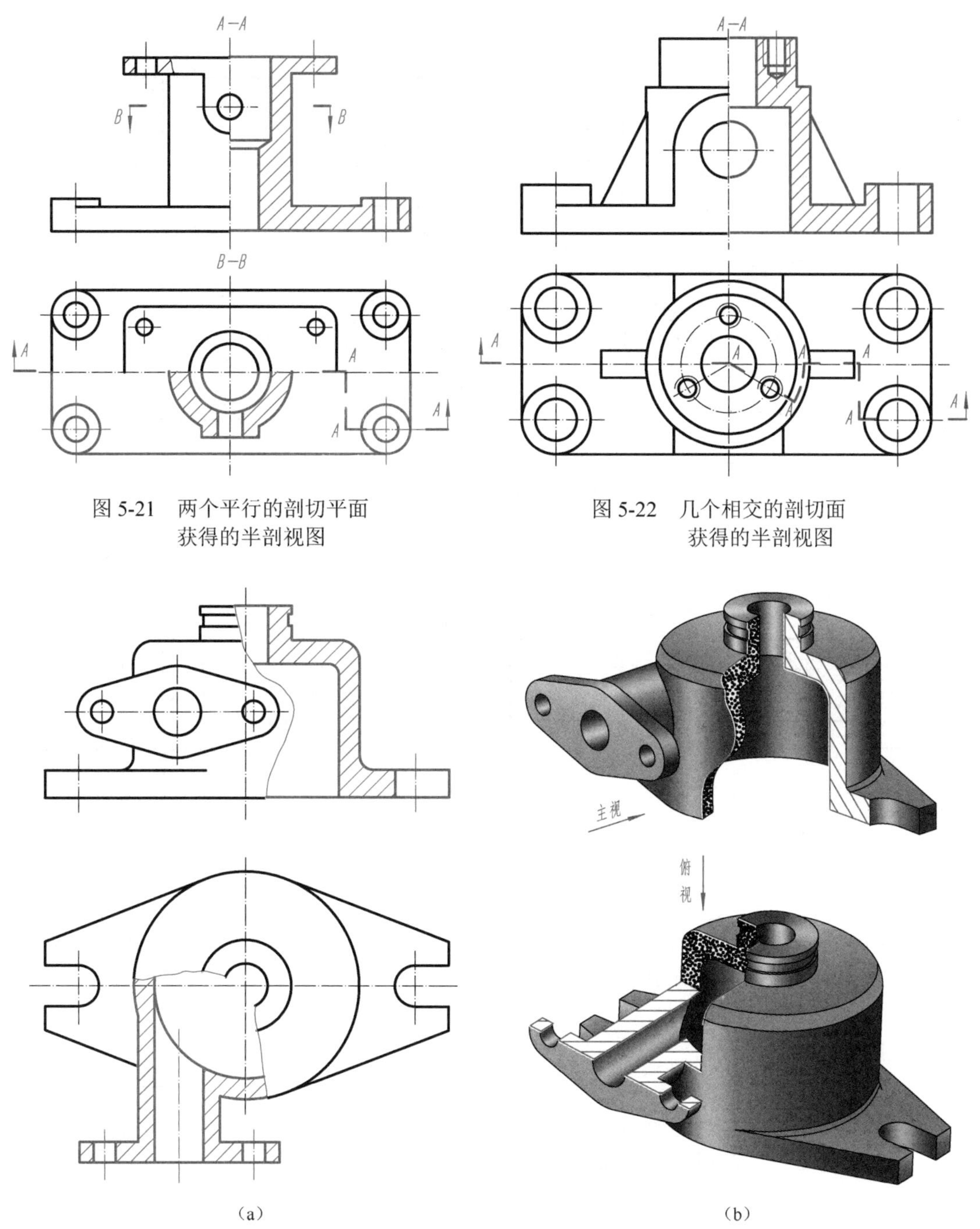

图 5-21　两个平行的剖切平面获得的半剖视图

图 5-22　几个相交的剖切面获得的半剖视图

（a）

（b）

图 5-23　局部剖视图

① 当被剖结构为回转体时，允许将该结构的轴线作为局部剖视与视图的分界线，如图 5-24（a）所示。当对称物体的内部（或外部）轮廓线与对称中心线重合而不宜采用半剖视时，可采用局部剖视，如图 5-24（b）所示。

② 局部剖视的视图部分和剖视部分以波浪线分界。波浪线要画在物体的实体部分，不应超出视图的轮廓线，也不能与其他图线重合，如图 5-25 所示。

③ 对于剖切位置明显的局部剖视，一般不予标注，如图 5-23、图 5-24 所示。必要时，

可按全剖视的标注方法标注。

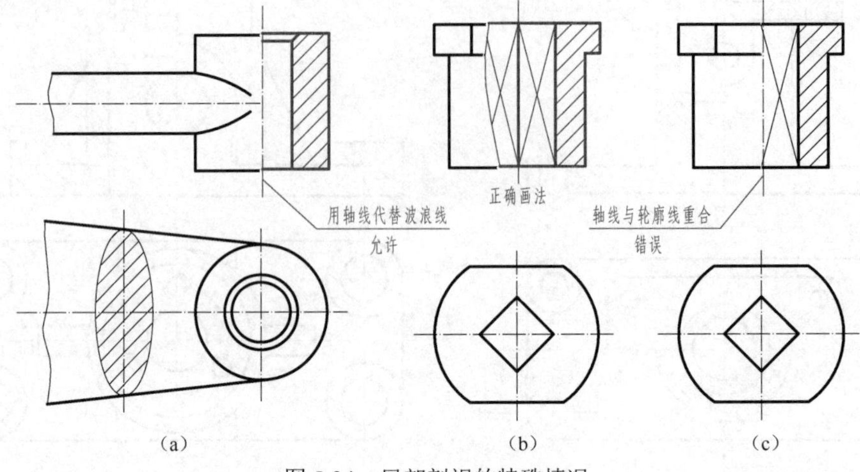

图 5-24　局部剖视的特殊情况

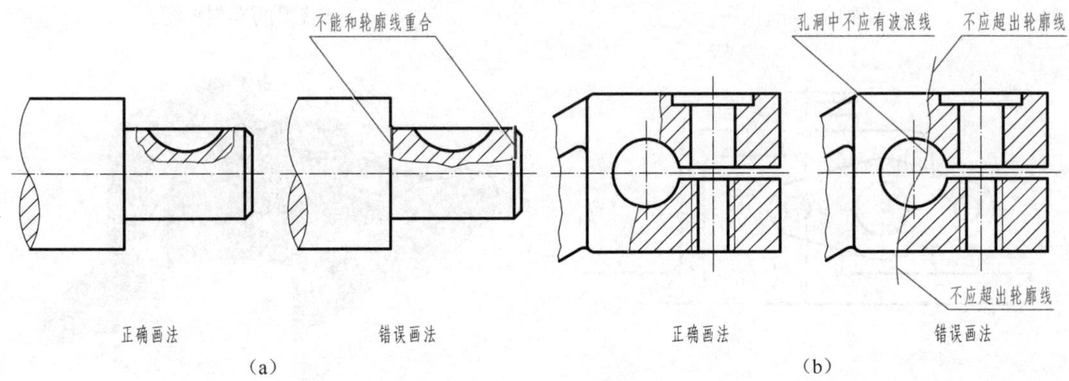

图 5-25　波浪线的画法

图 5-26 是采用两个平行的剖切平面获得的局部剖视图示例，图 5-27 是采用两个相交的剖切平面获得的局部剖视图示例。

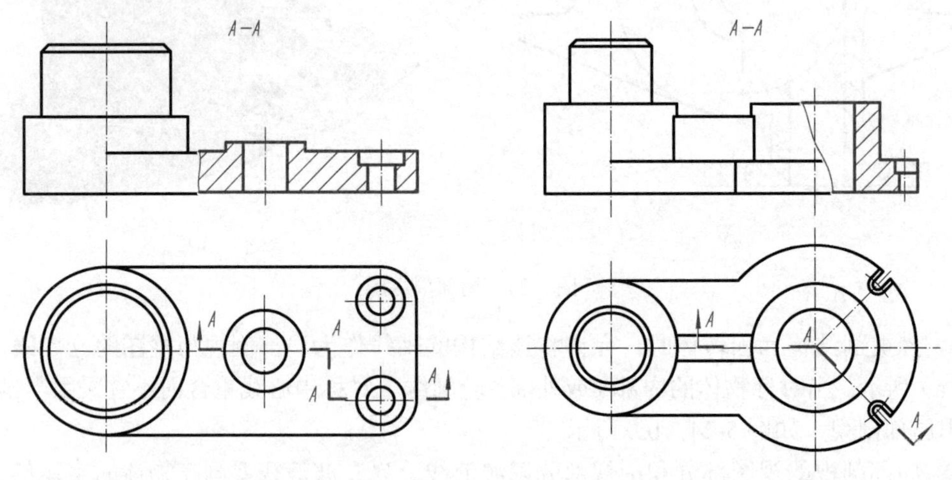

图 5-26　两个平行的剖切平面获得的局部剖视图

图 5-27　两个相交的剖切平面获得的局部剖视图

四、剖视图中肋板和轮辐的画法

① 画各种剖视时，对于物体上的肋板、轮辐及薄壁等，若按纵向剖切，这些结构都不画剖面符号，而用粗实线将它们与相邻部分分开。

如图 5-28（a）中的左视图，当采用全剖视时，剖切平面通过中间肋板的纵向对称平面，在肋板的范围内不画剖面符号，肋板与其他部分的分界处均用粗实线绘出。

图 5-28（a）中的“*A—A*”剖视，因为剖切平面垂直于肋板和支承板（即横向剖切），所以仍要画出剖面符号。

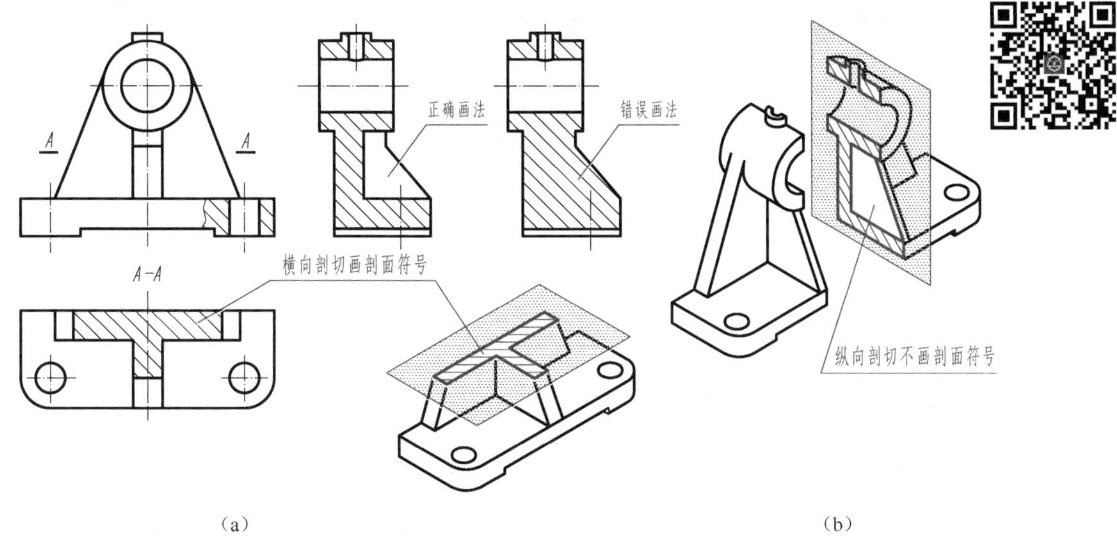

图 5-28 剖视图中肋板的画法

② 回转体物体上均匀分布的肋板、孔等结构不处于剖切平面上时，可假想将这些结构旋转到剖切平面上画出，如图 5-29 所示。EQS 表示“均匀分布”。

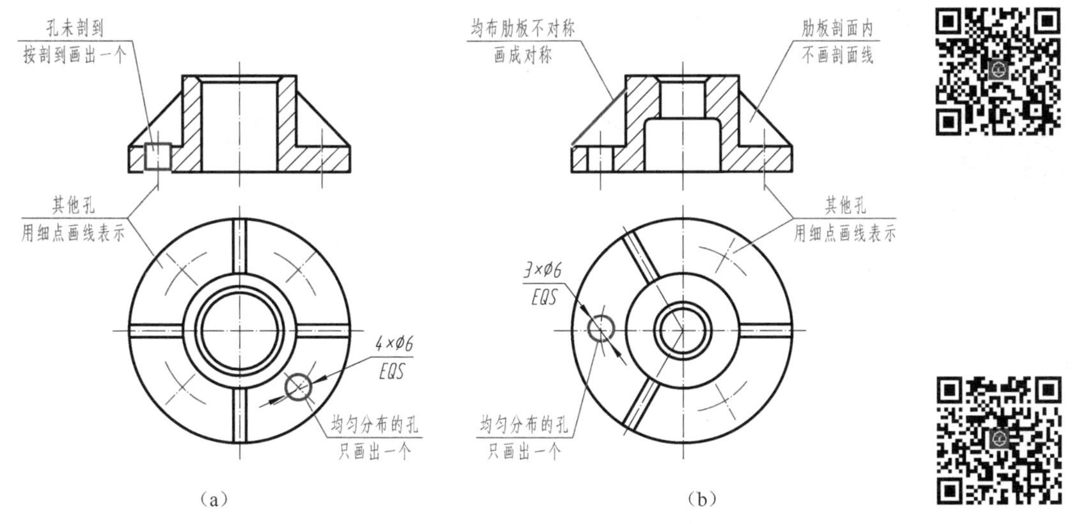

图 5-29 回转体物体上均布结构的简化画法

③ 当剖切平面通过辐条的基本轴线（纵向）时，剖视中辐条部分不画剖面符号，且不论辐条数量是奇数还是偶数，在剖视中要画成对称的，如图 5-30（a）所示。

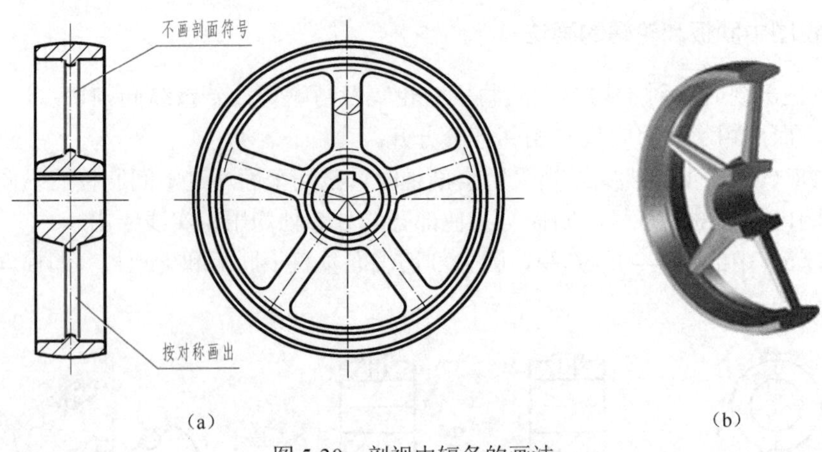

图 5-30　剖视中辐条的画法

第三节　断　面　图

断面图主要用于表达物体某一局部的断面形状，例如物体上的肋板、轮辐、键槽、小孔，以及各种型材的断面形状等。

根据在图样中的不同位置，断面可分为移出断面图和重合断面图。

一、移出断面图（GB/T 17452—1998、GB/T 4458.6—2002）

假想用剖切平面将物体的某处切断，仅画出该剖切面与物体接触部分的图形，称为断面图，简称断面。

如图 5-31（a）所示，断面图实际上就是使剖切平面垂直于结构要素的中心线（轴线或主要轮廓线）进行剖切，然后将断面图形旋转 90°，使其与纸面重合而得到的。断面与剖视图的区别在于：断面图仅画出断面的形状，而剖视图除画出断面的形状外，还要画出剖切面后面物体的完整投影，如图 5-31（b）所示。

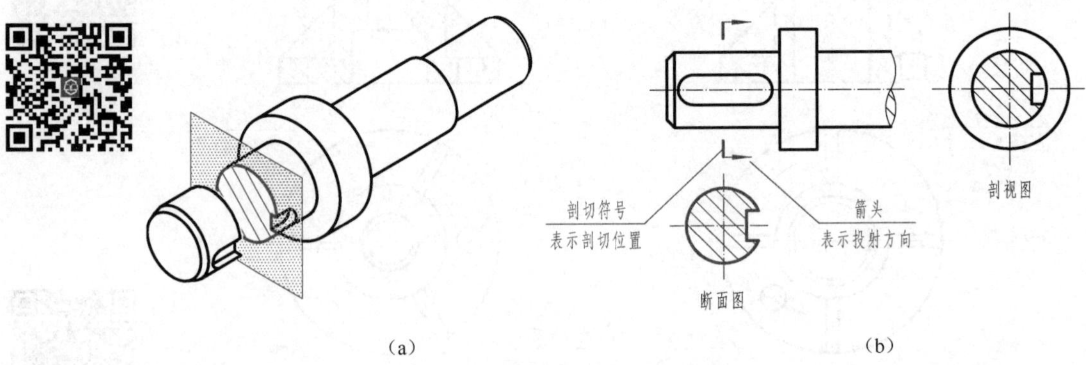

图 5-31　断面图的概念

画在视图之外的断面图，称为移出断面图，简称移出断面。移出断面的轮廓线用粗实线绘制，如图 5-32 所示。

1. 画移出断面图的注意事项

① 移出断面图应尽量配置在剖切符号或剖切线的延长线上，如图 5-32（a）中圆孔和键

槽处的断面图；也可配置在其他适当位置，如图 5-32（b）中的“*A*—*A*”“*B*—*B*”断面图；断面图形对称时，也可画在视图的中断处，如图 5-33 所示。

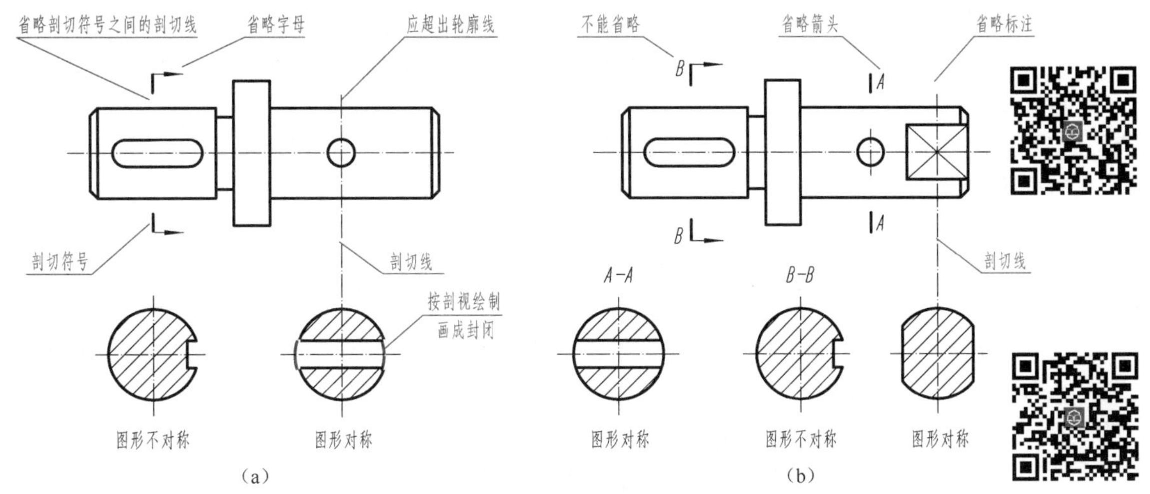

图 5-32　移出断面的配置

② 当剖切平面通过回转面形成的孔或凹坑的轴线时，这些结构按剖视绘制，如图 5-32（b）中的“*A*—*A*”断面图和图 5-34 中的“*A*—*A*”断面图。

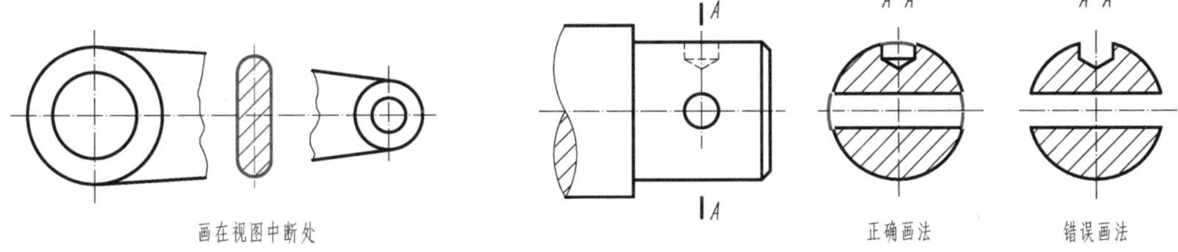

图 5-33　移出断面画在视图中断处　　图 5-34　移出断面按剖视绘制（一）

③ 当剖切平面通过非圆孔，会导致出现完全分离的两个断面时，则这些结构应按剖视的要求绘制，如图 5-35 所示。

④ 为了得到断面实形，剖切平面一般应垂直于被剖切部分的轮廓线。当移出断面图是由两个或多个相交的剖切平面剖切得到时，断面的中间一般应断开，如图 5-36 所示。

图 5-35　移出断面按剖视绘制（二）

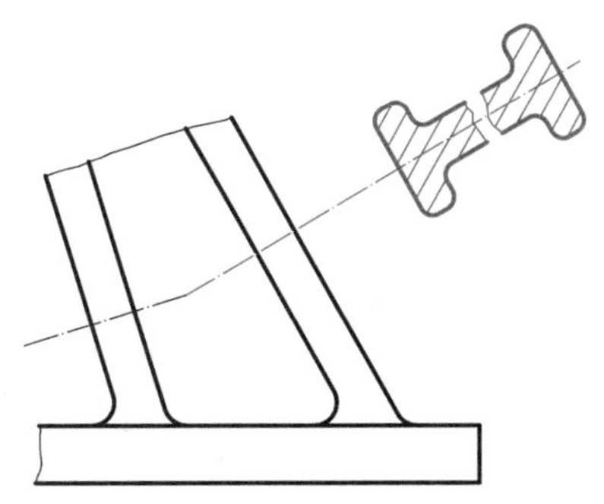

图 5-36　移出断面由两个或多个相交平面剖切时的画法

2. 移出断面的标注

移出断面图的标注形式及内容与剖视图基本相同。根据具体情况，标注可简化或省略，如图 5-32 所示。

（1）对称的移出断面图　画在剖切符号的延长线上时，可省略标注；画在其他位置时，可省略箭头，如图 5-32（b）中的“*A—A*”断面。

（2）不对称的移出断面图　画在剖切符号的延长线上时，可省略字母；画在其他位置时，要标注剖切符号、箭头和字母（即哪一项都不能省略），如图 5-32（b）中的“*B—B*”断面。

二、重合断面图（GB/T 17452—1998、GB/T 4458.6—2002）

画在视图之内的断面图，称为重合断面图，简称重合断面。重合断面的轮廓线用细实线绘制，如图 5-37 所示。

画重合断面应注意以下两点。

① 重合断面图与视图中的轮廓线重叠时，视图的轮廓线应连续画出，不可间断，如图 5-37（a）所示。

② 重合断面图可省略标注，如图 5-37 所示。

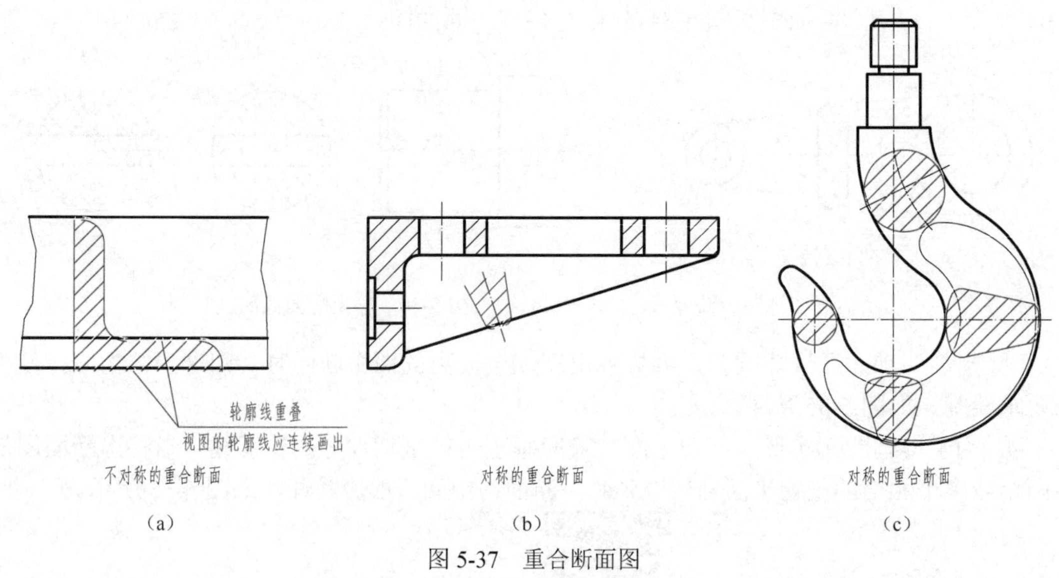

图 5-37　重合断面图

第四节　局部放大图和简化画法

一、局部放大图（GB/T 4458.1—2002）

将图样中所表示物体的部分结构，用大于原图形所采用的比例画出的图形，称为局部放大图。当物体上的细小结构在视图中表达不清楚，或不便于标注尺寸时，可采用局部放大图。

局部放大图的比例，系指该图形中物体要素的线性尺寸与实际物体相应要素的线性尺寸之比，而与原图形所采用的比例无关。

局部放大图可以画成视图、剖视图和断面图，它与被放大部分的表示方式无关。画局部放大图应注意以下几点。

① 用细实线圈出被放大的部位，并尽量将局部放大图配置在被放大部位附近。当同一物体上有几处被放大的部位时，应用罗马数字依次标明被放大的部位，并在局部放大图的上方，标注相应的罗马数字和所采用的比例，如图 5-38 所示。

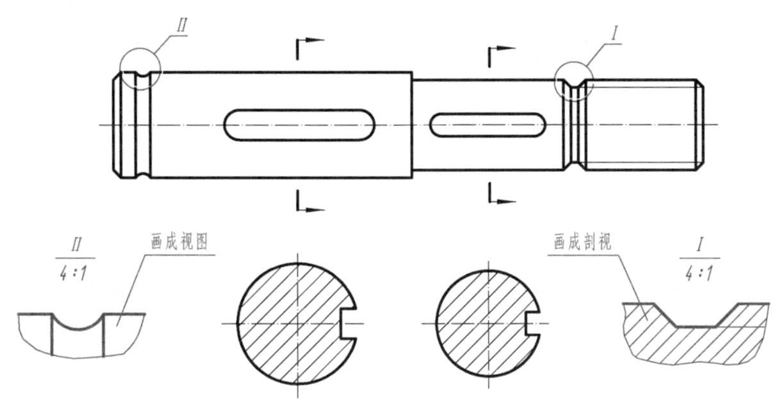

图 5-38　局部放大图（一）

② 当物体上只有一处被放大时，在局部放大图的上方只需注明所采用的比例，如图 5-39（a）所示。

③ 同一物体上不同部位的局部放大图，其图形相同或对称时，只需画出一个，如图 5-39（b）所示。

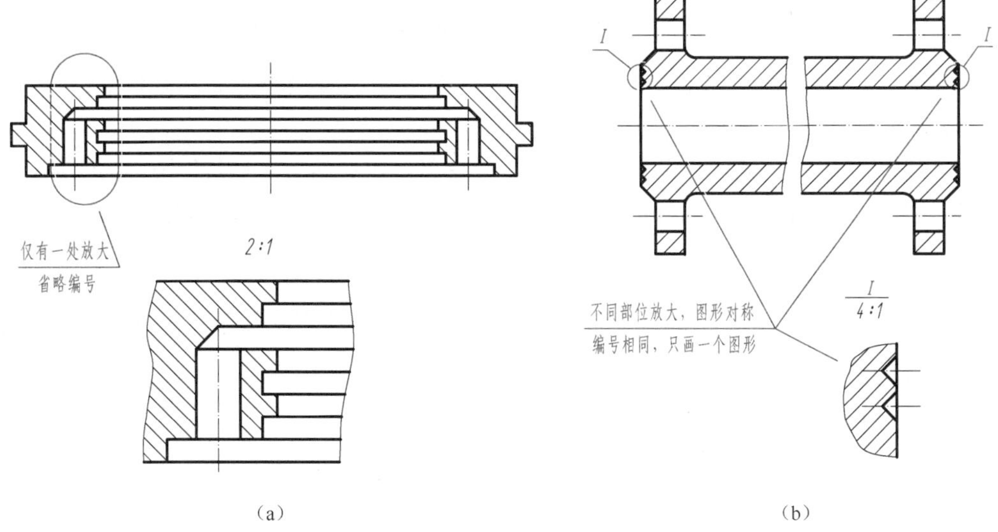

（a）　（b）

图 5-39　局部放大图（二）

二、简化画法（GB/T 16675.1—2012、GB/T 4458.1—2002）

简化画法是包括规定画法、省略画法、示意画法等在内的图示方法。国家标准规定了一系列的简化画法，其目的是减少绘图工作量，提高设计效率及图样的清晰度，满足手工绘图和计算机绘图的要求，适应国际贸易和技术交流的需要。

① 为了避免增加视图或剖视，对回转体上的平面，可用细实线绘出对角线表示，如图5-40所示。

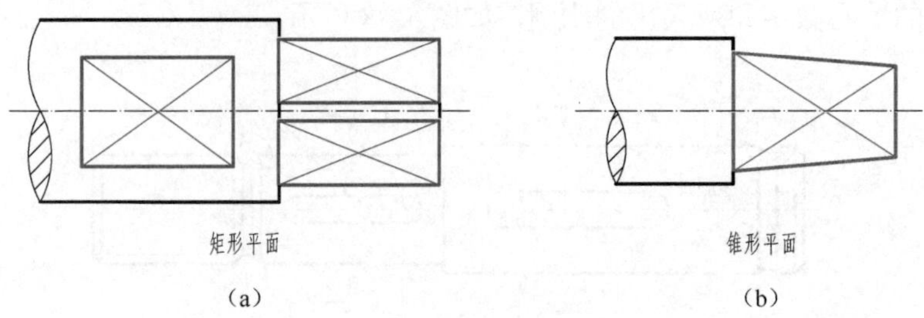

图5-40 平面的简化画法

② 较长的零件（轴、杆、型材、连杆等）沿长度方向的形状一致或按一定规律变化时，可断开后（缩短）绘制，其断裂边界可用波浪线绘制，也可用双折线或细双点画线绘制，但在标注尺寸时，要标注零件的实长，如图5-41所示。

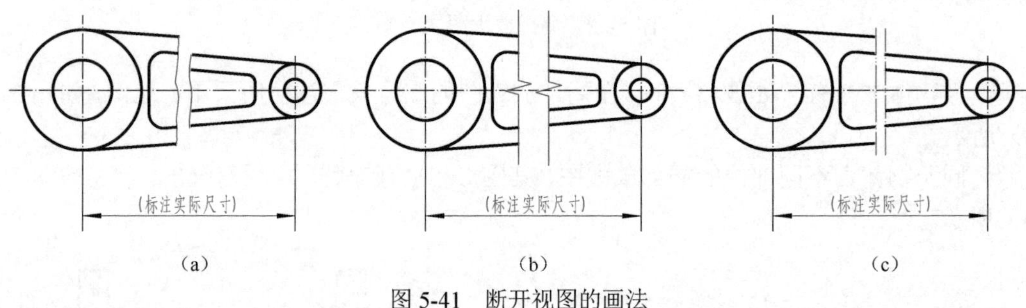

图5-41 断开视图的画法

③ 零件上对称结构的局部视图，可配置在视图上所需表示物体局部结构的附近，并用细点画线将两者相连，如图5-42所示。

④ 若干直径相同且成规律分布的孔（圆孔、螺孔、沉孔等），可以仅画一个或少量几个，其余只需用细点画线表示其中心位置，但在零件图中要注明孔的总数，如图5-43所示。

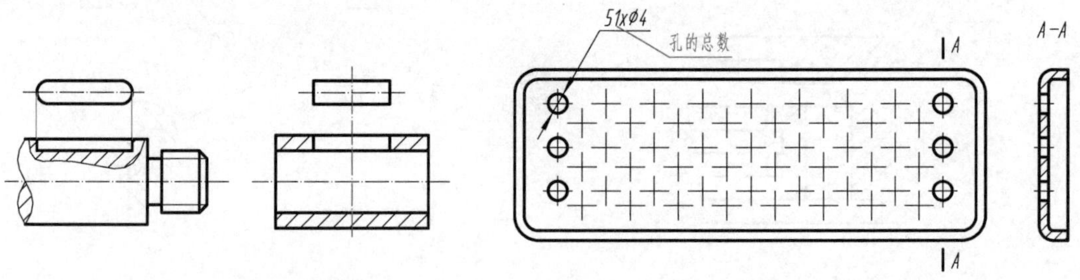

图5-42 简化的局部视图　　图5-43 成规律分布的孔的简化画法

⑤ 零件中成规律分布的重复结构，允许只绘制出其中一个或几个完整的结构，并反映其分布情况，并在零件图中注明重复结构的数量和类型。对称的重复结构，用细点画线表示各对称结构要素的位置，如图5-44（a）所示。不对称的重复结构，则用相连的细实线代替，如图5-44（b）所示。

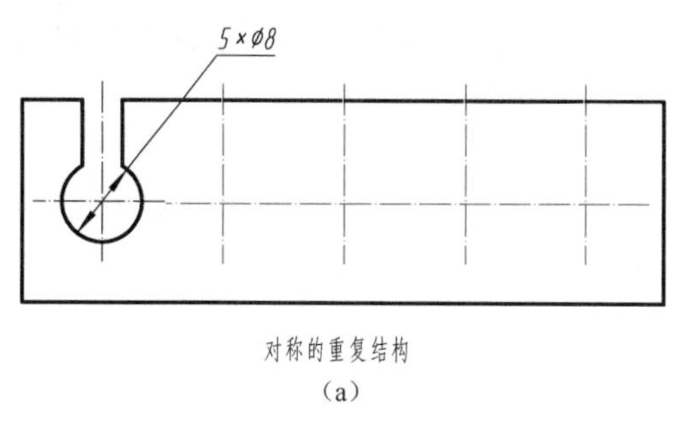

(a)

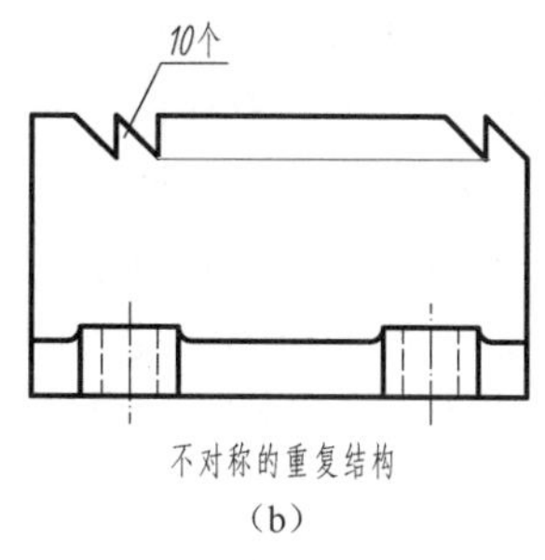

(b)

图 5-44　重复结构的简化画法

第五节　第三角画法简介

国家标准 GB/T 17451—1998《技术制图　图样画法　视图》规定，“技术图样应采用正投影法绘制，并优先采用第一角画法”。在工程制图领域，世界上多数国家（如中国、英国、法国、德国、俄罗斯等）都采用第一角画法，而美国、日本、加拿大、澳大利亚等，则采用第三角画法。为了适应日益增多的国际间技术交流和协作的需要，应当了解第三角画法。

一、第三角画法与第一角画法的异同点（GB/T 13361—2012）

如图 5-45 所示，用水平和铅垂的两投影面，将空间分成四个区域，每个区域为一个分角，分别称为第一分角、第二分角、第三分角…。

1. 获得投影的方式不同

第一角画法是将物体放在第一分角内，使物体处于观察者与投影面之间进行投射（即保持人→物体→投影面的位置关系），而得到多面正投影的方法，如图 5-46（a）所示。

第三角画法是将物体放在第三分角内，使投影面处于观察者与物体之间进行投射（假设投影面是透明的，并保持人→投影面→物体的位置关系），而得到多面正投影的方法，如图 5-46（b）所示。

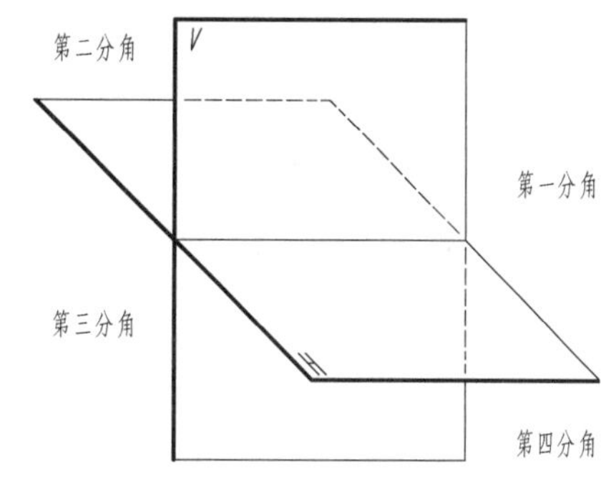

图 5-45　四个分角

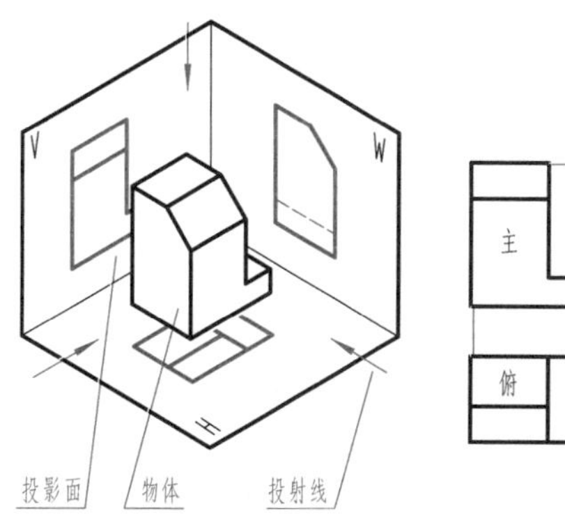

(a)

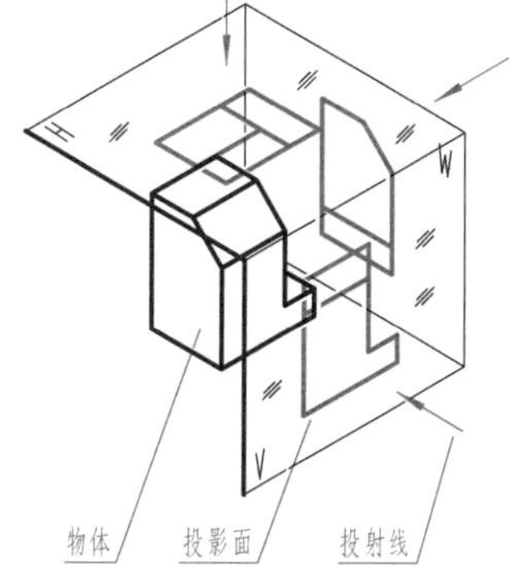

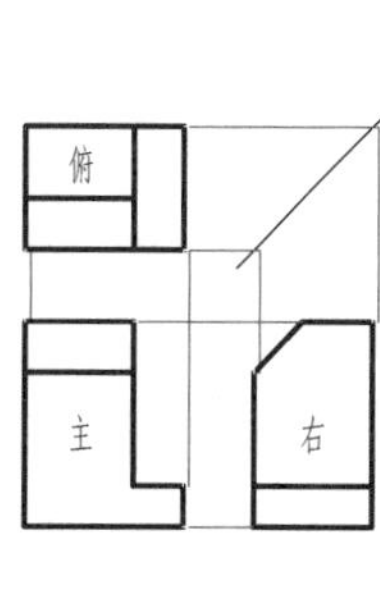

(b)

图 5-46　第一角画法与第三角画法获得投影的方式

与第一角画法类似，采用第三角画法获得的三视图符合多面正投影的投影规律，即主、俯视图长对正；主、右视图高平齐；右、俯视图宽相等。

2. 视图的配置关系不同

第一角画法与第三角画法都是将物体放在六面投影体系当中，向六个基本投影面进行投射，得到六个基本视图，其视图名称相同。由于六个基本投影面展开方式不同，其基本视图的配置关系不同，如图 5-47 所示。

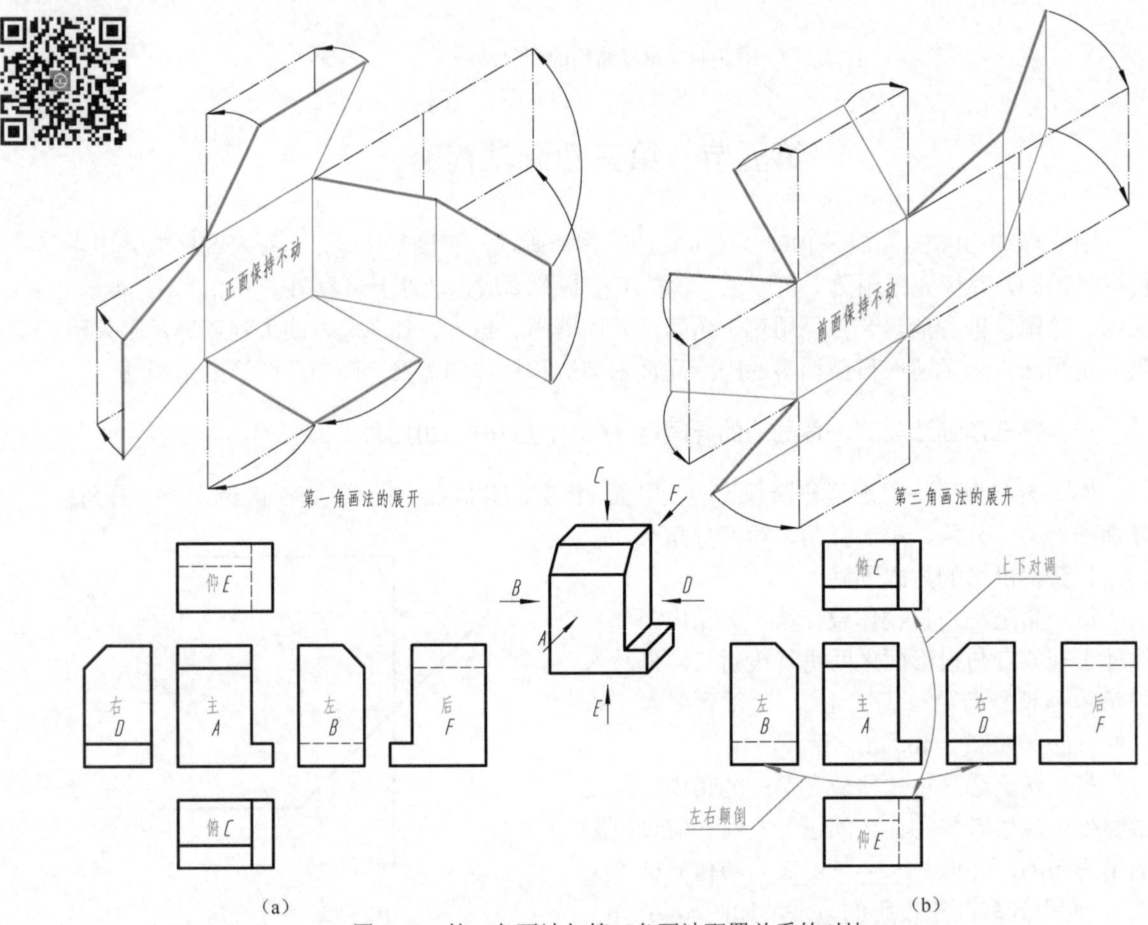

图 5-47　第一角画法与第三角画法配置关系的对比

第一角画法与第三角画法各个视图与主视图的配置关系对比如下：

第一角画法	第三角画法
俯视图在主视图的下方；	俯视图在主视图的上方
左视图在主视图的右方；	左视图在主视图的左方
右视图在主视图的左方；	右视图在主视图的右方
仰视图在主视图的上方；	仰视图在主视图的下方
后视图在左视图的右方；	后视图在右视图的右方

从上述对比中可以清楚地看到：

第三角画法的主、后视图，与第一角画法的主、后视图一致（没有变化）；

第三角画法的俯视图和仰视图，与第一角画法的俯视图和仰视图的位置左右颠倒；

第三角画法的左视图和右视图，与第一角画法的左视图和右视图的位置上下对调。

由此可见，第三角画法与第一角画法的主要区别是视图的配置关系不同。第三角画法的俯视图、仰视图、左视图、右视图靠近主视图的一边（里边），均表示物体的前面；远离主视图的一边（外边），均表示物体的后面，与第一角画法的“外前、里后”正好相反。

二、第三角画法与第一角画法的识别符号（GB/T 14692—2008）

为了识别第三角画法与第一角画法，国家标准规定了相应的投影识别符号，如图 5-48 所示。该符号标在标题栏中“名称及代号区”的最下方。

采用第一角画法时，在图样中一般不必画出第一角画法的识别符号。采用第三角画法时，必须在图样中画出第三角画法的识别符号。

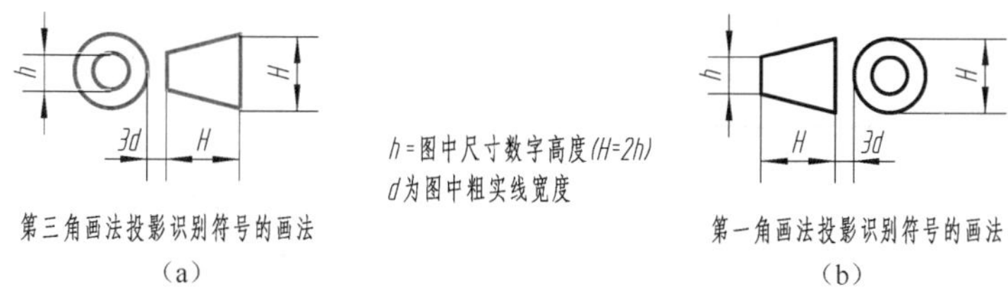

图 5-48　第三角画法与第一角画法的投影识别符号

三、第三角画法的特点

第三角画法与第一角画法之间并没有根本的差别，只是各个国家应用的习惯不同而已。第一角画法的特点和应用读者都比较熟悉，下面仅将第三角画法的特点进行简要介绍。

1. 近侧配置识读方便

第一角画法的投射顺序是：人→物→图，这符合人们对影子生成原理的认识，易于初学者直观理解和掌握基本视图的投影规律。

第三角画法的顺序是：人→图→物，也就是说人们先看到投影图，后看到物体。具体到六个基本视图中，除后视图外，其他所有视图可配置在相邻视图的近侧，这样识读起来比较方便。这是第三角画法的一个特点，特别是在读轴向较长的轴杆类零件图时，这个特点会更加明显突出。图 5-49（a）是第一角画法，因左视图配置在主视图的右边，右视图配置在主视图的左边，在绘制和识图时，需横跨主视图左顾右盼，不甚方便。

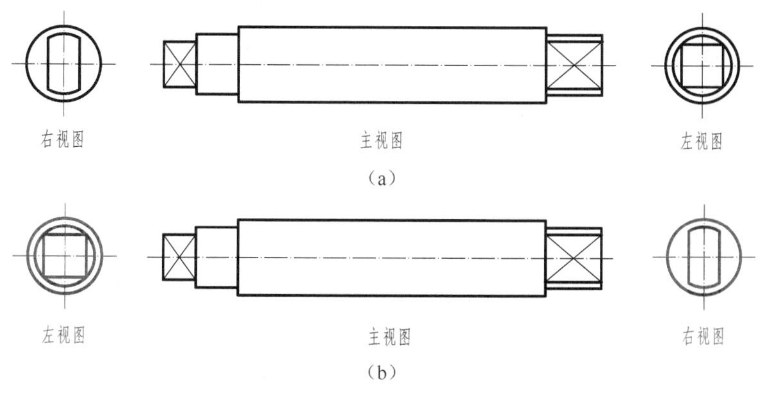

图 5-49　第三角画法的特点（一）

图 5-49（b）是第三角画法，其左视图是从主视图左端看到的形状，配置在主视图的左端，其右视图是从主视图右端看到的形状，配置在主视图的右端，这种近侧配置的特点，给绘图和识读带来了很大方便，可以避免和减少绘图和读图的错误。

2. 易于想象空间形状

由物体的二维视图想象出物体的三维空间形状，对初学者来讲往往比较困难。第三角画法的配置特点，易于帮助人们想象物体的空间形体。在图 5-50（a）中，只要想象将其俯视图和左视图向主视图靠拢，并以各自的边棱为轴反转，即可容易地想象出该物体的三维空间形状。

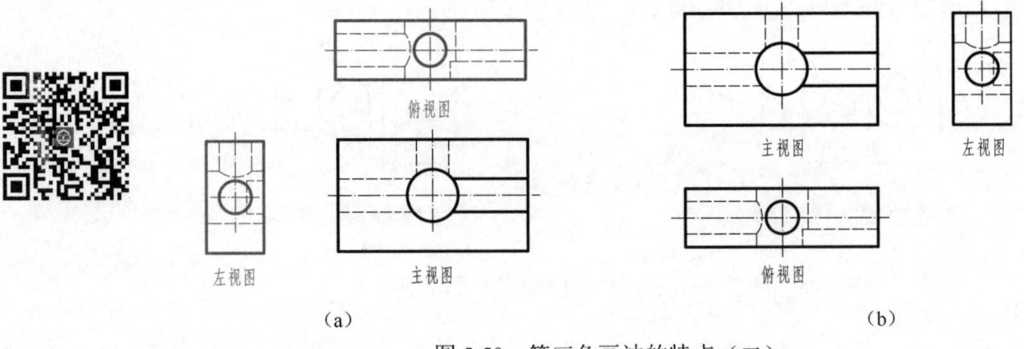

（a）　（b）

图 5-50　第三角画法的特点（二）

3. 利于表达物体的细节

在第三角画法中，利用近侧配置的特点，可方便简明地采用各种辅助视图（如局部视图、斜视图等）表达物体的一些细节，在图 5-51（a）中，只要将辅助视图配置在适当的位置上，一般不需要加注表示投射方向的箭头。

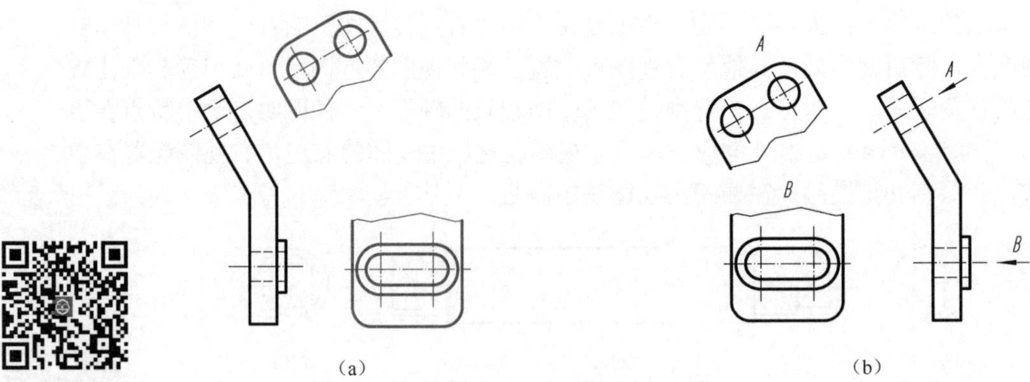

（a）　（b）

图 5-51　第三角画法的特点（三）

4. 尺寸标注相对集中

在第三角画法中，由于相邻的两个视图中表示物体的同一棱边所处的位置比较近，给集中标注机件上某一完整的要素或结构的尺寸提供了可能。在图 5-52（a）中，标注物体上半圆柱开槽（并有小圆柱）处的结构尺寸，比图 5-52（b）的标注相对集中，方便读图和绘图。

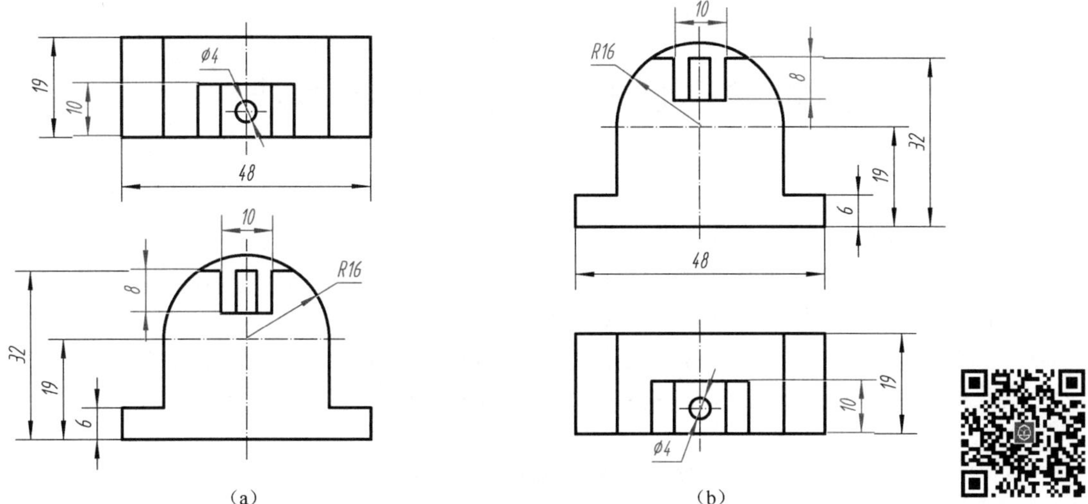

图 5-52　第三角画法的特点（四）

第六章　图样中的特殊表示法

教学提示

① 掌握螺纹的规定画法、代号和标注方法。

② 掌握螺栓联接、双头螺柱联接、等长双头螺柱联接的简化画法和标记。

③ 了解直齿圆柱齿轮及其啮合的规定画法。

④ 了解普通平键联结、销联接、滚动轴承、弹簧的规定画法、简化画法和标记。

⑤ 基本掌握按标准件的规定标记查阅有关标准的方法。

第一节　螺　　纹

螺纹是零件上常见的一种结构。螺纹是在圆柱或圆锥表面上，具有相同牙型、沿螺旋线连续凸起的牙体。

螺纹分外螺纹和内螺纹两种，成对使用。在圆柱或圆锥外表面上所形成的螺纹，称为外螺纹；在圆柱或圆锥内表面上所形成的螺纹，称为内螺纹。

工业上有许多种制造螺纹的方法，各种螺纹都是根据螺旋线原理加工而成的。图 6-1 所示为在车床上加工外、内螺纹的方法。工件作等速旋转，车刀沿轴线方向等速移动，刀尖即形成螺旋线运动。由于车刀切削刃形状不同，在工件表面切掉部分的截面形状也不同，因而得到各种不同的螺纹。

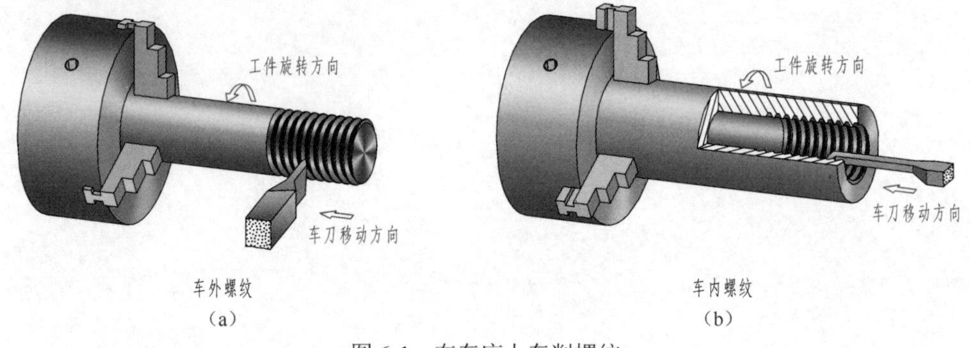

图 6-1　在车床上车削螺纹

一、螺纹的种类和要素

1. 螺纹种类

我国的螺纹标准按照螺纹的用途，将螺纹分成四种类型。

（1）联接和紧固用螺纹　如粗牙普通螺纹、细牙普通螺纹。

（2）管用螺纹　如 55°密封管螺纹、55°非密封管螺纹。

（3）传动螺纹　如梯形螺纹、锯齿形螺纹。

（4）专门用途螺纹　如气瓶螺纹、灯泡螺纹、自行车螺纹等。

2. 螺纹要素（GB/T 14791—2013）

（1）牙型　在螺纹轴线平面内的螺纹轮廓形状，称为牙型。常见的有三角形、梯形和锯齿形等。相邻牙侧间的材料实体，称为牙体。连接两个相邻牙侧的牙体顶部表面，称为牙顶。连接两个相邻牙侧的牙槽底部表面，称为牙底，如图 6-2 所示。

（2）直径　螺纹直径有大径（d、D）、中径（d_2、D_2）和小径（d_1、D_1）之分，如图 6-2 所示。其中，外螺纹大径（d）和内螺纹小径（D_1）亦称顶径。

大径（d、D）　与外螺纹牙顶或内螺纹牙底相切的假想圆柱或圆锥的直径。

小径（d_1、D_1）　与外螺纹牙底或内螺纹牙顶相切的假想圆柱或圆锥的直径。

中径（d_2、D_2）　中径圆柱或中径圆锥的直径。该圆柱（或圆锥）母线通过圆柱（或圆锥）螺纹上牙厚与牙槽宽相等的地方。

公称直径　代表螺纹尺寸的直径称为公称直径。对紧固螺纹和传动螺纹，其大径基本尺寸是螺纹的代表尺寸。对管螺纹，其管子公称尺寸是螺纹的代表尺寸。

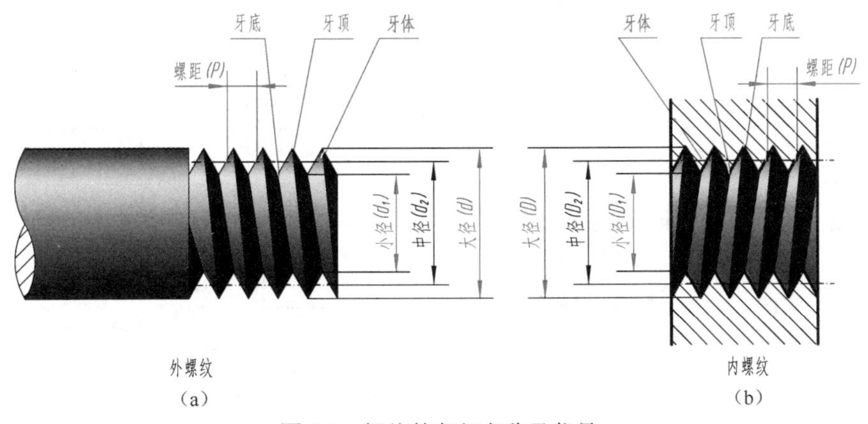

（a）　（b）

图 6-2　螺纹的各部名称及代号

（3）线数（n）　螺纹有单线与多线之分。只有一个起始点的螺纹，称为单线螺纹，如图 6-3（a）所示；具有两个或两个以上起始点的螺纹，称为多线螺纹，如图 6-3（b）所示。

（4）螺距（P）和导程（P_h）　螺距是指相邻两牙体上的对应牙侧与中径线相交两点间的轴向距离；导程是最邻近的两同名牙侧与中径线相交两点间的轴向距离（导程就是一个点沿着在中径圆柱或中径圆锥上的螺旋线旋转一周所对应的轴向位移）。螺距和导程是两个不同的概念，如图 6-3 所示。

螺距、导程、线数之间的关系是：$P=P_h/n$。对于单线螺纹，则有 $P=P_h$。

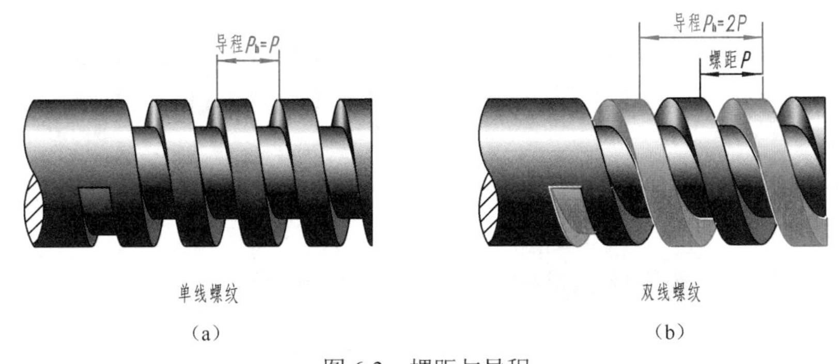

（a）　（b）

图 6-3　螺距与导程

（5）旋向　内、外螺纹旋合时的旋转方向称为旋向。螺纹的旋向有左、右之分。

右旋螺纹 顺时针旋转时旋入的螺纹，称为右旋螺纹（俗称正扣）。

左旋螺纹 逆时针旋转时旋入的螺纹，称为左旋螺纹（俗称反扣）。

旋向的判定 将外螺纹轴线竖放，螺纹的可见部分是右高左低者为右旋螺纹；左高右低者为左旋螺纹，如图 6-4 所示。

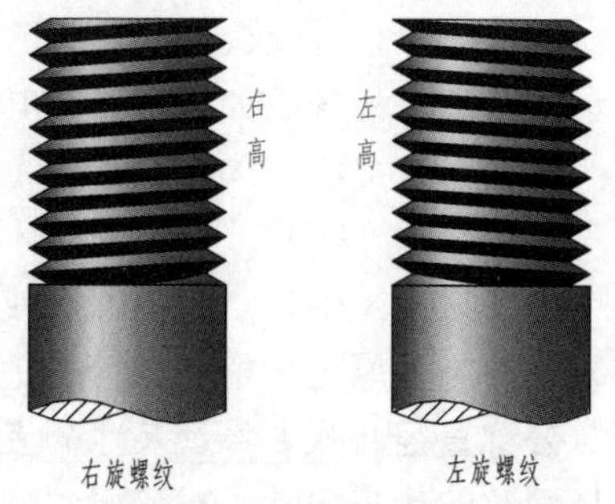

图 6-4 螺纹的旋向

对于螺纹来说，只有牙型、大径、螺距、线数和旋向等诸要素都相同，内、外螺纹才能旋合在一起。

在螺纹的诸要素中，牙型、大径和螺距是决定螺纹结构规格的最基本的要素，称为螺纹三要素。凡螺纹三要素符合国家标准的，称为标准螺纹；牙型不符合国家标准的，称为非标准螺纹。表 6-1 所列均为标准螺纹。

表 6-1 常用标准螺纹的种类、标记和标注

螺纹类别			特征代号	牙型	标注示例	说明
联接和紧固用螺纹	粗牙普通螺纹		M		M16	粗牙普通螺纹 公称直径 16mm；中径公差带和大径公差带均为 6g（省略不标）；中等旋合长度；右旋
	细牙普通螺纹			60°	M16×1	细牙普通螺纹 公称直径 16mm，螺距 1mm；中径公差带和小径公差带均为 6H（省略不标）；中等旋合长度；右旋
55°管螺纹	55°非密封管螺纹		G		G1A G1	55°非密封管螺纹 G——螺纹特征代号 1——尺寸代号 A——外螺纹公差等级代号
	55°密封管螺纹	圆锥内螺纹	Rc	55°	Rc1½ R₁1½	55°密封管螺纹 Rc——圆锥内螺纹 Rp——圆柱内螺纹 R_1——与圆柱内螺纹相配合的圆锥外螺纹 R_2——与圆锥内螺纹相配合的圆锥外螺纹 1½——尺寸代号
		圆柱内螺纹	Rp			
		圆锥外螺纹	R_1 R_2			
传动螺纹	梯形螺纹		Tr	30°	Tr36×12(P6)-7H	梯形螺纹 公称直径 36mm，双线螺纹，导程 12mm，螺距 6mm；中径公差带为 7H；中等旋合长度；右旋

二、螺纹的规定画法（GB/T 4459.1—1995）

1. 外螺纹的规定画法

如图 6-5（a）所示，外螺纹牙顶圆的投影用粗实线表示，牙底圆的投影用细实线表示（牙底圆的投影通常按牙顶圆投影的 0.85 倍绘制），在螺杆的倒角或倒圆部分也应画出；在垂直于螺纹轴线的投影面的视图中，表示牙底圆的细实线只画约 3/4 圈（空出约 1/4 圈的位置不作规定）。此时，螺杆或螺纹孔上倒角圆的投影，不应画出。

螺纹终止线用粗实线表示。剖面线必须画到粗实线处，如图 6-5（b）所示。

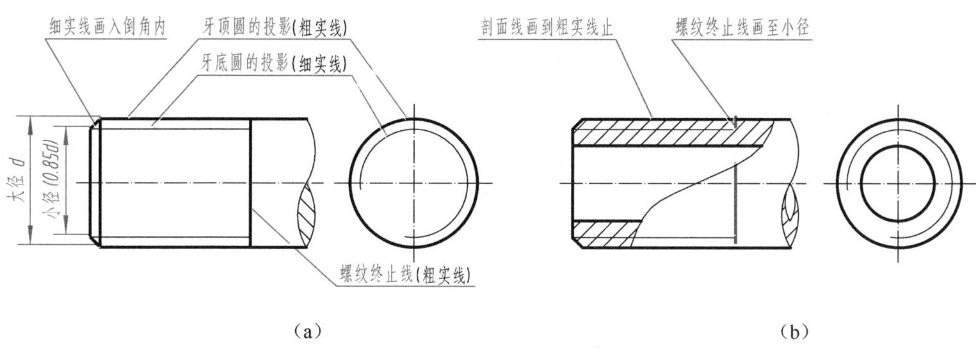

图 6-5　外螺纹的规定画法

2. 内螺纹的规定画法

如图 6-6（a）所示，在剖视图或断面图中，内螺纹牙顶圆的投影和螺纹终止线用粗实线表示，牙底圆的投影用细实线表示，剖面线必须画到粗实线为止；在垂直于螺纹轴线的投影面的视图中，表示牙底圆投影的细实线仍画 3/4 圈，倒角圆的投影仍省略不画。

不可见螺纹的所有图线（轴线除外），均用细虚线绘制，如图 6-6（b）所示。

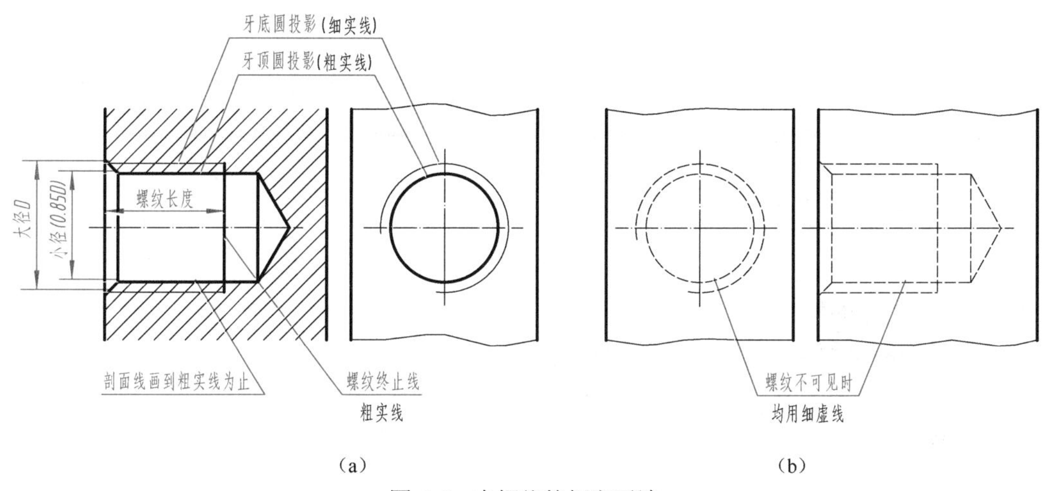

图 6-6　内螺纹的规定画法

由于钻头的顶角接近 120°，用它钻出的不通孔，底部有个顶角接近 120°的圆锥面，在图中，其顶角要画成 120°，但不必注尺寸。绘制不穿通的螺纹孔时，一般应将钻孔深度与螺纹部分深度分别画出，钻孔深度应比螺纹孔深度大 0.5*D*（螺纹大径），如图 6-7（a）所示。两级钻孔（阶梯孔）的过渡处，也存在 120°的尖角，作图时要注意画出，如图 6-7（b）所示。

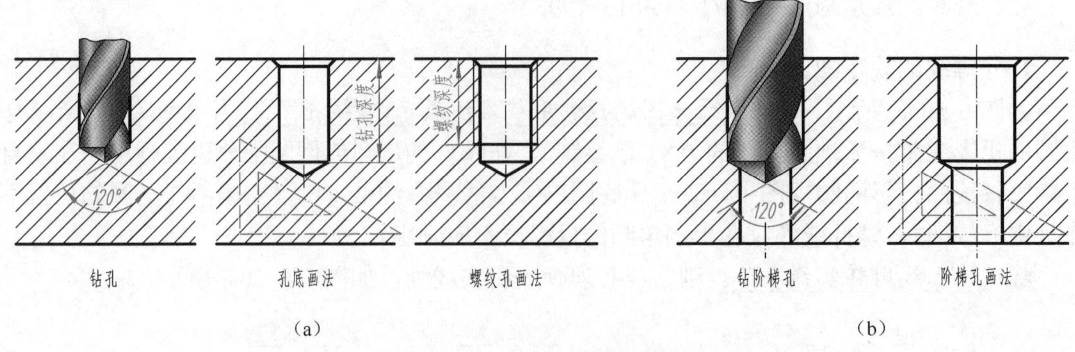

图 6-7 钻孔底部与阶梯孔的画法

3. 螺纹联接的规定画法

用剖视表示内、外螺纹的联接时，其旋合部分应按外螺纹的画法绘制，其余部分仍按各自的画法表示，如图 6-8（a）所示。在端面视图中，若剖切平面通过旋合部分时，按外螺纹绘制，如图 6-8（b）所示。

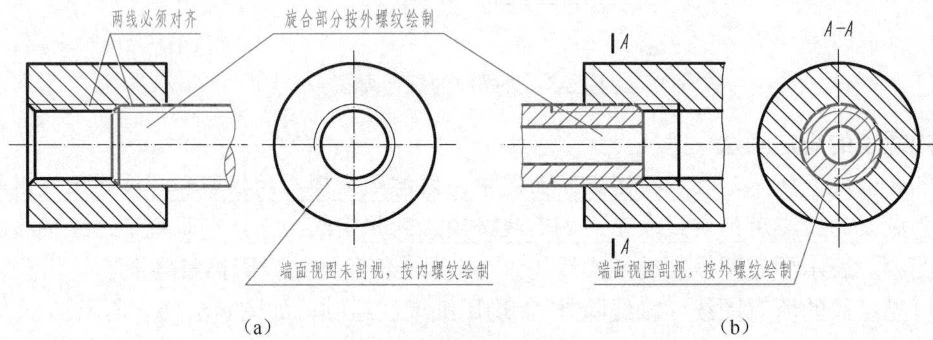

图 6-8 螺纹联接的规定画法

提示：画螺纹联接时，表示内、外螺纹牙顶圆投影的粗实线，与牙底圆投影的细实线应分别对齐。

三、螺纹的标记及标注（GB/T 4459.1—1995）

由于螺纹的规定画法不能表示螺纹种类和螺纹要素，因此绘制有螺纹的图样时，必须按照国家标准所规定的标记格式和相应代号进行标注。

1. 普通螺纹的标记（GB/T 197—2003）

普通螺纹即普通用途的螺纹，单线普通螺纹占大多数，其标记格式如下：

螺纹特征代号 公称直径×P 螺距-公差带代号-旋合长度代号-旋向代号

多线普通螺纹的标记格式如下：

螺纹特征代号 公称直径×Ph 导程 P 螺距-公差带代号-旋合长度代号-旋向代号

标记的注写规则：

螺纹特征代号 螺纹特征代号为 M。

尺寸代号 公称直径为螺纹大径。单线螺纹的尺寸代号为“公称直径×P 螺距”，不必注写“P”字样。多线螺纹的尺寸代号为“公称直径×Ph 导程 P 螺距”，需注写“Ph”和“P”

字样。粗牙普通螺纹不标注螺距。粗牙螺纹与细牙螺纹的区别见附表 1。

公差带代号 公差带代号由中径公差带和顶径公差带（对外螺纹指大径公差带、对内螺纹指小径公差带）组成。大写字母代表内螺纹，小写字母代表外螺纹。若两组公差带相同，则只写一组（常用的公差带见附表 1）。最常用的中等公差精度螺纹（外螺纹为 6g、内螺纹为 6H），不标注公差带代号。

旋合长度代号 旋合长度分为短（S）、中等（N）、长（L）三种。一般采用中等旋合长度，N 省略不注。

旋向代号 左旋螺纹以“LH”表示，右旋螺纹不标注旋向（所有螺纹旋向的标记，均与此相同）。

【例 6-1】 解释“M16×Ph3P1.5-7g6g-L-LH”的含义。

解 表示双线细牙普通外螺纹，大径为 16mm，导程为 3mm，螺距为 1.5mm，中径公差带为 7g，大径公差带为 6g，长旋合长度，左旋。

【例 6-2】 解释“M24-7G”的含义。

解 表示粗牙普通内螺纹，大径为 24mm，查附表 1 确认螺距为 3mm（省略），中径和小径公差带均为 7G，中等旋合长度（省略 N），右旋（省略旋向代号）。

【例 6-3】 已知公称直径为 12mm，细牙，螺距为 1mm，中径和小径公差带均为 6H 的单线右旋普通螺纹，试写出其标记。

解 标记为“M12×1”。

【例 6-4】 已知公称直径为 12mm，粗牙，螺距为 1.75mm，中径和大径公差带均为 6g 的单线右旋普通螺纹，试写出其标记。

解 标记为“M12”。

2. 管螺纹的标记（GB/T 7306.1～2—2000、GB/T 7307—2001）

管螺纹是在管子上加工的，主要用于联接管件，故称之为管螺纹。管螺纹的数量仅次于普通螺纹，是使用数量最多的螺纹之一。由于管螺纹具有结构简单、装拆方便的优点，所以在机床、化工、汽车、冶金、石油等行业中应用较多。

（1）55° 密封管螺纹标记 由于 55° 密封管螺纹只有一种公差，GB/T 7306.1～2—2000 规定其标记格式如下：

螺纹特征代号	尺寸代号	旋向代号

标记的注写规则：

螺纹特征代号 用 Rc 表示圆锥内螺纹，用 Rp 表示圆柱内螺纹，用 R_1 表示与圆柱内螺纹相配合的圆锥外螺纹，用 R_2 表示与圆锥内螺纹相配合的圆锥外螺纹。

尺寸代号 用½，¾，1，1½，…表示，详见附表 2。

旋向代号 与普通螺纹的标记相同。

【例 6-5】 解释“Rc½”的含义。

解 表示圆锥内螺纹，尺寸代号为½（查附表 2，其大径为 20.955mm，螺距为 1.814mm），右旋（省略旋向代号）。

【例 6-6】 解释“Rp1½LH”的含义。

解 表示圆柱内螺纹，尺寸代号为 1½（查附表 2，其大径为 47.803mm，螺距为 2.309mm），左旋。

【例 6-7】 解释“R_2¾”的含义。

解 表示与圆锥内螺纹相配合的圆锥外螺纹，尺寸代号为¾（查附表 2，其大径为 26.441mm，螺距为 1.814mm），右旋（省略旋向代号）。

（2）55°非密封管螺纹标记 GB/T 7307—2001 规定 55°非密封管螺纹标记格式如下：

螺纹特征代号	尺寸代号	公差等级代号	-	旋向代号

标记的注写规则：

螺纹特征代号 用 G 表示。

尺寸代号 用½，¾，1，1½，…表示，详见附表 2。

螺纹公差等级代号 对外螺纹分 A、B 两级标记；因为内螺纹公差带只有一种，所以不加标记。

旋向代号 当螺纹为左旋时，在外螺纹的公差等级代号之后加注“-LH”；在内螺纹的尺寸代号之后加注“LH”。

【例 6-8】 解释“G1½A”的含义。

解 表示圆柱外螺纹，尺寸代号为 1½（查附表 2，其大径为 47.803mm，螺距为 2.309mm），螺纹公差等级为 A 级，右旋（省略旋向代号）。

【例 6-9】 解释“G3/4A-LH”的含义。

解 表示圆柱外螺纹，螺纹公差等级为 A 级，尺寸代号为 3/4（查附表 2，其大径为 26.441mm，螺距为 1.814mm），左旋（注：左旋圆柱外螺纹在左旋代号 LH 前加注半字线）。

【例 6-10】 解释“G½”的含义。

解 表示圆柱内螺纹（未注螺纹公差等级），尺寸代号为½（查附表 2，其大径为 20.955mm，螺距为 1.814mm），右旋（省略旋向代号）。

【例 6-11】 解释“G1½LH”的含义。

解 表示圆柱内螺纹（未注螺纹公差等级），尺寸代号为 1½（查附表 2，其大径为 47.803mm，螺距为 2.309mm），左旋（注：左旋圆柱内螺纹在左旋代号 LH 前不加注半字线）。

> 提示：管螺纹的尺寸代号并非公称直径，也不是管螺纹本身任何一个直径的真实尺寸，而是该螺纹所在管子的公称通径，它代表着做在某某公称通径管子上的螺纹尺寸。管螺纹的大径、中径、小径及螺距等具体尺寸，只有通过查阅相关的国家标准（附表 2）才能知道。

3. 螺纹的标注方法（GB/T 4459.1—1995）

公称直径以毫米为单位的螺纹（如普通螺纹、梯形螺纹等），其标记应直接注在大径的尺寸线或其引出线上，如图 6-9（a）～（c）所示；管螺纹的标记一律注在引出线上，引出线应由大径处或对称中心处引出，如图 6-9（d）、（e）所示。

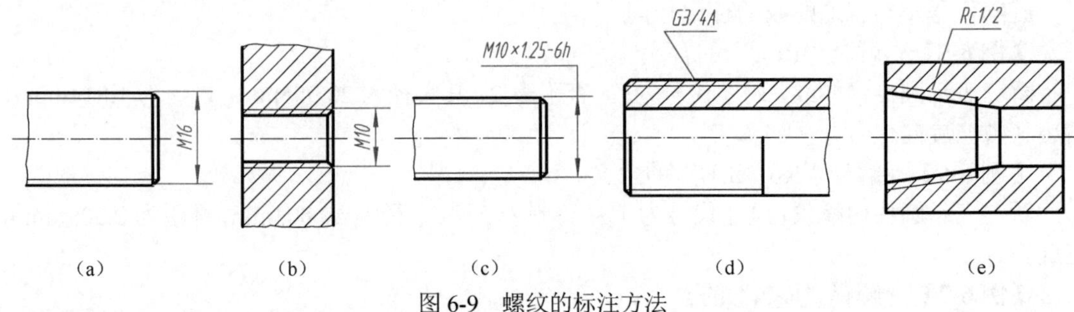

图 6-9 螺纹的标注方法

第二节　螺纹紧固件

在机器设备上，常见的螺纹联接形式有螺栓联接、螺柱联接和螺钉联接。螺纹紧固件包括螺栓、螺柱、螺钉、螺母、垫圈等，这些零件都是标准件，只要知道其规定标记，就可以从有关标准中查出它们的结构、型式及全部尺寸。

一、螺纹紧固件的规定标记

常用螺纹紧固件的规定标记及示例，如表 6-2 所示。

表 6-2　常用的螺纹紧固件

名称	轴测图	画法及规格尺寸	标记格式、示例及说明
六角头螺栓		d l	**名称　标准编号　螺纹代号×长度** 螺栓　GB/T 5780　M16×100 螺纹规格为 M16、公称长度 l=100mm、性能等级为 4.8 级、表面不经处理、产品等级为 C 级的六角头螺栓 注：省略标准编号中的年号，下同
双头螺柱		d b_m　l	**名称　标准编号　类型螺纹代号×长度** 螺柱　GB/T 899　M12×50 两端均为粗牙普通螺纹、d=12mm、l=50mm、性能等级为 4.8 级、不经表面处理、B 型（B 省略不标）、b_m=1.5d 的双头螺柱
等长双头螺柱		d b　b l	**名称　标准编号　螺纹代号×长度** 螺柱　GB/T 901　M12×100 螺纹规格 d=M12、l=100、性能等级为 4.8 级、不经表面处理、产品等级为 B 级的等长双头螺柱 注：管法兰应采用 GB/T 901（附表 22）；设备法兰应采用 NB/T 47027（附表 26）
六角螺母		D	**名称　标准编号　螺纹代号** 螺母　GB/T 41　M16 螺纹规格为 M16、性能等级为 5 级、表面不经处理、产品等级为 C 级的 1 型六角螺母 注：化工设备应采用 GB/T 6170（附表 22）
垫圈		d_1	**名称　标准编号　公称尺寸—性能等级** 垫圈　GB/T 97.1　16 标准系列、公称规格 16mm、由钢制造的硬度等级为 200HV 级、不经表面处理、产品等级为 A 级的平垫圈

二、螺栓联接

螺栓联接是将螺栓的杆身穿过两个被联接零件上的通孔，套上垫圈，再用螺母拧紧，使两个零件联接在一起的一种联接方式，如图 6-10（a）所示。

为提高画图速度，对联接件的各个尺寸，可不按相应的标准数值画出，而是采用近似画法。采用近似画法时，除螺栓长度按 $l_{计} \approx t_1+t_2+1.35d$ 计算后，再查附表 3 取标准值外，其他各部分都取与螺栓直径成一定的比例来绘制。螺栓、螺母、垫圈的各部尺寸比例关系，如图 6-10（b）所示。

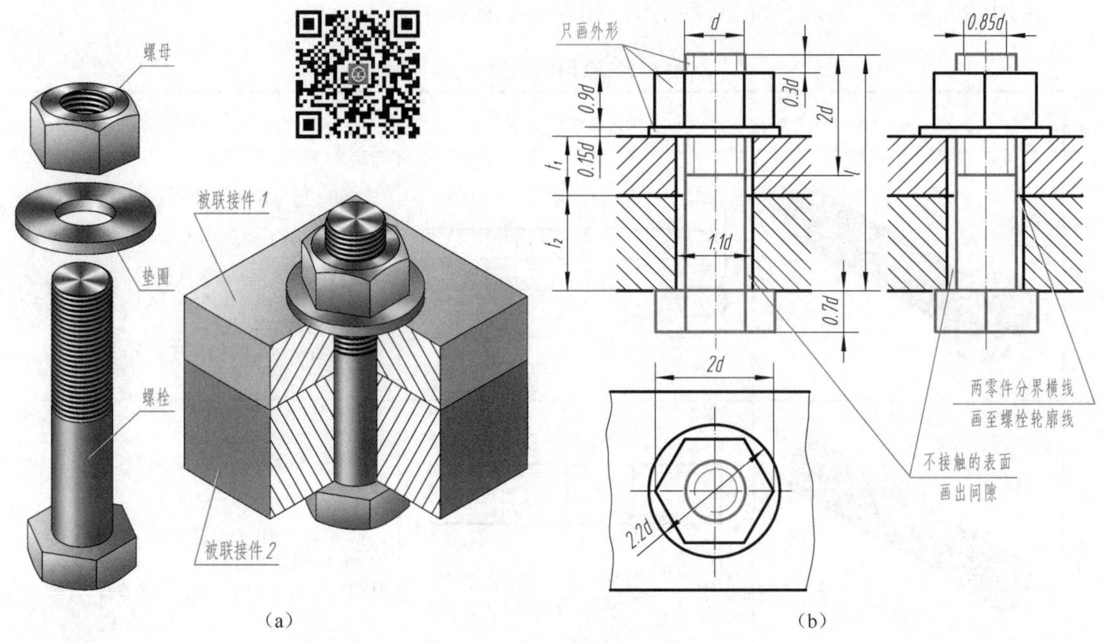

图 6-10　螺栓联接的画法

提示：若化工设备采用螺栓联接时，不加垫圈。

画螺栓联接时必须遵守下列基本规定。

① 两个零件的接触面或配合面只画一条粗实线，不得将轮廓线加粗。凡不接触的表面，不论间隙多小，在图上应画出间隙。如六角头螺栓与孔之间，即使间隙很小，也必须画两条线。图 6-10（b）是六角头螺栓联接的装配图，其中六角螺母与被联接件、两个被联接件的表面相接触，中间画一条粗实线；六角头螺栓与两个被联接件之间有间隙，在图上夸大画出（两条线）。

② 在剖视图中，相互接触的两个零件其剖面线的倾斜方向应相反；而同一个零件在各剖视中，剖面线的倾斜方向、倾斜角度和间隔应相同，以便在装配图中区分不同的零件。如图 6-10（b）中，相邻两个被联接件的剖面线相反。

③ 在装配图中，螺纹紧固件及实心杆件，如六角头螺栓、六角螺母等零件，当剖切平面通过其基本轴线时，均按未剖绘制。但当剖切平面垂直于这些零件的轴线时，则应按剖开绘制。在图 6-10（b）中的主、左视图中，虽然剖切平面通过六角头螺栓和六角螺母的轴线，但不画剖面线，按其外形画出。

三、螺柱联接

1. 双头螺柱联接

如图 6-11（a）所示，双头螺柱联接是用双头螺柱与螺母、垫圈配合使用，把上、下两个零件联接在一起。双头螺柱的两端都制有螺纹，螺纹较短的一端（旋入端）旋入下部较厚零件的螺纹孔。螺纹较长的另一端（紧固端）穿过上部零件的通孔后，套上垫圈，再用螺母拧紧。双头螺柱联接经常用在被联接零件中有一个由于太厚而不宜钻成通孔的场合。

双头螺柱联接装配图的画法如图 6-11（b）所示。从图中可知，双头螺柱的长度为：

$$l=t+h+m+a$$

式中　t——上部零件的厚度；

h——垫圈厚度；

m——螺母厚度；

a——螺柱伸出螺母的长度，约为（0.2～0.3）d。

计算出 l 后，再从标准长度系列（附表 4）中选取与其相近的标准值。

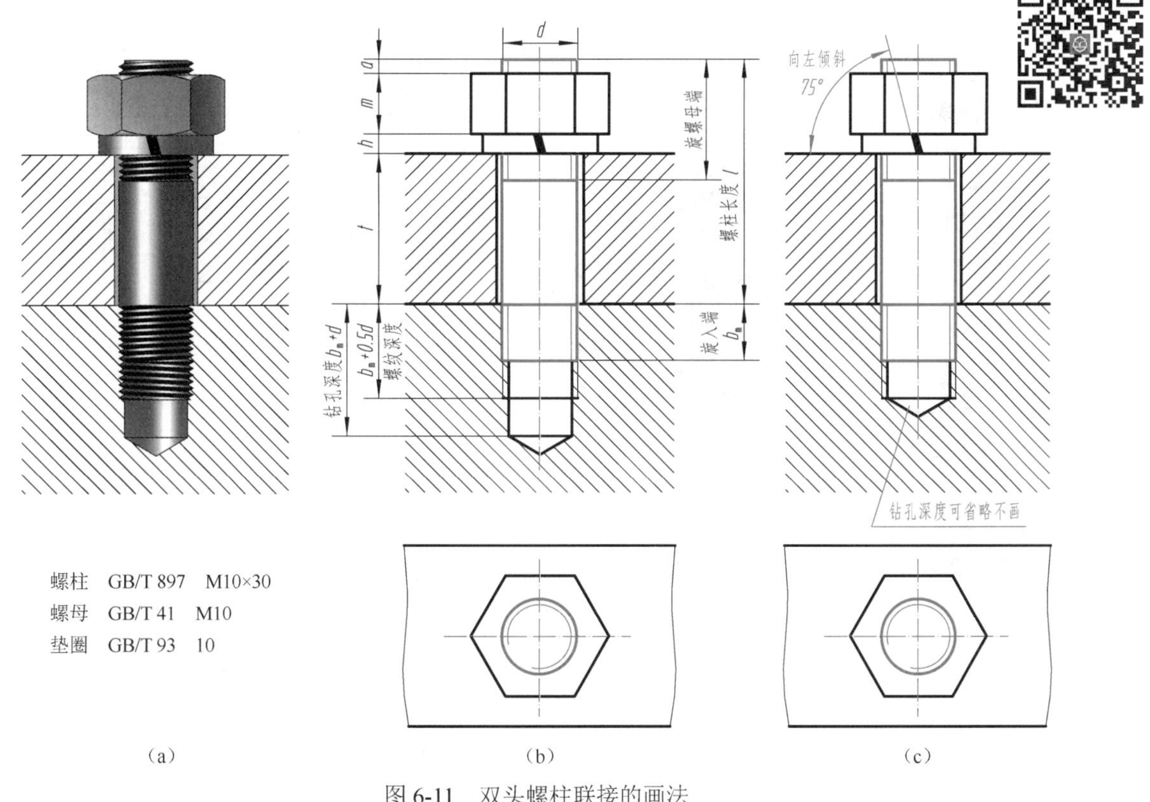

图 6-11　双头螺柱联接的画法

绘制双头螺柱联接装配图时应注意以下几点。

① 双头螺柱的旋入端长度 b_m 与被旋入零件的材料有关。国家标准按 b_m 的不同，把双头螺柱分成以下四种：

——被旋入零件的材料为钢（或青铜）时，可选用 $b_m=d$（GB/T 897）；

——被旋入零件的材料为铸铁时，可选用 $b_m=1.25d$（GB/T 898）或 $b_m=1.5d$（GB/T 899）；

——被旋入零件的材料为铝合金时，可选用 $b_m=2d$（GB/T 900）。

② 双头螺柱的旋入端应画成全部旋入螺纹孔内，即旋入端的螺纹终止线与两个被联接件的接触面应画成一条线，如图 6-11（b）所示。

③ 螺纹孔的螺纹深度应大于双头螺柱旋入端的螺纹长度 b_m，一般螺纹孔的螺纹深度 $\approx b_m+0.5d$，而钻孔深度$\approx b_m+d$，如图 6-11（b）所示。

④ 在装配图中，不穿通的螺纹孔可采用简化画法，即不画钻孔深度，仅按螺纹孔深度画出，如图 6-11（c）所示。

> 提示：螺纹紧固件使用弹簧垫圈时，弹簧垫圈的开口方向应向左倾斜（与水平线成 75°），用一条特粗实线（约等于 2 倍粗实线）表示，如图 6-11（b）、（c）所示。

2. 等长双头螺柱联接

在化工设备的法兰连接中，应采用等长双头螺柱联接，用等长双头螺柱与两个六角螺母配合使用（不加垫圈），把上、下两个零件联接在一起，如图 6-12（a）所示。等长双头螺柱联接的画法，与螺栓联接的画法基本相同，如图 6-12（b）所示。

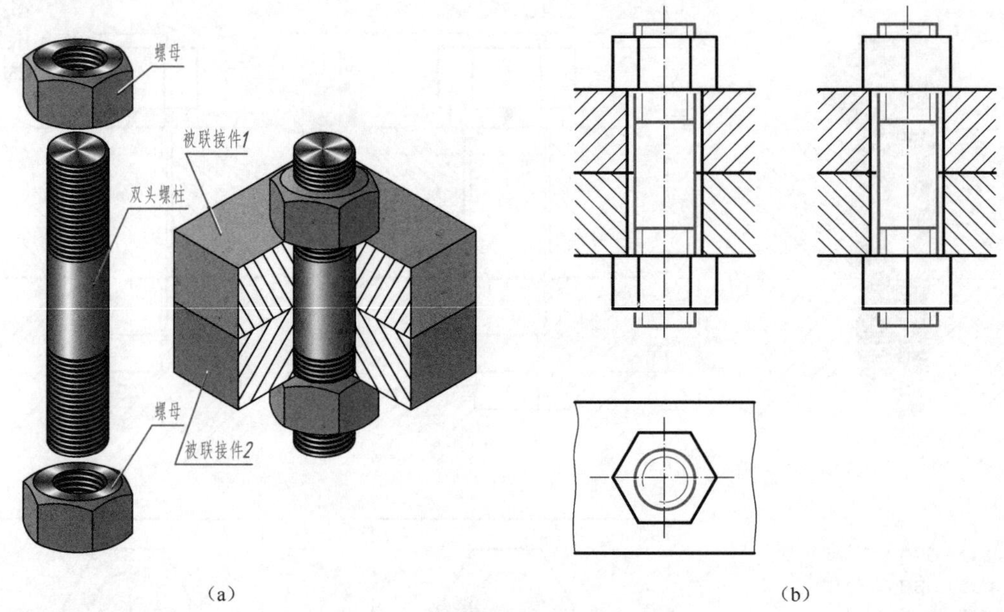

图 6-12　等长双头螺柱联接的画法

> 提示：管法兰用等长双头螺柱（见附表 22）、设备法兰用等长双头螺柱（见附表 26）的型式、规格、标记和标准代号均不相同，选用时应加以区分。

第三节　齿　　轮

一、齿轮的基本知识（GB/T 3374.1—2010）

齿轮是一个有齿的机械构件，它与另一个有齿构件通过其共轭齿面的啮合，从而传递运动或改变运动的形式。通过齿轮啮合，可将一根轴的动力及旋转运动传递给另一根轴，也可改变转速和旋转方向。齿轮上每一个用于啮合的凸起部分，称为轮齿。一对齿轮的齿，依次交替地接触，从而实现一定规律的相对运动的过程和形态，称为啮合。由两个啮合的齿轮组成的基本机构，称为齿轮副。由于两轴的相对位置不同，分以下三种。

（1）平行轴齿轮副（圆柱齿轮啮合）　用于两平行轴间的传动，如图 6-13（a）所示。

（2）相交轴齿轮副（锥齿轮啮合）　用于两相交轴间的传动，如图 6-13（b）所示。

（3）交错轴齿轮副（蜗杆与蜗轮啮合）　用于两交错轴间的传动，如图 6-13（c）所示。

图 6-13　齿轮传动

二、直齿轮轮齿的各部分名称及代号（GB/T 3374.1—2010）

分度曲面为圆柱面的齿轮，称为圆柱齿轮。圆柱齿轮的轮齿有直齿、斜齿、人字齿等，其中最常用的是直齿圆柱齿轮，简称直齿轮，如图 6-14（a）所示。

（1）顶圆（齿顶圆 d_a）　在圆柱齿轮上，其齿顶圆柱面与端平面的交线，称为齿顶圆。

（2）根圆（齿根圆 d_f）　在圆柱齿轮上，其齿根圆柱面与端平面的交线，称为齿根圆。

（3）分度圆（d）和节圆（d'）　圆柱齿轮的分度曲面与端平面的交线，称为分度圆；平行轴齿轮副中，圆柱齿轮的节曲面与端平面的交线，称为节圆。在标准齿轮中，两齿轮分度曲面相切，即 $d=d'$。

（4）齿顶高（h_a）　齿顶圆与分度圆之间的径向距离，称为齿顶高。标准齿轮的 $h_a=m$（m 为模数）。

（5）齿根高（h_f）　齿根圆与分度圆之间的径向距离，称为齿根高。标准齿轮的 $h_f=1.25m$。

（6）齿高（h）　齿顶圆与齿根圆之间的径向距离，称为齿高。

（7）端面齿距（简称齿距 p）　两个相邻而同侧的端面齿廓之间的分度圆弧长，称为端面齿距。

（8）端面齿槽宽（简称齿槽宽 e）　齿轮上两相邻轮齿之间的空间称为齿槽。在端平面上，一个齿槽的两侧齿廓之间的分度圆弧长，称为齿槽宽。

（9）端面齿厚（简称齿厚 s）　在圆柱齿轮的端平面上，一个齿的两侧端面齿廓之间的分度圆弧长，称为齿厚。在标准齿轮中，齿槽宽与齿厚各为齿距的一半，即 $s=e=p/2$，$p=s+e$。

（10）齿宽（b）　齿轮的有齿部位沿分度圆柱面的直母线方向量度的宽度，称为齿宽。

（11）啮合角和压力角（α）　在一般情况下，两相啮轮齿的端面齿廓在接触点处的公法线，与两节圆的内公切线所夹的锐角，称为啮合角，如图 6-14（b）所示；对于渐开线齿轮，指的是两相啮轮齿在节点上的端面压力角。标准齿轮的啮合角 α=20°。

（12）齿数（z）　一个齿轮的轮齿总数。

（13）中心距（a）　平行轴或交错轴齿轮副的两轴线之间的最短距离，称为中心距，如图 6-14（b）所示。

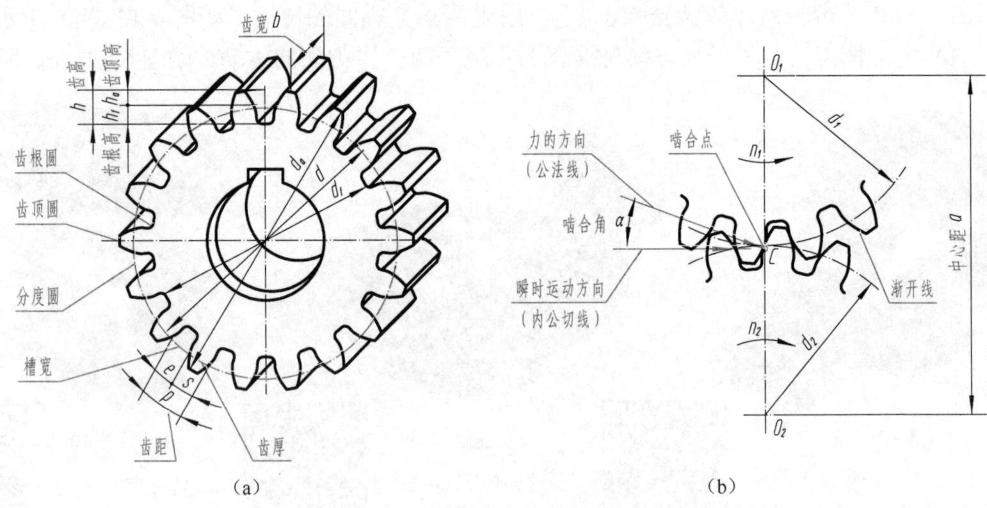

图 6-14　齿轮的各部名称及代号

三、直齿轮的基本参数与轮齿各部分的尺寸关系

1. 模数

齿轮上有多少齿，在分度圆周上就有多少齿距，即分度圆周总长为：

$$\pi d = zp \tag{6-1}$$

则分度圆直径

$$d = \frac{p}{\pi} z \tag{6-2}$$

齿距 p 除以圆周率 π 所得的商，称为齿轮的模数，用符号“m”表示，尺寸单位为毫米，即

$$m = \frac{p}{\pi} \tag{6-3}$$

将式(6-3)代入式(6-2)，得出：

$$d = mz \tag{6-4}$$

则

$$m = \frac{d}{z} \tag{6-5}$$

相互啮合的两齿轮，其齿距 p 应相等；由于 $p=m\pi$，因此它们的模数亦应相等。当模数 m 发生变化时，齿高 h 和齿距 p 也随之变化，即：模数 m 愈大，轮齿就愈大；模数 m 愈小，轮齿就愈小。由此可以看出，模数是表征齿轮轮齿大小的一个重要参数，是计算齿轮主要尺寸的一个基本依据。

为了简化和统一齿轮的轮齿规格，提高齿轮的互换性，便于齿轮的加工、修配，减少齿

轮刀具的规格品种，提高其系列化和标准化程度，国家标准对齿轮的模数作了统一规定，见表 6-3。

表 6-3　标准模数（摘自 GB/T 1357—2008）　　mm

齿轮类型	模数系列	标准模数 m
圆柱齿轮	第一系列（优先选用）	1，1.25，1.5，2，2.5，3，4，5，6，8，10，12，16，20，25，32，40，50
	第二系列	1.125，1.375，1.75，2.25，2.75，3.5，4.5，5.5，(6.5)，7，9，11，14，18，22，28，35，45

2. 模数与轮齿各部分的尺寸关系

齿轮模数确定后，按照与模数 m 的比例关系，可计算轮齿部分的各基本尺寸，详见表 6-4。

表 6-4　直齿轮轮齿的各部分尺寸关系　　mm

名称及代号	计 算 公 式	名称及代号	计 算 公 式
模　数 m	按 $m=d/z$ 计算，再查表 6-3 取标准值	分度圆直径 d	$d=mz$
齿顶高 h_a	$h_a=m$	齿顶圆直径 d_a	$d_a=d+2h_a=m\ (z+2)$
齿根高 h_f	$h_f=1.25m$	齿根圆直径 d_f	$d_f=d-2h_f=m\ (z-2.5)$
齿　高 h	$h=h_a+h_f=2.25m$	中心距 a	$a=\dfrac{d_1+d_2}{2}=\dfrac{m\ (z_1+z_2)}{2}$

四、直齿轮的规定画法（GB/T 4459.2—2003）

1. 单个齿轮的规定画法

剖视画法　直齿轮的齿顶线用粗实线绘制；分度线用细点画线绘制；齿根线用细实线绘制，也可省略不画，如图 6-15（a）所示。

视图画法　当剖切平面通过直齿轮的轴线时，轮齿一律按不剖处理（不画剖面线）。齿顶线用粗实线绘制；分度线用细点画线绘制；齿根线用粗实线绘制，如图 6-15（b）、（c）所示。

端面视图画法　在表示直齿轮端面的视图中，齿顶圆用粗实线绘制；分度圆用细点画线绘制；齿根圆用细实线绘制，也可省略不画，如图 6-15（d）所示。

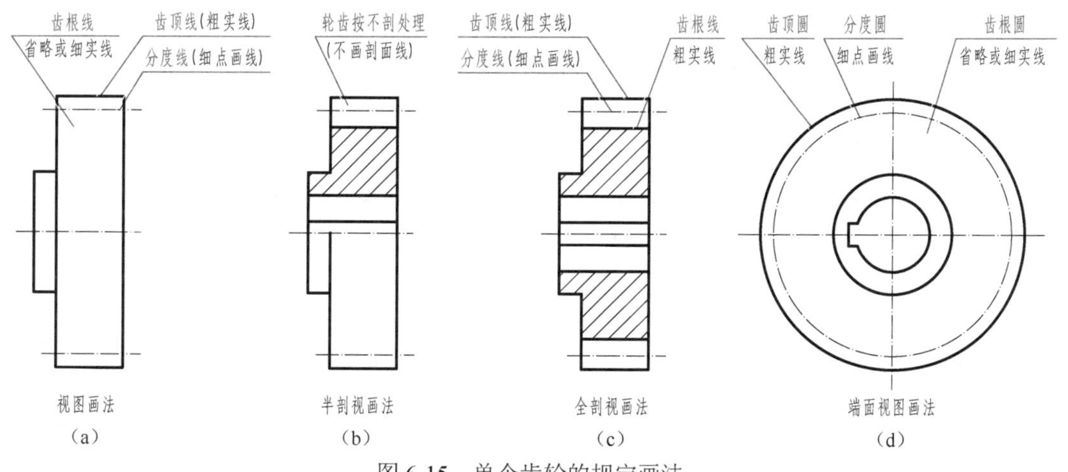

图 6-15　单个齿轮的规定画法

2. 齿轮啮合时的规定画法

剖视画法　当剖切平面通过两啮合齿轮的轴线时，在啮合区内，将一个齿轮的轮齿用粗实线绘制，另一个齿轮的轮齿被遮挡的部分用细虚线绘制，如图 6-16（a）所示；另一个齿轮的轮齿被遮挡的部分，也可省略不画，如图 6-16（b）所示。

视图画法　在平行于直齿轮轴线的投影面的视图中，啮合区内的齿顶线不必画出，节线用粗实线绘制，其他处的节线用细点画线绘制，如图 6-16（c）所示。

端面视图画法　在垂直于直齿轮轴线的投影面的视图中，两直齿轮节圆应相切，啮合区内的齿顶圆均用粗实线绘制，如图 6-16（d）所示；也可将啮合区内的齿顶圆省略不画，如图 6-16（e）所示。

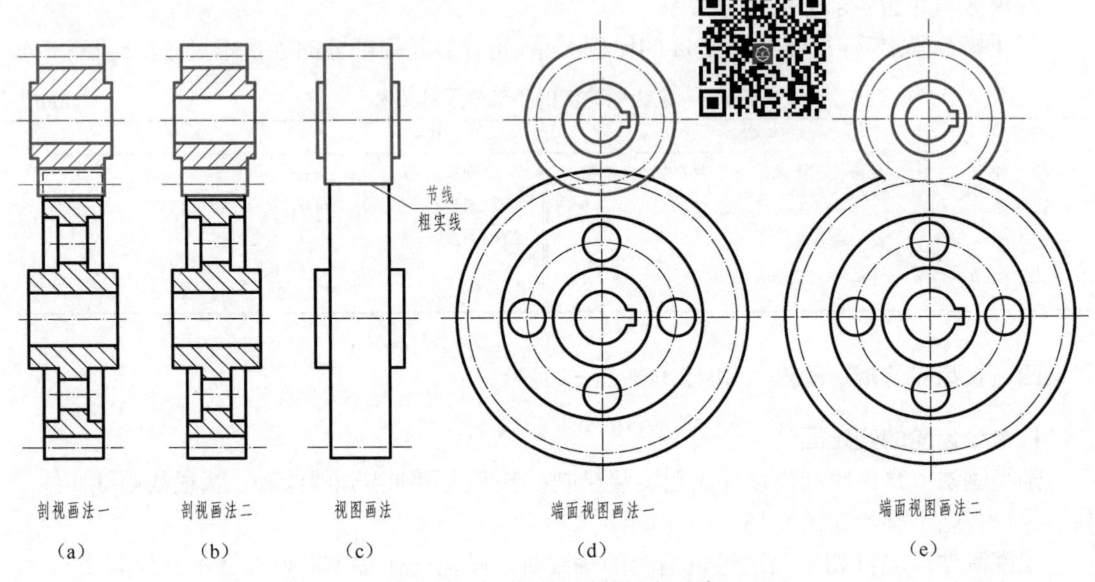

图 6-16　齿轮啮合时的规定画法

五、直齿轮测绘

根据齿轮实物，通过测量和计算，以确定主要参数并画出齿轮零件图的过程，称为齿轮测绘。

【例 6-12】　有一直齿圆柱齿轮，通过测量得知 d_a=244.4mm，齿数 z=96，试绘制齿轮零件图。

测绘过程

（1）数出齿数 z，测量顶圆直径 d_a　已知齿数 z=96，d_a=244.4mm。

（2）计算并取标准模数 m　可按 d_a 公式导出，即 $m=d_a/(z+2)$，即可计算出模数。然后，与表 6-3 核对，取相近的标准模数。

$m_{计}=d_a/(z+2)$=244.4mm/（96+2）=2.49mm。

查表 6-3，在第一系列中与 2.49mm 最接近的标准模数为 2.5mm，故取标准模数 m=2.5mm。

（3）根据标准模数，再计算出轮齿的各基本尺寸　齿轮的其他尺寸，按实际测量获得。

齿顶高：$h_a=m$=2.5mm

齿根高：$h_f=1.25m$=1.25×2.5mm=3.125mm

齿高：$h=h_a+h_f$=2.5mm+3.125mm=5.625mm

分度圆直径：$d=mz$=2.5mm×96=240mm

齿顶圆直径：$d_a=m(z+2)$=2.5mm（96+2）=245mm

齿根圆直径：$d_f=m(z-2.5)$=2.5mm（96–2.5）=233.75mm

（4）测量和确定齿轮其他部分的尺寸　如齿轮宽度 b=60mm，轴孔尺寸 D=58mm，键槽宽 18mm，槽顶至孔底 62mm。

（5）绘制齿轮零件图　如图 6-17 所示。

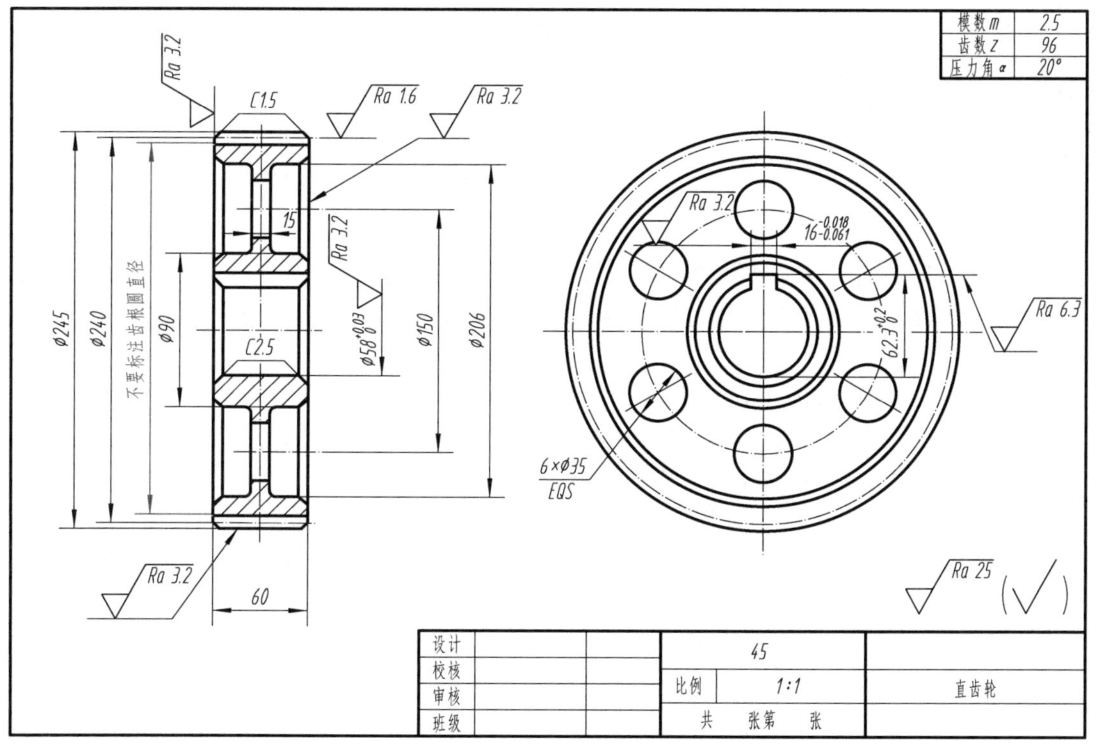

图 6-17　齿轮零件图

第四节　键联结和销联接

一、键联结

如果要把动力通过联轴器、离合器、齿轮、飞轮或带轮等机械零件传递到安装这个零件的轴上，通常在轮孔和轴上分别加工出键槽，把普通平键的一半嵌在轴里，另一半嵌在与轴相配合的零件的毂里，使它们联在一起转动，如图 6-18 所示。

键联结有多种形式，各有其特点和适用场合。普通平键制造简单，装拆方便，轮与轴的同轴度较好，在各种机械上应用广泛。普通平键有普通 A 型平键（圆头）、普通 B 型平键（平头）和普通 C 型平键（单圆头）三种型式，其形状如图 6-19 所示。

普通平键是标准件。选择平键时，从标准中查取键的截面尺寸 $b×h$，然后按轮毂宽度 B 选定键长 L，一般 $L=B-$（5～10mm），并取 L 为标准值。键和键槽的型式、尺寸，详见附表 9（轴径与键槽的尺寸关系，见教学软件中的附表 9）。

键的标记格式为：

标准编号　名称 型式 键宽×键高×键长

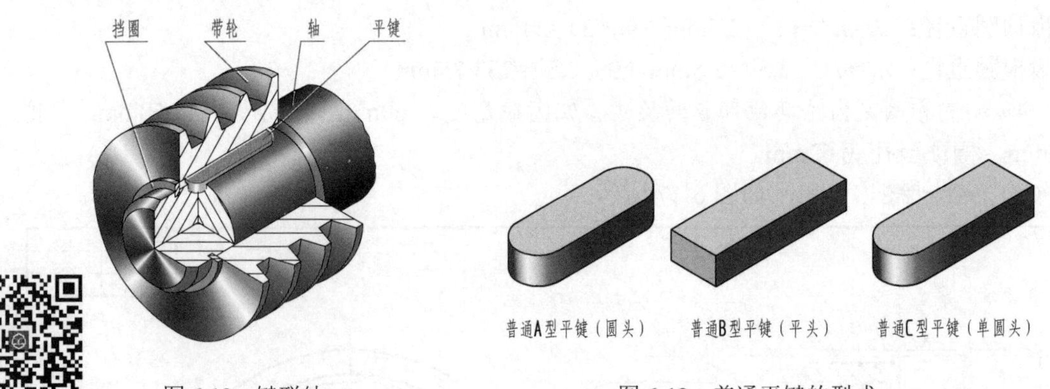

图 6-18　键联结　　　　图 6-19　普通平键的型式

标记的注写规则：

标记的省略　普通 A 型平键不注“A”；省略标准编号中的年号。

【例 6-13】　普通 A 型平键，键宽 b=18mm，键高 h=11mm，键长 L=100mm，试写出键的标记。

解　键的标记为“GB/T 1096　键 18×11×100”。

（1）单个键槽的表示法　图 6-20（a）表示在轴上加工键槽的表示法和尺寸注法。图 6-20（b）表示在轮上加工键槽的表示法和尺寸注法。

（2）键联结的表示法　键侧与键槽的两个侧面紧密配合，靠键的侧面传递转矩。平键与键槽在顶面不接触，应画出间隙；键的倒角省略不画；沿键的纵向剖切时，键按不剖处理，即不画剖面线；横向剖切时，要画剖面线，如图 6-20（c）所示。

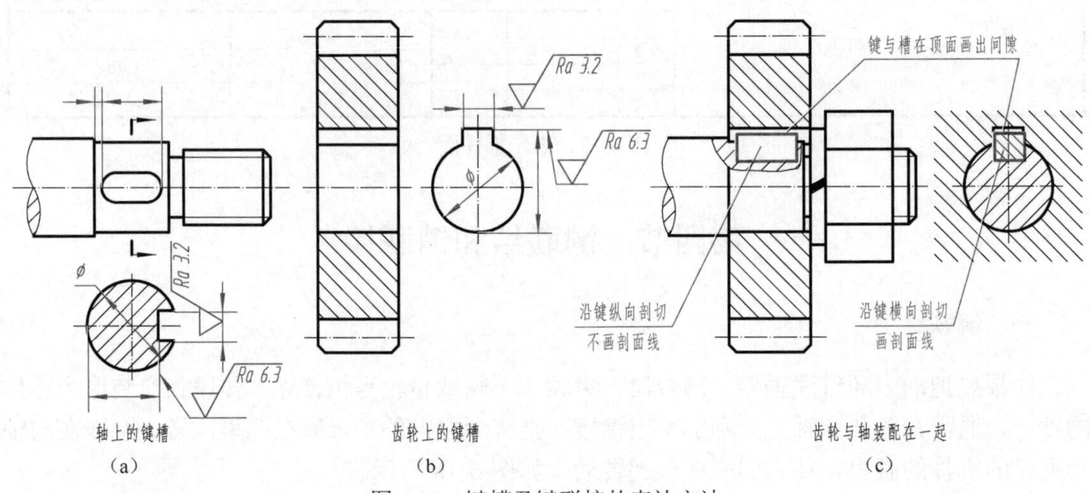

图 6-20　键槽及键联接的表达方法

二、销联接

销是标准件，主要用于零件间的联接或定位。销的类型较多，但最常见的两种基本类型是圆柱销和圆锥销，如图 6-21 所示。

销的标记格式为：

名称　标准编号　类型 公称直径　公差代号×长度

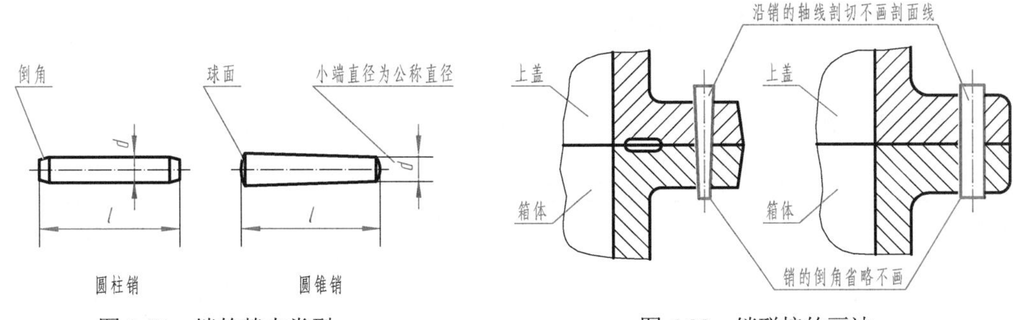

图 6-21　销的基本类型　　　　图 6-22　销联接的画法

标记的注写规则：

标记的省略　销的名称可省略；因为A型圆锥销应用较多，所以 A 型圆锥销不注“A”；省略标准编号中的年号。

【例 6-14】　试写出公称直径 d=6mm、公差为 m6、公称长度 l=30mm、材料为钢、不经淬火、不经表面处理的圆柱销的标记。

解　圆柱销的标记为“销　GB/T 119.1　6 m6×30”。

根据销的标记，即可查出销的型式和尺寸，详见附表 6、附表 7。

> 提示：①圆锥销的公称直径是指小端直径。②在销联接的画法中，当剖切平面沿销的轴线剖切时，销按不剖处理；当剖切平面垂直销的轴线剖切时，要画剖面线。③销的倒角（或球面）可省略不画，如图 6-22 所示。

第五节　滚动轴承

滚动轴承是支承轴并承受轴上载荷的标准组件。由于其结构紧凑、摩擦力小，所以得到广泛使用。滚动轴承一般由内圈、滚动体、保持架、外圈四部分组成，如图 6-23 所示。

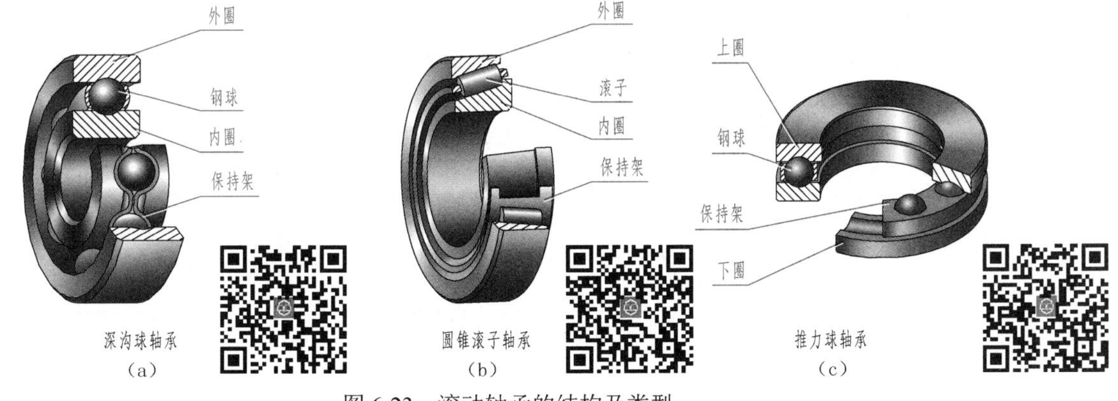

图 6-23　滚动轴承的结构及类型

一、滚动轴承的基本代号（GB/T 272—1993）

滚动轴承基本代号表示轴承的基本类型、结构和尺寸，是滚动轴承代号的基础。基本代号由以下三部分内容组成，即

轴承类型代号 尺寸系列代号 内径代号

1. 类型代号

滚动轴承类型代号用数字或字母来表示，如表 6-5 所示。

表 6-5 滚动轴承类型代号（摘自 GB/T 272—1993）

代号	轴承类型	代号	轴承类型	代号	轴承类型
0	双列角接触球轴承	4	双列深沟球轴承	8	推力圆柱滚子轴承
1	调心球轴承	5	推力球轴承	N	圆柱滚子轴承
2	调心滚子轴承	6	深沟球轴承	U	外球面球轴承
3	圆锥滚子轴承	7	角接触球轴承	QJ	四点接触球轴承

2. 尺寸系列代号

尺寸系列代号由轴承的宽（高）度系列代号和直径系列代号组合而成，用两位阿拉伯数字来表示。它的主要作用是区别内径相同、而宽度和外径不同的滚动轴承。常用的滚动轴承类型、尺寸系列代号及由轴承类型代号、尺寸系列代号组成的组合代号，如表 6-6 所示。

表 6-6 常用的滚动轴承类型、尺寸系列代号及其组合代号（摘自 GB/T 272—1993）

轴承类型	类型代号	尺寸系列代号	组合代号	轴承类型	类型代号	尺寸系列代号	组合代号	轴承类型	类型代号	尺寸系列代号	组合代号
圆锥滚子轴承	3	02	302	推力球轴承				深沟球轴承	6	17	617
	3	03	303						6	18	618
	3	13	313		5	11	511		6	37	637
	3	20	320		5	12	512		6	19	619
	3	22	322		5	13	513		6	（1）0	60
	3	23	323		5	14	514		6	（0）2	62
	3	29	329						6	（0）3	63
	3	30	330						6	（0）4	64

注：表中圆括号内的数字在组合代号中省略。

3. 内径代号

内径代号表示滚动轴承的公称直径，一般用两位阿拉伯数字表示。其表示方法见表 6-7。

表 6-7 滚动轴承内径代号（摘自 GB/T 272—1993）

轴承公称内径/mm		内径代号	示例	
1～9(整数)		用公称内径毫米数直接表示，对深沟及角接触球轴承 7、8、9 直径系列，内径与尺寸系列代号之间用“/”分开	深沟球轴承 625 深沟球轴承 618/5	d=5mm d=5mm
10～17	10	00	深沟球轴承 6200 深沟球轴承 6201 深沟球轴承 6202 深沟球轴承 6203	d=10mm d=12mm d=15mm d=17mm
	12	01		
	15	02		
	17	03		
20～480 （22、28、32 除外）		公称内径除以 5 的商数，商数为个位数，需在商数左边加“0”，如 08	圆锥滚子轴承 30308 深沟球轴承 6215	d=40mm d=75mm

4. 滚动轴承的标记

滚动轴承的标记格式为：

名称　基本代号　标准编号

【例 6-15】 试写出圆锥滚子轴承、内径 d=70mm、宽度系列代号为 1，直径系列代号为 2 的标记。

解 圆锥滚子轴承的标记为“滚动轴承　31214　GB/T 297—2015”。

根据滚动轴承的标记，即可查出滚动轴承的型式和尺寸，详见附表 10。

轴承的基本代号举例：

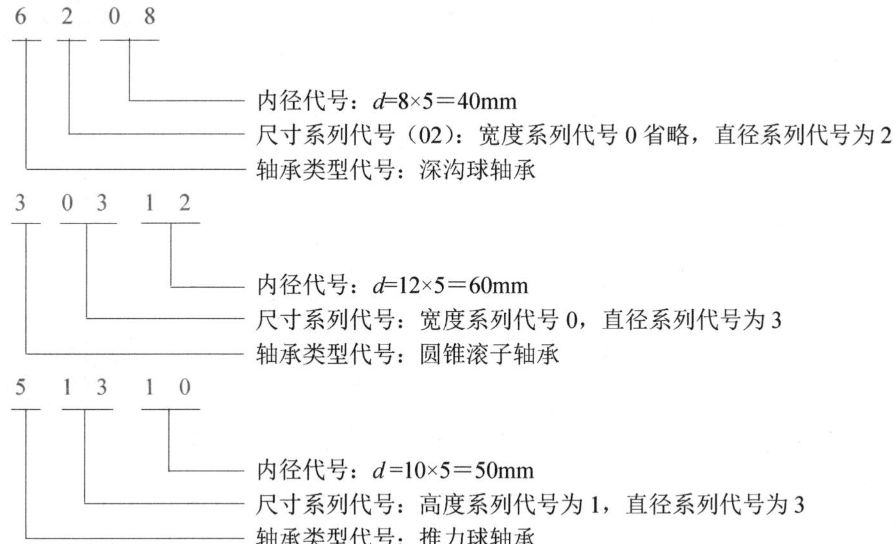

二、滚动轴承的画法（GB/T 4459.7—1998）

当需要在图样上表示滚动轴承时，可采用简化画法（即通用画法和特征画法）或规定画法。滚动轴承的各种画法及尺寸比例，如表 6-8 所示。其各部尺寸可根据滚动轴承代号，由标准（附表 10）中查得。

1. 简化画法

（1）通用画法　在剖视图中，当不需要确切地表示滚动轴承的外形轮廓、载荷特征、结构特征时，可用矩形线框及位于线框中央正立的十字形符号表示滚动轴承。

（2）特征画法　在剖视图中，如需较形象地表示滚动轴承的结构特征时，可采用在矩形线框内画出其结构要素符号的方法表示滚动轴承。

通用画法和特征画法应绘制在轴的两侧。矩形线框、符号和轮廓线均用粗实线绘制。

2. 规定画法

必要时，在滚动轴承的产品图样、产品样本和产品标准中，采用规定画法表示滚动轴承。

采用规定画法绘制滚动轴承的剖视图时，轴承的滚动体不画剖面线，其内外圈可画成方向和间隔相同的剖面线。

在不致引起误解时，也允许省略不画。滚动轴承的倒角省略不画。规定画法一般绘制在轴的一侧，另一侧按通用画法绘制。

表 6-8　滚动轴承的简化画法、规定画法和装配示意图

名称和标准号	查表主要数据	画法			装配示意图
		简化画法		规定画法	
		通用画法	特征画法		
深沟球轴承（GB/T 276—2013）	*D* *d* *B*		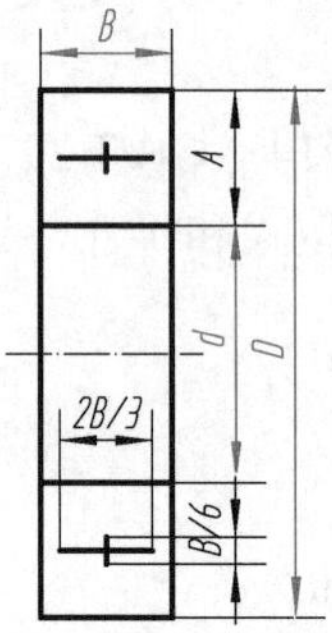	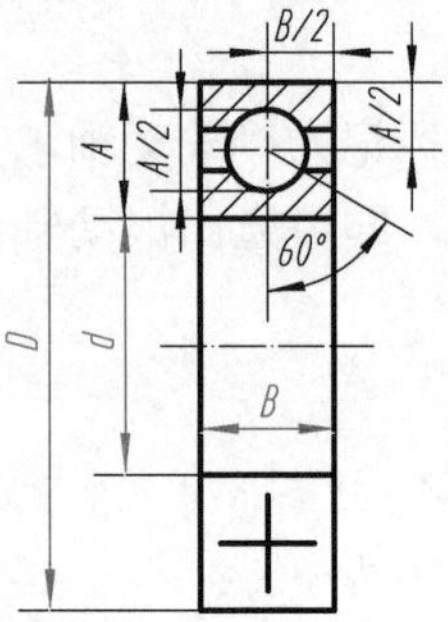	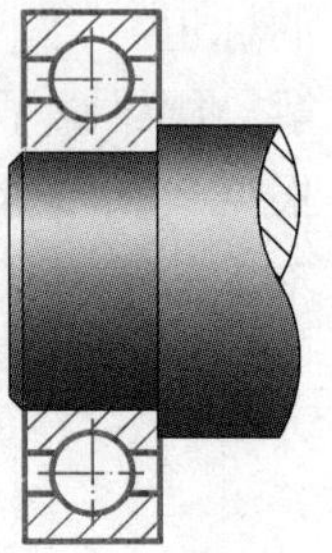
圆锥滚子轴承（GB/T 297—2015）	*D* *d* *B* *T* *C*	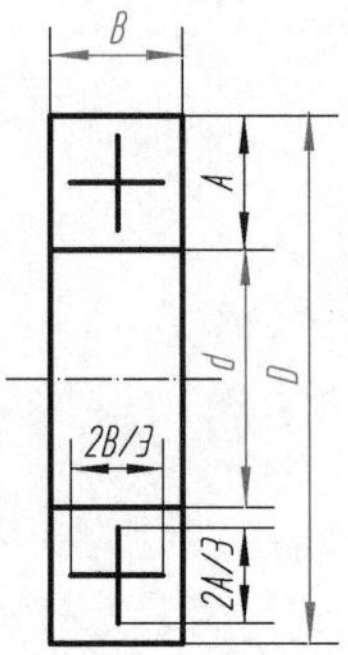	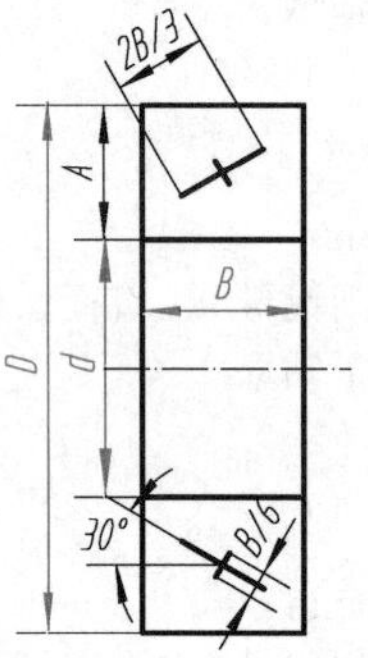	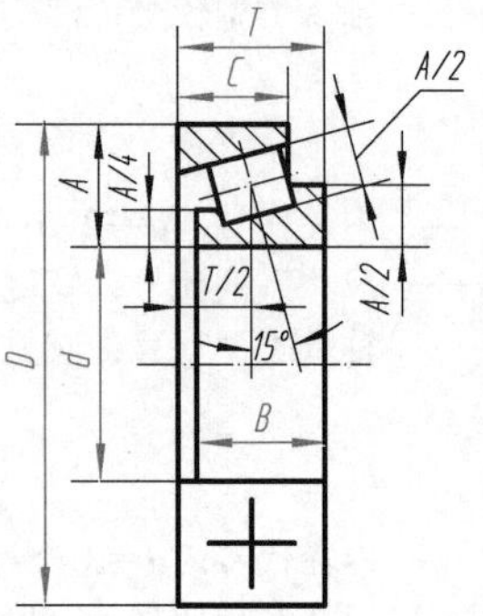	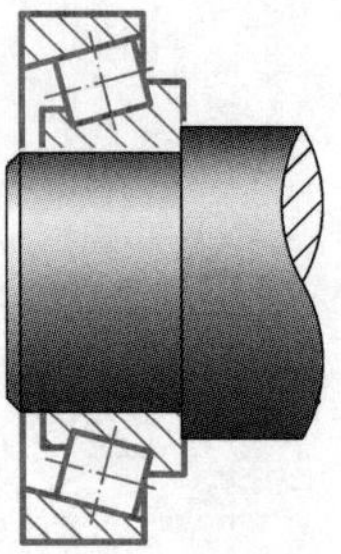
推力球轴承（GB/T 301—2015）	*D* *d* *T*		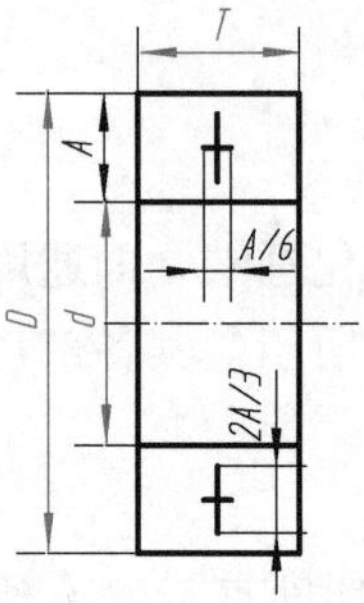	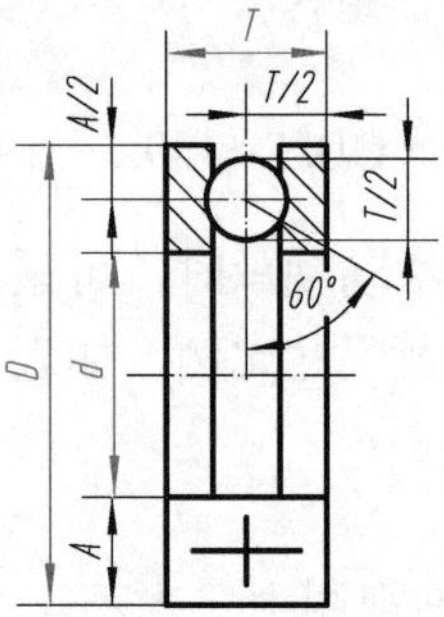	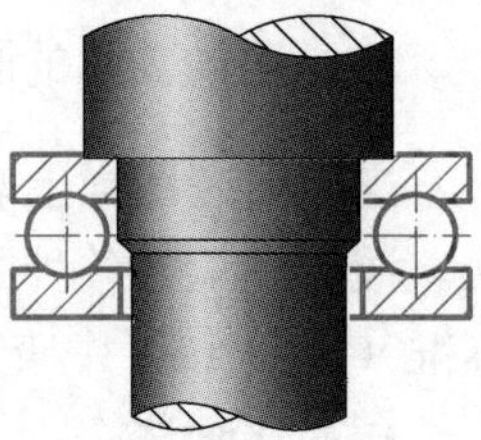

第六节　圆柱螺旋弹簧

弹簧是利用材料的弹性和结构特点，通过变形和储存能量工作的一种机械零（部）件。它的特点是在弹性限度内，受外力作用而变形，去掉外力后，弹簧能立即恢复原状。弹簧的种类很多，用途较广。

呈圆柱形的螺旋弹簧，称为圆柱螺旋弹簧，是由金属丝绕制而成。承受压力的圆柱螺旋弹簧（材料截面有矩形、扁形、卵形、圆形等），称为圆柱螺旋压缩弹簧，如图 6-24（a）所示。承受拉伸力的圆柱螺旋弹簧，称为圆柱螺旋拉伸弹簧，如图 6-24（b）所示。承受扭力

矩的圆柱螺旋弹簧，称为圆柱螺旋扭转弹簧，如图 6-24（c）所示。

压缩弹簧（a）　拉伸弹簧（b）　扭转弹簧（c）

图 6-24　圆柱螺旋弹簧

一、圆柱螺旋弹簧的规定画法（GB/T 4459.4—2003）

圆柱螺旋弹簧可画成视图、剖视图或示意图，如图 6-25 所示。画图时，应注意以下几点：

① 圆柱螺旋弹簧在平行于轴线的投影面上的投影，其各圈的外形轮廓应画成直线。

② 有效圈数在四圈以上的螺旋弹簧，允许每端只画两圈（不包括支承圈），中间各圈可省略不画，只画通过簧丝断面中心的两条细点画线。当中间部分省略后，也可适当地缩短图形的长（高）度，如图 6-25（a）、（b）所示。

③ 在装配图中，弹簧中间各圈采取省略画法后，弹簧后面被挡住的零件轮廓不必画出，如图 6-26（a）、（b）所示。

④ 当材料直径在图上小于或等于 2mm 时，可采用示意画法，如图 6-25（c）、图 6-26（c）所示。如果是断面，可以涂黑表示，如图 6-26（b）所示。

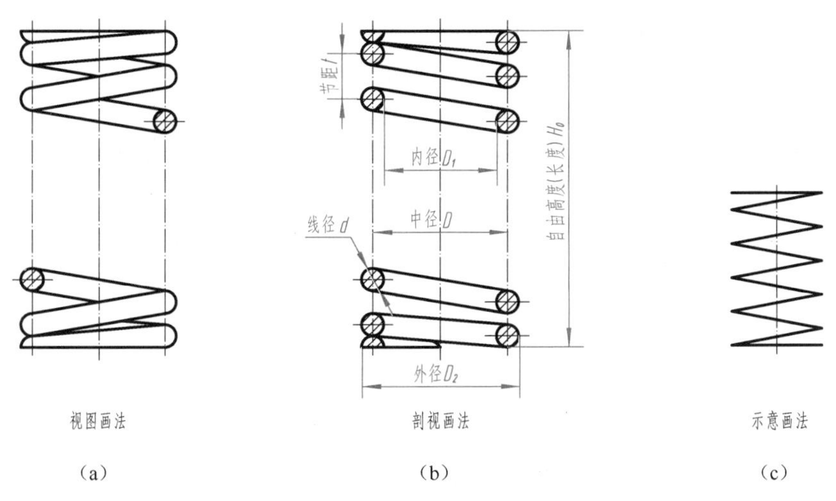

视图画法（a）　剖视画法（b）　示意画法（c）

图 6-25　圆柱螺旋弹簧的画法

⑤ 右旋弹簧或旋向不作规定的螺旋弹簧，在图上画成右旋。左旋弹簧允许画成右旋，但左旋弹簧不论画成左旋还是右旋，一律要加注“LH”。

二、普通圆柱螺旋压缩弹簧的标记（GB/T 2089—2009）

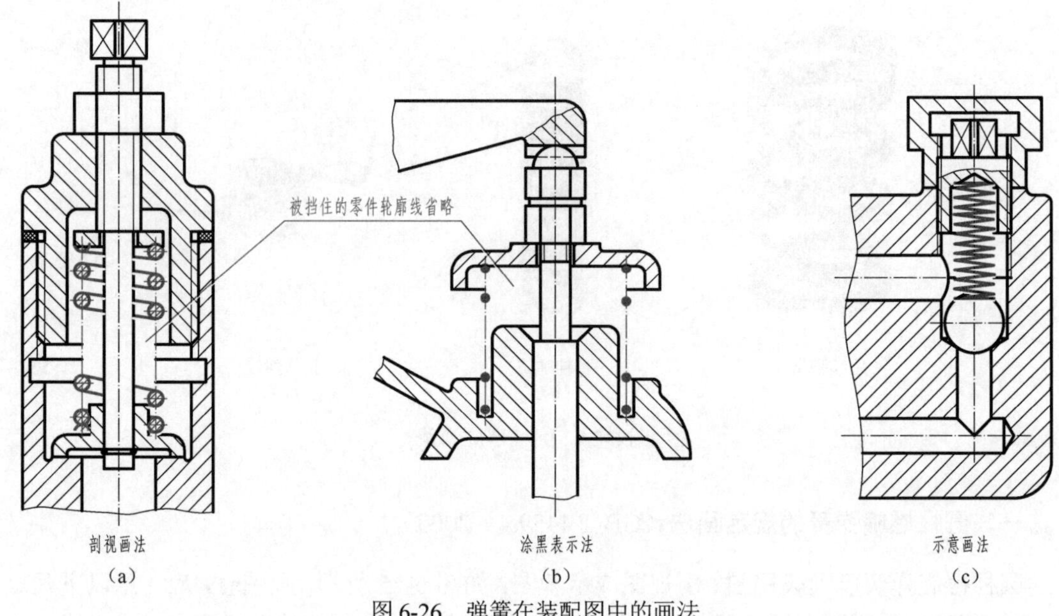

图 6-26　弹簧在装配图中的画法

圆柱螺旋压缩弹簧的标记格式如下：

Y 端部形式	$d \times D \times H_0$-精度代号	旋向代号	标准号

标记的注写规则：

类型代号　YA 为两端圈并紧磨平的冷卷压缩弹簧；YB 为两端圈并紧制扁的热卷压缩弹簧。

规　　格　材料直径×弹簧中径×自由高度。

精度代号　2 级精度制造不表示，3 级应注明“3”级。

旋向代号　左旋应注明为左，右旋不表示。

标 准 号　GB/T 2089（省略标准编号中的年号）。

【例 6-16】　解释“YA　1.8×8×40　左　GB/T 2089”的含义。

解　YA 型弹簧，材料直径为 1.8mm，弹簧中径为 8mm，自由高度为 40mm，精度等级为 2 级，左旋的两端圈并紧磨平的冷卷压缩弹簧（标准号为 GB/T 2089）。

第七章 零 件 图

教学提示

① 基本掌握典型零件的表达方法。

② 了解尺寸基准的概念和标注尺寸的基本要求，基本掌握零件图中的尺寸注法。

③ 了解表面粗糙度、极限与配合的基本概念，能查阅相关标准并在零件图中正确标注。

④ 基本掌握零件测绘的方法、步骤，能绘出基本符合生产要求的零件图。

⑤ 基本掌握读零件图的方法，能识读中等复杂程度的零件图。

第一节 零件的表达方法

一、零件图的作用和内容

1. 零件图的作用

一台机器或一个部件都是由许多零件按一定要求装配而成的。在制造机器时，必须先制造出全部零件。表示零件结构、大小和技术要求的图样称为零件图。零件图是制造和检验零件的依据，是组织生产的主要技术文件之一。

图 7-1 是轴承座零件图，它包含了制造和检验轴承座所需的全部内容。

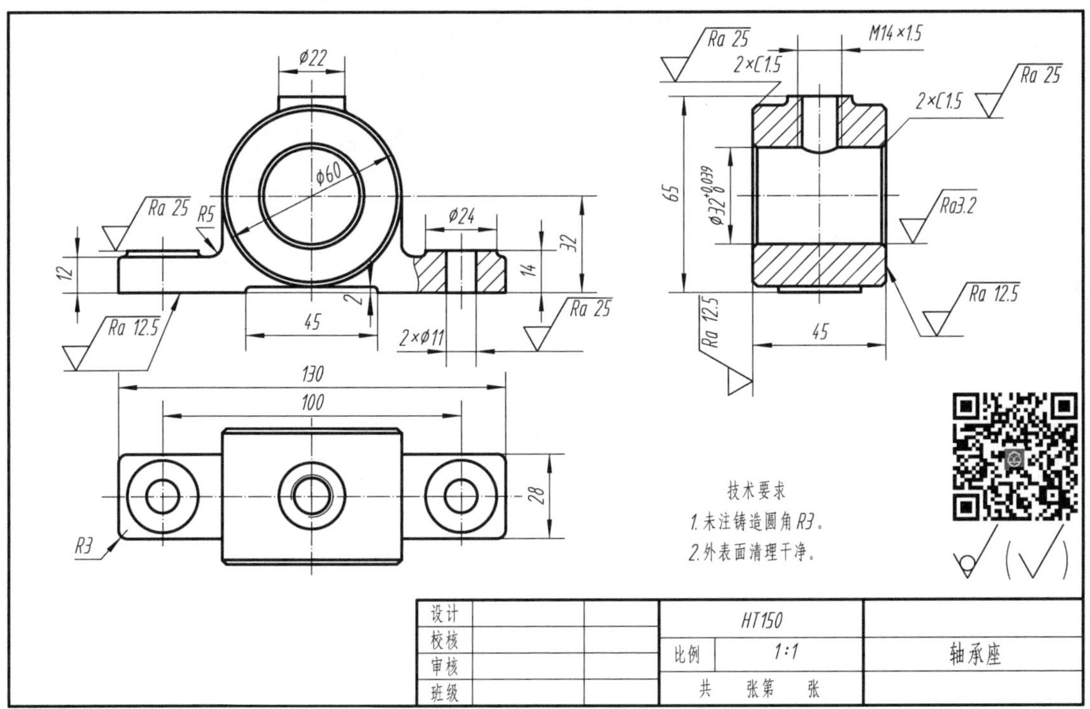

图 7-1 轴承座零件图

2. 零件图的内容

一张零件图应具备以下内容。

（1）*一组视图*　用一定数量的视图、剖视图、断面图、局部放大图等，完整、清晰地表达出零件的结构形状。

（2）*足够的尺寸*　正确、完整、清晰、合理地标注出零件在制造、检验时所需的全部尺寸。

（3）*必要的技术要求*　用规定的代（符）号和文字，表示零件在制造和检验中应达到的各项质量要求。如表面粗糙度、极限偏差、几何公差、热处理要求等。

（4）*标题栏*　填写零件的名称、材料、数量、比例及责任人签字等。

二、典型零件的表达方法

根据零件结构的特点和用途，大致可分为轴（套）类、轮盘类、叉架类和箱体类四类典型零件。它们在视图表达方面虽有共同原则，但各有不同特点。

1. 轴（套）类零件

（1）*结构特点*　轴的主体多数是由几段直径不同的圆柱、圆锥体所组成，构成阶梯状，轴（套）类零件的轴向尺寸远大于其径向尺寸。轴上常加工有键槽、螺纹、挡圈槽、倒角、退刀槽、中心孔等结构，如图 7-2 所示。

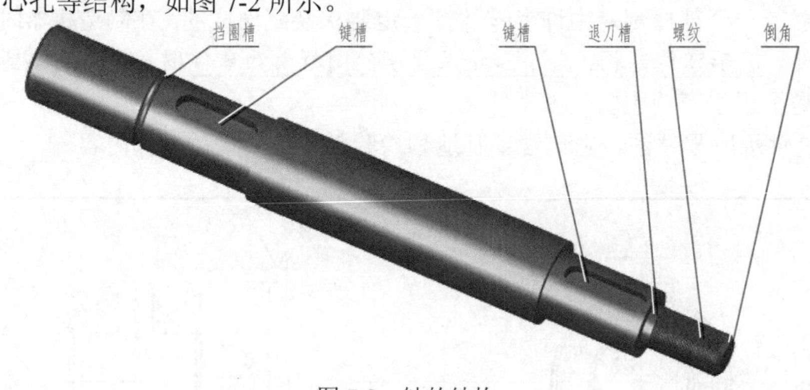

图 7-2　轴的结构

为了传递动力，轴上装有齿轮、带轮等，利用键来联结，因此轴上有键槽；为了便于轴上各零件的安装，在轴端车有倒角；轴的中心孔是供加工时装夹和定位用的。这些局部结构主要是为了满足设计要求和工艺要求。

（2）*常用的表达方法*　为了加工时看图方便，轴类零件的主视图按加工位置选择，一般将轴线水平放置，垂直轴线方向作为主视图的投射方向，使它符合车削和磨削的加工位置，如图 7-3 所示。

轴的基本形状为同轴回转体，主要在车床上加工。因此，轴（套）类零件的主视图应将轴线水平放置，一般只用一个基本视图，再辅以其他表达方法。在主视图上，清楚地反映了阶梯轴的各段形状及相对位置，也反映了轴上各种局部结构的轴向位置。轴上的局部结构，一般采用断面图、局部剖视、局部放大图、局部视图来表达。用移出断面反映键槽的深度，用局部放大图表达挡圈槽的结构。

实心轴上的钻孔、键槽等结构，一般用局部剖视图和断面图表示（空心轴套则采用适当的剖视表达内部结构）；截面形状不变而又较长的部分，可断开后缩短绘制。

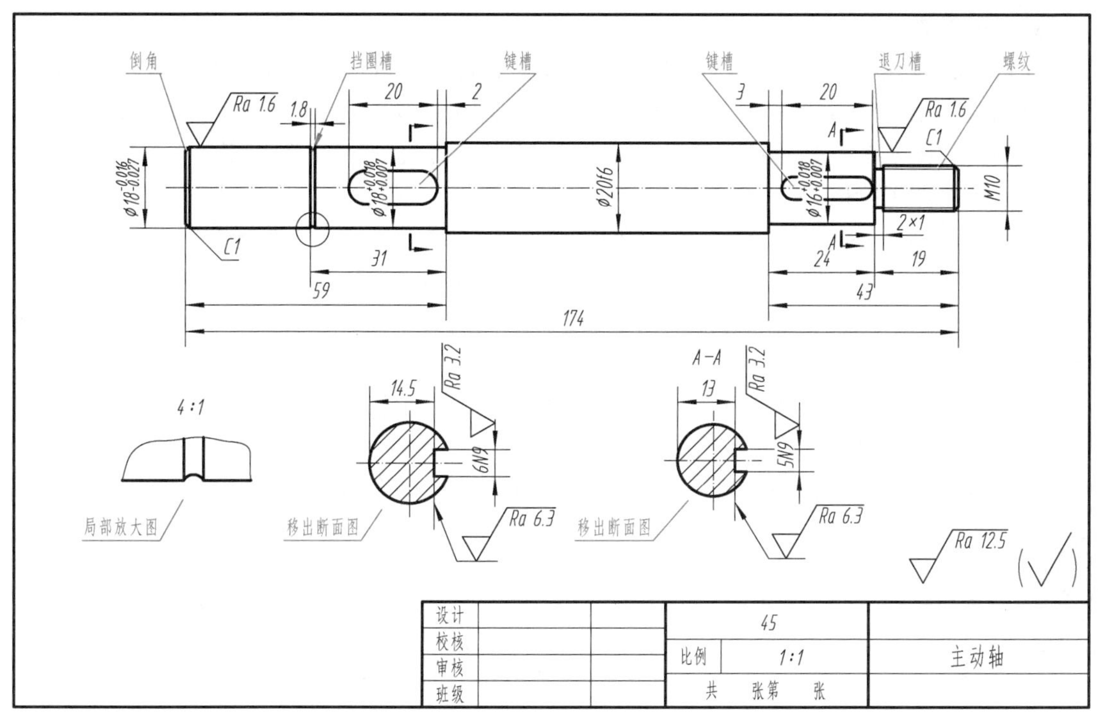

图 7-3　轴的零件图

2. 轮盘类零件

（1）结构特点　轮盘类零件的基本形状是扁平的盘状，主体部分多为回转体，轮盘类零件的径向尺寸远大于其轴向尺寸，如图 7-4（a）所示。轮盘类零件大部分是铸件，如各种齿轮、带轮、手轮、减速器的一些端盖、齿轮泵的泵盖等都属于这类零件。

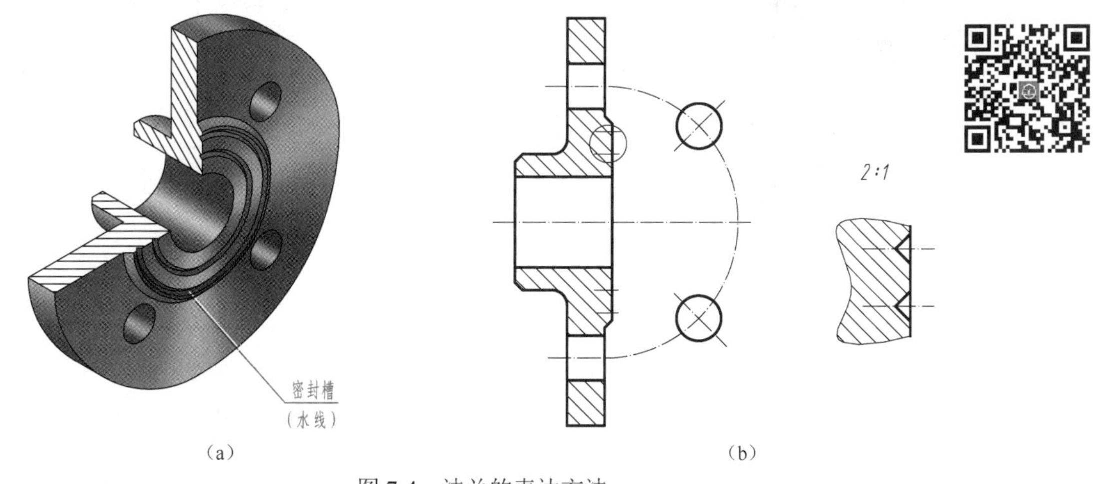

(a)　(b)

图 7-4　法兰的表达方法

（2）常用的表达方法　轮盘类零件主要加工表面以车削为主，因此在表达这类零件时，一般选用 1～2 个基本视图，其主视图经常是按加工位置，将轴线水平放置，采用适当的剖视和简化画法。如图 7-4（b）所示，采用一个全剖的主视图，基本上清楚地反映了法兰的结构；采用一个局部放大图，用它表示密封槽的结构，以便于标注密封槽的尺寸；采用简化画法，表示法兰孔的分布情况。

3. 叉架类零件

（1）结构特点　叉架类零件包括拨叉、支架、连杆、轴座等零件。叉架类零件一般由三部分构成，即支持部分、工作部分和连接部分。连接部分多是肋板结构，且形状弯曲、扭斜的较多，如图 7-5（a）所示。这类零件形状比较复杂，且加工位置多变，毛坯多为铸件，需经多道工序加工制成。

（2）常用的表达方法　由于叉架类零件加工位置经常变化，因此选主视图时，主要考虑零件的形状特征和工作位置。叉架类零件常需要两个或两个以上的基本视图，为了表达零件上的弯曲或扭斜结构，还要选用斜视图、单一斜剖切面剖切的全剖视图、断面图和局部视图等表达方法。

图 7-5（b）为轴座的表达方案。主视图按轴座的工作位置安放，采用两个平行剖切面剖切的全剖视图。左视图表达竖板的形状，并进一步表示各部分的相对位置。另外还用了一个局部视图（省略未注）及 *A—A* 全剖视和两个移出断面（一个 *B—B*，另一个省略未注）。

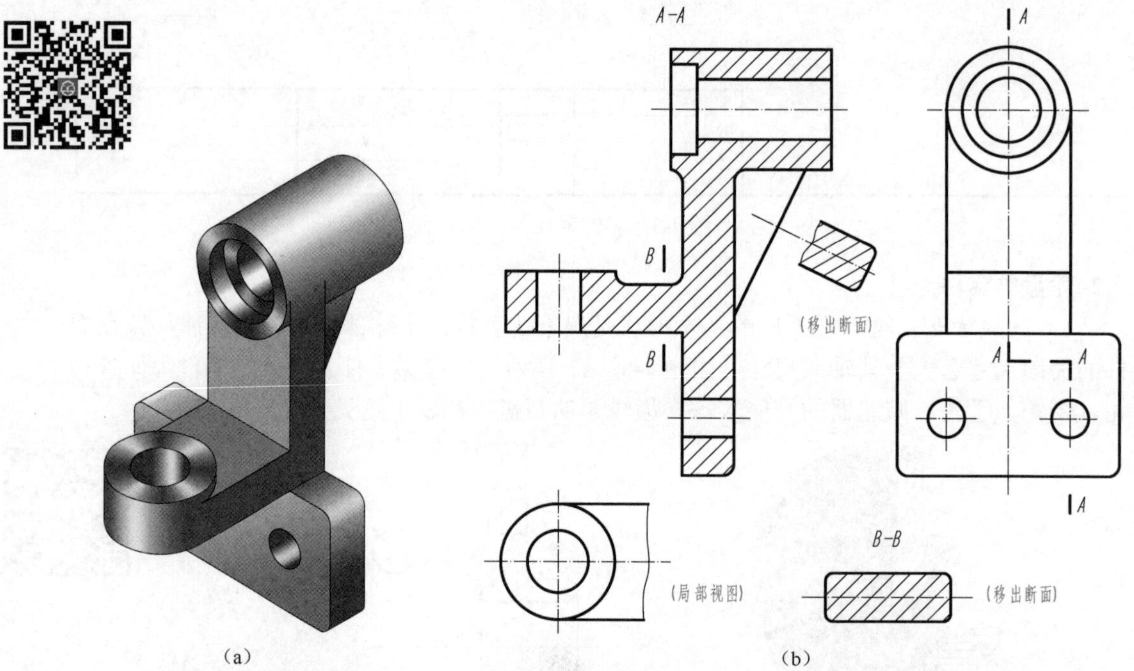

图 7-5　轴座的表达方法

4. 箱体类零件

（1）结构特点　箱体类零件主要起支承、包容、保护运动零件或其他零件的作用，其形状、结构比前面三类零件复杂，且加工位置的变化更多，一般为铸件。泵体、阀体、减速器的箱体等都属于这类零件。

（2）常用的表达方法　由于箱体类零件形状复杂，加工工序较多，加工位置不尽相同，但箱体在机器中上工作位置是固定的。因此，箱体的主视图常常按形状特征选择，并按工作位置绘出。箱壳类零件一般需要两个以上的基本视图。根据零件内外结构形状的特点，需要采用适当的剖视及局部视图、局部放大图、斜视图和断面图等。

球阀阀体的结构如图 7-6（a）所示，主视图按其工作位置采用全剖视；左视图采用半剖视以表示内外形状；由于阀体前后对称，俯视图按局部视图画出，只画半个图形。此外，还用两个局部放大图表达细部结构，如图 7-6（b）所示。

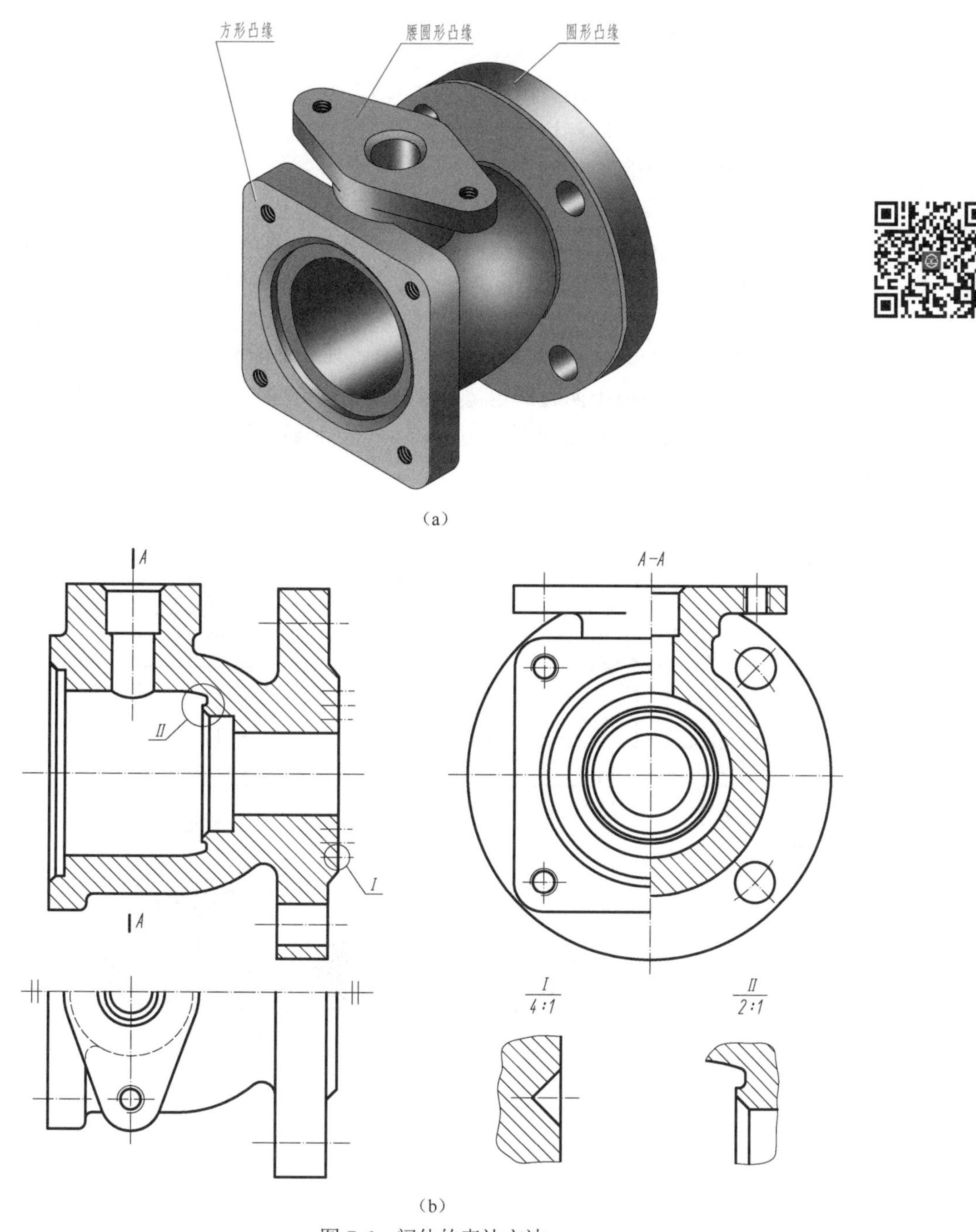

（a）

（b）

图 7-6　阀体的表达方法

第二节　零件图的尺寸标注

零件图中的尺寸是制造、检验零件的重要依据，生产中要求零件图中的尺寸不允许有任何差错。在零件图上标注尺寸，除要求正确、完整和清晰外，还应考虑合理性，既要满足设计要求，又要便于加工、测量。

一、正确地选择尺寸基准

要合理标注尺寸，必须恰当地选择尺寸基准，即尺寸基准的选择应符合零件的设计要求并便于加工和测量。尺寸基准即标注尺寸的起始点，零件的底面、端面、对称面、主要的轴线、对称中心线等都可作为基准。

1. 设计基准和工艺基准

根据机器的结构和设计要求，用以确定零件在机器中位置的一些面、线、点，称为设计基准。根据零件加工制造、测量和检验等工艺要求所选定的一些面、线、点，称为工艺基准。

图 7-7 所示轴承座，轴承孔的高度是影响轴承座工作性能的功能尺寸，主视图中尺寸 40±0.02 以底面为基准，以保证轴承孔到底面的高度。其他高度方向的尺寸，如 58、10、12 均以底面为基准。在标注底板上两孔的定位尺寸时，长度方向应以底板的对称面为基准，以保证底板上两孔的对称关系，如俯视图中尺寸 65。底面和对称面都是满足设计要求的基准，是设计基准。

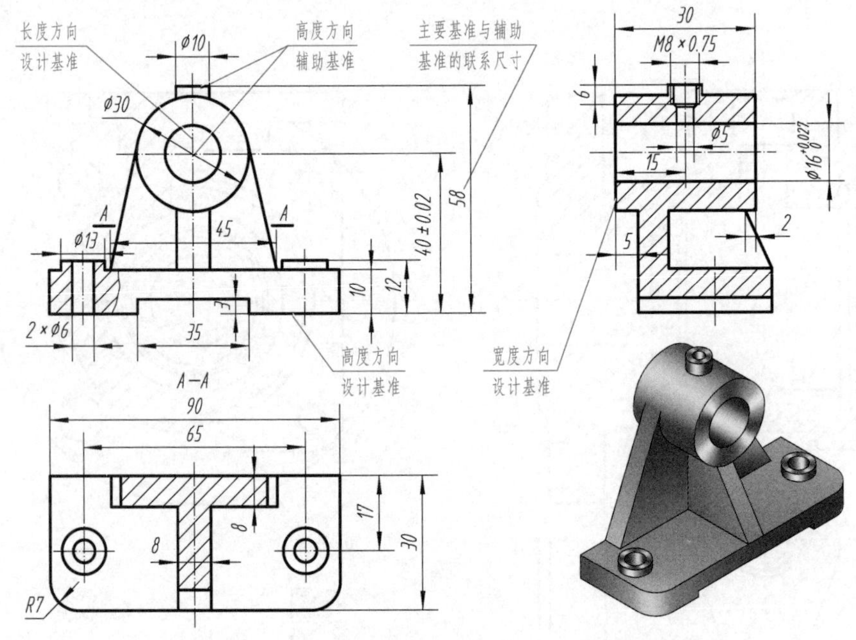

图 7-7　轴承座的尺寸基准

轴承座上方螺孔的深度尺寸，若以轴承底板的底面为基准标注，就不易测量。应以凸台端面为基准，标注尺寸 6，测量比较方便，故凸台端面是工艺基准。

标注尺寸时，应尽量使设计基准与工艺基准重合，使尺寸既能满足设计要求，又能满足工艺要求。轴承座的底面是设计基准，加工时又是工艺基准。二者不能重合时，主要尺寸应从设计基准出发标注。

> 提示：功能尺寸系指对于零件的工作性能、装配精度及互换性起重要作用的尺寸，因而常具有较高的精度。例如，有装配要求的配合尺寸，有连接关系的定位尺寸，中心距等。

2. **主要基准与辅助基准**

每个零件都有长、宽、高三个方向的尺寸，每个方向至少有一个尺寸基准，且都有一个主要基准，即决定零件主要尺寸的基准。如图 7-7 中底面为轴承座高度方向的主要基准，对称面为长度方向的主要基准，圆筒后端面为宽度方向的主要基准。

为了便于加工和测量，通常还附加一些尺寸基准，这些除主要基准外另选的基准为辅助基准。辅助基准必须有尺寸与主要基准相联系。如图 7-7 主视图所示，高度方向的主要基准是底面，而凸台端面为辅助基准（工艺基准），辅助基准与主要基准之间联系尺寸为 58。

二、标注尺寸的注意事项

1. **功能尺寸应直接标注**

为保证设计的精度要求，功能尺寸应直接注出。如图 7-8（a）所示的装配图表明了零件凸块与凹槽之间的配合要求。如图 7-8（b）所示，在零件图中直接注出功能尺寸 $20^{-0.020}_{-0.041}$ 和 $20^{+0.033}_{0}$，以及 6、7，能保证两零件的配合要求。而图 7-8（c）中的尺寸，则需经计算得出，是错误的。

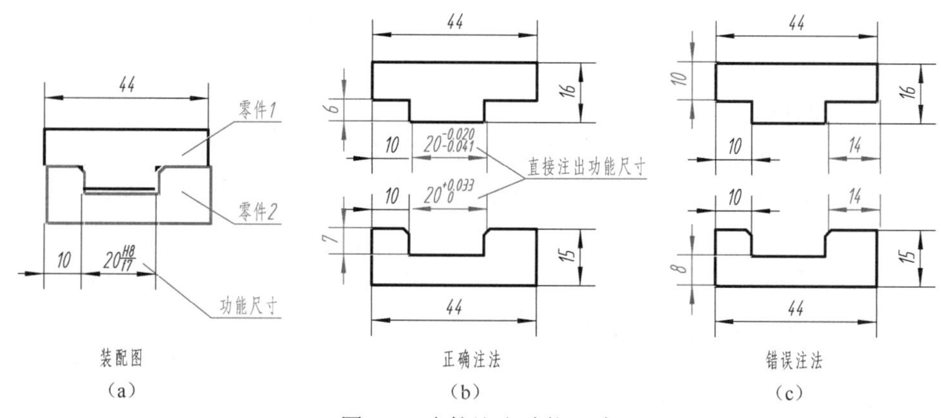

图 7-8 直接注出功能尺寸

2. **避免注成封闭的尺寸链**

如图 7-9（a）所示，阶梯轴的长度方向尺寸 *a*、*b*、*c*、*d* 首尾相连，构成一个封闭的尺寸链，这种情形应避免。因为封闭尺寸链中每个尺寸的尺寸精度，都将受链中其他各尺寸误差的影响，加工时很难保证总长尺寸的尺寸精度。所以，在这种情况下，应当挑选一个不重要的尺寸空出不注，以使尺寸误差累积在此处，如图 7-9（b）的尺寸注法。

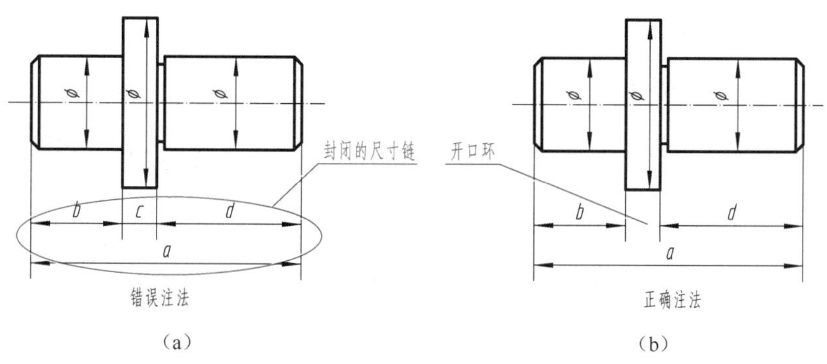

图 7-9 避免注成封闭的尺寸链

3. 考虑测量方便

如图 7-10（a）所示，孔深的尺寸标注，既要便于直接测量，又要便于调整刀具的进给量；如图 7-10（b）所示，套筒的深度尺寸 38，则不便于用深度尺直接测量；套筒尺寸 5、29 的注法，在加工时无法直接测量。

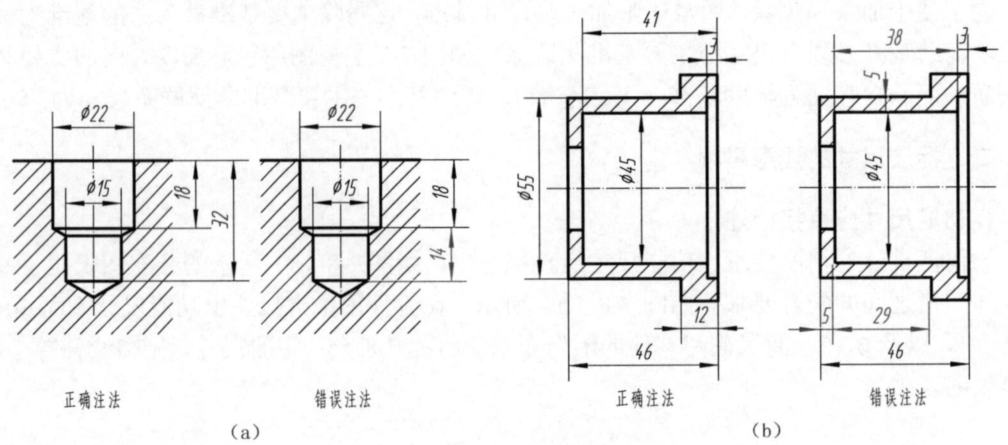

图 7-10　标注尺寸应便于测量

4. 长圆孔的尺寸注法

零件上长圆形的孔或凸台，由于其作用和加工方法不同，而有不同的尺寸注法。

① 一般情况下（如键槽、散热孔以及在薄板零件上冲出的加强肋等），采用第一种注法，如图 7-11（a）所示。

② 当长圆孔是装入螺栓时，中心距就是允许螺栓变动的距离，也是钻孔的定位尺寸，此时采用第二种注法，如图 7-11（b）所示。

③ 在特殊情况下，可采用特殊注法，如图 7-11（c）所示，此时宽度“8”与半径“*R*4”不认为是重复尺寸。

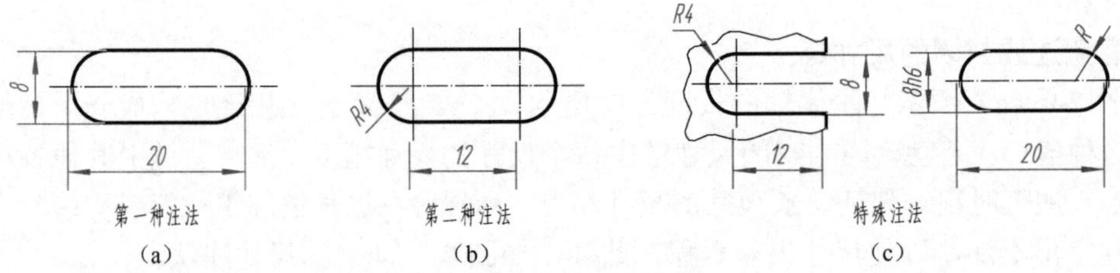

图 7-11　长圆孔尺寸的普通注法

三、零件上常见结构的尺寸标注

零件上常见的销孔、锪平孔、沉孔、螺孔等结构，可参照表 7-1 标注尺寸。它们的尺寸标注分为普通注法和旁注法两种形式，根据图形情况及标注尺寸的位置参照选用。

第三节　零件图上技术要求的注写

零件图中除了图形和尺寸外，还应具备加工和检验零件的技术要求。技术要求主要是指

表 7-1　零件上常见孔的简化注法

类型	普通注法	旁注法（简化后）		说　明
光孔	4×φ4 10	4×φ4 ↧10	4×φ4 ↧10	“↧”为深度符号 四个相同的孔，直径 φ4mm，孔深 10mm 注：图形符号比例画法见附表 11，下同
锪孔	φ13 4×φ6.6	4×φ6.6 ⌴φ13	4×φ6.6 ⌴φ13	“⌴”为锪平符号。锪孔通常只需锪出圆平面即可，故锪平深度一般不注 四个相同的孔，直径 φ6.6mm，锪平直径 φ13mm
沉孔	90° φ13 6×φ6.6	6×φ6.6 ⌵φ13×90°	6×φ6.6 ⌵φ13×90°	“⌵”为埋头孔符号。该孔为安装开槽沉头螺钉所用 六个相同的孔，直径 φ6.6mm，沉孔锥顶角 90°，大口直径 φ13mm
螺纹孔	3×M6 EQS	3×M6 EQS	3×M6 EQS	“EQS”为均布孔的缩写词 三个相同的螺纹通孔均匀分布，公称直径 D=M6，螺纹公差为 6H（省略未注）

几何精度方面的要求，如表面粗糙度、尺寸公差、零件的几何公差、材料的热处理和表面处理，以及对指定加工方法和检验的说明等。

一、表面结构的表示法

表面结构是表面粗糙度、表面波纹度、表面缺陷、表面纹理和表面几何形状的总称。表面结构的各项要求在图样上的表示法在 GB/T 131—2006 中均有具体规定。这里主要介绍常用的表面粗糙度表示法。

1. 表面粗糙度基本概念

零件在机械加工过程中，由于机床、刀具的振动，以及材料在切削时产生塑性变形、刀痕等原因，经放大后可见其加工表面是高低不平的，如图 7-12 所示。零件加工表面上具有较小间距与峰谷所组成的微观几何形状特性，称为表面粗糙度。表面粗糙度与加工方法，刀具形状及进给量等各种因素都有密切关系。

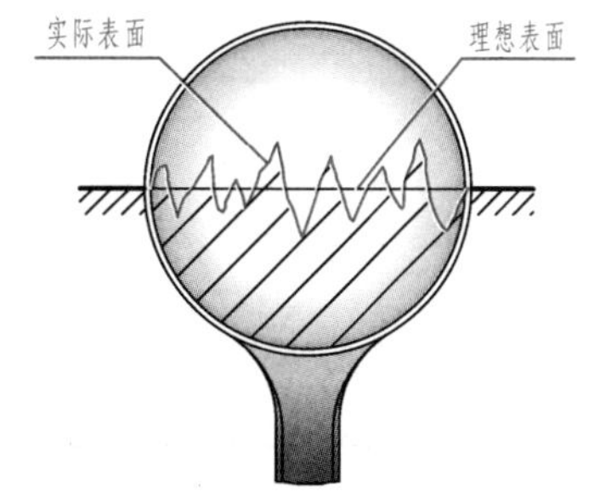

图 7-12　零件的真实表面

表面粗糙度是评定零件表面质量的一项重要技术指标，对于零件的配合、耐磨性、抗腐蚀性以及密封性等都有显著影响，是零件图中必不可少的一项技术要求。零件表面粗糙度的选用，应该既满足零件表面的功用要求，又要考虑经济合理。一般情况下，凡是零件上有配合要求或有相对运动的表面，表面粗糙度参数值要小。表面粗糙度参数值越小，表面质量越高，加工成本也越高。因此，在满足使用要求的前提下，应尽量选用较大的参数值，以降低成本。

国家标准规定评定粗糙度轮廓中的两个高度参数 *Ra* 和 *Rz*，是机械图样中最常用的评定参数。

（1）算术平均偏差 *Ra*　是指在一个取样长度内，纵坐标值 *Z*（*x*）绝对值的算术平均值，如图 7-13 所示。

（2）轮廓最大高度 *Rz*　是指在同一取样长度内，最大轮廓峰高和最大轮廓谷深之和的高度，如图 7-13 所示。

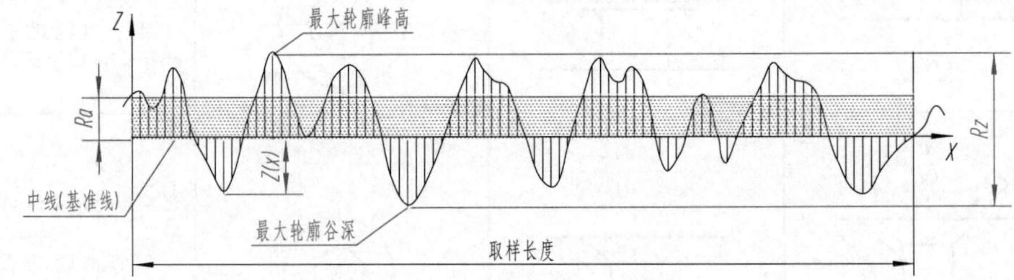

图 7-13　算术平均偏差 *Ra* 和轮廓最大高度 *Rz*

2. 表面结构的的图形符号

标注表面结构要求时的图形符号的种类、名称、尺寸及含义见表 7-2。

表 7-2　图形符号的含义

符号名称	符　号	含　义
基本图形符号 （简称基本符号）	1.4h　60°　60°　3h h=字体高度 符号线宽为h/10	对表面结构有要求的图形符号 仅用于简化代号标注，没有补充说明时不能单独使用
扩展图形符号 （简称扩展符号）		对表面结构有指定要求（去除材料）的图形符号 在基本图形符号上加一短横，表示指定表面是用去除材料的方法获得，如通过机械加工获得的表面；仅当其含义是“被加工表面”时可单独使用
		对表面结构有指定要求（不去除材料）的图形符号 在基本图形符号上加一圆圈，表示指定表面是不用去除材料的方法获得
完整图形符号 （简称完整符号）	允许任何工艺　去除材料　不去除材料	对基本图形符号或扩展图形符号扩充后的图形符号 当要求标注表面结构特征的补充信息时，在基本图形符号或扩展图形符号的长边上加一横线

3. 表面结构要求在图样中的注法

在图样中，零件表面结构要求是用代号标注的。表面结构符号中注写了具体参数代号及数值等要求后，即称为表面结构代号。

① 表面结构要求对每一表面一般只注一次，并尽可能注在相应的尺寸及其公差的同一视图上，除非另有说明，所标注的表面结构要求是对完工零件表面的要求。

② 表面结构的注写和读取方向与尺寸的注写和读取方向一致，如图 7-1、图 7-3、图 7-14 所示。

③ 表面结构要求可标注在轮廓线上，其符号应从材料外指向并接触表面，如图 7-14、图 7-15 所示。必要时，表面结构也可用带箭头或黑点的指引线引出标注，如图 7-16 所示。

④ 在不致引起误解时，表面结构要求可以标注在给定的尺寸线上，如图 7-17 所示。

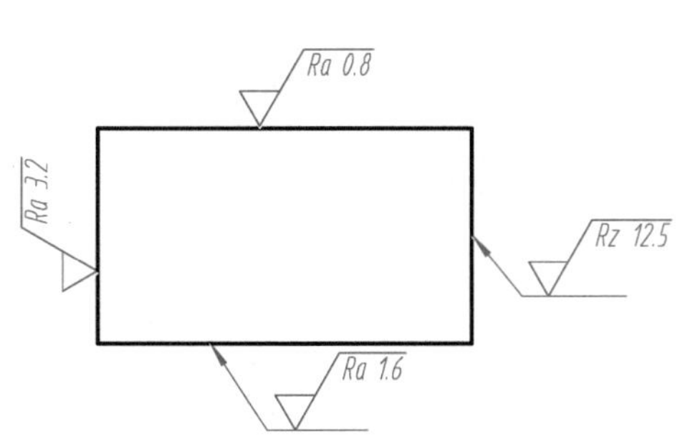

图 7-14 表面结构要求的注写方向

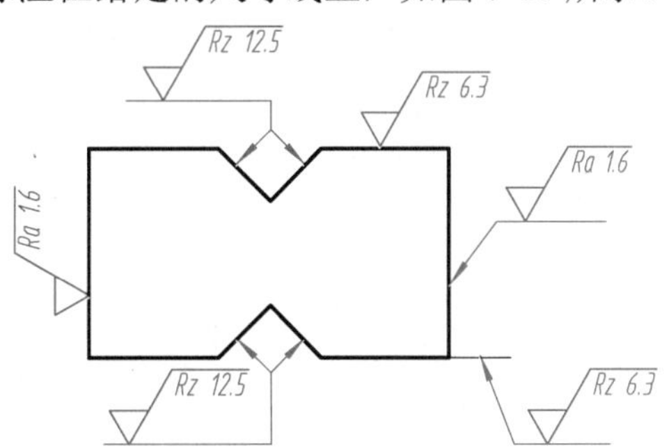

图 7-15 表面结构要求在轮廓线上的标注

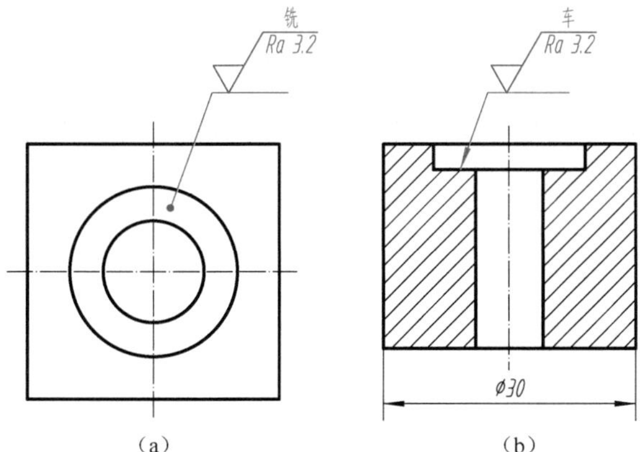

图 7-16 用指引线引出标注表面结构要求

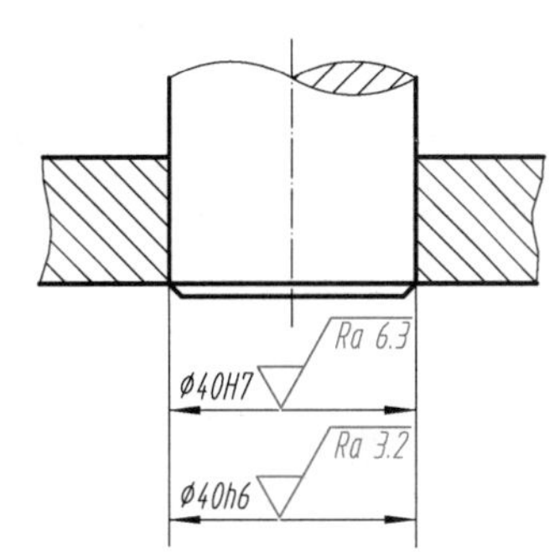

图 7-17 表面结构要求标注在尺寸线上

⑤ 圆柱表面的表面结构要求只标注一次，如图 7-18 所示。

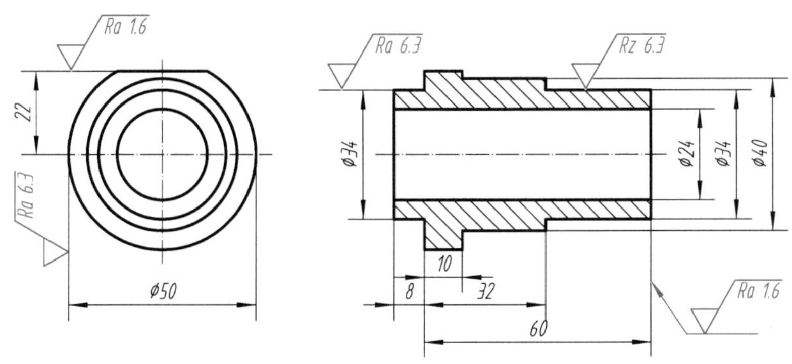

图 7-18 表面结构要求标注在圆柱特征的延长线上

⑥ 表面结构要求可以直接标注在延长线上，或用带箭头的指引线引出标注，如图 7-18、

图 7-19 所示。

4. 表面结构要求的简化注法

① 如果工件的全部表面具有相同的表面结构要求时，则其表面结构要求可统一标注在图样的标题栏附近（右上方），如图 7-19（a）所示。

② 如果工件的多数表面有相同的表面结构要求时，则其表面结构要求可统一标注在图样的标题栏附近（右上方），并在表面结构要求符号后面的圆括号内，给出无任何其他标注的基本符号，如图 7-19（b）所示；或给出不同的表面结构要求，如图 7-19（c）所示。此时，将不同的表面结构要求直接标注在图形中。

Ra 3.2
Rz 6.3
Rz 1.6
Ra 3.2
Rz 6.3
Rz 1.6
Ra 3.2
Rz 1.6
Rz 6.3

（a）　（b）　（c）

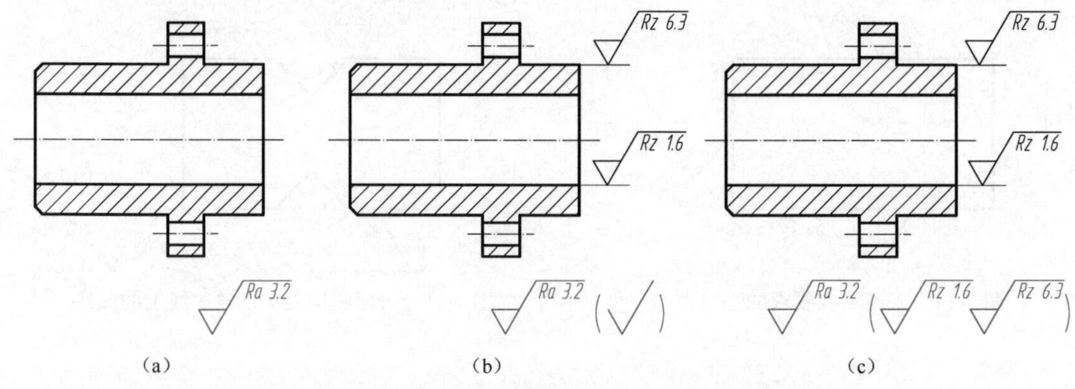

图 7-19　大多数表面有相同表面结构要求的简化注法

③ 只用表面结构符号的简化注法。如图 7-20 所示，用表面结构符号，以等式的形式给出对多个表面共同的表面结构要求。

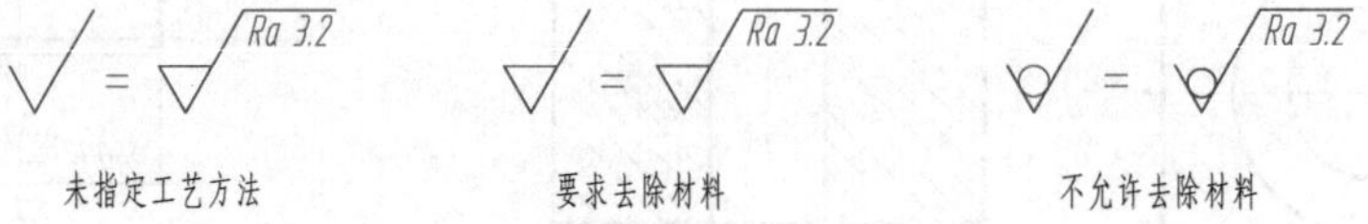

= Ra 3.2
未指定工艺方法
= Ra 3.2
要求去除材料
= Ra 3.2
不允许去除材料

（a）　（b）　（c）

图 7-20　只用表面结构符号的简化注法

5. 表面粗糙度代号的识读

在图样中，零件表面粗糙度是用代（符）号标注的，它由规定的符号和有关参数组成。表面粗糙度代号一般按下列方式识读：

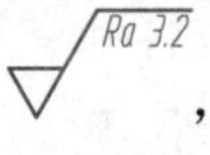

——
Ra 3.2
，读作“表面粗糙度 *Ra* 的上限值为 3.2μm（微米）”；

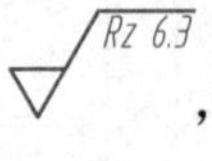

——
Rz 6.3
，读作“表面粗糙度的最大高度 *Rz* 为 6.3μm（微米）”。

二、极限与配合简介

在一批相同的零件中任取一个，不需修配便可装到机器上并能满足使用要求的性质，称为互换性。

为使零件具有互换性，必须保证零件的尺寸、表面粗糙度、几何形状及零件上有关要素的相互位置等技术要求的一致性。就尺寸而言，互换性要求尺寸的一致性，并不是要求零件都准确地制成一个指定的尺寸，而只是限定其在一个合理的范围内变动。对于相互配合的零件，这个范围一是要求在使用和制造上是合理、经济的；二是要求保证相互配合的尺寸之间形成一定的配合关系，以满足不同的使用要求。前者要以“公差”的标准化——极限制来解决，后者要以“配合”的标准化来解决，由此产生了“极限与配合”制度。

1. 尺寸公差与公差带

在机械加工过程中，不可能将零件的尺寸加工得绝对准确，而是允许零件的实际尺寸在合理的范围内变动。这个允许的尺寸变动量就是尺寸公差，简称公差。公差越小，零件的精度越高，实际尺寸的允许变动量也越小；反之，公差越大，尺寸的精度越低。

如图 7-21（a）、（b）所示，轴的直径尺寸 $\phi40^{+0.050}_{+0.034}$ 中 $\phi40$ 是设计给定的尺寸，称为公称尺寸。$\phi40$ 后面的$^{+0.050}_{+0.034}$ 是什么含义呢？其中，+0.050 称为上极限偏差，+0.034 称为下极限偏差。它们的含义是：轴的直径允许的最大尺寸，即上极限尺寸为 40mm+0.05mm=40.05mm；轴的直径允许的最小尺寸，即下极限尺寸为 40mm+0.034mm=40.034mm。也就是说，轴的直径最粗为 40.05mm、最细为 40.034mm。轴径的实际尺寸只要在 ϕ40.034mm～ϕ40.05mm 范围内就是合格的。

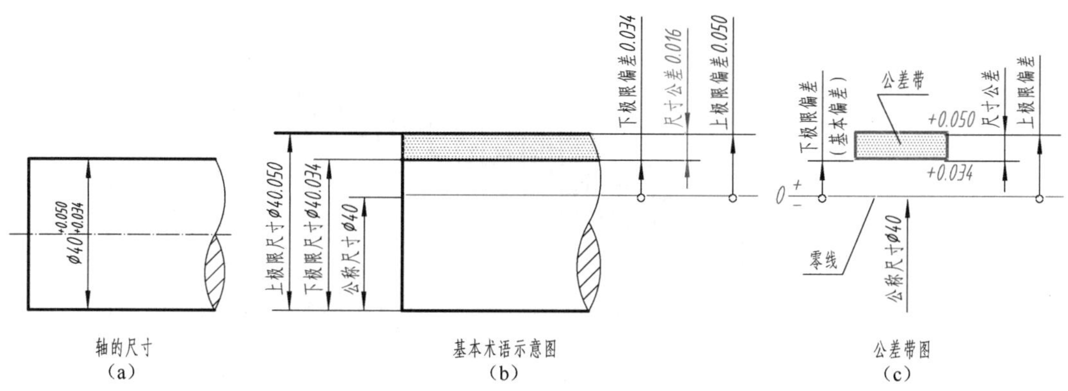

轴的尺寸
（a）

基本术语示意图
（b）

公差带图
（c）

图 7-21 基本术语和公差带示意图

由此可见，“公差=上极限尺寸-减下极限尺寸”，或“公差=上极限偏差-下极限偏差”，即 40.05mm−40.034mm=0.016mm（或 0.05mm−0.034mm=0.016mm）。

上极限偏差和下极限偏差统称为极限偏差。极限偏差可以是正值、负值或零，而公差恒为正值，不能是零或负值。

在公差分析中，常把公称尺寸、极限偏差及尺寸公差之间的关系简化成公差带图，如图 7-21（c）所示。在公差带图解中，由代表上、下极限偏差的两条直线所限定的一个区域称为公差带。在极限与配合图解中，表示公称尺寸的一条直线称为零线，以其为基准确定极限偏差和尺寸公差。

2. 标准公差与基本偏差

公差带由公差带大小和公差带位置两个要素来确定。

（1）标准公差　公差带大小由标准公差来确定。标准公差分为 20 个等级，即 IT01、IT0、IT1、IT2，…，IT18。IT 代表标准公差，数字表示公差等级。IT01 公差值最小，精度最高。IT18 公差值最大，精度最低。标准公差数值可由附表 14 中查得。

（2）基本偏差　公差带相对零线的位置由基本偏差来确定。基本偏差通常是指靠近零线的那个极限偏差，它可以是上极限偏差或下极限偏差。当公差带在零线上方时，基本偏差为下极限偏差；当公差带在零线下方时，基本偏差为上极限偏差，如图 7-22 所示。

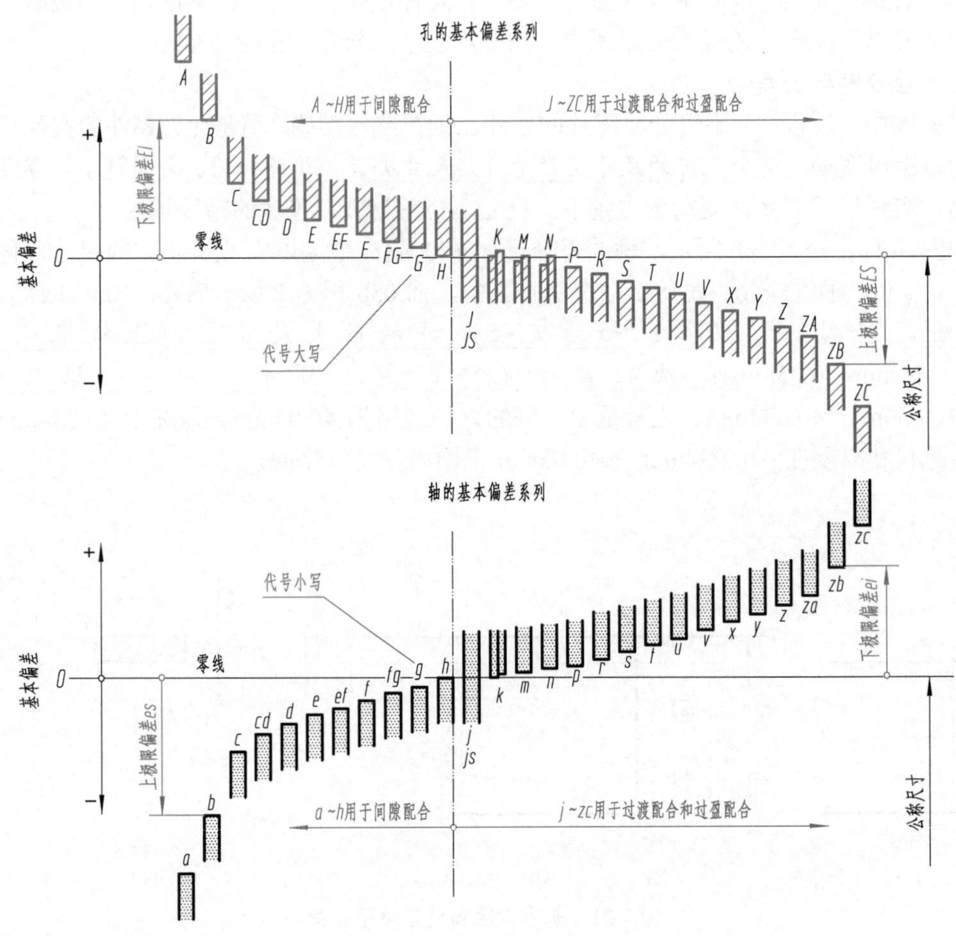

图 7-22　基本偏差系列示意图

国家标准对孔和轴各规定了 28 个不同的基本偏差。基本偏差代号用拉丁字母表示。其中，用一个字母表示的有 21 个，用两个字母表示的有 7 个。从 26 个拉丁字母中去掉了易与其他含义相混淆的 I、L、O、Q、W（i、l、o、q、w）5 个字母。大写字母表示孔，小写字母表示轴。轴和孔的基本偏差代号与数值可由附表 15、附表 16 中查得。

如果基本偏差和标准公差确定了，那么，孔和轴的公差带大小和位置就确定了。

图 7-22 为基本偏差系列示意图，图中各公差带只表示了公差带位置，即基本偏差，另一端开口，由相应的标准公差确定。

3. 配合

公称尺寸相同并且相互结合的孔和轴公差带之间的关系称为配合。根据使用要求的不同，配合有松有紧。

（1）间隙配合　具有间隙（包括最小间隙等于零）的配合。此时，孔的公差带位于轴的公差带之上。也就是说孔的最小尺寸大于或等于轴的最大尺寸，如图 7-23（b）所示。

（2）过盈配合　具有过盈（包括最小过盈等于零）的配合。此时，孔的公差带位于轴的公差带之下。也就是说轴的最小尺寸大于或等于孔的最大尺寸，如图 7-24（b）所示。

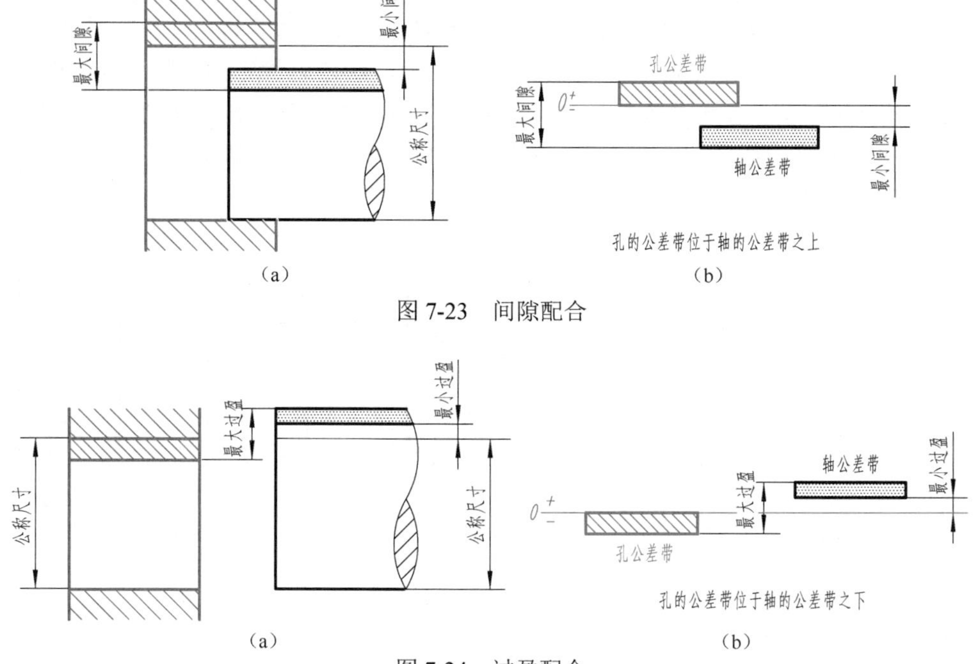

图 7-23　间隙配合

图 7-24　过盈配合

（3）过渡配合　可能具有间隙或过盈的配合。也就是说轴与孔配合时，有可能产生间隙，也可能产生过盈，产生的间隙或过盈都比较小，如图 7-25（b）所示。

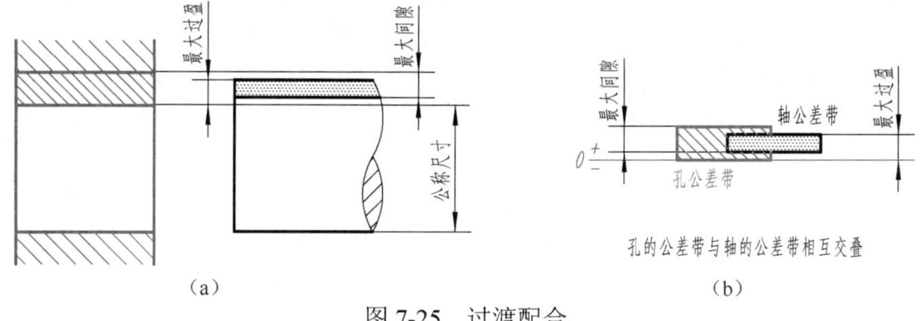

图 7-25　过渡配合

4. 配合制

为了满足零件结构和工作要求，在加工制造相互配合的零件时，采取其中一个零件作为基准件，使其基本偏差不变，通过改变另一零件的基本偏差以达到不同的配合要求。国家标准规定了两种配合制。

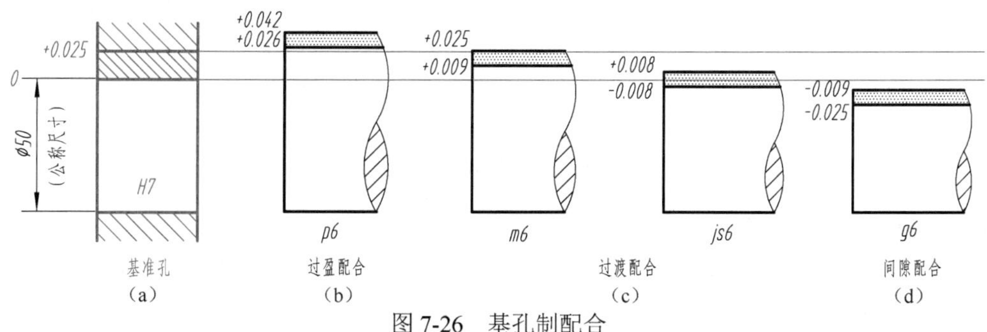

图 7-26　基孔制配合

（1）基孔制配合　基本偏差为一定的孔的公差带，与不同基本偏差的轴的公差带形成各种配合的一种制度，如图 7-26 所示。在基孔制配合中选作基准的孔，称为基准孔（基本偏差为 H，其下极限偏差为 0）。由于轴比孔易于加工，所以应优先选用基孔制配合。

（2）基轴制配合　基本偏差为一定的轴的公差带，与不同基本偏差的孔的公差带形成各种配合的一种制度，如图 7-27 所示。在基轴制配合中选作基准的轴，称为基准轴（基本偏差为 h，其上极限偏差为 0）。

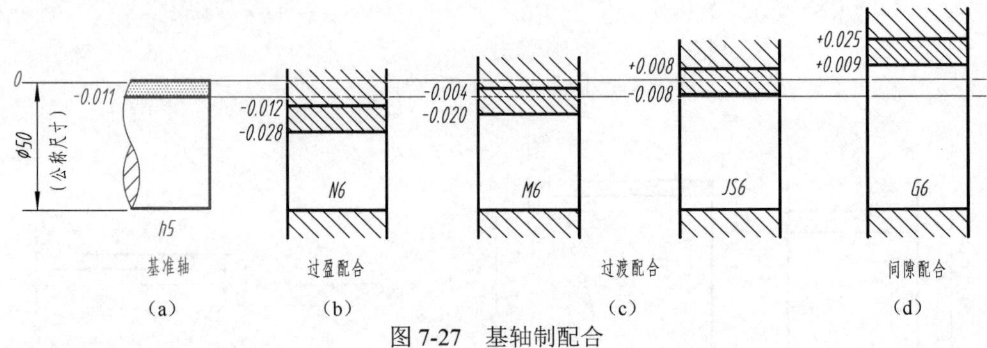

图 7-27　基轴制配合

5. 极限与配合在图样中的注法

① 装配图中的注法。在装配图中，极限与配合一般采用代号的形式标注。分子表示孔的公差带代号（大写），分母表示轴的公差带代号（小写），如图 7-28（a）所示。

② 零件图中的注法。在零件图中，与其他零件有配合关系的尺寸可采用三种形式进行标注。一般采用在公称尺寸后面标注极限偏差的形式；也可以采用在公称尺寸后面标注公差带代号的形式；或采用两者同时注出的形式，如图 7-28（b）所示。

③ 极限偏差数值的写法。标注极限偏差数值时，极限偏差数值的数字比公称尺寸数字小一号，下极限偏差与公称尺寸注在同一底线，且上、下极限偏差的小数点必须对齐，如图 7-28（b）所示。

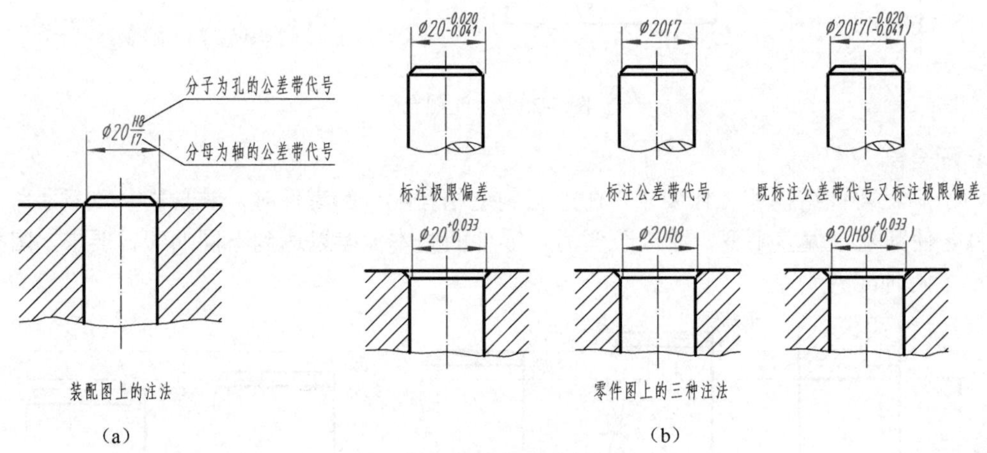

图 7-28　极限与配合的标注

6. 极限与配合应用举例

由图 7-28 中可以看出，极限与配合代号一般用基本偏差代号（拉丁字母）和标准公差等级（阿拉伯数字）组合来表示。通过查阅国家标准（附表 14～附表 18）可获得极限偏差的数值。

查表时，首先要查阅“优先选用的轴（孔）的公差带”（附表 17、附表 18），直接获得极限偏差数值。若表中没有，再通过查阅“标准公差数值”（附表 14）和“轴（孔）的基本偏差数值”（附表 15、附表 16）两个表，通过计算获得。

通过以下例题中的“含义”解释，可了解极限与配合代号的识读方法。

【例 7-1】　试解释 ϕ35H7 的含义，直接查表确定其极限偏差数值。

解　① 其公差代号的含义为：公称尺寸为 ϕ35、公差等级为 IT7 的基准孔。

② 查附表 18，由竖列 IT7、横排 30～50 的交点，得到其上极限偏差为+0.025（基准孔的下极限偏差为 0）。

【例 7-2】　试解释 ϕ50f7 的含义，查表并计算其极限偏差数值。

解　① 公差代号的含义为：公称尺寸为 ϕ50、基本偏差为 f、公差等级为 IT7 的轴。

② 查附表 15，由竖列 f、横排 40～50 的交点，得到其上极限偏差为−0.025。

③ 查附表 14，由竖列 IT7、横排 30～50 的交点，得到其标准公差为+0.025。

④ 计算其下极限偏差。因为上极限偏差−下极限偏差=公差，所以下极限偏差=上极限偏差−公差，即下极限偏差=（−0.025）−（0.025）=−0.05。

【例 7-3】　试解释 ϕ30g7 的含义，查表并计算其极限偏差数值。

解　① 公差代号的含义为：公称尺寸为 ϕ30、基本偏差为 g、公差等级为 IT7 级的轴。

② 查附表 14，由竖列 IT7、横排 18～30 的交点，得到其标准公差为+0.021。

③ 查附表 15，由竖列“上极限偏差”g、横排 24～30 的交点，得到上极限偏差为−0.007（因为 g 位于零线下方，所以其上、下极限偏差均为负值）。

④ 计算其下极限偏差。因为上极限偏差−下极限偏差=公差，所以下极限偏差=上极限偏差−公差，即下极限偏差=（−0.007）−（0.021）=−0.028。

【例 7-4】　试解释 ϕ55E9 的含义，查表并计算其极限偏差数值。

解　① 公差代号的含义为：公称尺寸为 ϕ55、基本偏差为 E、公差等级为 IT9 的孔。

② 查附表 14，由竖列 IT9、横排 50～80 的交点，得到标准公差+0.074。

③ 查附表 16，由竖列“下极限偏差”E、横排 50～65 的交点，得到下极限偏差为+0.060（因为 E 位于零线上方，所以其上、下极限偏差均为正值）。

④ 计算其上极限偏差。因为上极限偏差−下极限偏差=公差，所以上极限偏差=公差+下极限偏差，即上极限偏差=+0.060+0.074=+0.134。

【例 7-5】　试写出孔 ϕ25H7 与轴 ϕ25n6 的配合代号，并说明其含义。

解　① 配合代号写作：$\phi 25\frac{H7}{n6}$。

② 配合代号的含义为：公称尺寸为 ϕ25、公差等级为 IT7 的基准孔，与相同公称尺寸、基本偏差为 n、公差等级为 IT6 的轴，所组成的基孔制、过渡配合。

【例 7-6】　试写出孔 ϕ40G6 与轴 ϕ40h5 的配合代号，并说明其含义。

解　① 配合代号写作：$\phi 40\frac{G6}{h5}$。

② 其配合代号的含义为：公称尺寸为 ϕ40、公差等级为 IT5 的基准轴，与相同公称尺寸、基本偏差为 G、公差等级为 IT6 的孔，所组成的基轴制、间隙配合。

第四节　零件上常见的工艺结构

零件的结构形状主要根据零件在机器、设备中所起的作用，即根据其功能的要求而定。但也有部分结构是根据零件的制造工艺和装配工艺的要求来确定的。因此，要正确地表达零件各个部分的结构形状，必须熟悉零件上常见的工艺结构及其表达方法。

一、铸造工艺对结构的要求

1. 起模斜度

在铸造零件毛坯时，为了便于在砂型中取出木模，一般沿着起模方向设计出起模斜度（通常为1∶20，约3°），如图7-29（a）所示。铸造零件的起模斜度在图中可不画出、不标注。必要时，可在技术要求中用文字说明，如图7-29（b）所示。

2. 铸造圆角及过渡线

为便于铸件造型时起模，防止铁液冲坏转角处，冷却时产生缩孔和裂纹，将铸件的转角处制成圆角，此种圆角称为铸造圆角，如图7-29（a）所示。圆角尺寸通常较小，一般为*R*2～*R*5，在零件图上可省略不画。圆角尺寸常在技术要求中统一说明，如“铸造圆角*R*3”或“未注圆角*R*4”等，不必一一注出，如图7-29（b）所示。

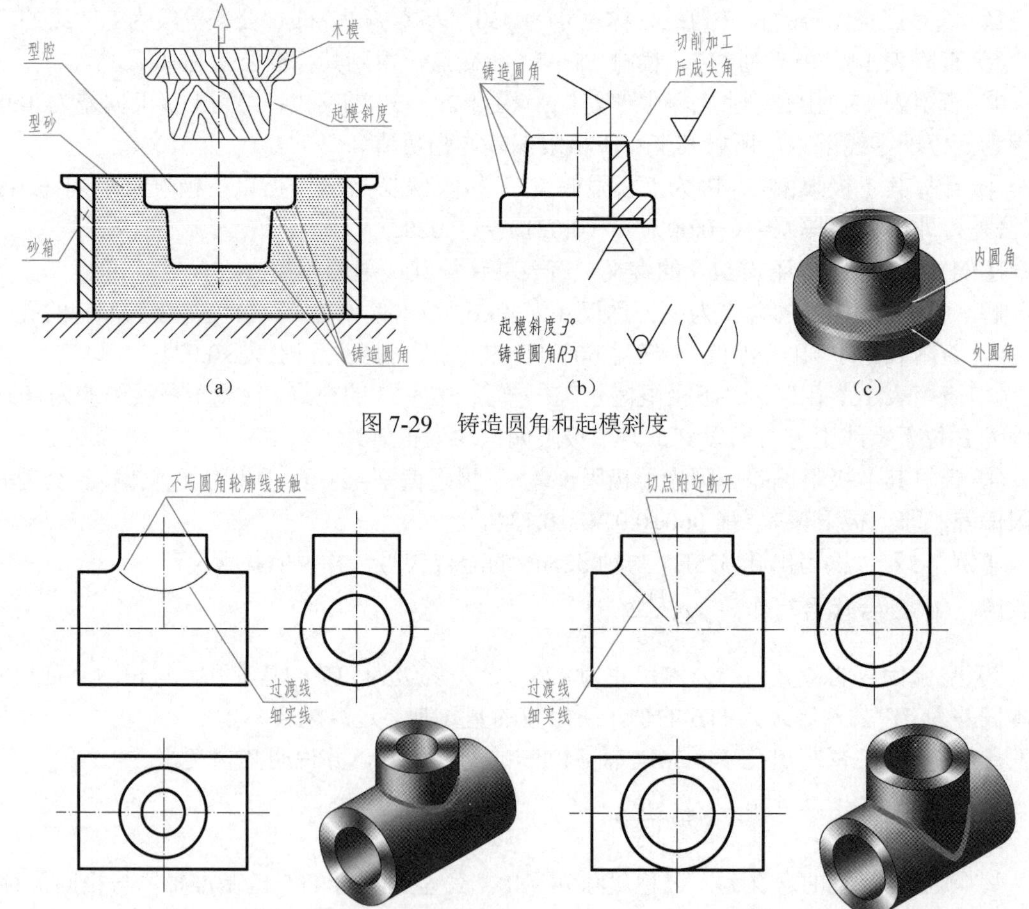

图7-29　铸造圆角和起模斜度

图7-30　圆柱面相交的过渡线

由于铸件表面的转角处有圆角，因此其表面产生的交线不清晰。为了看图时便于区分不同的表面，在图中仍要画出理论上的交线，但两端不与轮廓线接触，此线称为过渡线。过渡线用细实线绘制。图 7-30 所示为两圆柱面相交的过渡线画法。

3. 铸件壁厚

铸件的壁厚不宜相差太大。如果壁厚不均匀，铁液冷却速度不同，会产生缩孔和裂纹，应采取措施避免，如图 7-31 所示。

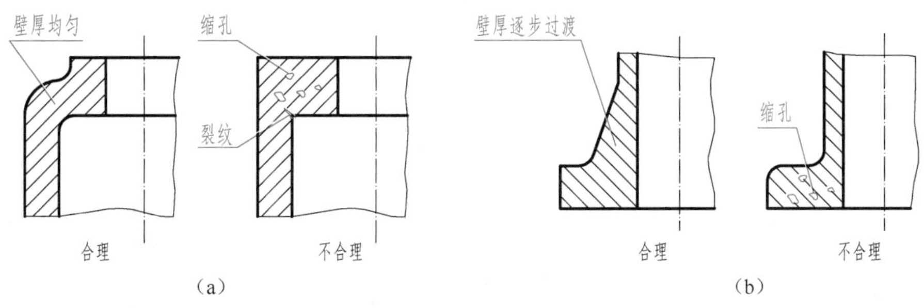

图 7-31　铸件壁厚

二、机械加工工艺结构

1. 倒角和圆角

为便于安装和安全，在轴或孔的端部，一般都加工成倒角；为避免应力集中产生裂纹，在轴肩处往往加工成圆角过渡，称为倒圆。倒角和圆角的标注如图 7-32 所示。

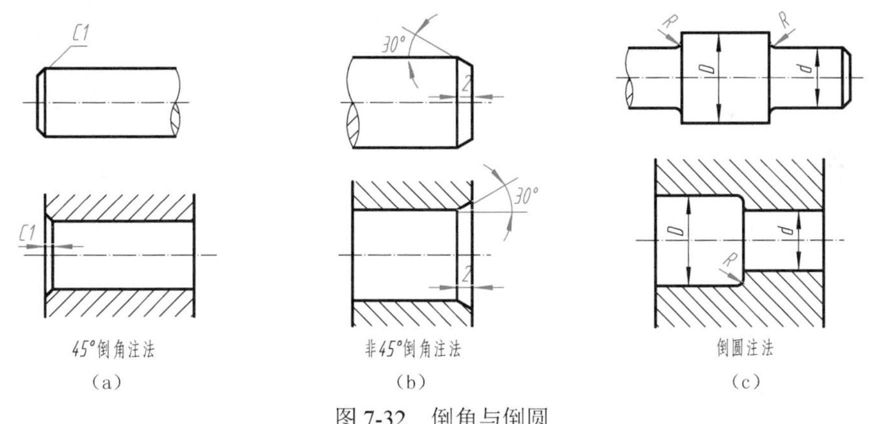

图 7-32　倒角与倒圆

2. 退刀槽和砂轮越程槽

在车削内孔、车削螺纹和磨削零件表面时，为便于退出刀具或使砂轮可以稍越过加工面，常在待加工面的末端预先制出退刀槽或砂轮越程槽，如图 7-33 所示。退刀槽或砂轮越程槽的尺寸可按“槽宽×槽深”或“槽宽×直径”的形式标注。

3. 钻孔结构

为避免钻孔时钻头因单边受力产生偏斜，造成钻头折断，在孔的外端面应设计成与钻头行进方向垂直的结构，如图 7-34 所示。

4. 凸台和凹坑

为使零件的某些装配表面与相邻零件接触良好，也为了减少加工面积，常在零件加工面处作出凸台、锪平成凹坑和凹槽，如图 7-35 所示。

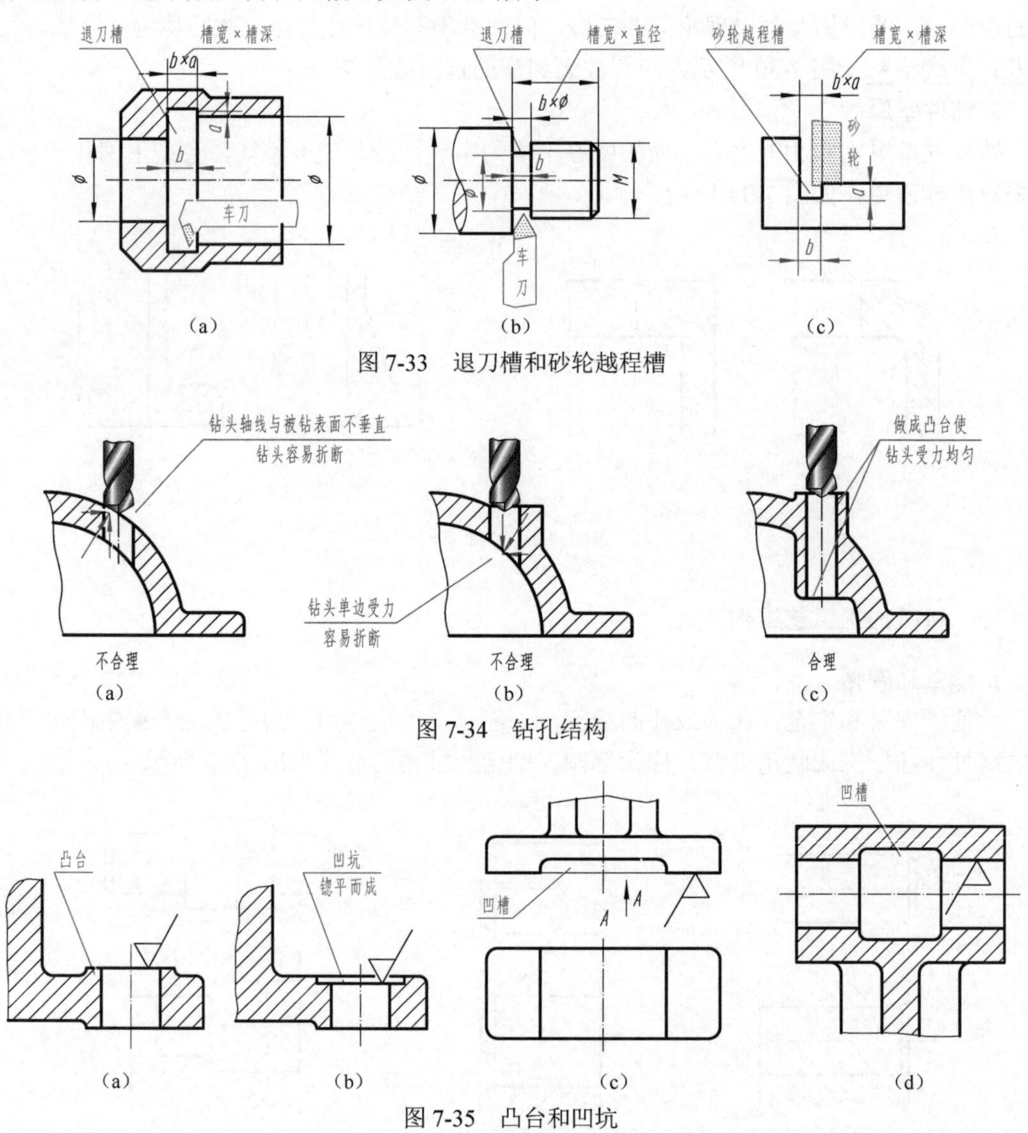

（a）（b）（c）

图 7-33　退刀槽和砂轮越程槽

（a）（b）（c）

图 7-34　钻孔结构

（a）（b）（c）（d）

图 7-35　凸台和凹坑

第五节　零件测绘

零件测绘是根据现有零件，进行分析、目测尺寸、徒手绘制草图，测量并标注尺寸及技术要求，经整理画出零件图的过程。在仿制和修配机器、设备及其部件时，常要对零件进行测绘。因此，测绘是工程技术人员必须掌握的基本技能之一。零件测绘的步骤如下。

一、了解和分析零件

① 了解零件的名称、用途、材料及其在机器或部件中的位置和作用。

② 对零件的结构形状和制造方法进行分析了解，以便考虑选择零件表达方案和进行尺寸标注。

二、确定表达方案

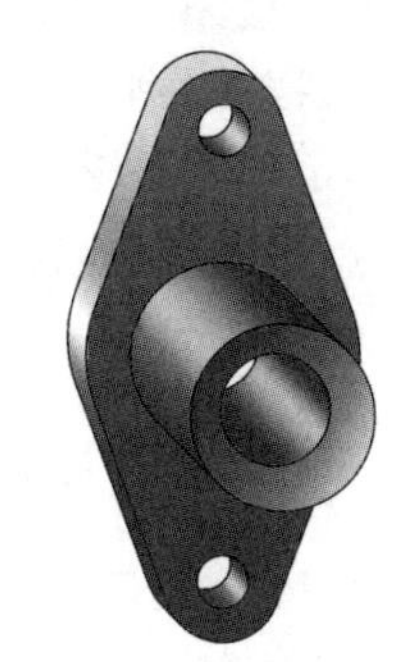

图 7-36　填料压盖轴测图

先根据零件的形状特征、加工位置、工作位置等情况选择主视图；再按零件内外结构特点选择其他视图及剖视、断面等表达方法。

图 7-36 所示零件为填料压盖，用来压紧填料，其主要结构分为腰圆形板和圆筒两部分。选择其加工位置方向为主视图，并采用全剖视，表达填料压盖的轴向板厚、圆筒长度、三个通孔等内外结构形状。选择 *K* 向（右）视图，表达填料压盖的腰圆形板结构和三个通孔的相对位置。

三、画零件草图

目测比例，徒手画成的图，称为草图。零件草图是绘制零件图的依据，必要时还可以直接指导生产，因此它必须包括零件图的全部内容。绘制零件草图的步骤如下。

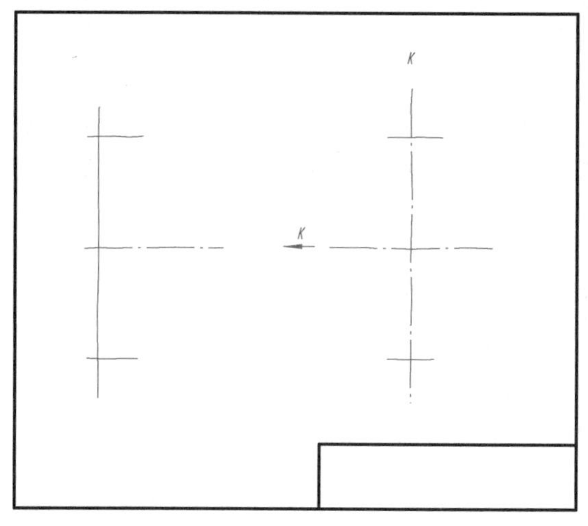

（a）

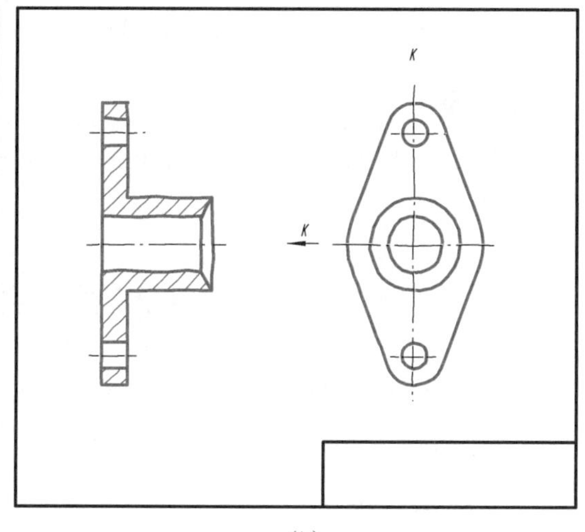

（b）

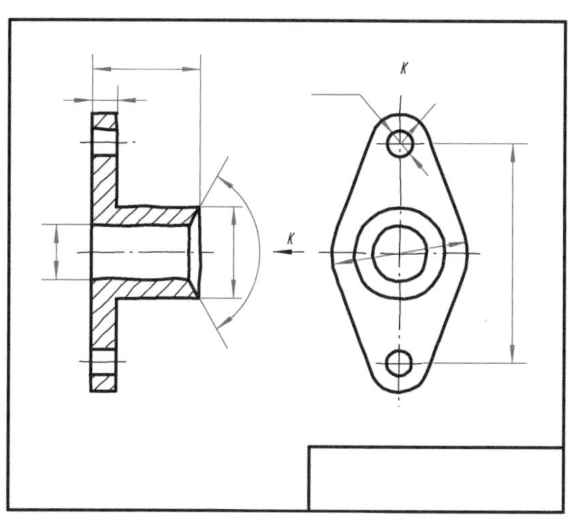

（c）

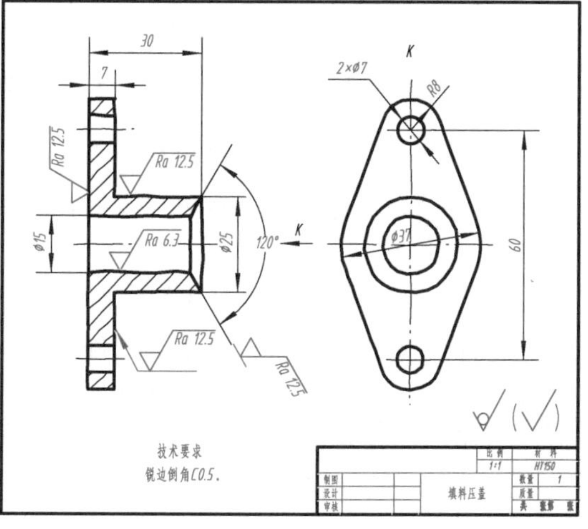

（d）

图 7-37　零件草图的绘图步骤

① 布置视图，画出主、*K* 向（右）视图的定位线，如图 7-37（a）所示。

② 以目测比例，徒手画出主视图（全剖视）和 *K* 向（右）视图，如图 7-37（b）所示。

③ 选定尺寸基准，画出全部尺寸界线、尺寸线和箭头，如图 7-37（c）所示。

④ 测量并填写全部尺寸，标注各表面的表面粗糙度代号；填写技术要求和标题栏，如图 7-37（d）所示。

四、审核草图，根据草图画零件图

零件草图一般是在现场绘制的，受时间和条件所限，有些问题只要表达清楚就可以了，不一定是完善的。因此，画零件图前需对草图的视图表达方案、尺寸标注、技术要求等进行审核，经过补充、修改后，即可根据草图绘制零件图。

零件测绘是一项比较复杂的工作，要认真对待每个环节，测绘时应注意以下几点。

① 对于零件制造过程中产生的缺陷（如铸造时产生的缩孔、裂纹，以及该对称的不对称等）和使用过程中造成的磨损、变形等，画草图时应予以纠正。

② 零件上的工艺结构，如倒角、圆角、退刀槽等，虽小也应完整表达，不可忽略。

③ 严格检查尺寸是否遗漏或重复，相关零件尺寸是否协调，以保证零件图、装配图的顺利绘制。

④ 对于零件上的标准结构要素，如螺纹、键槽、轮齿等尺寸，以及与标准件配合或相关联结构（如轴承孔、螺栓孔、销孔等）的尺寸，应将测量结果与标准进行核对，并圆整成标准数值。

第六节 读 零 件 图

读零件图就是根据零件图想象出零件的结构形状，了解零件的尺寸和技术要求，以便指导生产和解决有关技术问题。下面以图 7-38 所示零件图为例，说明读图的方法和步骤。

一、概括了解

首先通过标题栏了解零件的名称、材料、画图比例等，并粗略地看视图，大致了解该零件的作用、结构特点和大小。图 7-38 所示零件为传动器箱体，属于箱体类零件。画图比例为 1∶2，材料为 HT200（灰铸铁），毛坯是通过铸造获得的。

二、分析视图、想象零件的结构形状

概括了解后，接着应了解零件图的视图表达方案，各视图的表达重点，采用了哪些表达方法等。

在图 7-38 中，传动器箱体的零件图采用了主、俯、左三个基本视图。主视图采用全剖视，重点表达其内部结构；左视图内外兼顾，采用了半剖视，并附加采用一个局部剖视，表达底板上安装孔的结构；俯视图采用 *A—A* 剖视，既表达了底板的形状，又反映了连接支承部分的断面形状，显然比画出俯视图的表达效果要好。

在读懂视图表达的基础上，运用形体分析的方法，根据视图间的投影关系，逐步分析清楚零件各组成部分的结构形状和相对位置。在构思出零件主体结构形状的基础上，进一步搞清各部分细节的结构形状，最后综合想象出零件的完整结构。

在图 7-38 中，按投影关系可想象出箱体主要由下方的底板、上方的空心圆柱体、中部的中空四棱柱及两侧的两块肋板组合而成，箱体的结构如图 7-39 所示。

细部结构　上方的空心圆柱体内部有 $\phi 62$、$\phi 65$ 台阶孔，台阶孔的左右两外侧加工出 $C1$ 倒角，空心圆柱的左右两端面分别加工出 M6 螺纹盲孔 6 个；中空四棱柱的断面在俯视图上看得最清楚，而在主、左视图上可见其上部与圆柱相交，下部与底板叠加，且内孔相通；在底板上方、中空四棱柱的左右两侧各有一厚度为 16 的肋板；底板上方带有 4 个凸台，且凸台位置各加工出 $\phi 9$ 的安装孔；底板下方带有 4 个凸台支承面（俯视图中的细虚线）。

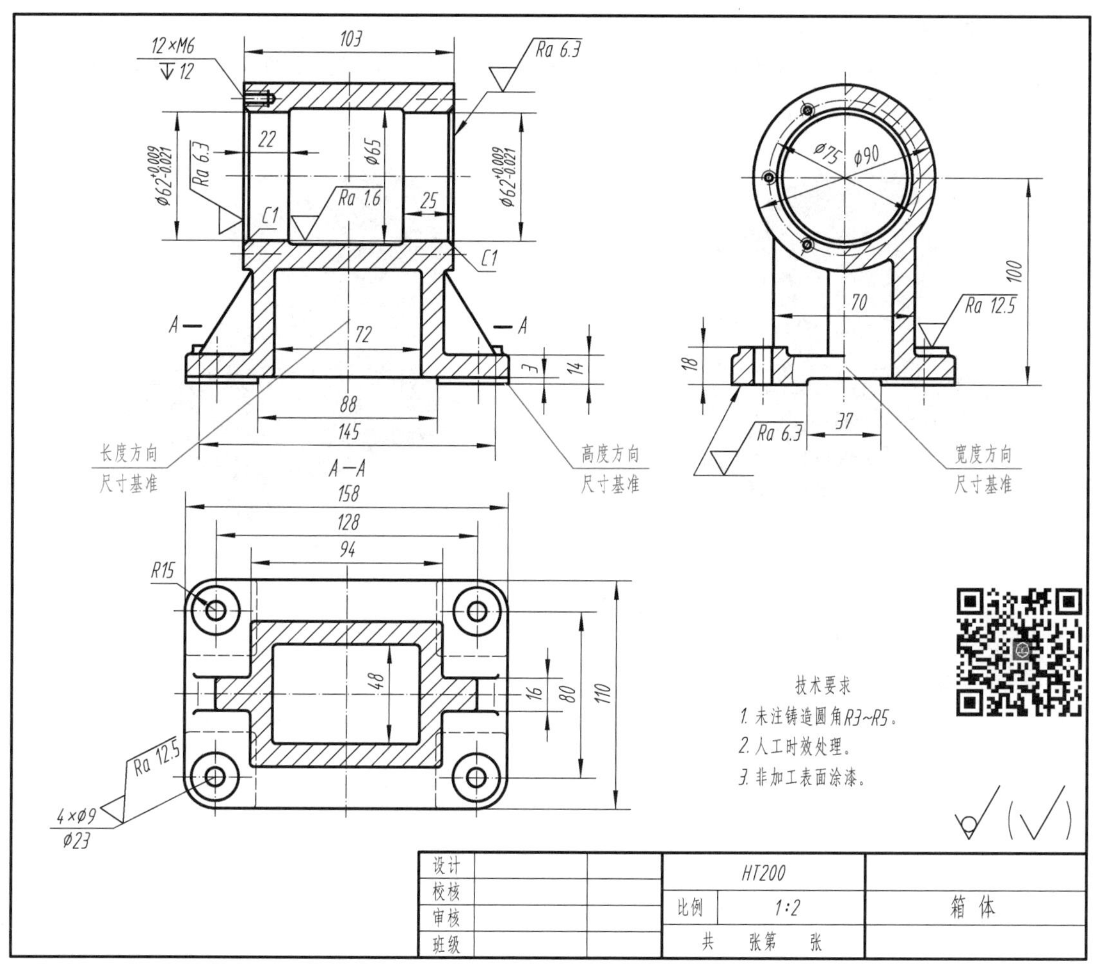

图 7-38　箱体零件图

三、分析尺寸和技术要求

首先分析零件长、宽、高三个方向上尺寸的主要尺寸基准。然后从基准出发，通过形体分析，找出各组成部分的定形尺寸和定位尺寸，并搞清哪些是功能尺寸。

图 7-38 中的箱体，长度方向以左右对称面为基准，长度方向的尺寸 103、72、88、145、158、128、94 均以左右对称面为基准注出；宽度方向以前后对称面为基准，宽度方向的尺寸 48、16、80、110、70、37 均以前后对称面为基准注出；高度方向的主要基准是底板的底面，空心圆柱体轴线的定位尺寸 100、底板高 14、下凸台高 3、上凸台高 18 均由此注出。

空心圆柱体两侧轴孔 $\phi 62{}^{+0.009}_{-0.021}$ 为有配合要求的孔，它们的基本偏差（查附表 15）为 K，标准公差为 IT7 级，其表面粗糙度 *Ra* 的上限值为 1.6μm；空心圆柱体左右两端面和底板底面的表面粗糙度 *Ra* 的上限值为 6.3μm；安装孔的表面粗糙度 *Ra* 的上限值为 12.5μm；其余是不经切削加工的铸件表面。未注铸造圆角为 *R*3～*R*5。

四、综合归纳

在以上分析的基础上，对零件的形状、大小和质量要求进行综合归纳，对零件有一个较全面的详细了解。

对于复杂的零件图，还需参考有关的技术资料和图样，包括该零件所在的装配图以及与它有关的零件图等，以利对零件进一步了解。

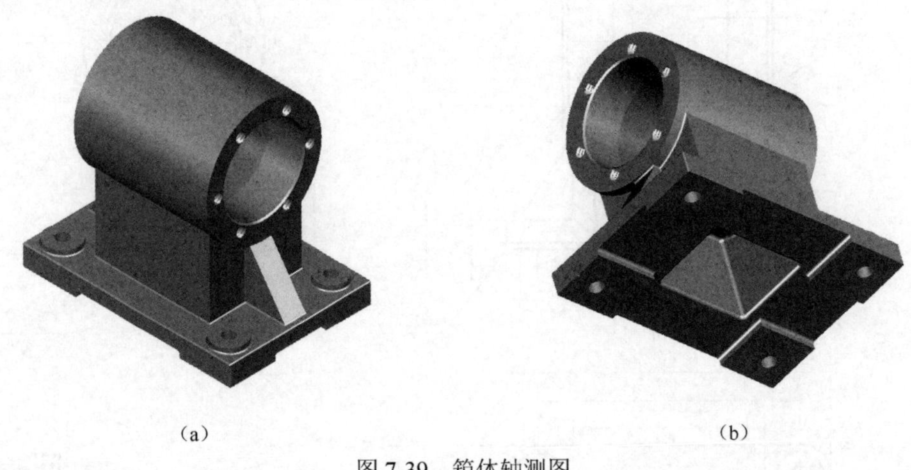

(a)　　(b)

图 7-39　箱体轴测图

第八章 装 配 图

教学提示

① 基本掌握装配图的表达方法和尺寸标注方法。

② 了解装配体的测绘过程和具体步骤。

③ 基本掌握阅读装配图的方法，初步具有由装配图拆画零件图的能力。

第一节 装配图的表达方法

一、装配图的作用和内容

任何机器（或部件），都是由若干零件按照一定的装配关系和技术要求装配而成的。装配图是用于表示产品及其组成部分的连接、装配关系的图样。装配图和零件图一样，都是生产中的重要技术文件。零件图表达零件的形状、大小和技术要求，用于指导零件的加工制造；而装配图是表达装配体（即机器或部件）的工作原理，零件之间的装配关系及基本结构形状，用于指导装配体的装配、检验、安装及使用和维修。

图 8-1 为螺旋千斤顶装配图。从图中可看出，一张完整的装配图，具有下列内容。

（1）一组视图　用于表达机器或部件的工作原理、零件之间的装配关系及主要零件的结构形状。

（2）必要的尺寸　根据装配和使用的要求，标注出反映机器的性能、规格、零件之间的相对位置、配合要求和安装等所需的尺寸。

（3）技术要求　用文字或符号说明装配体在装配、检验、调试及使用等方面的要求。

（4）零（部）件序号和明细栏　根据生产和管理的需要，将每一种零件编号并列成表格，以说明各零件的序号、名称、材料、数量、备注等内容。

（5）标题栏　用以注明装配体的名称、图号、比例及责任者签字等。

二、装配图的规定画法

零件图的各种表达方法，在装配图中同样适用。但是由于装配图所表达的对象是装配体（机器或部件），它在生产中的作用与零件图不一样，因此装配图中表达的内容、视图选择原则等与零件图不同。此外，装配图还有一些规定画法和特殊表达方法。

① 两零件的接触面或配合面只画一条线。而非接触面、非配合表面，即使间隙再小，也应画两条线。

② 相邻零件的剖面线倾斜方向应相反，或方向一致但间隔不等。同一零件的剖面线，在各个视图中其方向和间隔必须一致。

③ 联接件（如螺母、螺栓、垫圈、键、销等）及实心件（如轴、杆、球等），若剖切平面通过它们的轴线或对称面时，这些零件按不剖绘制，如图 8-1 中的螺杆、铰杠、螺钉等。当剖切平面垂直它们的对称中心线或轴线时，则应在其横截面上画剖面线。

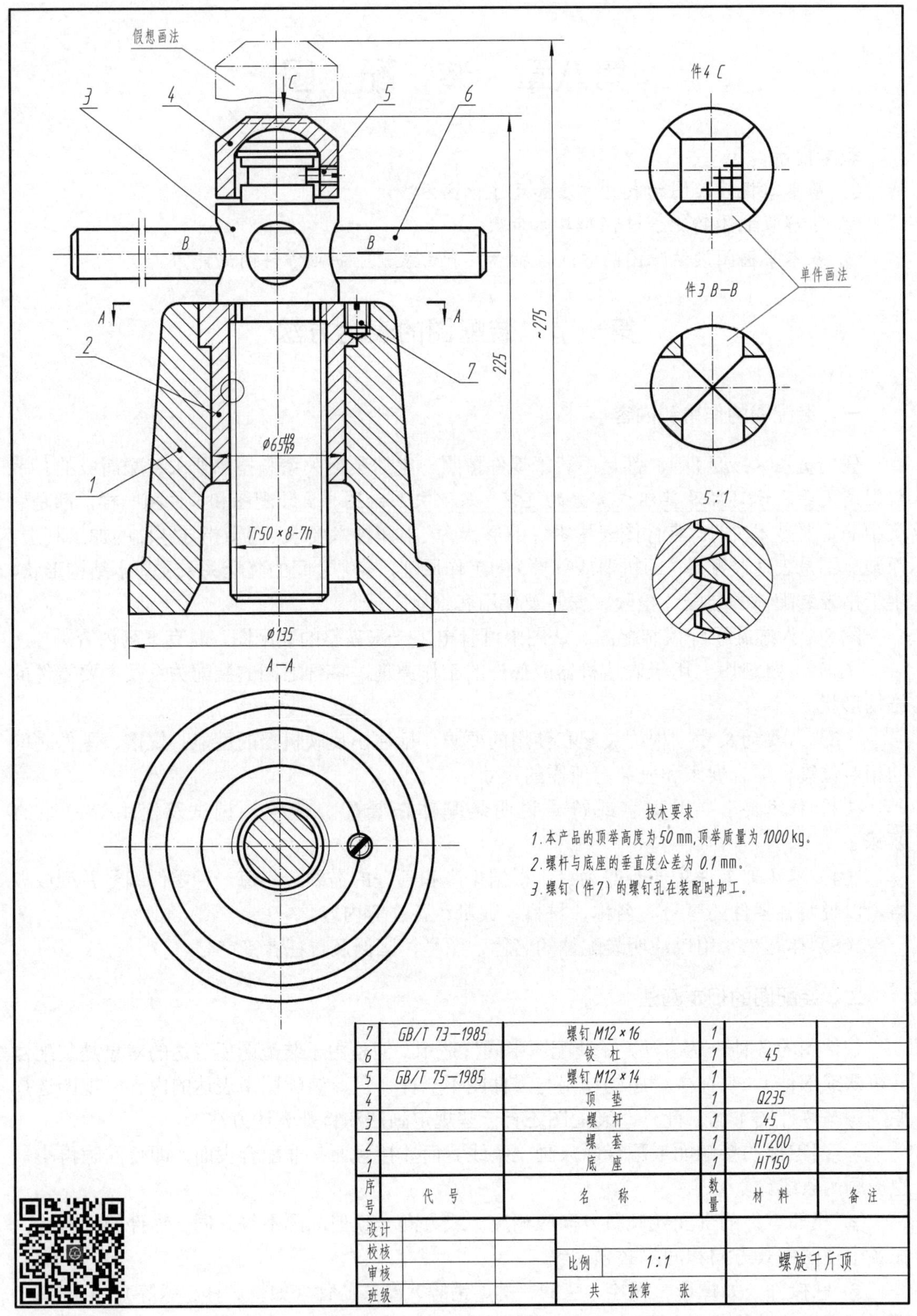

序号	代号	名称	数量	材料	备注
7	GB/T 73—1985	螺钉 M12×16	1		
6		铰杠	1	45	
5	GB/T 75—1985	螺钉 M12×14	1		
4		顶垫	1	Q235	
3		螺杆	1	45	
2		螺套	1	HT200	
1		底座	1	HT150	

设计				
校核				
审核		比例	1:1	螺旋千斤顶
班级		共 张第 张		

图 8-1　螺旋千斤顶装配图

三、装配图的特殊表达方法和简化画法

1. 拆卸画法

在装配图的某一视图中，当某些零件遮住了需要表达的结构，或者为避免重复，简化作图，可假想将某些零件拆去后绘制，这种表达方法称为拆卸画法。

采用拆卸画法后，为避免误解，在该视图上方加注“拆去件××”。拆卸关系明显，不至于引起误解时，也可不加标注。如图 8-2 滑动轴承装配图的俯视图中，是拆去轴承盖、螺栓和螺母后画出的。

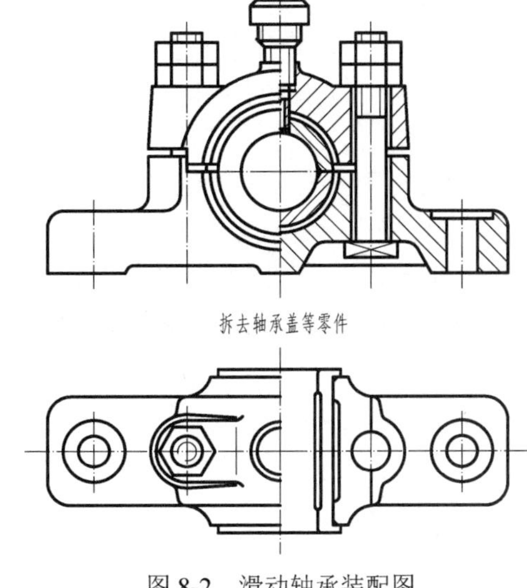

图 8-2　滑动轴承装配图

2. 沿结合面剖切画法

装配图中，可假想沿某些零件结合面剖切，结合面上不画剖面线。如图 8-3 中的“*A—A*”剖视即是沿泵盖结合面剖切画出的。注意横向剖切的轴、螺钉及销的断面要画剖面线。

3. 单件画法

在装配图中可以单独画出某一零件的视图。这时应在视图上方注明零件及视图名称，如图 8-1 中的“件 4　*C*”“件 3　*B—B*”，图 8-3 中的“泵盖　*B*”。

4. 假想画法

为了表示运动件的运动范围或极限位置，可用细双点画线假想画出该零件的某些位置。如图 8-1 中的主视图所示，螺杆画成最低位置，而用细双点画线画出它的最高位置。

为了表示与本部件有装配关系，但又不属于本部件的其他相邻零（部）件时，也可用细双点画线画出其邻接部分的轮廓线，如图 8-3 中的主视图所示。

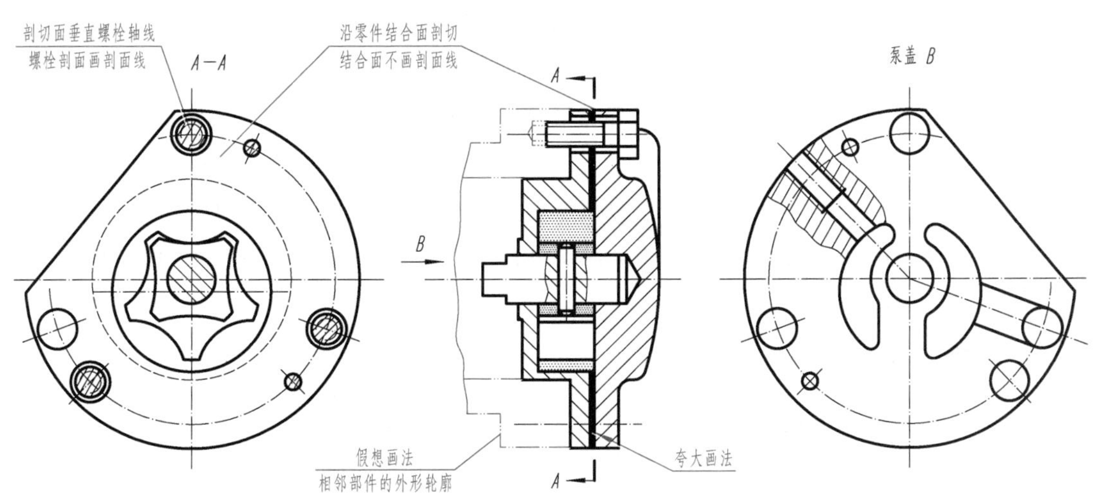

图 8-3　装配图的特殊表达方法

5. 夸大画法

在装配图中，对一些薄、细、小零件或间隙，若无法按其实际尺寸画出时，可不按比例而适当夸大画出。厚度或直径小于 2mm 的薄、细零件，其剖面符号可涂黑表示，如图 8-3 中的主视图所示。

6. 简化画法

① 在装配图中，零件上的工艺结构（如倒角、小圆角、退刀槽等）可省略不画。六角螺栓头部及螺母的倒角曲线也可省略不画，如图 8-2、图 8-3 中螺栓头部及螺母的画法。

② 在装配图中，对于若干相同的零件或零件组，如螺栓联接等，可仅详细地画出一处，其余只需用细点画线表示出其位置，如图 8-3 主视图中的螺栓画法。

③ 在装配图中可省略螺栓、螺母、垫圈等紧固件的投影，而用细点画线和指引线指明它们的位置。此时，表示紧固件组的公共指引线，应根据其不同类型从被联接件的某一端引出，如螺栓、双头螺柱联接从其装有螺母的一端引出（螺钉从其装入端引出），如图 8-4（b）、（c）所示。

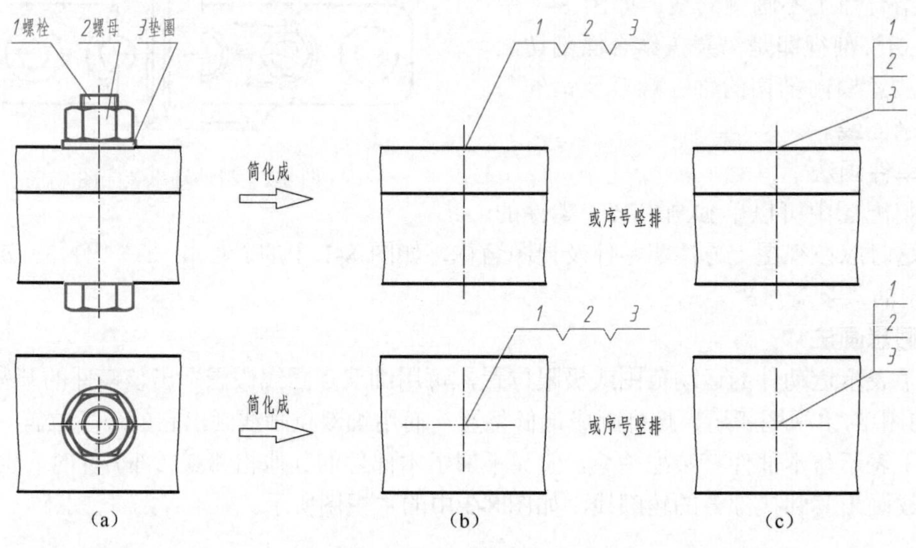

图 8-4　紧固件组的简化画法

第二节　装配图的尺寸标注、技术要求及零件编号

由于装配图与零件图的作用不同，因此对尺寸标注的要求也不同。零件图是用来指导零件加工的，所以应注出加工过程所需的全部尺寸。而根据装配图在生产中的作用，则不需要注出每个零件的尺寸。

一、装配图的尺寸标注

（1）规格（性能）尺寸　表示装配体的性能、规格和特征的尺寸，它是设计装配体的主要依据，也是选用装配体的依据，如图 8-1 中螺杆的直径 Tr50×8-7h。

（2）装配尺寸　表示装配体中零件之间装配关系的尺寸。一是配合尺寸（表示零件间配合性质的尺寸），如图 8-1 中的 ϕ 65H9/h9；二是相对位置尺寸（表示零件间较重要的相对位置，在装配时必须要保证的尺寸）。

（3）安装尺寸　将部件安装到机器上或机器安装在基础上所需要的尺寸。

（4）外形尺寸　表示装配体总长、总宽、总高的尺寸。它是包装、运输、安装过程中所需空间大小的尺寸，如图 8-1 中的 225 和 ϕ135。

（5）其他重要尺寸　不包括在上述几类尺寸中的重要零件的主要尺寸。运动零件的极限位置尺寸、经过计算确定的尺寸等，都属于其他重要尺寸，如图 8-1 中高度方向的极限位置尺寸 275。

必须指出，一张装配图上有时并非全部具备上述五类尺寸，有的尺寸可能兼有多种含义。因此标注装配图尺寸时，必须视装配体的具体情况加以标注。

二、装配图的技术要求

装配图上的技术要求一般包括以下几个方面。

（1）装配要求　指装配过程中的注意事项、装配后应达到的要求等。

（2）检验要求　对装配体基本性能的检验、试验、验收方法的说明。

（3）使用要求　对装配体的性能、维护、保养、使用注意事项的说明。

由于装配体的性能、用途各不相同，因此技术要求也不相同，应根据具体的需要拟定。用文字说明的技术要求，填写在明细栏上方或图样下方空白处，如图 8-1 所示。

三、零件序号的编写

为便于读图以及生产管理，必须对所有的零部件编写序号。相同的零件（或组件）只需编一个序号。

零部件序号用指引线（细实线）从所编零件的可见轮廓线内引出，序号数字比尺寸数字大一号或两号，如图 8-5（a）所示；指引线不得相互交叉，不要与剖面线平行。装配关系清楚的零件组可采用公共指引线，如图 8-5（b）所示。序号应水平或垂直地排列整齐，并按顺时针或逆时针方向依次编写，如图 8-1 所示。

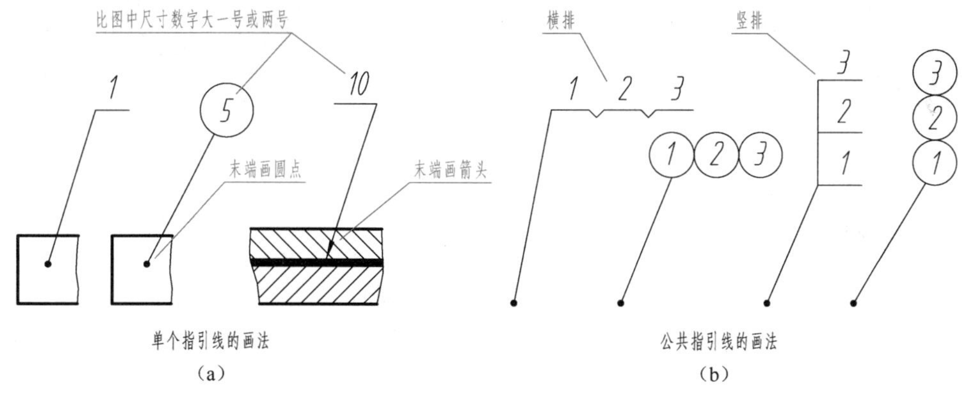

图 8-5　零部件序号

四、明细栏

装配图上除了要画出标题栏外，还要画出明细栏。明细栏绘制在标题栏上方，按零件序号由下向上填写。位置不够时，可在标题栏左边继续编写。

明细栏的内容包括零部件的序号、代号、名称、数量、材料和备注等。对于标准件，要注明标准号，并在“名称”一栏注出规格尺寸，标准件的材料可不填写。明细栏的格式见图1-4。

第三节　装配体测绘

装配体测绘，就是对机器或部件以及构成它们的零件进行了解、分析、测量、绘制草图，最后整理绘出装配图和零件图的过程。现以球阀为例，说明装配体测绘的方法和步骤。

一、了解测绘对象

对装配体进行测绘，首先要对装配体进行观察分析，查阅资料以及作实地调查，了解装配体的用途、性能、工作原理、结构特点及零件之间的装配关系。图8-6所示球阀是安装在管路上用于控制流体流量及管路启闭的装置，通过手柄带动阀杆和阀芯旋转而控制通道的开启和关闭。

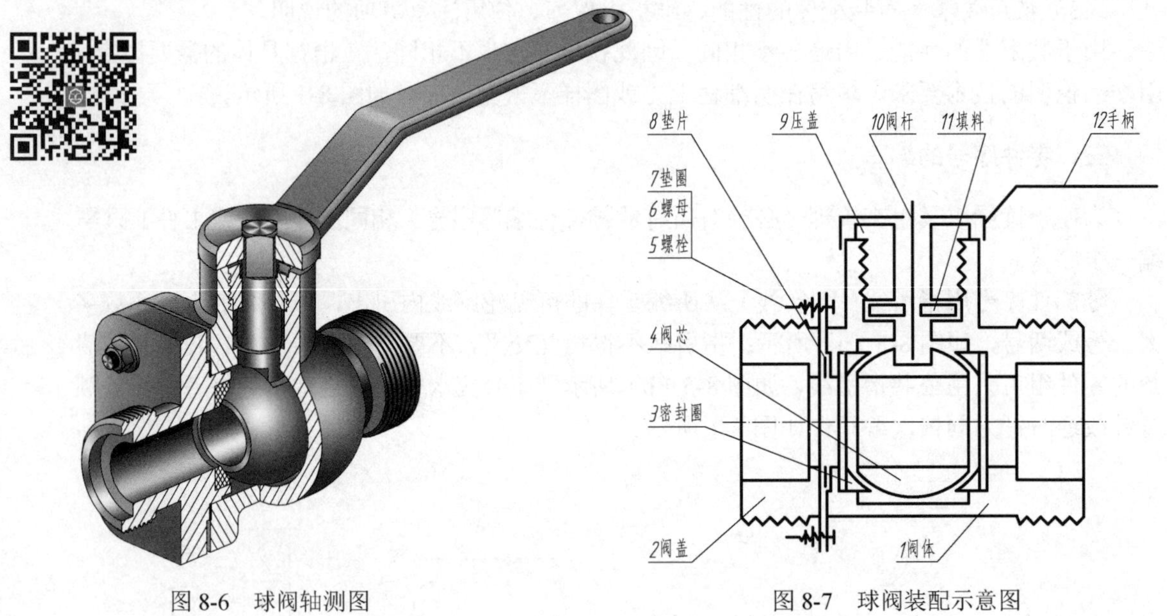

图8-6　球阀轴测图　　图8-7　球阀装配示意图

二、拆卸装配体

在初步了解装配体的基础上，分析并确定拆卸顺序，再依次拆卸零件。对于不可拆的连接（如焊接、铆接）和不易拆卸的过盈配合、过渡配合的零件尽量不拆，以免影响装配体的性能和精度。拆卸时使用工具要得当，拆下的零件要逐一编号，并妥善保管，以免碰坏或丢失。

球阀的拆卸顺序：先旋下螺母、取下垫圈，拆下阀盖；再拿掉手柄，旋下压盖，取出填料及阀杆，最后取出阀芯及密封圈，完成拆卸。

为了便于拆卸后能顺利装配复原，在拆卸过程中用装配示意图做好原始记录。装配示意图是将装配体假想为透明体，用规定代号及示意画法画出的装配简图。

装配示意图一般用简单线条画出零件的大致轮廓，将各零件间相对位置、装配关系、连接方式及传动路线表达清楚，一些常用零件的规定符号，可根据国家标准 GB/T 4460－2013《机械制图　机构运动简图符号》中的规定画出。

画装配示意图时，可从主要零件入手，然后按装配顺序再把其他零件逐个画上，各零件的表达不受前后层次的限制。尽可能将所有零件集中画成一个图，且两接触面间要留有间隙，以便区分零件。示意图上还应编写零件序号，并注写零件的名称及数量，如图 8-7 所示。

三、画零件草图

组成装配体的每一个零件，除标准件外，都应画出零件草图。零件草图的画法参见第七章第五节。

画装配体的零件草图时，要注意零件之间尺寸的协调。如与标准件相连接、配合的结构和尺寸，需与标准件相吻合；相互配合的孔与轴，其公称尺寸必须相同；有连接关系的相邻零件，其相关结构和尺寸必须协调一致。

四、画装配图和零件图

1. 画装配图

画完零件草图后，即可根据零件草图和装配示意图画出装配图。画装配图时，对草图中零件的结构形状和尺寸有错误或不妥之处，应及时加以修改，保证零件间的装配关系能在装配图上正确地反映出来，以便能顺利地拆画零件工作图。画装配图的步骤如下。

（1）*确定视图表达方案*　装配图主要表达装配体（机器或部件）的工作原理、零件间的装配关系和主要零件的结构形状。

装配图的主视图应能较多地反映装配体中各零件间的装配关系、工作原理，一般按其工作位置或习惯位置画出，使装配体的主要装配干线或主要安装面呈水平或垂直位置画出。装配图一般都画成剖视图，当主视图被剖切时，剖切面应通过主要装配轴线。

主视图选定后，对一些尚未表示清楚的装配关系、工作原理及主要零件的结构形状，应根据需要选用其他视图及各种表达方法予以补充，但应以较少数量的图形，完整、清晰地满足装配图的表达要求。

图 8-6 所示球阀的装配图如图 8-10 所示。主视图采用全剖并以工作位置放置；为补充表达阀杆与阀芯的装配关系及压盖的结构特点，在左视图上采用半剖视；俯视图中为表示手柄运动范围，采用假想画法。

（2）*选择比例和图幅*　根据装配体的实际大小和复杂程度，选定绘图比例。比例确定后，根据表达方案，注意视图间留有足够的空间标注尺寸、编写零件序号，并考虑标题栏和明细栏、技术要求所占的面积，确定图纸幅面。

（3）*布置视图*　画图框、标题栏和明细栏；画出各视图的对称中心线、轴线等作图基准线，布置视图。为了便于读图，视图间的位置应尽量符合投影关系，注意视图间留足标注尺寸及零件序号的空间，图面的总体布局应力求匀称、美观，如图 8-8（a）所示。

（4）*画底稿*　从装配体的主体件的主视图开始画起，有投影关系的视图应按投影规律同时画出；根据主要装配连接关系，逐个画出各零件的图形，一般先画主视图、后画其他视图；先画主要零件、后画其他零件；先画外件、后画内件（或先画内件、后画外件）；先画主要结构、后画次要结构的顺序进行，如图 8-8（b）、图 8-9（a）所示。

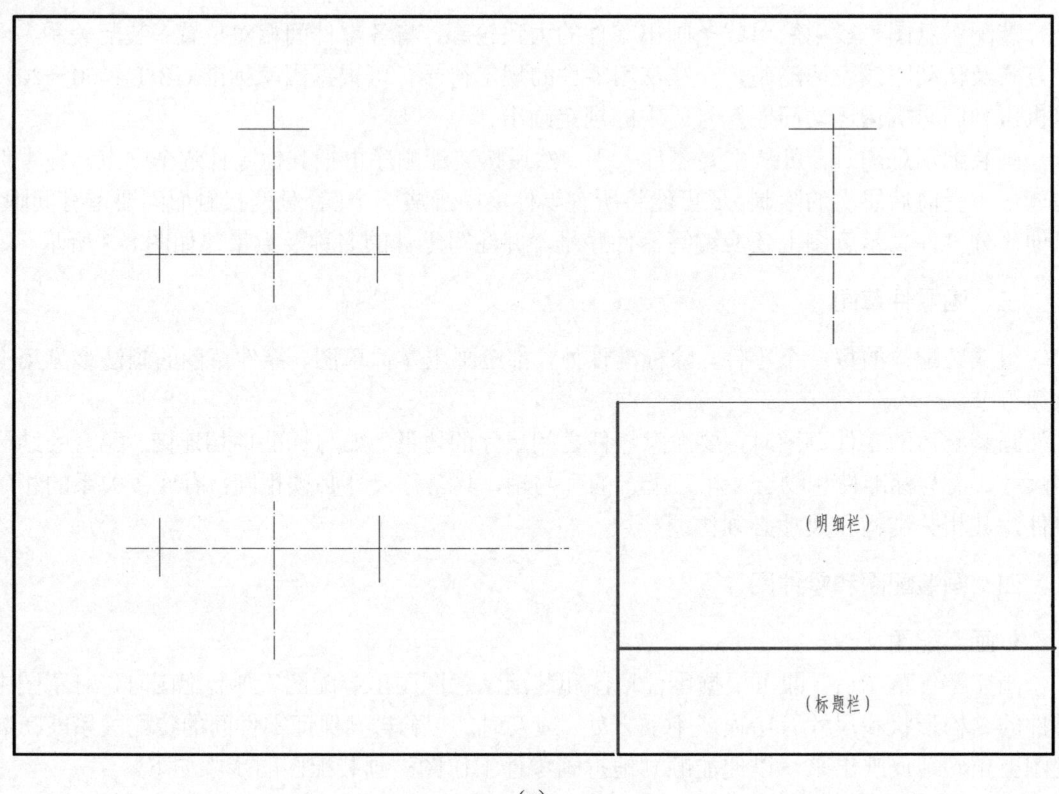

(a)

(明细栏)

(标题栏)

(b)

图 8-8　球阀装配图的绘图步骤（一）

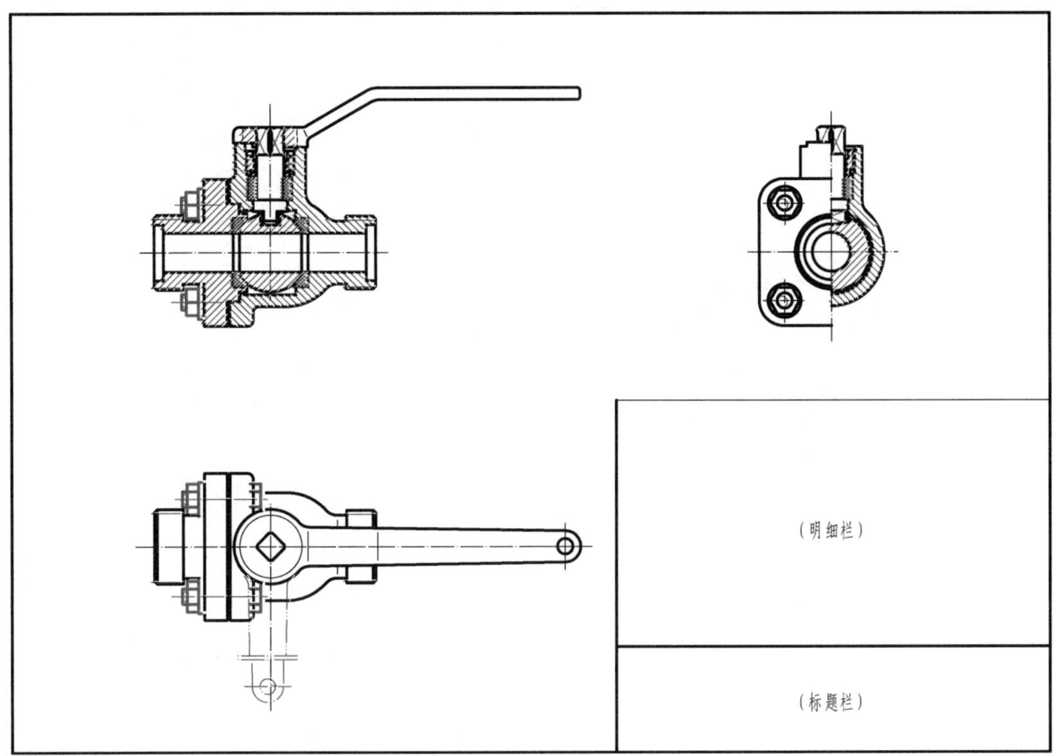

(a)

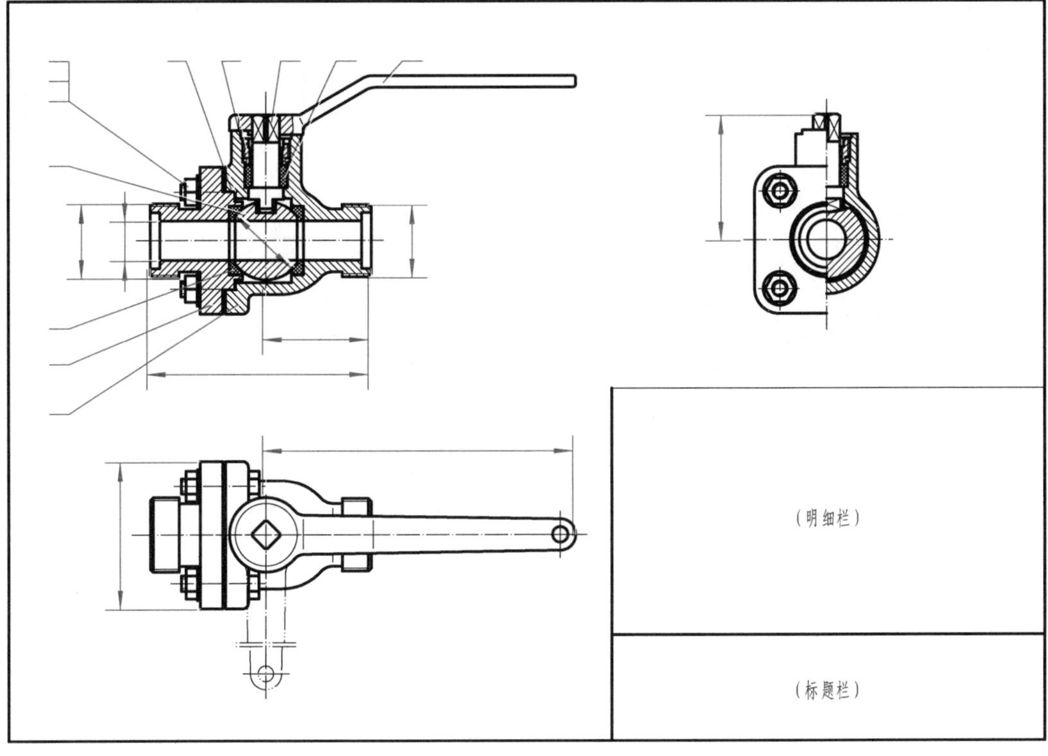

(b)

图 8-9　球阀装配图的绘图步骤（二）

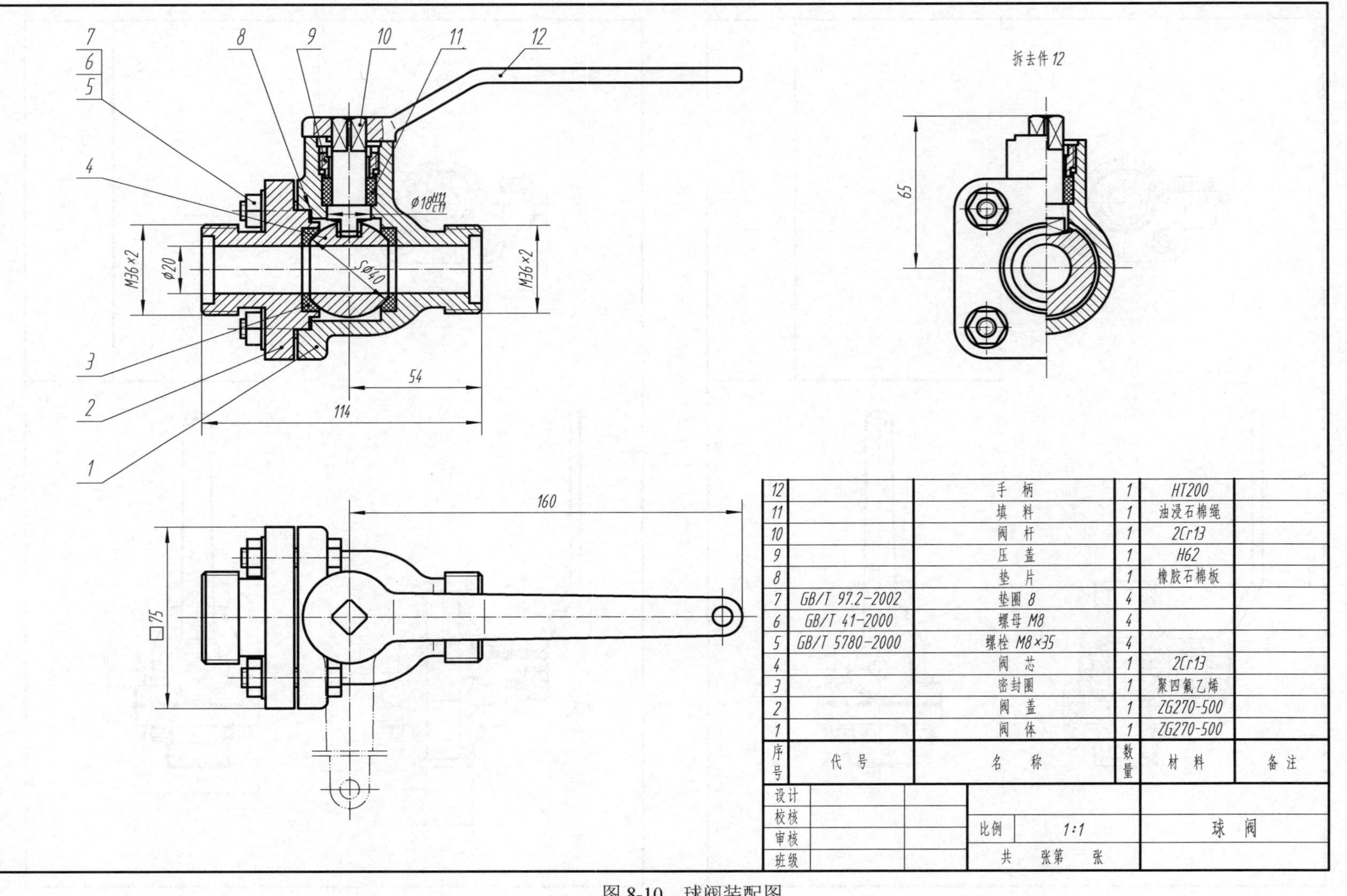

序号	代号	名称	数量	材料	备注
12		手柄	1	HT200	
11		填料	1	油浸石棉绳	
10		阀杆	1	2Cr13	
9		压盖	1	H62	
8		垫片	1	橡胶石棉板	
7	GB/T 97.2-2002	垫圈 8	4		
6	GB/T 41-2000	螺母 M8	4		
5	GB/T 5780-2000	螺栓 M8×35	4		
4		阀芯	1	2Cr13	
3		密封圈	1	聚四氟乙烯	
2		阀盖	1	ZG270-500	
1		阀体	1	ZG270-500	

设计				
校核		比例	1:1	球阀
审核				
班级		共　张第　张		

图 8-10　球阀装配图

画装配图时应注意以下三点。

① 画相邻零件时，应从两零件装配时的结合面或零件的定位面开始画，以正确定出它们在装配图中的装配位置。

② 充分注意零件间的遮挡关系，零件被遮挡的部分不画。剖视图一般从里向外逐个画出零件的图形，可避免将被遮挡的线画出。

③ 画剖面符号时，相邻零件的剖面线要有区别，即剖面线的方向相反或间隔不等，而同一零件在各剖视图中剖面线必须一致。

（5）标注尺寸，编写零部件序号，注写技术要求，填写明细栏和标题栏 如图 8-9（b）所示。

（6）检查、加深图线，完成全图 完成后的装配图如图 8-10 所示。

2. 画零件图

从零件草图到零件图，不是简单地重复照抄，还需对视图表达、尺寸标注和技术要求等各个方面的内容，根据测绘过程中对零件认识的逐步深入而加以调整、补充或修改。

第四节 读装配图和拆画零件图

在机器设备的安装、调试、操作、维修及进行技术交流时，都需要阅读装配图。通过读装配图要了解以下内容。

① 机器或部件的性能、用途和工作原理。

② 各零件间的装配关系及各零件的拆装顺序。

③ 各零件的主要结构形状和作用。

一、读装配图的方法和步骤

以图 8-11 为例，说明读装配图的方法和步骤。

1. 概括了解

从标题栏中了解装配体（机器或部件）的名称、绘图比例等；按图上零件序号对照明细栏，了解装配体中零件的名称、数量、材料，找出标准件；粗看视图，大致了解装配体的结构形状及大小。

图 8-11 所示装配体为齿轮油泵，是一种供油装置。齿轮油泵共有 14 种零件，其中有 6 种标准件，主要零件有泵体、泵盖、主动齿轮轴、从动齿轮等。绘图比例为 1∶1。

2. 分析视图

了解装配图的表达方案，分析采用了哪些视图，搞清各视图之间的投影关系及所用的表达方法，并弄清其表达的目的。

齿轮油泵选用了主、俯、左三个基本视图。主视图按装配体的工作位置、采用局部剖视的方法，将大部分零件间的装配关系表达清楚，并表示了主要零件泵体的结构形状。左视图采用沿结合面剖切画法（拆去泵盖 9），将齿轮啮合情况与进、出油口的关系表达清楚，主要反映油泵的工作原理及主要零件的结构形状。俯视图采用通过齿轮轴线剖切的 A—A 全剖，其表达重点是齿轮、齿轮轴与泵体、泵盖的装配关系，以及底板的形状与安装孔分布情况。

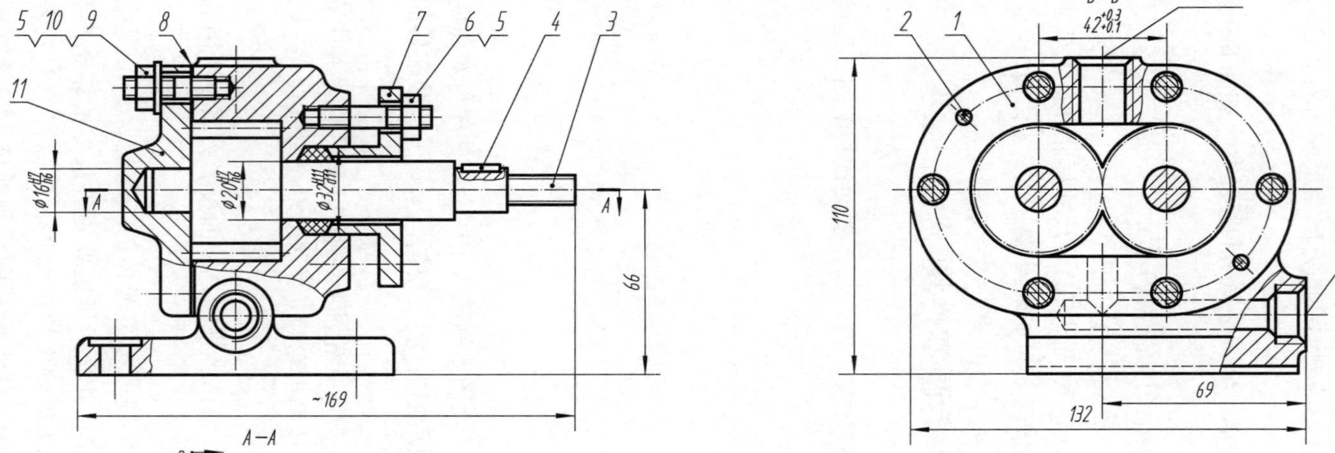

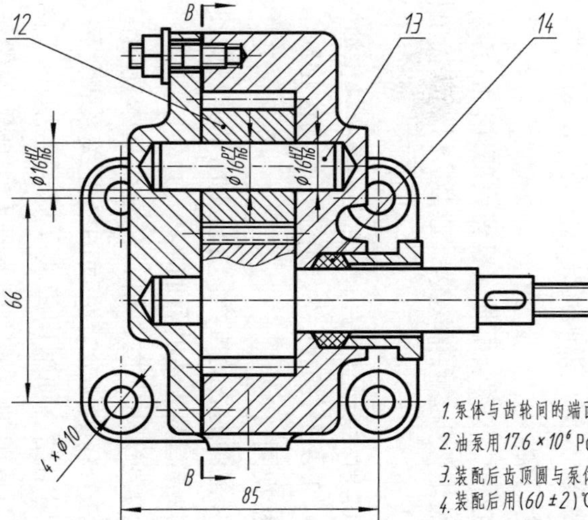

技术要求

1. 泵体与齿轮间的端面间隙为 0.05~0.12mm,间隙用垫片调节。
2. 油泵用 17.6×10^{6} Pa的柴油进行压力试验,不能有渗漏。
3. 装配后齿顶圆与泵体内圆表面间隙为 0.05~0.06mm。
4. 装配后用(60±2)℃和 17.6×10^{6} Pa的柴油进行试验。当转速为 950 r/min时,输油量不得小于10 L/min。

序号	代号	名称	数量	材料	备注
14		填料		浸油石棉	
13		小轴	1	45	
12		从动齿轮	1	45	m=3 z=14
11		泵盖	1	HT200	
10	GB/T 93—2002	垫圈 8	6		
9	GB/T 898—1988	螺柱 M8×32	6		
8		垫片	1	软钢纸板	
7		压盖	1	HT150	
6	GB/T 898—1988	螺柱 M8×40	2		
5	GB/T 41—2000	螺母 M8	8		
4	GB/T 1096—2003	键 5×5×10	1		
3		主动齿轮轴	1	45	m=3 z=14
2	GB/T 119.1—2000	销 6×20	2		
1		泵体	1	HT200	

设计				齿轮油泵
校核				
审核		比例	1:1	
班级		共 张第 张		

图 8-11 齿轮油泵装配图

把齿轮油泵中每个零件的结构形状都看清楚之后，将各个零件联系起来，便可想象出齿轮油泵的完整形状，如图 8-12 所示。

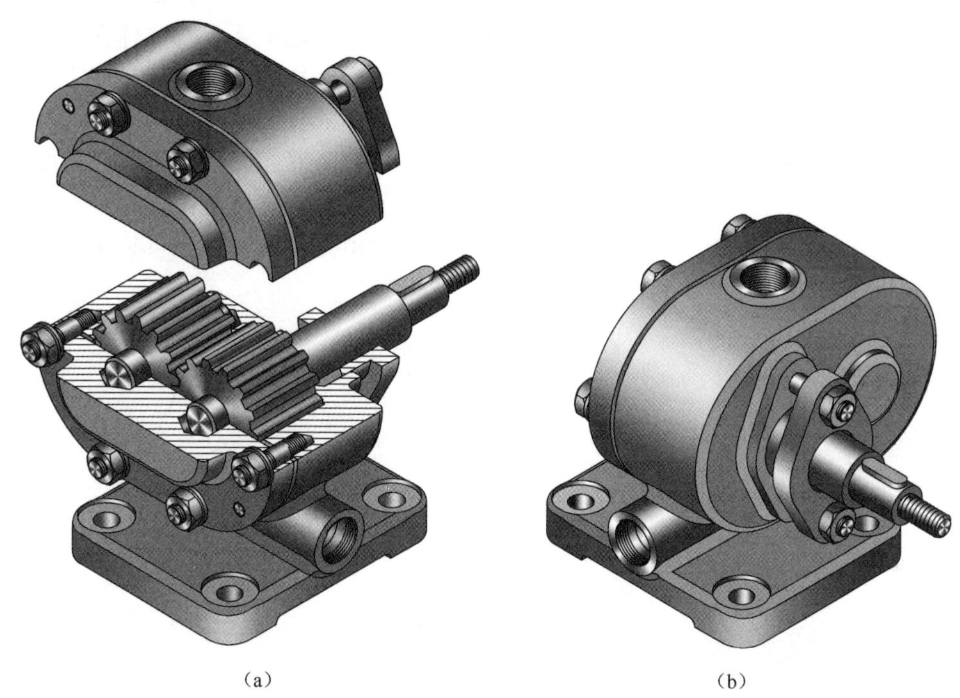

图 8-12　齿轮油泵轴测图

3. 分析工作原理与装配关系

齿轮油泵的工作原理，是通过齿轮在泵腔中啮合，将油从进油口吸入，从出油口压出。当主动齿轮轴 3 在外部动力驱动下转动时，带动从动齿轮 12 与小轴 13 一起顺向转动，如图 8-11 所示。泵腔下侧压力降低，油池中的油在大气压力作用下，沿进油口进入泵腔内，随着齿轮的旋转，齿槽中的油不断沿箭头方向送到上边，从出油口将油输出，如图 8-13 所示。

分析装配体的装配关系，需搞清各零件间的位置关系、零件间的联接方式和配合关系，并分析出装配体的装拆顺序。

如齿轮油泵中，泵体、泵盖在外，齿轮轴在泵腔中；主动齿轮轴在前，从动齿轮与小轴以过盈配合连成一体在后；泵体与泵盖由两圆柱销定位并通过六个双头螺柱连接；填料压盖与泵体由两螺柱联接；齿轮轴与泵体、泵盖间为基孔制间隙配合。

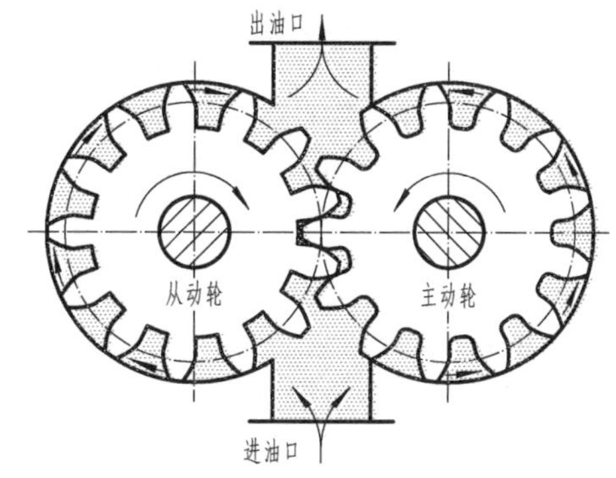

图 8-13　齿轮油泵工作原理

齿轮油泵的拆卸顺序：松开左边螺母 5、垫圈 10，将泵盖卸下，从左边抽出主动齿轮轴 3、从动齿轮 12 与小轴 13，最后松开右边螺母 5，卸下填料压盖 7 和填料 14。

4. 分析零件

读装配图除弄清上述内容外，还应对照明细栏和零件序号，逐一看懂各零件的结构形状以及它们在装配体中的作用。对于比较熟悉的标准件、常用件及一些较简单的零件，可先将它们看懂，并将它们逐一“分离”出去，为看较复杂的一般零件提供方便。

分析一般零件的结构形状时，应从表达该零件最清楚的视图入手，根据零件序号和剖面线的方向及间隔、相关零件的配合尺寸、各视图之间的投影关系，将零件在各视图中的投影轮廓范围从装配图中分离出来，利用形体分析、线面分析的方法想清楚该零件的结构形状。

例如，图 8-11 所示齿轮油泵中的压盖 7，它的作用是压紧填料，其形状在装配图上表达不完整，需构思完善。从主视图上根据其序号和剖面线可将它从装配图中分离出来，再根据投影关系找到俯视图中的对应投影，就不难分析出其形状，如图 8-14 所示。参见图 8-12（b）。

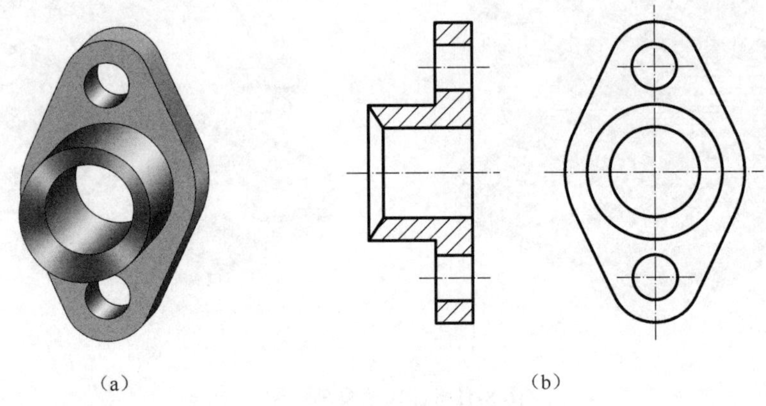

图 8-14　压盖

5. 归纳总结

经过以上分析，最后再围绕装配体的工作原理、装配关系、各零件的结构形状等，结合所注尺寸、技术要求，将各部分联系起来，从而对装配体的完整结构有一个全面的认识。

二、由装配图拆画零件图

根据装配图拆画零件图是一项重要的生产准备工作。在设计过程中，先画装配图，然后再由装配图拆画零件图。拆画零件图，首先要全面读懂装配图，将所要拆画的零件结构、形状和作用分析清楚，然后按零件图的内容和要求选择表达方案，画出视图，标注尺寸及技术要求。下面以齿轮油泵的主要零件泵体为例，说明拆画零件图的方法步骤。

1. 确定表达方案

零件的表达方案是根据零件的结构和形状特点考虑的，不能简单地盲目照抄装配图中该零件的视图。因为装配图的表达是从整个装配体来考虑的，很难符合每个零件的表达要求。因此，拆画零件图时应根据零件自身的形状特征、加工或工作位置原则选择主视图，然后按其复杂程度确定其他视图的数量与表达方法。

图 8-15 所示泵体的视图方案，按泵体的工作位置及反映其形状特征的方向，作为主视图的投射方向。为表示进、出油口内部结构采用两处局部剖视；俯视图采用全剖，以表达泵腔与轴孔的结构，同时还反映安装底板的形状、四个安装孔的分布情况；*B—B* 右视图采用局部剖视，补充表达底板与壳体间相对位置以及主、俯两视图未表达的部分；此外，用 *K*

向局部视图，表示壳体后面腰圆形凸台的形状以及两个 M8 螺纹孔的位置。

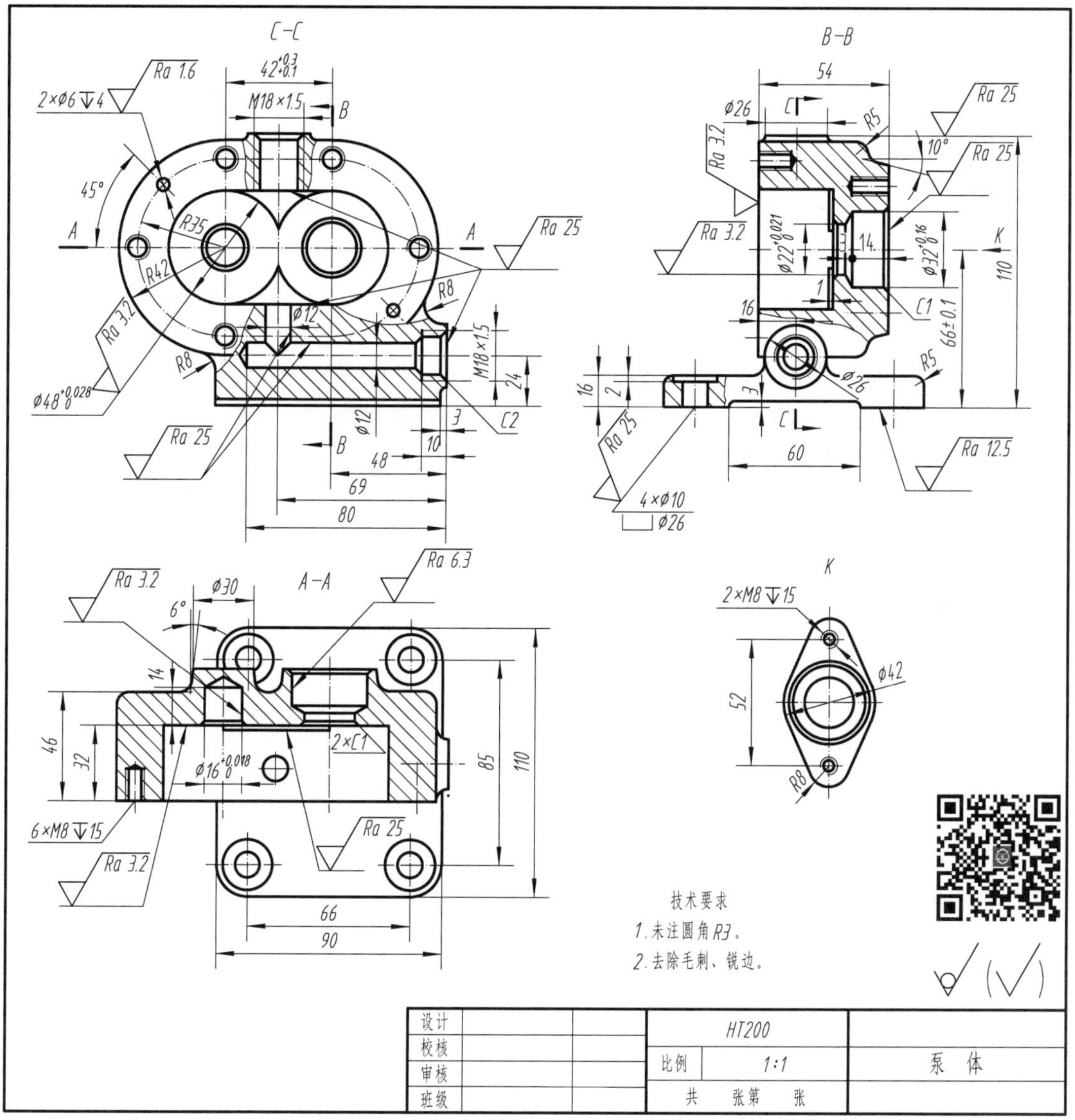

图 8-15　泵体零件图

2. 零件结构形状的完善

在拆画零件图时，对分离出的零件投影轮廓，应补全被其他零件遮挡的可见轮廓线。图 8-14 中泵体的俯视图、*K* 向视图中，补上被齿轮轴、螺柱、填料压盖等遮挡住的轮廓线。

由于装配图主要表达工作原理、装配关系，对某些零件往往表达不完全，这时需根据零件的功用及要求，合理地加以完善和补充。泵体视图中的 *K* 向局部视图，是补充装配图上表达不充分，而根据它与压盖端面相连接的需要及其自身结构分析所确定的。

此外，零件上的一些工艺结构，如倒角、退刀槽、圆角等，在装配图上往往省略不画，但在画零件图时应根据工艺要求予以完善。

3. 零件尺寸的确定

拆画零件图时，要按零件图的尺寸标注要求，正确、完整、清晰、合理地标注尺寸。由装配图确定零件尺寸的方法有以下几种。

（1）抄注　装配图上已注出的尺寸，在有关的零件图上直接抄注。对配合尺寸，应根据配合代号注出零件的公差带代号或极限偏差。

（2）查相关标准　对于标准件、标准结构以及与它们有关的尺寸应从相关标准中查得。如螺纹、键槽、退刀槽、沉孔、与滚动轴承配合的轴和孔的尺寸等。

（3）计算　某些尺寸需计算确定，如齿轮轮齿部分的尺寸及中心距等。

（4）量取　零件上除了装配图中已给尺寸、标准尺寸以外的其余大量尺寸，可按比例直接从装配图上量取。

标注尺寸时，应注意各相关零件间尺寸的关联一致性，避免相互矛盾。如泵盖与泵体结合面的形状尺寸，螺柱联接用光孔与螺纹孔的定位尺寸等，要协调一致。

4. 零件图上技术要求的确定

应根据零件在机器上的作用及使用要求，合理地确定各表面的表面粗糙度以及其他必要的技术要求。技术要求可参考有关资料和相近产品图样选取。

第九章　金属焊接图

教学提示

① 了解焊缝的规定画法和符号表示法。
② 掌握常见焊缝代号的标注方法。
③ 基本掌握金属焊接图的识读方法。

第一节　焊接的表示法

焊接是采用加热或加压，或两者并用，用或不用填充金属，使分离的两工件材质间达到原子间永久结合的一种加工方法。用来表达金属焊接件的工程图样，称为金属焊接图，简称焊接图。焊接是一种不可拆卸的连接形式，由于它施工简便、连接可靠，在工程中被广泛采用。国家标准GB/T 324—2008《焊缝符号表示法》规定，推荐用焊缝符号表示焊缝或接头，也可以采用一般的技术制图方法表示。

一、焊缝的规定画法

1. 焊接接头形式

两焊接件用焊接的方法连接后，其熔接处的接缝称焊缝，在焊接处形成焊接接头。由于

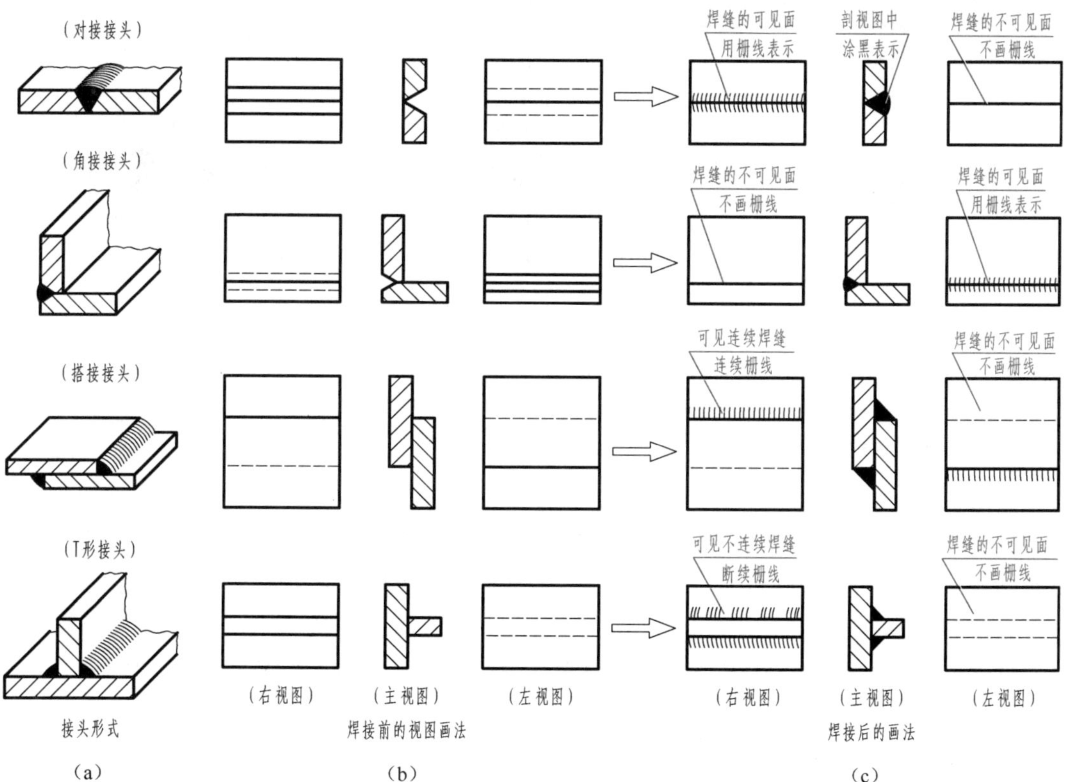

图 9-1　焊缝的规定画法

两焊接件间相对位置不同，焊接接头有对接、搭接、角接和T形接头等基本形式，如图9-1（a）所示。

2. 可见焊缝的画法

用视图表示焊缝时，当施焊面（或带坡口的一面）可见时，焊缝用栅线（一系列细实线）表示。此时表示两个被焊接件相接的轮廓线应保留，如图9-1（c）右视图中的第一个图例所示。

3. 不可见焊缝的画法

当施焊面（或带坡口的一面）处于不可见时，表示焊缝的栅线省略不画，如图9-1（c）左视图中的第一个图例所示。

4. 剖视图中焊缝的画法

用剖视图或断面图表示焊缝接头或坡口的形状时，焊缝的金属熔焊区通常应涂黑表示，如图9-1（c）中的主视图所示。

对于常压、低压设备，在剖视图上的焊缝，按焊接接头的形式画出焊缝的剖面，剖面符号用涂黑表示；视图中的焊缝，可省略不画，如图9-2所示。

对于中压、高压设备或设备上某些重要的焊缝，则需用局部放大图（亦称节点图），详细地表示出焊缝结构的形状和有关尺寸，如图9-3所示。

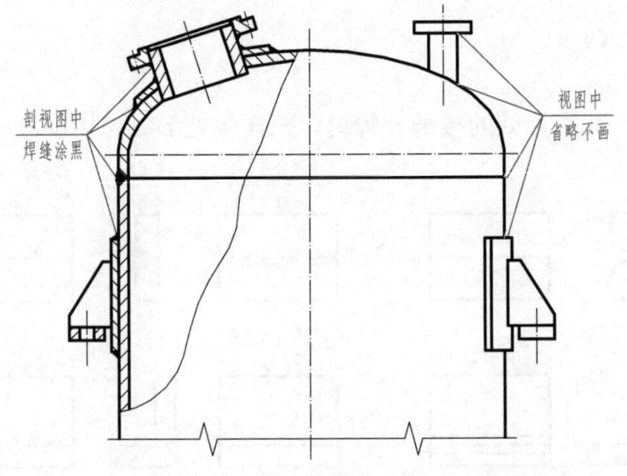

图9-2　常压设备中焊缝的画法

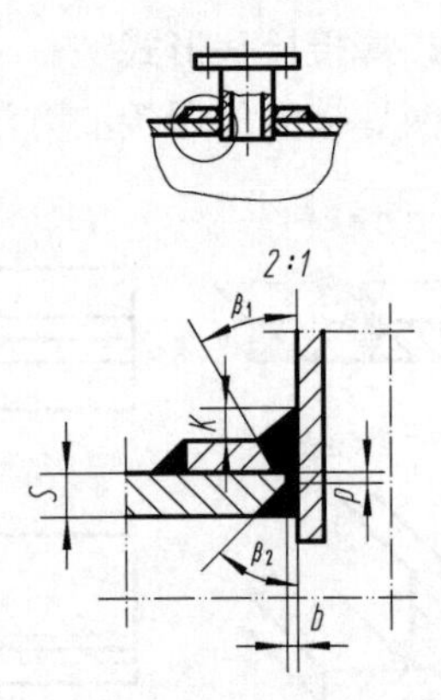

图9-3　焊缝的局部放大图

二、焊缝的符号表示法

国家标准 GB/T 324—2008《焊缝符号表示法》规定，完整的焊缝符号包括基本符号、指引线和基准线、补充符号、尺寸符号及数据等。为了简化，在图样上标注焊缝时通常只采用基本符号、指引线和基准线，其他内容一般在有关的文件（如焊接工艺规程等）中明确。

1. 焊缝的基本符号

焊缝的基本符号表示焊缝横截面的形式或特征，常见焊缝的基本符号见表9-1。

2. 焊缝的补充符号

焊缝的补充符号是补充说明有关焊缝或接头的某些特征，如表面形状、焊缝分布、施焊地点等，见表9-2。

表 9-1 常见焊缝的基本符号（摘自 GB/T 324—2008）

名　称	图形符号	示　意　图	标注示例
I 形焊缝	‖	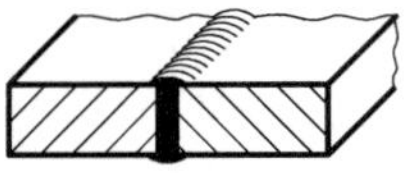	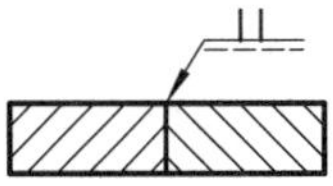
V 形焊缝	V	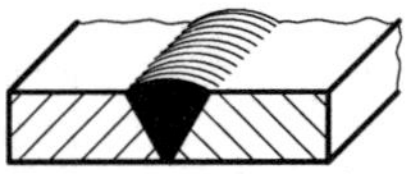	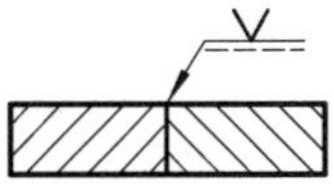
单边 V 形焊缝	⋁	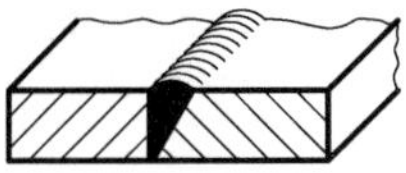	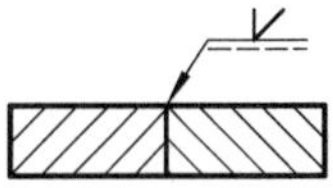
带钝边 V 形焊缝	Y	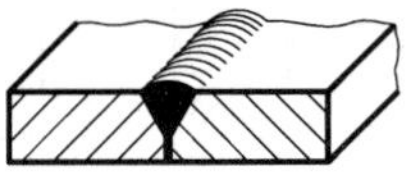	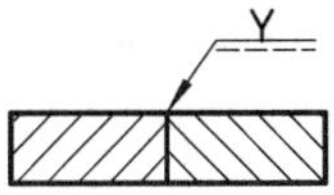
带钝边单边 V 形焊缝	Ƴ		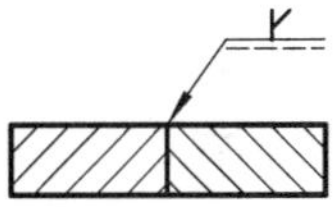
带钝边 U 形焊缝	Ỵ		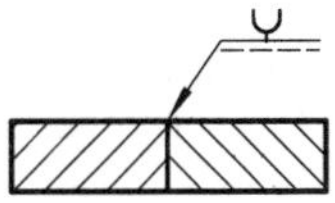
带钝边 J 形焊缝	ꞁ		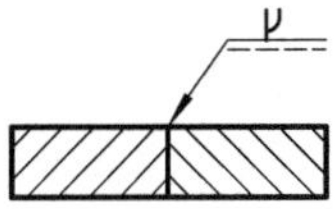
角焊缝	◺	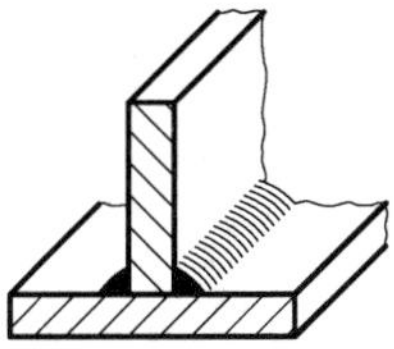	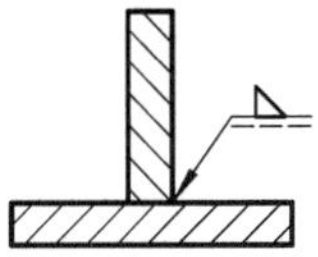

注：图形符号的尺寸及比例画法见附表 12。

表 9-2 焊缝的补充符号（摘自 GB/T 324—2008）

名称	图形符号	示意图	标注示例	示例的说明
平面	—		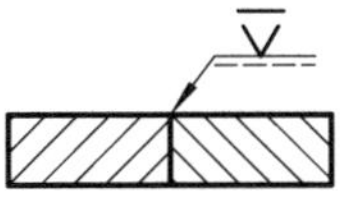	平齐的 V 形焊缝，焊缝表面经过加工后平整
凹面	◡	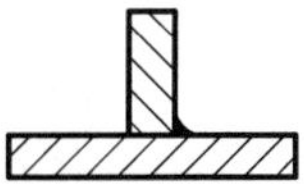	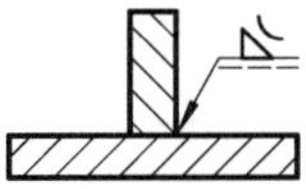	角焊缝表面凹陷
凸面	◠		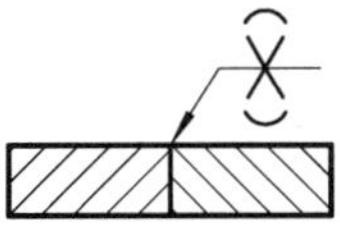	双面 V 形焊缝，焊缝表面凸起

续表

名称	图形符号	示意图	标注示例	示例的说明
圆滑过渡	⩌	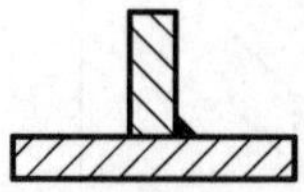	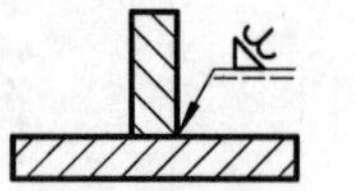	焊缝表面与母材交接处圆滑过渡
三面焊缝	⊏	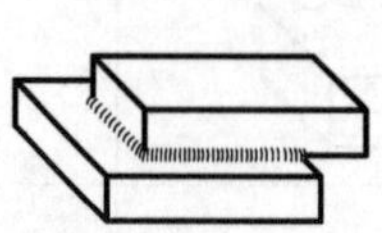	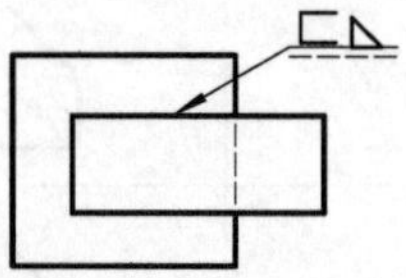	三面带有（角）焊缝，符号开口方向与实际方向一致
周围焊缝	○	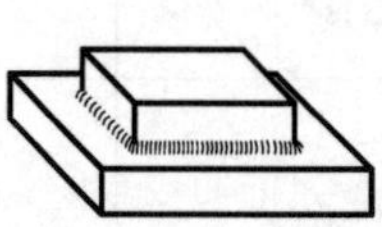	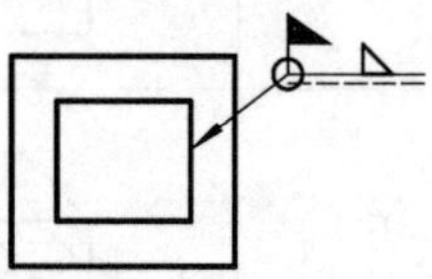	沿着工件周边施焊的焊缝，周围焊缝符号标注在基准线与指引线的交点处
现场焊缝	⚑			在现场焊接的焊缝
尾部	<	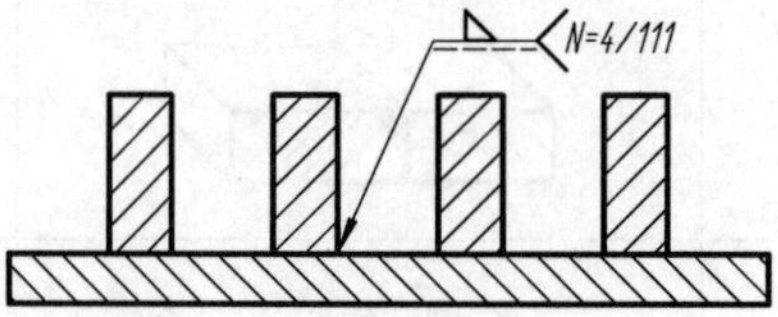 N=4/111		表示有 4 条相同的角焊缝，采用焊条电弧焊

注：图形符号的尺寸及比例画法见附表 13。

3. 焊缝的尺寸符号

焊缝的尺寸符号是用字母代表对焊缝的尺寸要求，当需要注明焊缝尺寸时才标注。焊缝尺寸符号的含义见表 9-3。

表 9-3　焊缝尺寸符号的含义（摘自 GB/T 324—2008）

名称	符号	符号含义
工件厚度	δ	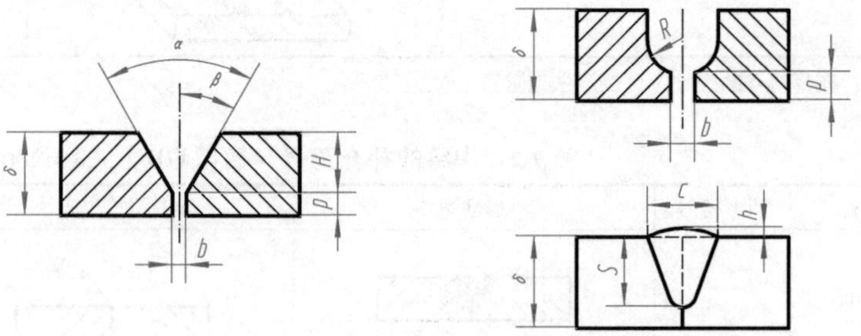
坡口角度	α	
坡口面角度	β	
根部间隙	b	
钝边	p	
坡口深度	H	
焊缝宽度	c	
余高	h	
焊缝有效厚度	S	
根部半径	R	
焊脚尺寸	K	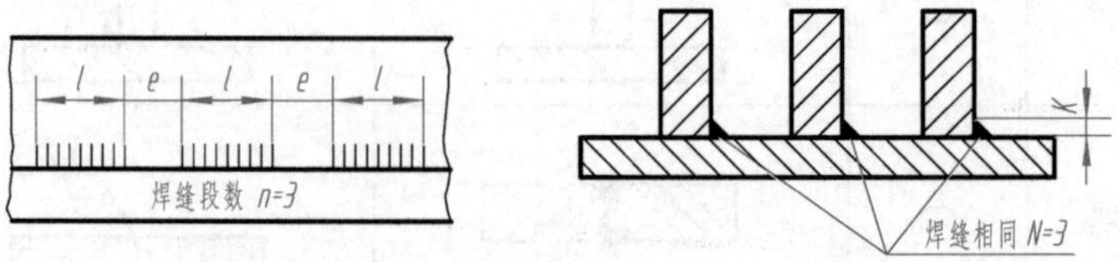
焊缝长度	l	
焊缝间距	e	
焊缝段数	n	焊缝段数 $n=3$
相同焊缝数量	N	焊缝相同 $N=3$

4. 焊缝符号的尺寸注法

焊缝符号的基准线由两条相互平行的细实线和细虚线组成（图 9-4）。基准线一般与标题栏的长边平行。焊缝符号的指引线箭头直接指向的接头侧为“接头的箭头侧”，与之相对的则为“接头的非箭头侧”。

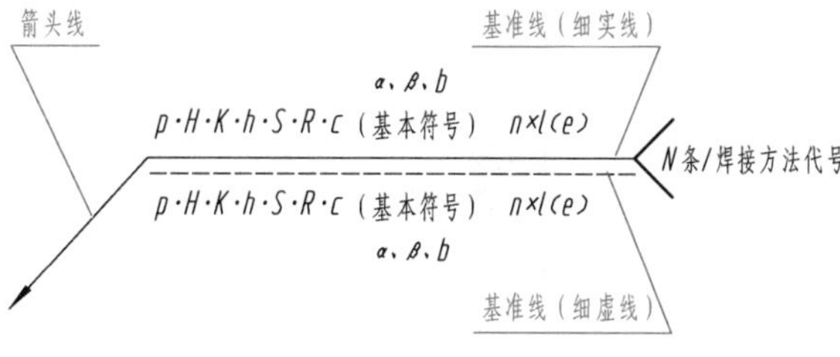

图 9-4　焊缝标注指引线

必要时，可以在焊缝符号中标注表 9-3 中的焊缝尺寸，焊缝尺寸在焊接符号中的标注位置如图 9-4 所示。其标注规则如下：

——焊缝的横向尺寸标注在基本符号的左侧。

——焊缝的纵向尺寸标注在基本符号的右侧。

——焊缝的坡口角度、坡口面角度、根部间隙尺寸标注在基本符号的上侧或下侧。

——相同焊缝数量及焊接方法代号等可以标在尾部。

——当尺寸较多不易分辨时，可在尺寸数值前标注相应的尺寸符号。

5. 焊接工艺方法代号

国家标准 GB/T 5185—2005《焊接及相关工艺方法代号》规定，用阿拉伯数字代号表示各种焊接工艺方法，并可在图样中标出。焊接工艺方法采用三位数字表示：一位数代号表示工艺方法大类，二位数代号表示工艺方法分类，而三位数代号表示某种工艺方法。

常用的焊接工艺方法代号见表 9-4。

表 9-4　焊接工艺方法代号（摘自 GB/T 5185—2005）

代号	工艺方法	代号	工艺方法	代号	工艺方法	代号	工艺方法
1	电弧焊	2	电阻焊	3	气焊	74	感应焊
11	无气体保护电弧焊	21	点焊	311	氧乙炔焊	82	电弧切割
111	焊条电弧焊	211	单面点焊	312	氧丙烷焊	84	激光切割
12	埋弧焊	212	双面点焊	41	超声波焊	91	硬钎焊
15	等离子弧焊	22	缝焊	52	激光焊	94	软钎焊

第二节　常见焊缝的标注方法

指引线相对焊缝的位置一般没有特殊要求，指引线可以标在有焊缝一侧，也可以标在没有焊缝一侧。

一、基本符号相对基准线的位置

如图 9-5（a）所示，某焊缝的坡口朝右时，如果基本符号在基准线的细实线上，则表示焊缝在接头的箭头侧，如图 9-5（b）所示；如果基本符号在基准线的细虚线上，则表示焊缝在接头的非箭头侧，如图 9-5（c）所示。

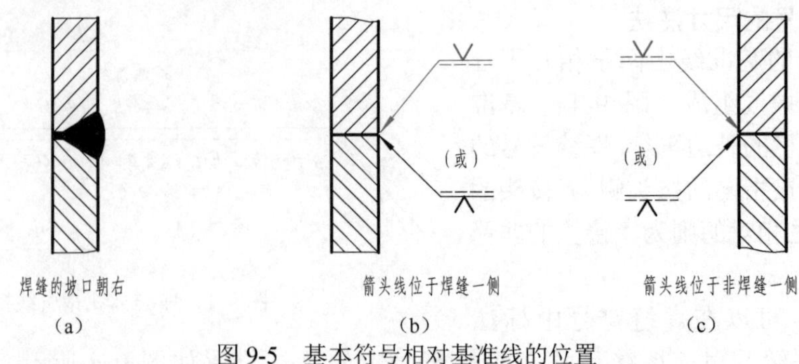

图 9-5　基本符号相对基准线的位置

二、双面焊缝的标注

图9-6（a）所示为双面V形焊缝，可以省略基准线的细虚线，如图9-6（b）所示。图9-6（c）所示为双面焊缝（左侧为角焊缝，右侧为I形焊缝），也可以省略基准线的细虚线，如图9-6（d）所示。

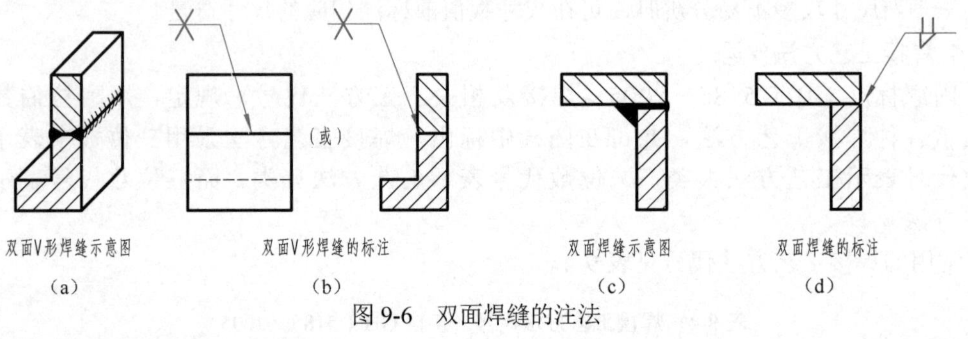

图 9-6　双面焊缝的注法

三、对称焊缝的标注

有对称板的焊缝在两面焊接时，称为对称焊缝。标注对称焊缝时，要注意“对称板”的选择，如图9-7（a）所示。对称焊缝的正确注法，如图9-7（b）所示。图9-7（c）所示的注法是错误的。

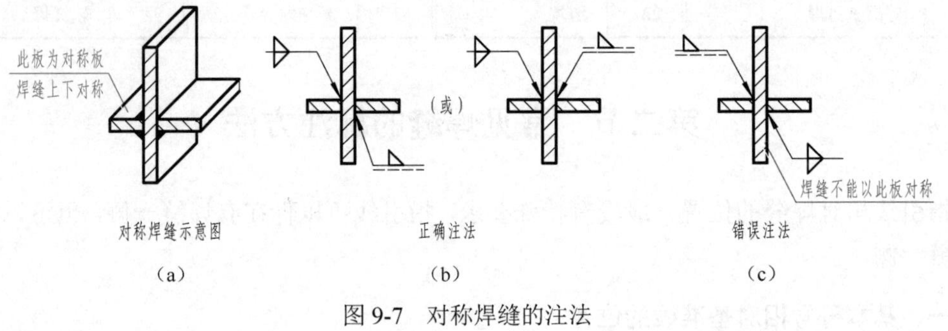

图 9-7　对称焊缝的注法

四、常见焊缝的标注示例

常见焊缝的标注方法如下。

【例 9-1】　一对对接接头，焊缝形式及尺寸如图 9-8（a）所示。其接头板厚 10mm，根部间隙 2mm，坡口角度 60°。共有 4 条焊缝，每条焊缝长 100mm，采用埋弧焊进行焊接。试用焊缝符号表示法，将其标注出来。

解　标注结果如图 9-8（b）所示。

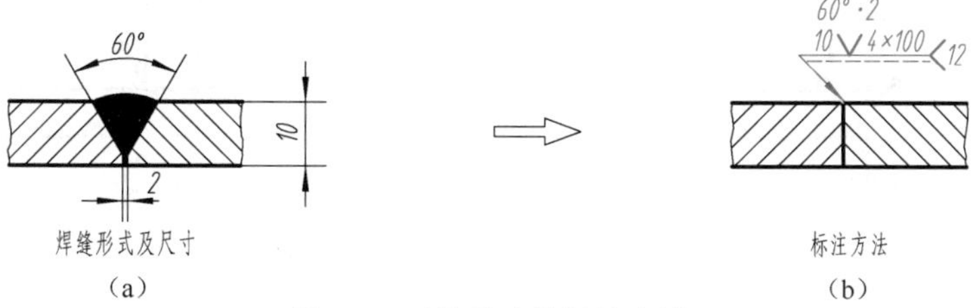

图 9-8　对接接头的标注方法

【例 9-2】　一对角接接头，焊缝形式及尺寸如图 9-9（a）所示。该焊缝为双面焊缝，上面为带钝边单边 V 形焊缝，下面为角焊缝。钝边为 3mm，坡口面角度为 50°，根部间隙为 2mm，焊脚尺寸为 6mm。试用焊缝符号表示法，将其标注出来。

解　标注结果如图 9-9（b）所示。

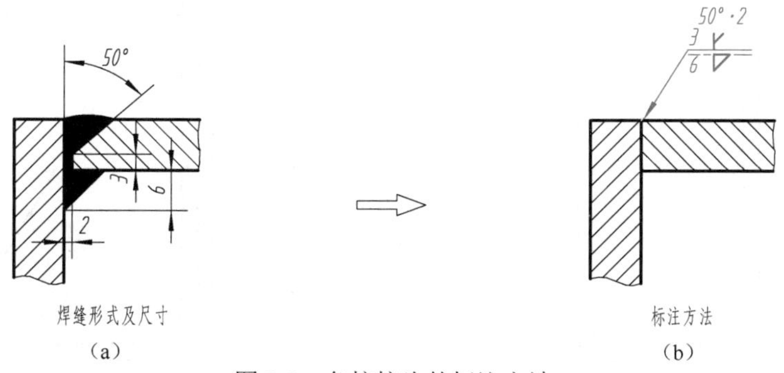

图 9-9　角接接头的标注方法

【例 9-3】　一对搭接接头，焊缝形式及焊缝符号标注如图 9-10 所示。试解释焊缝符号的含义。

解　“⊏”表示三面焊缝，“◺”表示单面角焊缝，“*K*”表示焊脚尺寸。

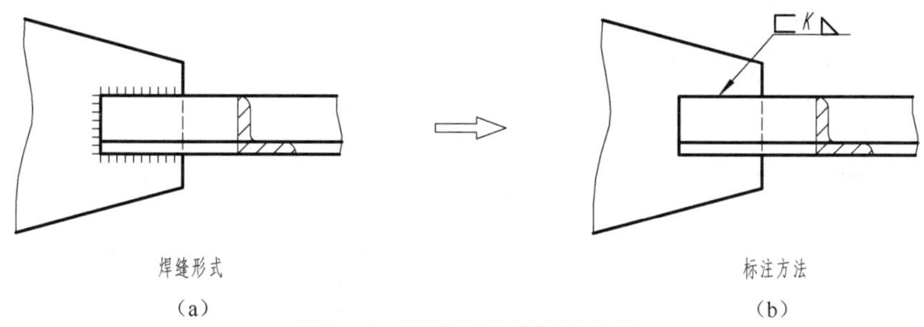

图 9-10　解释焊缝符号的含义

【例 9-4】　一对 T 形接头，焊缝形式及尺寸如图 9-11（a）所示。该焊缝为对称角焊缝，焊脚尺寸为 4mm，在现场装配时进行焊接。试用焊缝符号表示法，将其标注出来。

解　标注结果如图 9-11（b）所示。

【例 9-5】　图 9-12 为某化工设备的支座焊接图。试解释图中三种不同焊缝符号所表示的含义。

解　① 件 1（垫板）与设备吻合，与设备之间吊装现场焊接，四周全部采用角焊缝焊接，焊脚尺寸为 8mm。

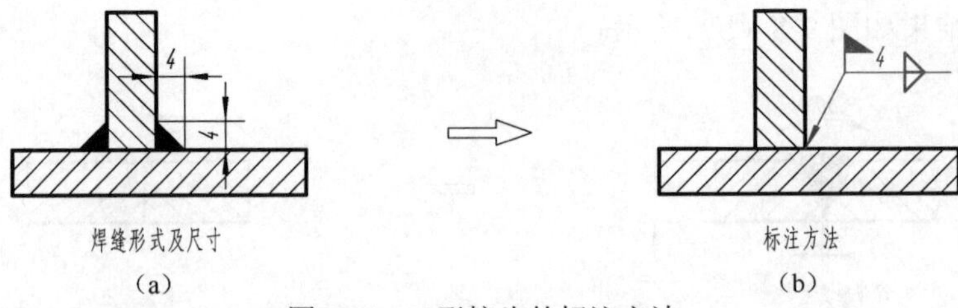

图 9-11　T 形接头的标注方法

② 件 2（支承板）与件 1（垫板）之间采用四周全部角焊缝焊接，焊脚尺寸为 8mm。
③ 件 3（底板）与件 2（支承板）之间采用双面角焊缝焊接，焊脚尺寸为 6mm。

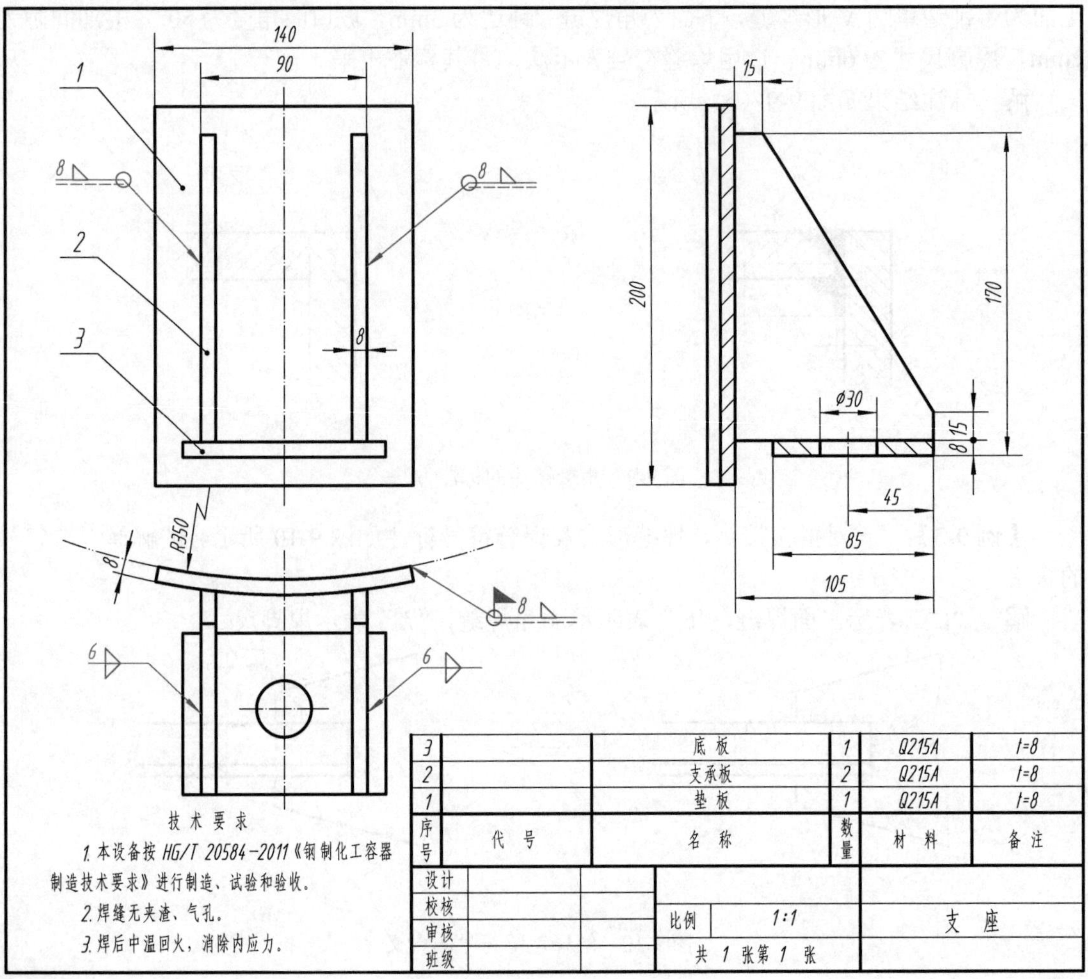

技术要求
1. 本设备按 HG/T 20584-2011《钢制化工容器制造技术要求》进行制造、试验和验收。
2. 焊缝无夹渣、气孔。
3. 焊后中温回火，消除内应力。

序号	代号	名称	数量	材料	备注
3		底板	1	Q215A	t=8
2		支承板	2	Q215A	t=8
1		垫板	1	Q215A	t=8

设计		比例	1:1	支座
校核				
审核				
班级		共 1 张第 1 张		

图 9-12　支座焊接图

第十章　建筑施工图

教学提示

① 了解建筑施工图表达方法以及与机械图的区别。

② 了解建筑施工图常见的图例代号、标高及尺寸标注等。

③ 基本掌握阅读平面图、立面图和剖面图的方法。

第一节　建筑施工图的表达方法

工艺设计与土建工程，特别是房屋建筑，有着密切的联系。从事化工、仪表、电子、矿冶以及机械制造等专业的工程技术人员，在工艺设计过程中，应对厂房建筑设计提出工艺方面的要求。例如，厂房必须满足生产设备的布置和检修的要求；建筑物和道路的布置，必须符合生产工艺流程和运输的需要；要考虑到生产辅助设施的各种管线（包括给排水、采暖通风、供电、煤气、蒸汽、压缩空气等）、地沟的敷设要求等。因此，工艺人员应该掌握房屋建筑的基本知识和具备识读建筑施工图的初步能力。

建筑施工图是用以表达设计意图和指导施工的成套图样。它将房屋建筑的内外形状、大小及各部分的结构、装饰等，按国家工程建设制图标准的规定，用正投影法准确而详细地表达出来。由于建筑物的形状、大小、结构以及材料等，与机器存在很大差别，所以在表达方法上也就有所不同。在学习本章时，必须弄清建筑施工图与机械图的区别，了解建筑制图国家标准的有关规定，基本掌握建筑施工图的图示特点和表达方法。

一、房屋建筑的构成

房屋分为工业建筑（如厂房、仓库等）、农业建筑（如粮站、饲养场等）和民用建筑三大类。其中民用建筑又分为居住建筑（如住宅、公寓等）和公共建筑（如商场、旅馆、车站、学校、医院、机关等）。虽然各种房屋功能不同，但其基本组成部分和作用是相似的。

图 10-1 是一幢四层实验楼的轴测剖视图，从图上可以清楚地看到房屋建筑由以下几部分组成。

（1）承重结构　如基础、柱、墙、梁、板等。

（2）围护结构　如屋面、外墙、雨篷等。

（3）交通结构　如门、走廊、楼梯、台阶等。

（4）通风、采光和隔热结构　如窗、天井、隔热层等。

（5）排水结构　如天沟、雨水管、勒脚、散水、明沟等。

（6）安全和装饰结构　如扶手、拦杆、女儿墙等。

建筑施工图简称“建施”，主要反映建筑物的整体布置、外部造型、内部布置、细部构造、内外装饰以及一些固定设备、施工要求等，是房屋施工放线、砌筑、安装门窗、室内外装修和编制工程概算及组织施工的主要依据。一套建筑施工图包括施工总说明、总平面图、建筑平面图、建筑立面图、建筑剖面图、建筑详图和门窗表等。

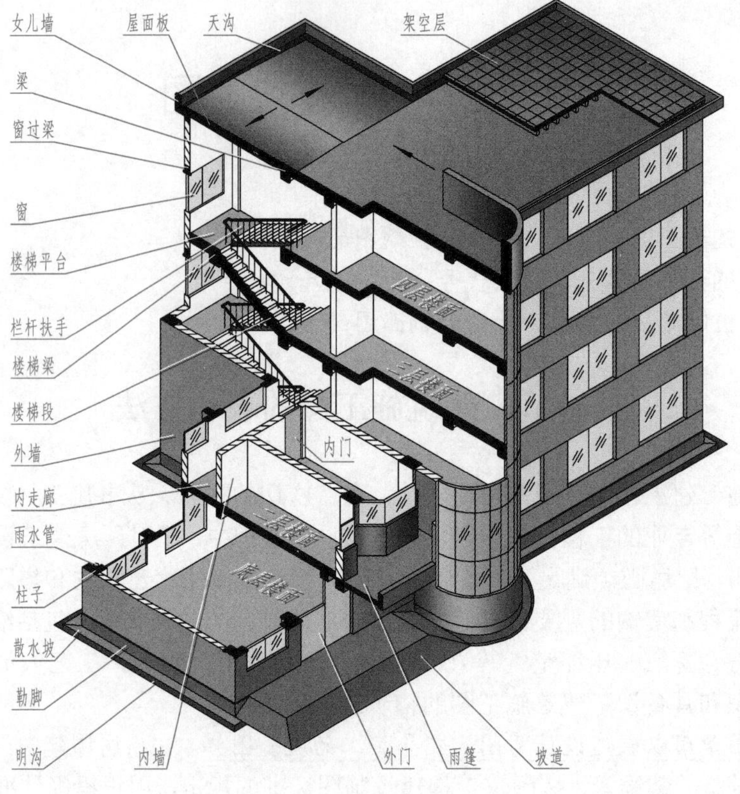

图 10-1　房屋的基本结构

二、建筑施工图样与机械图样的区别

1. 执行的标准不同

机械图样是按照技术制图和机械制图国家标准绘制的，而建筑施工图样是按照 GB/T 50001—2010《房屋建筑制图统一标准》、GB/T 50103—2010《总图制图标准》、GB/T 50104—2010《建筑制图标准》等六个国家标准绘制的。

2. 图样的名称与配置不同

① 建筑施工图样与机械图样都是按正投影法绘制的，但建筑施工图样与机械图样的图名不同，二者的区别详见表 10-1。

表 10-1　建筑施工图样与机械图样的图名对照

类别	图名对照								
建筑图样	正立面图	平面图	左侧立面图	右侧立面图	底面图	背立面图	剖面图	断面图	建筑详图
机械图样	主视图	俯视图	左视图	右视图	仰视图	后视图	剖视图	断面图	局部放大图

② 建筑施工图的视图配置（排列），通常是将平面图画在正立面图的下方。如果需要绘制侧立面图，也常将左侧立面图画在正立面图的左方，右侧立面图画在正立面图的右方。也可将平面图、立面图分别画在不同的图纸上。

3. 线宽比不同

绘制机械图样有 9 种规格的图线，绘制建筑图样有 11 种规格的图线。机械图样的线宽比为“粗线：细线=2：1”，而建筑图样的线宽比为“粗：中粗：中：细=1：0.7：0.5：0.25”，见表 10-2。

表 10-2　机械图样与建筑图样的线宽比（摘自 GB/T 4457.4—2002、GB/T 50104—2010）

（机械图样）图线名称	线宽 d	（建筑图样）图线名称		线宽 b
粗实线	d	实线	粗	b
细实线	$0.5d$		中粗	$0.7b$
细虚线	$0.5d$		中	$0.5b$
细点画线	$0.5d$		细	$0.25b$
波浪线	$0.5d$	虚线	中粗	$0.7b$
双折线	$0.5d$		中	$0.5b$
粗虚线	d		细	$0.25b$
粗点画线	d	单点长画线	粗	b
细双点画线	$0.5d$		细	$0.25b$
—	—	折断线	细	$0.25b$
—	—	波浪线	细	$0.25b$

4. 绘图比例不同

由于建筑物的形体庞大，所以平面图、立面图、剖面图一般都采用较小的比例绘制。建筑施工图中常用的比例，见表 10-3。

表 10-3　建筑施工图常用的比例（摘自 GB/T 50104—2010）

图名	比例	图名	比例
建筑物或构筑物的平面图、立面图、剖面图	1：50、1：100、1：150 1：200、1：300	配件及构造详图	1：1、1：2、1：5、1：10 1：15、1：20、1：25、1：30 1：50
建筑物或构筑物的局部放大图	1：10、1：20、1：25 1：30、1：50		

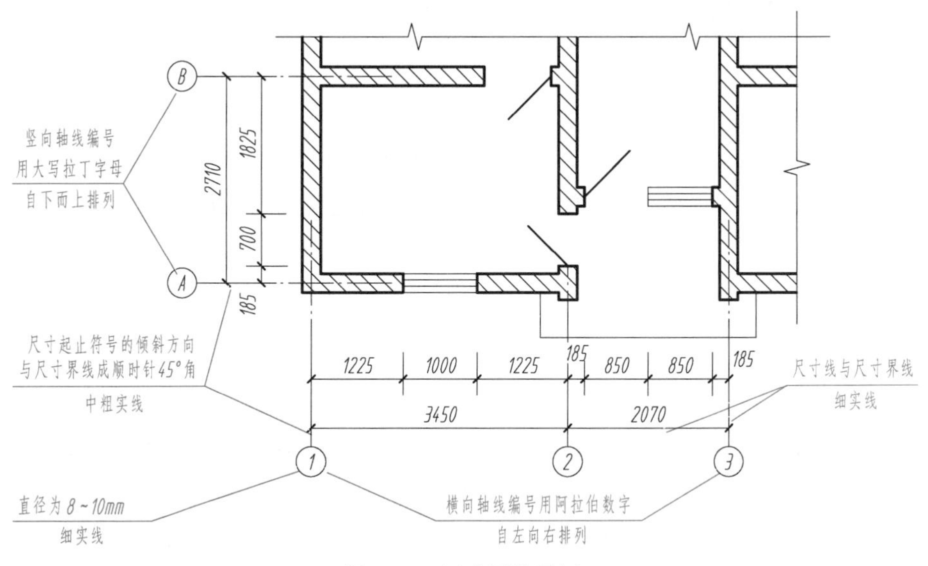

图 10-2　尺寸标注示例

5. 尺寸标注不同

① 建筑图样中的起止符号一般不用箭头，而用与尺寸界线成顺时针旋转45°角、长度为2～3mm的中粗斜短线表示，其标注的一般形式如图10-2所示。直径、半径、角度与弧长的尺寸起止符号，用箭头表示。

② 一般情况下，建筑图样中的尺寸要注成封闭的。

③ 建筑图样中的尺寸单位，除标高及总平面图以m为单位外，其他必须以mm为单位。

三、建筑施工图的表达方法

建筑施工图是从总体上表达建筑物的内外形状和结构情况，通常要画出它的平面图、立面图和剖面图（简称“平立剖”），是建筑施工图中的基本图样。

1. 平面图

假想用一水平的剖切平面沿门窗洞的位置将建筑物剖开，移去剖切平面以上部分，将余下部分向水平面投射所得的剖视图，称为建筑平面图，简称平面图，如图10-3（b）所示。从图中可以看出，平面图相当于机械制图中全剖的俯视图。

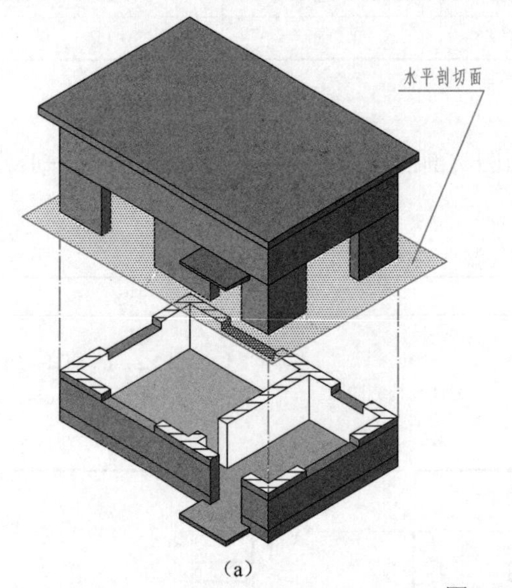

（a）

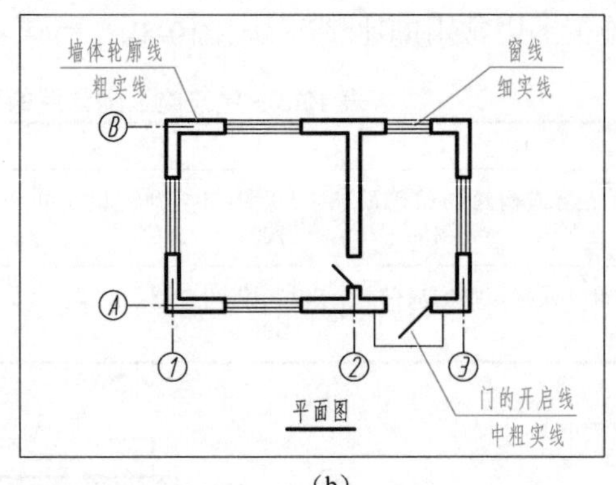

（b）

图10-3 平面图

平面图主要表示建筑物的平面布局，反映各个房间的分隔、大小、用途；墙（或柱）的位置；内外交通联系；门窗的类型和位置等内容。如果是楼房，还应表示楼梯的位置、形式和走向。

2. 立面图

在与建筑立面平行的铅直投影面上所做的正投影图，称为建筑立面图，简称立面图，如图10-4所示。

立面图主要表示建筑物的外貌，反映建筑物的长度、高度和层数，门窗、雨篷、凉台等细部的形式和位置，以及墙面装饰的做法等内容。由于立面图主要表示建筑物某一立面的外貌，所以建筑物内部不可见部分省略不画。立面图采用的比例与平面图相同。立面图的名称，一般以反映主要出入口和建筑物外貌特征的那一面，称为正立面图（相当于机械制图中的主视图）；从建筑物的左侧（或右侧）由左向右（或由右向左）投射所得的立面图，称为侧立面图；而从建筑物的背面（由后向前）投射所得的立面图，则称为背立面图。

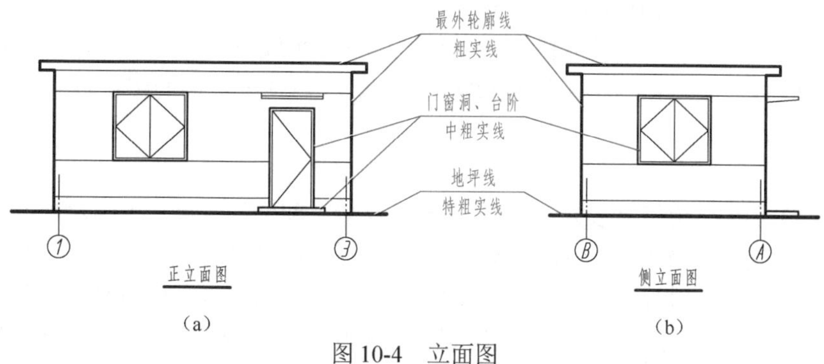

（a） （b）

图 10-4 立面图

3. 剖面图

假想采用一个或多个垂直于外墙的切平面将建筑物剖开，移去观察者和剖切面之间的部分，将余下部分向投影面投射所得的剖视图，称为建筑剖面图，简称剖面图，如图 10-5（b）所示。该剖面图相当于机械制图中全剖的左视图或右视图。

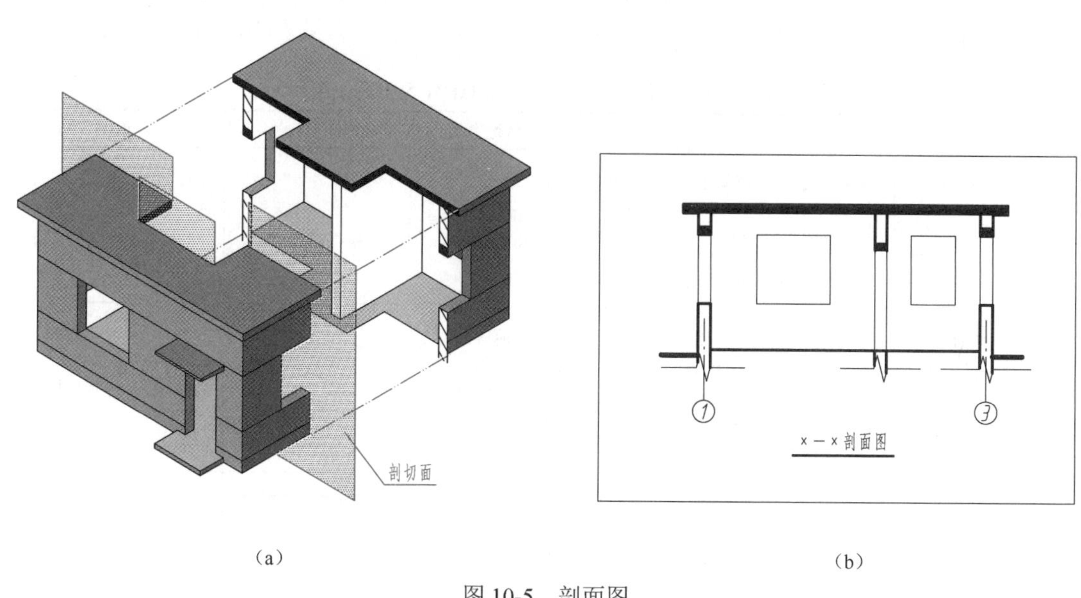

（a） （b）

图 10-5 剖面图

剖面图主要表示建筑物内部在垂直方向上的情况。如屋面坡度、楼房的分层、楼板的厚度，以及地面、门窗、屋面的高度等。剖面图采用的比例与平面图、立面图相同。剖面图所选取的剖切位置，应该是建筑物内部有代表性或空间变化较复杂的部位，并尽可能通过门窗洞、楼梯间等部位。

四、建筑施工图常用的符号和图例

1. 定位轴线

定位轴线是用来确定房屋主要承重构件位置及标注尺寸的基线。在建筑施工图中，建筑物是个整体，为了便于施工时定位放线和查阅图样，采用定位轴线表示墙、柱的位置，并对各定位轴线加以编号。

定位轴线用单点长画线表示，轴线编号注写在轴线端部的圆圈内。编号圆用细实线绘制，直径为 8～10mm。在平面图上，横向编号采用阿拉伯数字，自左向右依次编写；竖向编号用大写拉丁字母（I、O、Z 除外）自下而上顺序编写，轴线编号一般注写在平面图的下方及左侧，如图 10-2 所示。在立面图或剖面图上，一般只需画出两端的定位轴线，如图 10-4、图 10-5（b）所示。

2. 标高符号

在建筑施工图中，用标高表示建筑物的地面或某一部位的高度。用绝对标高和建筑标高表示不同的相对高度。标高尺寸以 m 为单位，不需在图上标注。

建筑标高用来表示建筑物各部位的高度，用于除总平面图以外的其他施工图上。常以建筑物的首层室内地面作为零点标高（注写成±0.000）；零点标高以上为正，标高数字前不必注写“+”号；零点标高以下为负，标高数字前必须加注负号“-”；标高尺寸注写到小数点后第三位。

3. 图例

由于建筑施工图是采用较小比例绘制的，有些内容不可能按实际情况画出，因此常采用各种图形符号（称为图例）来表示建筑材料和建筑配件。画图时，要按照建筑制图国家标准的规定，正确地画出这些图例。总平面图和建筑施工图常用图例见表 10-4 和表 10-5。

表 10-4　总平面图常用图例（摘自 GB/T 50103—2010）

名称	图例	说明	名称	图例	说明
新建建筑物	12F/2D H=59.00m	新建建筑物以粗实线表示与室外地坪相接处±0.00 外墙定位轮廓线 根据不同设计阶段标注地上（F）、地下（D）层数，建筑高度，建筑出入口位置 地下建筑物以粗虚线表示其轮廓 建筑上部（±0.00 以上）外挑建筑用细实线表示	围墙及大门		—
			其他材料露天堆场或露天作业场		需要时可注明材料名称
原有的建筑物		用细实线表示	填挖边坡		—
计划扩建预留地或建筑物		用中粗虚线表示	挡土墙	5.00(墙顶标高) 1.50(墙底标高)	挡土墙根据不同设计阶段的需要标注
拆除的建筑物		用细实线表示	人行道		用细实线表示
坐标	1. X=105.00 Y=425.00 2. A=105.00 B=425.00	1.表示地形测量坐标系 2.表示自设坐标系 坐标数字平行于建筑标注	绿化		从左至右：常绿针叶乔木、落叶针叶乔木、常绿阔叶乔木、落叶阔叶乔木
					从左至右：常绿阔叶灌针、落叶阔叶灌木、花卉、人工草坪

表 10-5　建筑施工图常用图例（摘自 GB/T 50001、GB/T 50104—2010）

名称		图例	说明
建筑材料	自然土壤		包括各种自然土壤
	夯实土壤		—
	普通砖		包括实心砖、多孔砖、砌块等砌体。断面较窄不易绘出图例线时，可涂红，并在图纸备注中加注说明，画出该材料图例
	混凝土		①本图例指能承重的混凝土及钢筋混凝土 ②包括各种强度等级、骨料、添加剂的混凝土 ③在剖面图上画出钢筋时，不画图例线 ④断面图形小，不易画出图例线时，可涂黑
	钢筋混凝土		
其他	指北针	北 或 N	圆的直径宜为24mm，用细实线绘制；指针尾部的宽度宜为3mm，指针头部应注“北”或“N”字

名称		图例	说明
建筑构造及配件	单面开启单扇门（包括平开或单面弹簧）		①门的名称代号用 M 表示 ②平面图中，下为外，上为内 ③剖面图中，左为外，右为内 ④立面图中，开启线实线为外开，虚线为内开。开启线交角的一侧为安装合页的一侧
	单层外开平开窗		①窗的名称代号用 C 表示 ②平面图中，下为外，上为内 ③剖面图中，左为外，右为内 ④立面图中，开启线实线为外开，虚线为内开。开启线交角的一侧为安装合页的一侧
	孔洞		阴影部分亦可填充灰度或涂色代替
	坑槽		—

第二节　建筑施工图的识读

建筑施工图所表达内容很多，对于非建筑专业人员而言，只要知道房屋的形状就行了，不需要了解其构件的内部结构、材料性能和施工要求，所以本节只对建筑施工图的识读方法作简要介绍。

一、总平面图

将拟建的建筑物及四周一定范围内原有和准备拆除的建筑物，连同其周围地形、地貌状况，用水平投影法和有关图例所画出的图样，称为总平面图。

总平面图能反映建筑物的平面形状、位置、朝向和周围环境的关系。它是新建建筑物定位、放线以及施工组织设计的依据，也是其他专业人员绘制设备布置图和管线布置图的依据。

图 10-6 是某拟建实验楼的总平面图，图中符号按表 10-4 中的图例绘制。

总平面图因包括范围较大，常采用较小的比例，如 1∶2000、1∶1000、1∶500 等。

图 10-6 中用粗实线按底层外轮廓线绘制拟建的新建筑物（新建实验楼）；用细实线绘制原有建筑物（配房）；用中粗虚线绘制计划扩建的建筑物（教学楼）；4F 表示楼的层数，打“×”的（库房）表示要拆除的建筑物。

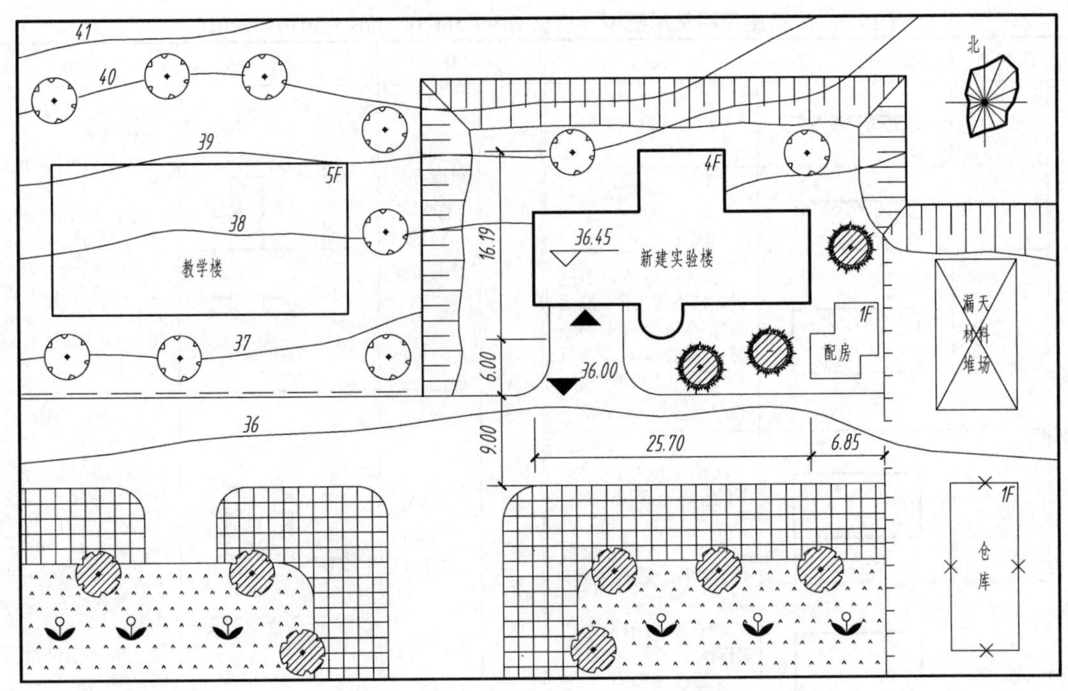

图 10-6　总平面图

总平面图中所有尺寸都是以 m 为单位标注的；新建房屋应注底层室内地面和室外整平后地坪的绝对标高（以青岛黄海海平面为零点而测定的高度尺寸），标高保留小数点后两位。

图中右上方画出风玫瑰，表示了房屋的朝向和本地全年的最大风向频率。

二、平面图

平面图是假想经过门窗的水平面把房屋剖开，移走上部，从上向下投射得到的水平剖视图，称为平面图，如图 10-7 所示。如果是楼房，沿底层切开的，称为底（首）层平面图，沿二层切开的称为二层平面图，依次有三层、四层…平面图。

平面图主要表示房屋的平面形状和内部房间的分隔、大小、用途、门窗的位置，以及交通联系（楼梯、走廊）等内容。

平面图中凡是被水平剖切面剖切到的墙、柱等截面轮廓线用粗实线绘制，门窗的开启示意线用中粗实线绘制；其余可见轮廓线和尺寸线用细实线绘制，表示墙体的定位轴线用单点长画线绘制。在采用 1：200、1：100 等较小比例时，一般不画剖面符号。

平面图中要标注全部尺寸。外墙尺寸一般分三道标注：

——最外面一道标注外墙的总体尺寸。通过其长度和宽度，可计算建筑面积和占地面积；

——中间一道是轴线尺寸，表明房间的开间及进深；

——最里一道表示各细部的位置及大小，如门窗洞口、墙垛的宽度和位置。

要注明楼层地面的相对标高。一楼室内地面的标高为±0.000，它的绝对标高即总平面图所注标高。也可用楼地面标高来命名平面图，如“±0.000 平面图”“3.000 平面图”等。

门、窗洞处要标注代号（门 M、窗 C）和门的开启方向（门的开启线用中实线），门窗的具体尺寸，可查阅门窗表和门窗标准图集。

平面图右上角的指北针符号，表示传达室坐北朝南。

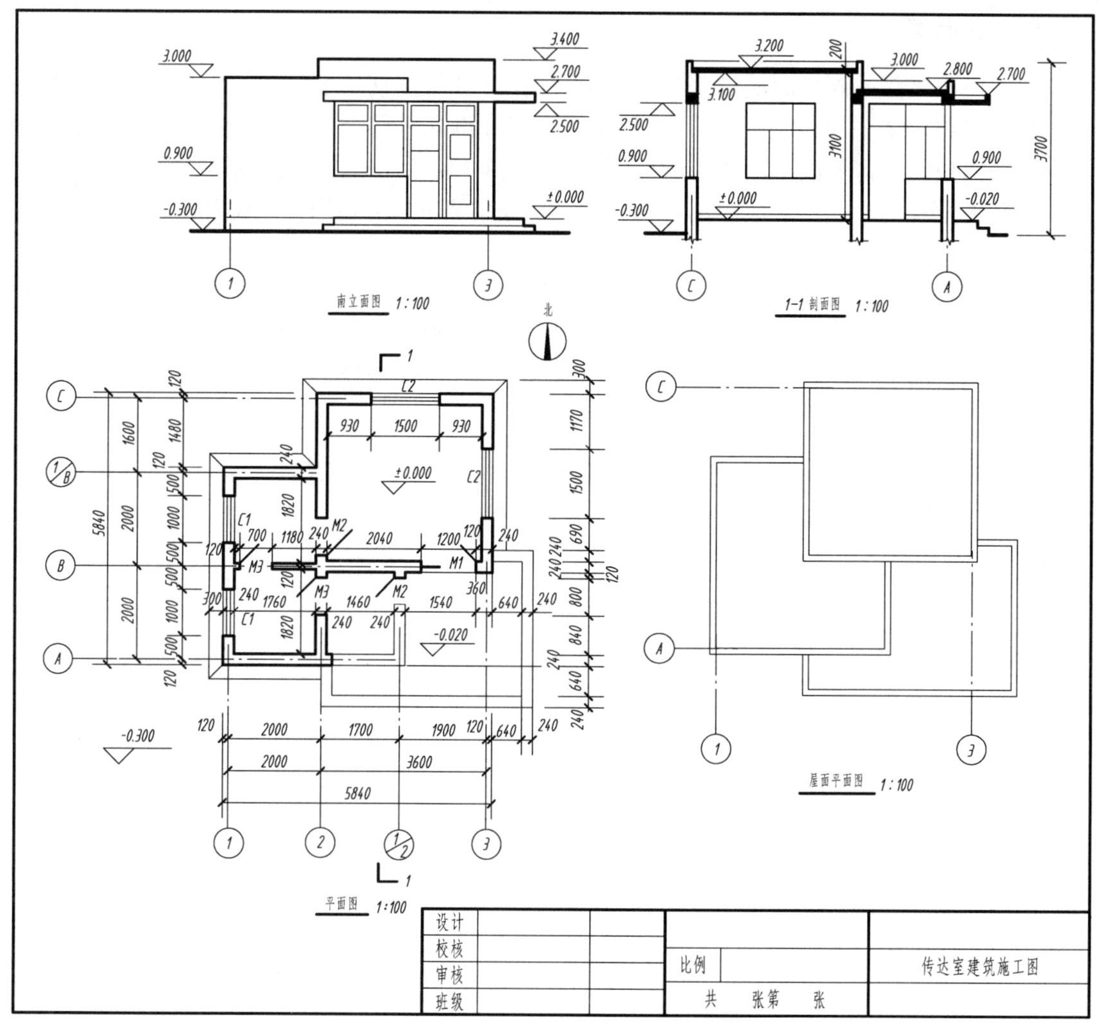

图 10-7　传达室建筑施工图

三、立面图

从正面观察房屋的视图，称为正立面图；从侧面观察房屋所得的视图，称为侧立面图；从背面观察房屋所得的视图，称为背立面图。立面图也可以按房屋的朝向分别称为东立面图、西立面图、南立面图、北立面图，如图 10-7 中为南立面图。

立面图表示房屋的外貌，反映房屋的高度、门窗的形式、大小和位置，屋面的形式和墙面的做法等内容。

立面图最外轮廓线用粗实线表示，门窗洞、台阶等主要结构用中粗实线表示，其他次要结构（如窗扇的开启符号、水刷石墙面分格线、雨水管、预制花饰等）用细实线表示，地坪线用特粗实线（1.4b）表示。

立面图上主要标注室外地面、台阶、窗台、阳台、雨篷、屋顶等标高和总高尺寸。标注立面最外两端的定位轴线编号（本例中标注①、③轴线）。

四、剖面图

假想用正平面或侧平面沿铅垂方向把房屋剖开（如果剖切平面不能同时剖开外墙上的门或窗时，可将剖切平面转折一次），将处于观察者和剖切平面之间的部分移去，而将其余部分向投影面投射所得的图形，称为剖面图，如图 10-7 中的 1—1 剖面所示。

剖面图主要用来表示房屋内部的结构形式、分层情况、主要构件的相互关系以及从屋面到地面各层的高度等内容。

在剖面图中，要标注主要结构（屋面、楼地面、楼梯平台、雨篷、屋檐、窗台等）的标高、屋面坡度、楼层高度等重要尺寸。由于剖面图比例较小，不能标出全部尺寸，详细尺寸只能在建筑详图中标注。标注两端被切的外墙定位轴线（本例标注Ⓐ、Ⓒ轴线）。

第十一章　化工设备图

教学提示

① 了解化工设备的结构特点，掌握化工设备的表达方法和简化画法。

② 掌握化工设备常用标准零部件的规定画法，并能根据标记查阅相关的标准。

③ 熟悉化工设备图尺寸标注的方法，掌握阅读化工设备图的基本方法。

第一节　化工设备图概述

化工设备是用于化工产品生产过程中的合成、分离、结晶、过滤、吸收等生产单元的装置和设备。化工设备的设计和施工图样的绘制，都是根据化工工艺的要求进行的。首先由化工工艺技术人员根据工艺要求和计算，确定所需要的化工单元操作类型和所需的设备，提出“设备设计条件单”，对设备的大致结构、规格、尺寸、材料、管口数量与方位、技术特性和使用环境等列出具体要求；然后由设备设计人员据此进行设备的结构设计和强度计算，根据相关的技术标准，确定设备的结构尺寸、加工制造的技术要求和检验要求；最后绘制出化工设备装配图。

表示化工设备的结构、形状、大小、性能和制造安装等技术要求的图样，称为化工设备装配图，简称化工设备图。化工设备和机械设备相比较，无论从结构特征，还是从工作原理、使用环境和加工制造等方面，都有较大的差别。化工设备图的绘制除了执行技术制图和机械制图国家标准外，还要执行一系列的化工行业标准和相关规定，与一般机械设备的表示方法有较大的区别。

一、化工设备的种类

1. 塔器

塔器是一种直立式的设备，是石油化工企业生产中不可缺少的设备，如图 11-1 所示。

图 11-1　炼油装置

塔器的结构特征是直立式圆柱形设备，塔器的高度和直径尺寸相差较大（高、径比一般都在 8 以上）。主要用于精馏、吸收、萃取和干燥等化工分离类单元操作，如精馏塔、吸收塔、萃取塔和干燥塔等。也可用于反应过程，如合成塔、裂解塔等。

2. 换热器

换热器主要用于两种不同温度的物料进行热量交换，以达到加热或冷却的目的，其结构形状通常以圆柱形为主。换热器有列管式换热器、套管式换热器和盘管式换热器等多种类型，按其工作位置可分成立式与卧式。应用较广的是列管式换热器，如图 11-2（a）所示。

（a）

（b）

图 11-2　换热器

3. 反应器

反应器主要用于化工反应过程，生成新的物质。也可用于沉降，混合、浸取与间歇式分级萃取等单元操作，其外形通常为圆柱形，并带有搅拌和加热装置，如图 11-3（a）所示。反应器的形式很多，塔式、釜式和管式均有，以釜式居多。在染料、制药等行业，又称为反应罐或反应锅。

（a）

（b）

图 11-3　反应器

4. 容器

容器通常也称为储槽或储罐，主要用来储存原料、中间产品和成品。其结构特征有圆柱形、球形、矩形容器等，以圆柱形容器应用最广，如图 11-4（a）所示。

（a）

（b）

图 11-4　储罐

二、化工设备的结构特点

化工设备的结构、形状、大小虽各不相同，但其结构具有以下一些特点。

1. 壳体以回转体为主

化工设备多为壳体容器，一般由钢板弯卷制成。设备的主体和零部件的结构形状，大部分以回转体（即圆柱形、球形、椭圆形和圆锥形）为主。

2. 尺寸大小相差悬殊

化工设备的结构尺寸相差较悬殊，如设备的总高（长）与直径、设备的总体尺寸与壳体壁厚或其他细部结构尺寸大小相差悬殊。如图 11-5 中储罐的总长为 2807mm、直径为ϕ1400mm 与壁厚尺寸 6mm 相差悬殊。

3. 有较多的开孔和管口

根据工艺的需要，在设备壳体的轴向和周向位置上，有较多的开孔和管口，用以安装各种零部件和连接管路。如一般设备均有进料口、出料口、排污口，以及测温管、测压管、液位计接管和人（手）孔等。

4. 大量采用焊接结构

焊接结构多是化工设备一个突出的特点。在化工设备的结构设计和制造工艺中均大量采用焊接结构。焊接结构不仅强度高、密封性能好，能适应化工生产过程的各种环境，而且成本低廉。在化工设备的制造过程中，焊接工艺大量应用于各部分结构的连接、零部件的安装。不仅设备壳体由钢板卷焊而成，其他结构（如筒体与封头、管口、支座、人孔的连接）也都采用焊接的方法。

5. 广泛采用标准零部件

化工设备上一些常用的零部件，大多已实现了标准化、系列化和通用化，如封头、支座、设备法兰、管法兰、人（手）孔、补强圈、视镜、液面计等。一些典型设备中，部分常用零部件（如填料箱、搅拌器、膨胀节、浮阀等）也有相应的标准。因此在设计中多采用标准零部件和通用零部件。

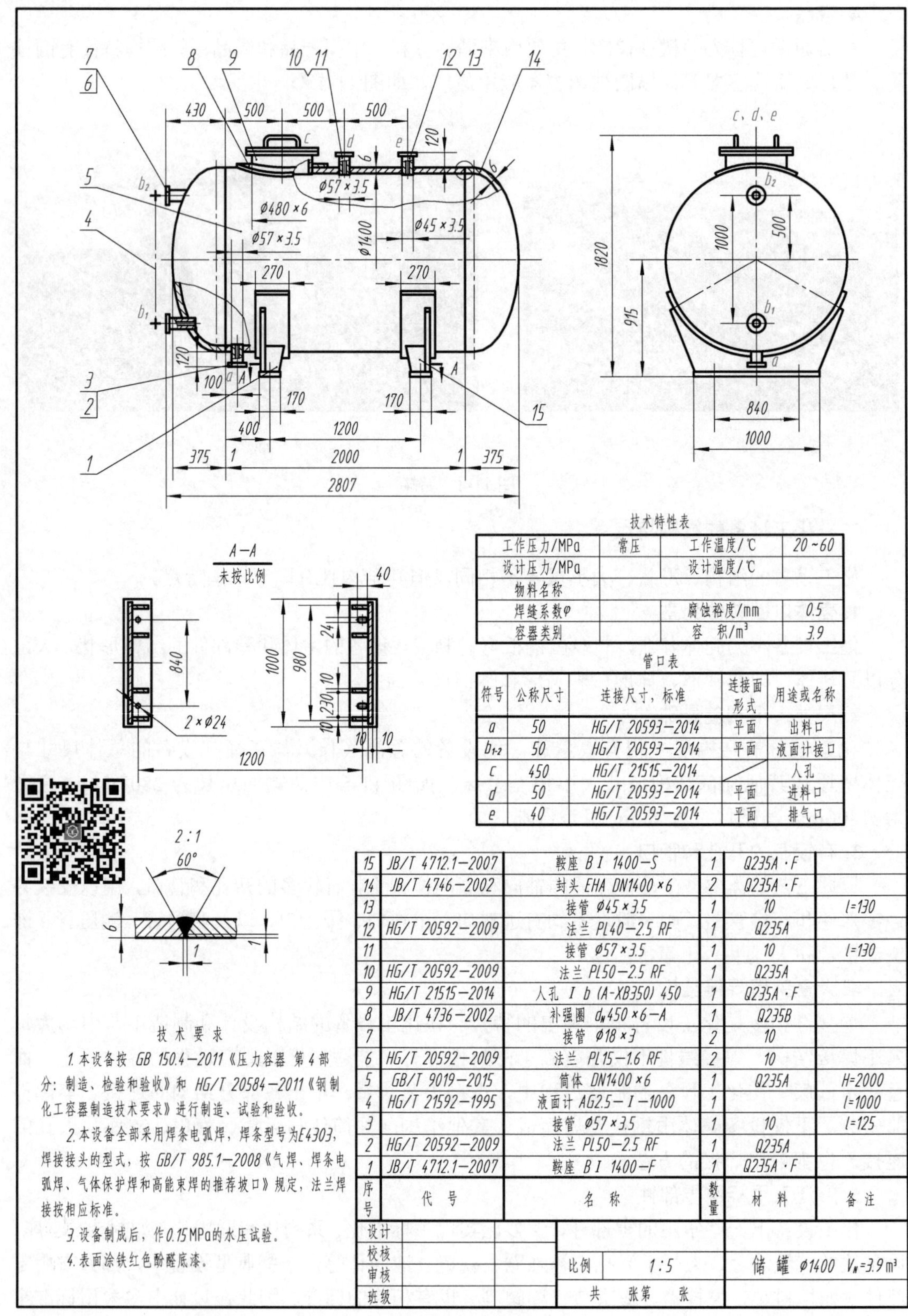

技术特性表

工作压力/MPa	常压	工作温度/℃	20~60
设计压力/MPa		设计温度/℃	
物料名称			
焊缝系数φ		腐蚀裕度/mm	0.5
容器类别		容　积/m³	3.9

管口表

符号	公称尺寸	连接尺寸，标准	连接面形式	用途或名称
a	50	HG/T 20593—2014	平面	出料口
b_{1-2}	50	HG/T 20593—2014	平面	液面计接口
c	450	HG/T 21515—2014		人孔
d	50	HG/T 20593—2014	平面	进料口
e	40	HG/T 20593—2014	平面	排气口

序号	代　号	名　称	数量	材　料	备　注
15	JB/T 4712.1—2007	鞍座 B I 1400—S	1	Q235A·F	
14	JB/T 4746—2002	封头 EHA DN1400×6	2	Q235A·F	
13		接管 Ø45×3.5	1	10	l=130
12	HG/T 20592—2009	法兰 PL40—2.5 RF	1	Q235A	
11		接管 Ø57×3.5	1	10	l=130
10	HG/T 20592—2009	法兰 PL50—2.5 RF	1	Q235A	
9	HG/T 21515—2014	人孔 I b (A-XB350) 450	1	Q235A·F	
8	JB/T 4736—2002	补强圈 d_N450×6—A	1	Q235B	
7		接管 Ø18×3	2	10	
6	HG/T 20592—2009	法兰 PL15—1.6 RF	2	10	
5	GB/T 9019—2015	筒体 DN1400×6	1	Q235A	H=2000
4	HG/T 21592—1995	液面计 AG2.5—I—1000	1		l=1000
3		接管 Ø57×3.5	1	10	l=125
2	HG/T 20592—2009	法兰 PL50—2.5 RF	1	Q235A	
1	JB/T 4712.1—2007	鞍座 B I 1400—F	1	Q235A·F	

设计		比例	1:5	储　罐　Ø1400　V_N=3.9 m³
校核				
审核				
班级		共　张第　张		

技 术 要 求

1.本设备按 GB 150.4—2011《压力容器 第4部分：制造、检验和验收》和 HG/T 20584—2011《钢制化工容器制造技术要求》进行制造、试验和验收。

2.本设备全部采用焊条电弧焊，焊条型号为E4303，焊接接头的型式，按 GB/T 985.1—2008《气焊、焊条电弧焊、气体保护焊和高能束焊的推荐坡口》规定，法兰焊接按相应标准。

3.设备制成后，作0.15MPa的水压试验。

4.表面涂铁红色酚醛底漆。

图 11-5　储罐装配图

6. 防泄漏结构要求高

在处理有毒、易燃、易爆的介质时，要求密封结构好，安全装置可靠，以免发生事故。因此，除对焊缝进行严格的检验外，对各连接面的密封结构提出了较高要求。

三、化工设备图的内容

图 11-5 为常见的化工设备——储罐的装配图，图 11-6 为储罐的轴测示意图。从图 11-5 中可以看出，化工设备图包括以下几方面内容。

1. 一组视图

用以表达设备的结构、形状和零部件之间的装配连接关系。

2. 必要的尺寸

用以表达设备的大小、规格（性能）、装配和安装等尺寸数据。

3. 管口符号和管口表

对设备上所有的管口用小写拉丁字母顺序编号，并在管口表中列出各管口有关数据和用途等内容。

4. 技术特性表和技术要求

用表格形式列出设备的主要工艺特性，如操作压力、温度、物料名称、设备容积等；用文字说明设备在制造、检验、安装等方面的要求。

5. 明细栏及标题栏

对设备上的所有零部件进行编号，并在明细栏中填写每一零部件的名称、规格、材料、数量及有关标准号或图号等内容。标题栏用以填写设备名称、主要规格、绘图比例、设计单位、图号及责任者等内容。

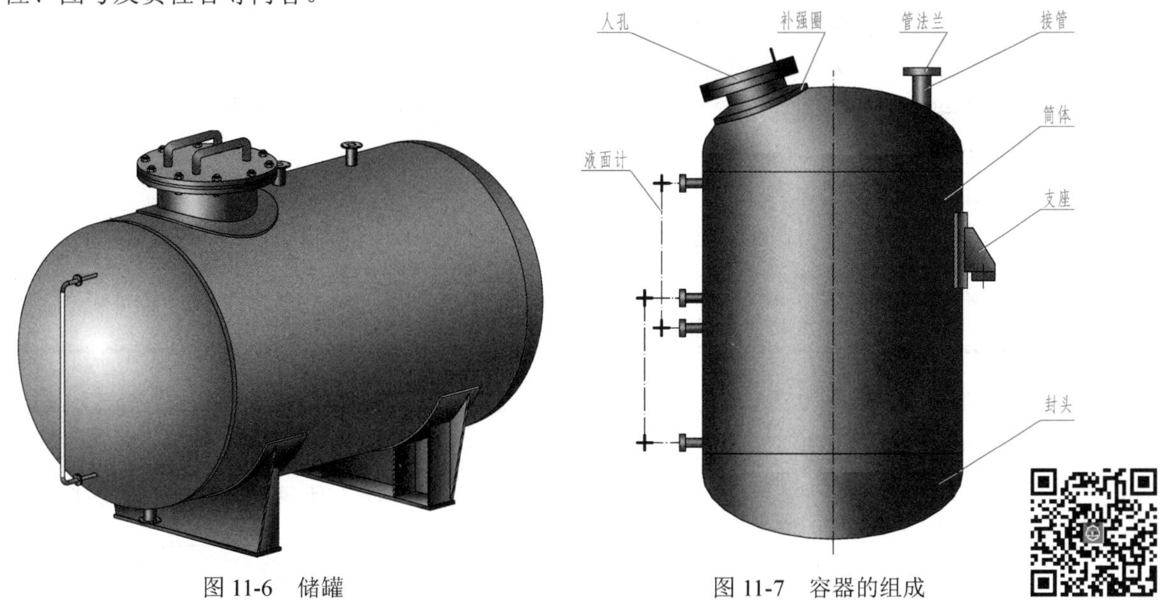

图 11-6　储罐　　　　图 11-7　容器的组成

第二节　化工设备常用的标准零部件

各种化工设备虽然工艺要求不同，结构形状也各有差异，但是往往都有一些作用相同的零部件。例如图 11-7 所示的容器，它由筒体、封头、人孔、管法兰、支座、液面计、补强圈等零部件组成。这些零部件都有相应的标准，并在各种化工设备上通用。

一、筒体（GB/T 9019—2015）

筒体是化工设备的主体部分，以圆柱形筒体应用最广。筒体一般由钢板卷焊成形。筒体的主要尺寸是公称直径、高度（或长度）和壁厚。当直径小于 500mm 时，可用无缝钢管作筒体。直径和高度（或长度）根据工艺要求确定，壁厚由强度计算决定，筒体直径应在国家标准 GB/T 9019—2015《压力容器公称直径》所规定的尺寸系列中选取，见表 11-1。

表 11-1　压力容器公称直径（摘自 GB/T 9019—2015）　　mm

内径为基准												
300	350	400	450	500	550	600	650	700	750	800	850	900
950	1000	1100	1200	1300	1400	1500	1600	1700	1800	1900	2000	2100
2200	2300	2400	2500	2600	2700	2800	2900	3000	3100	3200	3300	3400
3500	3600	3700	3800	3900	4000	4100	4200	4300	4400	4500	4600	4700
4800	4900	5000	5100	5200	5300	5400	5500	5600	5700	5800	5900	6000

外 径 为 基 准						
公称直径	150	200	250	300	350	400
外 径	168	319	273	325	356	406

筒体的标记格式如下：

公称直径　*DN*××　标准编号

【例 11-1】　圆筒内径为 2800mm 的压力容器公称直径，试写出其规定标记。

解　其规定标记为

公称直径　*DN*2800　GB/T 9019—2015

【例 11-2】　公称直径为 250、外径为 273mm 的管子做筒体的压力容器公称直径，试写出其规定标记。

解　其规定标记为

公称直径　*DN*250　GB/T 9019—2015

提示：筒体在明细栏的“名称”栏中填写“筒体　公称直径×壁厚”，在“备注”栏中填写“*H*(*L*)= 筒体高（长）”，如图 11-5 中的明细栏所示。壁厚尺寸由设计确定。

二、封头（GB/T 25198—2010）

封头是设备的重要组成部分，它与筒体一起构成设备的壳体。封头形式有：椭圆形封头、碟形封头、折边锥形封头、球冠形封头等，最常见的是椭圆形封头，如图 11-8（a）所示。

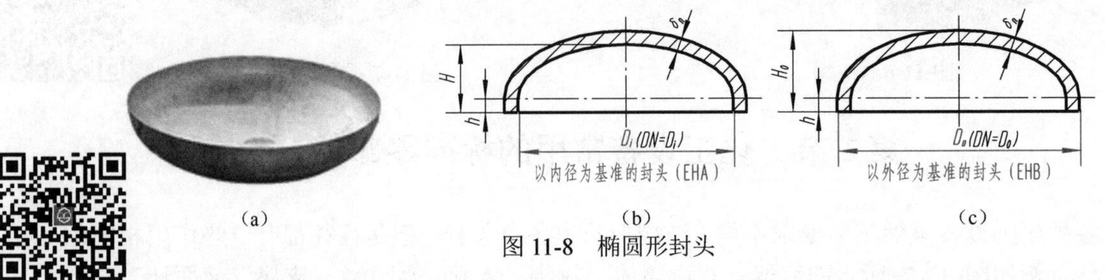

（a）　（b）　（c）

图 11-8　椭圆形封头

椭圆形封头的公称直径与筒体相同，因此，在设备图中封头的尺寸一般不单独标注。当筒体由钢板卷制时，椭圆形封头的内径 D_i 为公称直径 DN，如图 11-8（b）所示；由无缝钢管作筒体时，椭圆形封头的外径 D_o 为公称直径 DN，如图 11-8（c）所示。椭圆形封头的规格和尺寸系列，见附表 19。

封头的标记格式如下：

封头类型代号　封头公称直径×封头名义厚度（封头成品最小厚度）—材料牌号　标准号

标记的注写规则：

类型代号　以内径为基准的椭圆形封头，其类型代号为 EHA；以外径为基准的椭圆形封头，其类型代号为 EHB。

封头成品最小厚度　即成品封头实测厚度最小值（学习期间无法获得可省略标注）。

标准号　现行的标准号为 GB/T 25198—2010，标注时省略年号。

【例 11-3】　公称直径 1600mm、名义厚度 12mm、材质 16MnR、以内径为基准的椭圆形封头，试写出其规定标记。

解　其规定标记为

EHA　2000×12—16MnR　GB/T 25198

【例 11-4】　公称直径 325mm，封头名义厚度 12mm，封头最小成品厚度 11.2mm，材质为 Q345R，以外径为基准的椭圆形封头，试写出其规定标记。

解　其规定标记为

EHB　325×12（11.2）—Q345R　GB/T 25198

提示：椭圆形封头在明细栏的“名称”栏中填写“封头 EHA　2000×12”。

三、法兰与接管

由于法兰连接有较好的强度和密封性，而且拆卸方便，因此在化工设备中应用较普遍。法兰连接由一对法兰、密封垫片和螺栓、螺母和接管等零件所组成，如图 11-9 所示。

图 11-9　法兰连接

化工设备用的标准法兰有管法兰和压力容器法兰（又称设备法兰）两类。标准法兰的主要参数是公称直径（DN）和公称压力（PN）。

1. 管法兰（HG/T 20592—2009）

（1）管法兰的标识　管法兰用于管路与管路或设备上的接管与管路的连接。管法兰属于管路系统中的一种标准元件，它的公称直径并不等同于钢管或管法兰中的某个具体尺寸。在 GB/T 1047—2005《管道元件 *DN*（公称尺寸）的定义和选用》中，管法兰的 *DN* 定义为：用于管道系统元件的字母和数字组合的尺寸标识。它由字母 *DN* 和后跟无因次的整数数字组成。这个数字与配用的钢管外径有固定的对应关系，见表 11-2。

HG/T 20592－2009《钢制管法兰（*PN* 系列）》规定了 9 个压力级别，即 2.5、6、10、16、25、40、63、100 和 160，单位为巴（bar）。当采用这些不同级别的压力值，作为给定条件下确定管法兰（强度）尺寸的设计压力时，据此所确定的各种 *DN* 的管法兰尺寸，就有了另一个与承压能力有关的标识——公称压力 *PN*，用 *PN*2.5、*PN*6～*PN*160 表示。

表 11-2　管法兰配用钢管的公称尺寸和钢管外径（摘自 HG/T 20592—2009）　mm

公称尺寸 *DN*		10	15	20	25	32	40	50	65
钢管外径	A（英制）	17.2	21.3	26.9	33.7	42.4	48.3	60.3	76.1
	B（公制）	14	18	25	32	38	45	57	76
公称尺寸 *DN*		80	100	125	150	200	250	300	350
钢管外径	A（英制）	88.9	114.3	139.7	168.3	219.1	273	323.9	355.6
	B（公制）	89	108	133	159	219	273	325	377
公称尺寸 *DN*		400	450	500	600	700	800	900	1000
钢管外径	A（英制）	406.4	457	508	610	711	813	914	1016
	B（公制）	426	480	530	630	720	820	950	1020

注：钢管外径包括 A、B 两个系列。A 系列为国际通用系列（俗称英制管），B 系列为国内沿用系列（俗称公制管）。

（2）管法兰的结构　化工行业管法兰标准共规定了八种不同类型的管法兰和两种法兰盖，最常用的是：板式平焊法兰、带颈平焊法兰、带颈对焊法兰和法兰盖，其结构如图 11-10 所示，管法兰和法兰盖类型代号及应用范围，见表 11-3。板式平焊钢制管法兰和钢制管法兰盖的规格、结构尺寸等，见附表 20。

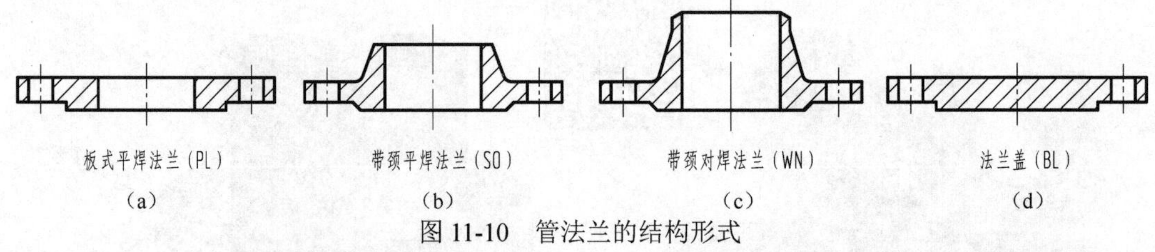

图 11-10　管法兰的结构形式

（3）管法兰的密封面　管法兰密封面有全平面、突面、凹凸面、榫槽面和环连接面五种形式。全平面、突面型的结构如图 11-11（a）所示；凹凸形的密封面由一凸面和一凹面配

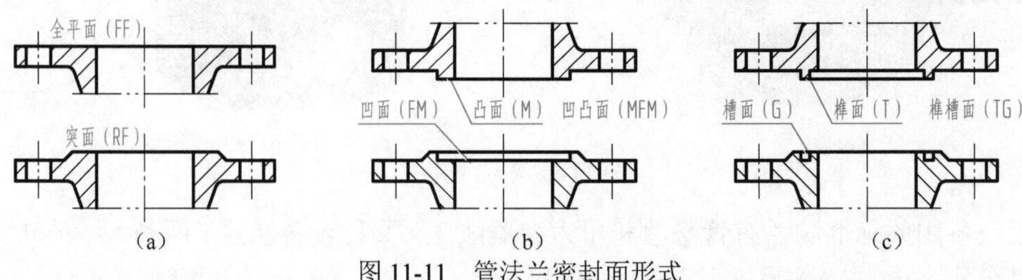

图 11-11　管法兰密封面形式

对，凹面内放置垫片，密封效果较好，如图 11-11（b）所示；榫槽形的密封面由一榫形面和一槽形面配对，垫片放置在榫槽中，密封效果最好，如图 11-11（c）所示。

每种形式的管法兰和法兰盖，在一定公称压力 *PN* 范围内，有哪几种密封面形式，可从表 11-3 中查得。

表 11-3 管法兰类型、密封面形式及其适用范围（摘自 HG/T 20592—2009）

<table>
<tr><th rowspan="2">法兰类型
（代号）</th><th rowspan="2">密封面形式
（代号）</th><th colspan="8">公 称 压 力 PN /bar</th></tr>
<tr><th>2.5</th><th>6</th><th>10</th><th>16</th><th>25</th><th>40</th><th>63</th><th>100</th></tr>
<tr><td rowspan="2">板式平焊法兰
（PL）</td><td>突面（RF）</td><td>DN10～DN2000</td><td colspan="5">DN10～DN600</td><td colspan="2">—</td></tr>
<tr><td>全平面（FF）</td><td>DN10～DN2000</td><td colspan="3">DN10～DN 600</td><td colspan="4">—</td></tr>
<tr><td rowspan="4">带颈平焊法兰
（SO）</td><td>突面（RF）</td><td>—</td><td>DN10～DN300</td><td colspan="4">DN10～DN600</td><td colspan="2">—</td></tr>
<tr><td>凹面（FM）
凸面（M）</td><td colspan="2">—</td><td colspan="4">DN10～DN600</td><td colspan="2">—</td></tr>
<tr><td>榫面（T）
槽面（G）</td><td colspan="2">—</td><td colspan="4">DN10～DN600</td><td colspan="2">—</td></tr>
<tr><td>全平面（FF）</td><td>—</td><td>DN10～DN300</td><td colspan="2">DN10～DN600</td><td colspan="4">—</td></tr>
<tr><td rowspan="5">带颈对焊法兰
（WN）</td><td>突面（RF）</td><td colspan="2">—</td><td colspan="2">DN10～DN2000</td><td colspan="2">DN10～DN600</td><td>DN10～DN400</td><td>DN10～DN350</td></tr>
<tr><td>凹面（FM）
凸面（M）</td><td colspan="2">—</td><td colspan="4">DN10～DN600</td><td>DN10～DN400</td><td>DN10～DN350</td></tr>
<tr><td>榫面（T）
槽面（G）</td><td colspan="2">—</td><td colspan="4">DN10～DN600</td><td>DN10～DN400</td><td>DN10～DN350</td></tr>
<tr><td>全平面（FF）</td><td colspan="2">—</td><td colspan="2">DN10～DN2000</td><td colspan="4">—</td></tr>
<tr><td>环连接面（RJ）</td><td colspan="6">—</td><td colspan="2">DN15～DN400</td></tr>
<tr><td rowspan="5">法兰盖
（BL）</td><td>突面（RF）</td><td colspan="2">DN10～DN2000</td><td colspan="2">DN10～DN1200</td><td colspan="2">DN10～DN600</td><td colspan="2">DN10～DN400</td></tr>
<tr><td>凹面（FM）
凸面（M）</td><td colspan="2">—</td><td colspan="4">DN10～DN600</td><td colspan="2">DN10～DN400</td></tr>
<tr><td>榫面（T）
槽面（G）</td><td colspan="2">—</td><td colspan="4">DN10～DN600</td><td colspan="2">DN10～DN400</td></tr>
<tr><td>全平面（FF）</td><td colspan="2">DN10～DN2000</td><td colspan="2">DN10～DN1200</td><td colspan="4">—</td></tr>
<tr><td>环连接面（RJ）</td><td colspan="6">—</td><td colspan="2">DN15～DN400</td></tr>
<tr><td colspan="2">公称尺寸系列</td><td colspan="8">10，15，20，25，32，40，50，65，80，100，125，150，200，250，300，350，400，450，500，600，700，800，900，1000</td></tr>
</table>

（4）管法兰及法兰盖的标记　管法兰及法兰盖的标记格式如下：

HG/T 20592　法兰（或法兰盖）　b　c-d　e　f　g　h

b——法兰类型代号，按表 11-3 中的规定。

c——法兰公称尺寸 *DN* 并注明所用的钢管外径系列（A 或 B）。如果所用的钢管外径系列为 A 系列，则钢管外径系列标记可以省略，只标记 *DN* 即可。只有所用的钢管外径系列为 B 系列时，才需标记“*DN*××（B）”。

d——法兰公称压力等级 *PN*，bar。

e——密封面形式代号，按表 11-3 规定。

f——钢管壁厚，应该由用户提供。

g——法兰材料牌号。

h——表示其他附加的要求，如密封表面的粗糙度等。

【例 11-5】 公称尺寸 *DN*1200，公称压力 *PN*6，配用公制管的突面板式平焊钢制管法兰，材料为Q235A，试写出其规定标记。

解 其规定标记为

HG/T 20592 法兰 PL 1200（B）-6 RF Q235A

【例 11-6】 公称尺寸 *DN*100，公称压力 *PN*100，配用公制管的凹面带颈对焊钢制法兰，材料为16Mn，钢管壁厚为8mm，试写出其规定标记。

解 其规定标记为

HG/T 20592 法兰 WN 100（B）-100 FM S=8mm 16Mn

【例 11-7】 公称尺寸 *DN*300，公称压力 *PN*25，配用英制管的凸面带颈对焊钢制管法兰，材料为20钢，试写出其规定标记。

解 其规定标记为

HG/T 20592 法兰 SO 300-25 M 20

提示：管法兰在明细栏的“名称”栏中填写“法兰 PL 1200（B）-6 RF”。

（5）管法兰用密封垫片 管法兰连接的主要失效形式是泄漏。泄漏与密封结构形式、被连接件的刚度、密封件的性能、操作和配合等许多因素有关。垫片作为法兰连接的主要元件，对密封起着重要作用。

非金属垫片的“平”指的是垫片的截面形状是简单的矩形，其形式有三种，根据所配用的法兰密封面型式来划分、命名。用于全平面密封面的称为FF型；用于突面、凹凸面、榫槽面密封面的，分别称为RF型、MFM型、TG型；在垫片内孔处有用不锈钢将垫片包起来的，称为带内包边型，用于突面密封面，代号是RF-E。非金属平垫片的使用条件，见表11-4。管法兰用非金属平垫片的尺寸等，见附表21。

表 11-4 非金属平垫片的使用条件（摘自 HG/T 20606—2009）

<table>
<tr><th rowspan="2">类别</th><th rowspan="2" colspan="2">名称</th><th rowspan="2">代号</th><th colspan="2">适用范围</th><th rowspan="2">最大（p×T）/（MPa×℃）</th></tr>
<tr><th>公称压力PN/bar</th><th>工作温度/℃</th></tr>
<tr><td rowspan="6">橡胶</td><td colspan="2">天然橡胶</td><td>NR</td><td>≤16</td><td>-50～+80</td><td>60</td></tr>
<tr><td colspan="2">氯丁橡胶</td><td>CR</td><td>≤16</td><td>-20～+100</td><td>60</td></tr>
<tr><td colspan="2">丁腈橡胶</td><td>NBR</td><td>≤16</td><td>-20～+110</td><td>60</td></tr>
<tr><td colspan="2">丁苯橡胶</td><td>SBR</td><td>≤16</td><td>-20～+90</td><td>60</td></tr>
<tr><td colspan="2">三元乙丙橡胶</td><td>EPDM</td><td>≤16</td><td>-30～+140</td><td>90</td></tr>
<tr><td colspan="2">氟橡胶</td><td>FKM</td><td>≤16</td><td>-20～+200</td><td>90</td></tr>
<tr><td rowspan="3">石棉橡胶</td><td rowspan="2" colspan="2">石棉橡胶板</td><td>XB350</td><td rowspan="3">≤25</td><td rowspan="3">-40～+300</td><td rowspan="3">650</td></tr>
<tr><td>XB450</td></tr>
<tr><td colspan="2">耐油石棉橡胶板</td><td>XB400</td></tr>
<tr><td rowspan="2">非石棉纤维橡胶</td><td rowspan="2">非石棉纤维的橡胶压制板</td><td>无机纤维</td><td rowspan="2">NAS</td><td rowspan="2">≤40</td><td>-40～+290</td><td rowspan="2">960</td></tr>
<tr><td>有机纤维</td><td>-40～+200</td></tr>
<tr><td rowspan="3">聚四氟乙烯</td><td colspan="2">聚四氟乙烯板</td><td>PTFE</td><td>≤16</td><td>-50～+100</td><td rowspan="3">—</td></tr>
<tr><td colspan="2">膨胀聚四氟乙烯板或带</td><td>ePTFE</td><td rowspan="2">≤40</td><td rowspan="2">-200～+200</td></tr>
<tr><td colspan="2">填充改性聚四氟乙烯板</td><td>RPTFE</td></tr>
</table>

管法兰用垫片的标记格式如下：

HG/T 20606　垫片　[b]　[c]-[d]　[e]

b——垫片的型号代号，见表 11-4 之前的文字。

c——配用法兰的公称尺寸 *DN*。

d——配用法兰的公称压力 *PN*，bar。

e——垫片材料代号。

【例 11-8】　公称尺寸 *DN*200，公称压力 *PN*10 的全平面法兰，选用厚度为 1.5mm 的丁苯橡胶垫片，试写出其规定标记。

解　其规定标记为

HG/T 20606　垫片　FF　200-10　SBR

【例 11-9】　公称尺寸 *DN*100，公称压力 *PN*25 的突面法兰，选用厚度为 1.5mm 的 0Cr18Ni9（304）不锈钢包边的 XB450 石棉橡胶垫片，试写出其规定标记。

解　其规定标记为

HG/T 20606　垫片　RF-E　100-25　XB450/304

> 提示：垫片在明细栏的“名称”栏中填写“垫片　FF　200-10”。

（6）钢制管法兰紧固件　管法兰连接使用的紧固件分成商品级和专用级两类。商品级六角螺栓应在 *PN*≤16bar、配用非金属软垫片、非剧烈循环场合、介质为非易燃、易爆及毒性程度不属极度和高度危害的条件下使用。商品级双头螺柱及螺母在 *PN*≤40bar、配用非金属软垫片、非剧烈循环场合下使用。管法兰用紧固件的规格、尺寸等，见附表 22。

管法兰用紧固件的标记格式如下：

[名称]　[标准编号]　[螺纹规格]×[公称长度]

【例 11-10】　螺纹规格为 M16、公称长度 *l*=100 mm、性能等级为 8.8 级、表面不经处理、产品等级为 A 级的六角头螺栓，试写出其规定标记。

解　其规定标记为

螺栓　GB/T 5782　M16×100

> 提示：六角头螺栓在明细栏的“名称”栏中填写“螺栓　M16×100”。

2. 压力容器法兰（NB/T 47020—2012）

（1）压力容器法兰的结构与类型　压力容器法兰用于设备筒体与封头的连接。根据法兰的承载能力，压力容器法兰分成三种类型，即甲型平焊法兰、乙型平焊法兰和长颈对焊法兰，如图 11-12 所示。

甲型平焊法兰直接与筒体或封头焊接，如图 11-12（a）所示。在上紧法兰和工作时，法兰会作用给容器器壁一定的附加弯矩。由于法兰盘的自身刚度较小，甲型平焊法兰适用于压力等级较低、筒体直径较小的场合。

乙型平焊法兰与甲型相比，法兰盘外增加了一个厚度常常是大于筒体壁厚的短节，如图 11-12（b）所示。有了这个短节，既可增加整个法兰的刚度，又可使容器器壁避免承受附加弯矩。因此这种法兰适用于筒体直径较大、压力较高的场合。

长颈对焊法兰是用根部增厚的颈，取代了乙型平焊法兰中的短节，如图 11-12（c）所示。

有效地增大了法兰的整体刚度，消除了可能发生的焊接变形及可能存在的焊接残余应力。

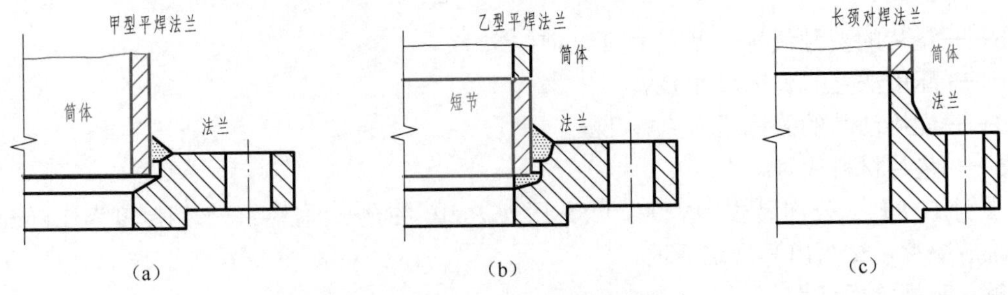

图 11-12　压力容器法兰的结构形式

（2）压力容器法兰的密封面　压力容器法兰的密封面有平面型密封面、凹凸型密封面和榫槽型密封面三种形式，如图 11-13 所示。

平面型密封面的密封表面是一个突出的光滑平面，如图 11-13（a）所示。这种密封面结构简单，加工方便，便于进行防腐处理。但螺栓拧紧后，垫片材料容易往外伸展，不易压紧，用于所需压紧力不高，且介质无毒的场合。

凹凸型密封面是由一个凸面和一个凹面所组成，在凹面上放置垫片，如图 11-13（b）所示。压紧时，由于凹面的外侧有挡台，垫片不会被挤出来。

榫槽型密封面是由一个榫和一个槽所组成，垫片放在槽内，如图 11-13（c）所示。这种密封面规定不用非金属垫片，可采用缠绕式或金属包垫片，容易获得良好的密封效果。

甲型平焊法兰和乙型平焊法兰的规格、结构尺寸，见附表 23、附表 24。

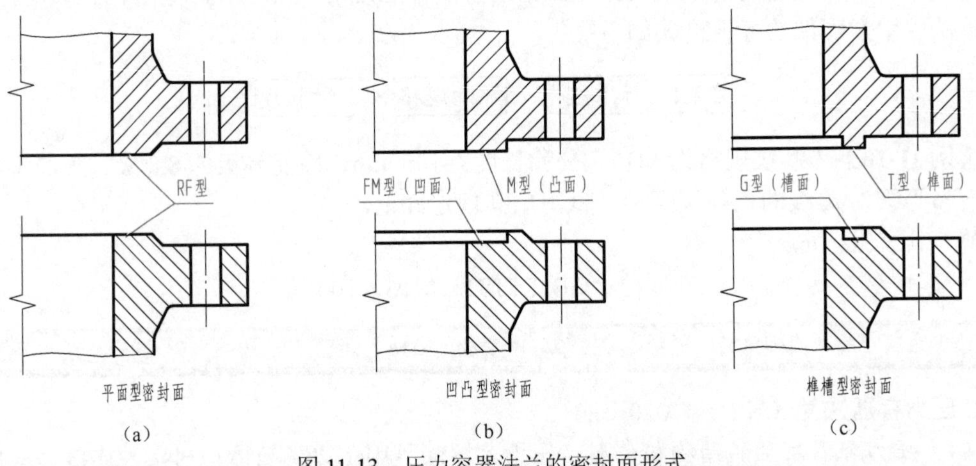

图 11-13　压力容器法兰的密封面形式

> 提示：在上述三种密封面中，甲型平焊法兰只有平面型和凹凸型，乙型平焊法兰和长颈对焊法兰则三种密封面形式均有。

（3）压力容器法兰标记　压力容器法兰的标记格式如下：

[a]—[b]　[c]—[d]/[e]—[f]　[g]

a——法兰名称及代号，见表 11-5；

b——密封面形式及代号，见表 11-5；

c——公称直径 DN，mm；

d——公称压力 *PN*，MPa；
e——法兰厚度，mm（采用标准值时，省略）；
f——法兰总高度，mm（采用标准值时，省略）；
g——标准编号。

表 11-5 压力容器法兰名称、密封面形式代号及标准号（摘自 NB/T 47020—2012）

密封面形式及代号			法兰类型	名称及代号
平面密封面	平密封面	RF	一般法兰	法兰
凹凸密封面	凹密封面	FM	环衬法兰	法兰 C
	凸密封面	M	法兰标准号	
榫槽密封面	榫密封面	T	甲型平焊法兰 NB/T 47021—2012 乙型平焊法兰 NB/T 47022—2012 长颈对焊法兰 NB/T 47023—2012	
	槽密封面	G		

【例 11-11】 压力容器用甲型平焊凹凸密封面法兰，公称压力 1.6MPa，公称直径 500mm，密封面为凹密封面，试写出其规定标记。

解 其规定标记为

法兰—FM 500—1.6 NB/T 47021—2012

> 提示：压力容器法兰在明细栏的“名称”栏中填写“法兰—FM 500—1.6”。

（4）压力容器法兰用密封垫片 压力容器法兰用密封垫片有非金属垫片（NB/T 47024—2012）、缠绕式垫片（NB/T 47025—2012）和金属包垫片（NB/T 47026—2012）三种。

非金属垫片指的是耐油石棉橡胶板（GB/T 539—2008）和石棉橡胶板（GB/T 3985—2008），它们在三种类型的法兰上均可使用。但是如果是榫槽密封面，垫片挤在槽中，更换困难，不宜使用。压力容器法兰用非金属软垫片的规格尺寸，见附表 25。

非金属垫片的标记格式如下：

垫片[公称直径]—[公称压力] NB/T 47024—2012

【例 11-12】 公称直径 *DN*1000mm，公称压力 *PN*2.5MPa 法兰用非金属垫片，试写出其规定标记。

解 其规定标记为

垫片 1000—2.5 NB/T 47024—2012

> 提示：非金属垫片在明细栏的“名称”栏中填写“垫片 1000—2.5”。

（5）压力容器法兰用等长双头螺柱 压力容器法兰用的双头螺柱有 A 型和 B 型两种，见附表 26。在法兰连接中，法兰和壳体是焊在一起的。安装时，法兰与螺柱的温度相同。工作时，法兰随壳体温度有所升高，法兰沿其厚度方向的热变形大于螺柱的热伸长量，使螺柱产生一定量的弹性变形。A 型螺柱危险截面上的附加热应力大于 B 型螺柱。所以，法兰与螺柱在工作状态下温差较大时，应选用 B 型螺柱。

双头螺柱的标记格式如下：

螺柱 [螺柱公称直径]×[公称长度]-[型号] NB/T 47027—2012

【例 11-13】 公称直径为M20、长度 L=160mm、$d_2<d$ 的等长双头螺柱，试写出其规定标记。

解 其规定标记为

螺柱 M20×160-B NB/T 47027—2012

提示：双头螺柱在明细栏的“名称”栏中填写“螺柱 M20×160-B”。

3. 接管

在钢管使用时往往需要和法兰、管件或各类阀门相连接，这时涉及管子与法兰、管子与管件、管子与阀门之间的连接问题。

人们约定：凡是能够实现连接的管子与法兰、管子与管件或管子与阀门，就规定这两个连接件具有相同的公称直径。例如，与外径为 219mm 的管子连接的法兰，其内孔直径应为 222mm（参见附表 20 图例）。虽然这两个零件的具体尺寸没有任何一个尺寸是一样的，但是为使它们能够实现连接，就规定这两个零件有相同的公称直径，即规定它们的公称直径 *DN* 都等于 200mm。显然这个“200”并不是管子或法兰上的某一个具体尺寸，但是只要是 *DN* 等于 200mm 的管子，那么管子的外径就一定是 219mm；只要是 *DN* 等于 200mm 的平焊管法兰，那么这个法兰的内孔直径就一定是 222mm。由此可见，不管是钢管的公称直径，或者是法兰的公称直径，或者是阀门、管件的公称直径，它们都不代表该零件的某个具体尺寸，但是却可以依靠它来寻找可以连接相配的另一个标准件。

在压力容器与化工设备图样上，对所有接口管的尺寸都要标注清楚。为此将管法兰配用钢管的公称尺寸和钢管外径列于表 11-6。

表 11-6 管法兰配用钢管的公称尺寸和钢管外径 mm

公称尺寸 *DN*	10	15	20	25	32	40	50	65
钢管外径 d_0	14	18	25	32	38	45	57	76
公称尺寸 *DN*	80	100	125	150	200	250	300	350
钢管外径 d_0	89	108	133	159	219	273	325	377
公称尺寸 *DN*	400	450	500	600	700	800	900	100
钢管外径 d_0	426	480	530	630	720	820	920	1020

四、人孔与手孔（HG/T 21515、21528—2014）

为了便于安装、拆卸、检修或清洗设备内部的装置，需要在设备上开设人孔或手孔。人孔与手孔的基本结构类同，即在容器上焊接一法兰短管，盖一盲板构成，如图 11-14 所示。人孔或手孔都是组合件，包括筒节、法兰、盖、密封垫片和紧固件等，详见表 11-7。

(a)

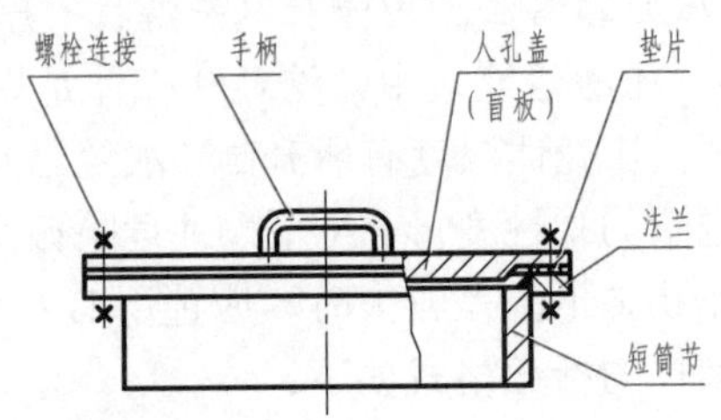

(b)

图 11-14 人孔与手孔的基本结构

当设备的直径超过 900mm 时，应开设人孔。人孔的大小，既要考虑人的安全进出，又要尽量减少因开孔过大而过多削弱壳体强度。圆形人孔的最小直径为 400mm，最大为 600mm。压力较高的设备，一般选用直径为 400mm 的人孔；压力不高的设备，可选用直径为 450mm 的人孔；严寒地区的室外设备或有较大内件要从人孔取出的设备，可选用直径为 500mm 或 600mm 的人孔。

手孔的直径，应使操作人员带手套并握有工具的手能顺利通过。手孔的标准直径有 *DN*150 和 *DN*250 两种。

常压人孔和手孔的规格和结构尺寸，见附表 27。

表 11-7 常压人孔和手孔的组合件明细（摘自 HG/T 21514、21515、21528—2014）

件号	标准编号	名称	数量	材料类别及代号	材质代号	垫片代号	备注
1		筒节	1	Q235B 或不锈钢（Ⅰ）			手孔为 20（钢管）
2		法兰	1	Q235B 或不锈钢（Ⅰ）			手孔为 20（锻件）
3		垫片 δ=3	1	石棉橡胶板	XB350	A-XB350	
				耐油石棉橡胶板	NY250	A-NY250	
					NY400	A-NY400	
4		盖	1	Q235B 或不锈钢（Ⅰ）			
5	GB/T 5783	螺栓	见附表 22	8.8 级（Ⅰ）			杆身全螺纹
6	GB/T 6170	螺母	见附表 22	8 级（Ⅰ）			
7		把手	2	Q235B 或不锈钢			手孔为 1

常压人孔和手孔的标记格式如下：

[名称] [材料类别及代号] [紧固螺栓（柱）代号]（[垫片代号]） [公称直径] [标准编号]

名称仅填简称“手孔”或“人孔”。

紧固螺栓（柱）代号：8.8 级六角头螺栓填写“b”。

材料类别及代号按表 11-7 中填写。

常压人孔标准编号为 HG/T 21515—2014，常压手孔标准编号为 HG/T 21528—2014；省略标准编号中的年号。

【例 11-14】 公称直径 *DN*450、H_1=160、Ⅰ类材料、采用石棉橡胶板垫片的常压人孔，试写出其规定标记。

解 其规定标记为

人孔 Ⅰ b（A-XB350） 450 HG/T 21515

【例 11-15】 公称直径 *DN*250、H_1=120、采用耐油石棉橡胶板（NY250）垫片的常压手孔，试写出其规定标记。

解 其规定标记为

手孔 Ⅰ b（A-NY250） 250 HG/T 21528

> 提示：常压人孔（手孔）在明细栏的“名称”栏中填写“人孔（A-XB350）450”。

五、补强圈（JB/T 4736—2002）

补强圈是用来弥补设备壳体因开孔过大而造成的强度损失，其结构如图 11-15（a）所示。

补强圈形状应与被补强部分相符，使之与设备壳体紧密贴合，焊接后能与壳体同时受力。补强圈上有一螺纹孔，焊后通入压缩空气，以检查焊缝的气密性。如图 11-15（b）所示。

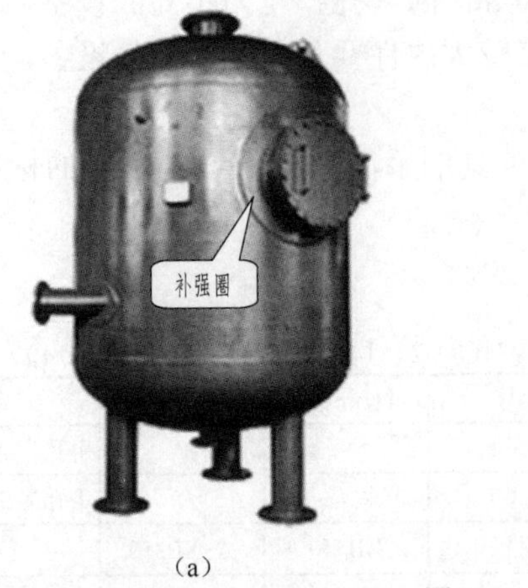

(a)

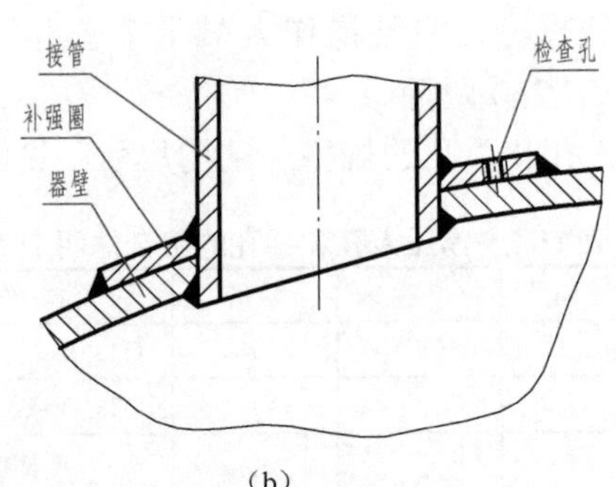

(b)

图 11-15　补强圈结构

一般要求补强圈的厚度和材料与设备壳体相同。补强圈的坡口类型及结构尺寸，见附表 28。补强圈的标记格式如下：

接管公称直称 × 补强圈厚度 — 坡口形式 — 材质　标准编号

接管公称直径用 d_N 表示，mm。

省略标准编号中的年号。

【例 11-16】　接管公称直径 d_N450 mm、补强圈厚度为 10mm、坡口形式为 D 型（用于内坡口全焊透结构）、材料为 Q235B 的补强圈，试写出其规定标记。

解　其规定标记为

d_N450×10—D—Q235B　JB/T 4736

提示：补强圈在明细栏的“名称”栏中填写“补强圈　d_N450×10—D”。

六、支座

支座用来支承设备的质量和固定设备的位置。根据所支承设备的不同，支座分为立式设备支座、卧式设备支座和球形容器支座三大类。根据支座的结构形状、安放位置、载荷等不同情况，支座又分为鞍式支座、耳式支座、腿式支座和支承式支座四种形式，并已形成标准系列。

1. 鞍式支座（JB/T 4712.1—2007）

鞍式支座（简称鞍座）是卧式容器使用的一种支座，如图 11-16（a）所示。它主要由一块腹板支承着一块圆弧形垫板（与设备外形相贴合），腹板焊在底板上，中间焊接若干肋板，组成鞍式支座，如图 11-16（b）所示。

① 鞍式支座有焊制与弯制之分。如图 11-16（c）、（d）所示，焊制鞍座由底板、腹板、肋板和垫板四种板组焊而成。弯制鞍座与焊制鞍座的区别仅仅是腹板与底板是由一块钢板弯出来的，这二板之间没有焊缝，如图 11-16（e）所示。只有 $DN \leqslant 900$mm 的鞍座才有弯制鞍座。

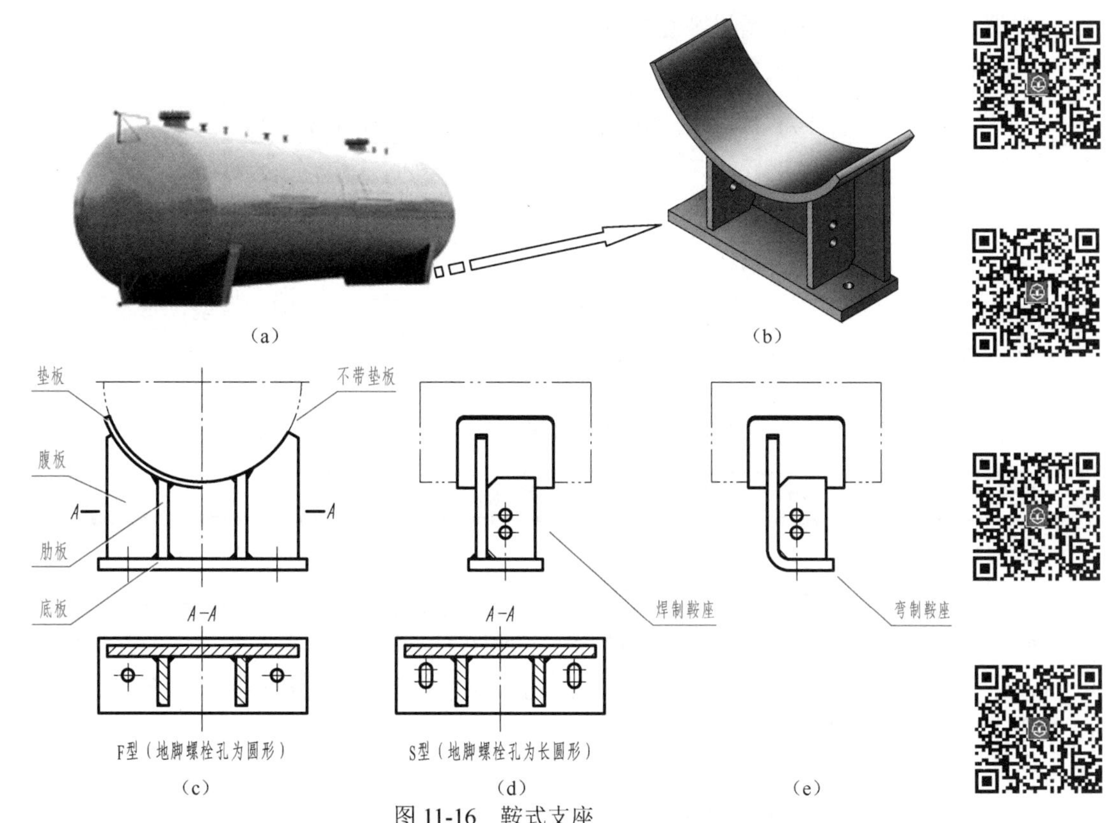

图 11-16　鞍式支座

②由于同一直径的容器长度有长有短、介质有轻有重，因而同一公称直径的鞍座有轻型（代号为 A 型）和重型（代号为 B 型）之分。对于 *DN*≤900mm 的鞍座，只有重型，没有轻型。鞍座的形式特征见表 11-8。

表 11-8　鞍座的形式特征（摘自 JB/T 4712.1—2007）

形式及代号			包角	垫板	肋板数	适用公称直径（*DN*/mm）
轻　型	焊制	A	120°	有	4～6	1000～4000
重　型	焊制	BⅠ	120°	有	1～6	159～4000
		BⅡ	150°	有	4～6	1000～4000
		BⅢ	120°	无	1～2	159～900
	弯制	BⅣ	120°	有	1～2	159～900
		BⅤ	120°	无	1～2	159～900

③ 鞍座大都带有垫板，但是对于 *DN*≤900mm 的鞍座也有不带有垫板的。如图 11-16（c）中的主视图所示，对称中心线两侧分别画出带垫板和不带垫板的两种鞍座结构。

④ 为了使容器的壁温发生变化时能够沿轴线方向自由伸缩，鞍座的底板有两种，一种底板上的地脚螺栓孔是圆形的（代号为 F 型），另一种底板上的地脚螺栓孔是长圆形的（代号为 S 型），如图 11-16（c）中的 *A*—*A* 所示。F 型与 S 型配对使用。安装时，F 型鞍座是被底板上的地脚螺栓固定在基础上成为固定鞍座；S 型鞍座地脚螺栓上则使用两个螺母，先拧上去的螺母拧到底后倒退一圈，再用第二个螺母锁紧。当容器出现热变形时，S 型鞍座可随

容器一起做轴向移动，所以S型鞍座属活动鞍座。

鞍式支座的结构尺寸，见附表29。鞍式支座的标记格式如下：

JB/T 4712.1—2007　鞍座　[型号]　[公称直径]—[安装形式]

型号——A，BⅠ，BⅡ，BⅢ，BⅣ，BⅤ。

公称直径——mm。

安装形式——固定鞍座F，滑动鞍座S。

【例11-17】 容器的公称直径为800mm、支座包角为120°，重型，带垫板，标准高度的固定式焊制鞍座，试写出其规定标记。

解　其规定标记为

JB/T 4712.1—2007　鞍座　BⅠ　800—F

提示：鞍座在明细栏的"名称"栏中填写"鞍座　BⅠ　800—F"。

2. 耳式支座（JB/T 4712.3—2007）

耳式支座简称耳座，亦称悬挂式支座，广泛用于立式设备。它的结构是由肋板、底板和垫板焊接而成，然后焊接在设备的筒体上，如图11-17所示。支座的底板放在楼板或钢梁的基础上，用螺栓固定。在设备周围，一般均匀分布四个耳座，安装后使设备呈悬挂状。小型设备也可用三个或两个耳座。

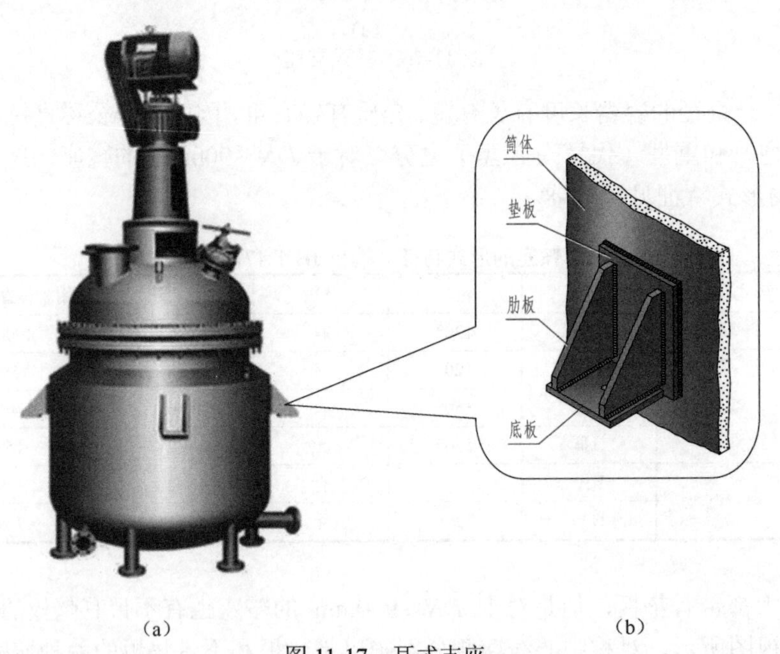

图11-17　耳式支座

耳式支座有短臂（A型）、长臂（B型）和加长臂（C型）三种形式，其结构有带盖板和不带盖板之分，如图11-18所示。当A、B型支座肋板的间距$b_2 \geqslant 230$mm时，在肋板的上方增加盖板结构。C型支座则全部带盖板。耳式支座的形式特征见表11-9。

耳式支座的垫板厚度一般与筒体壁厚相同，垫板材料一般应与筒体材料相同。支座的垫板和底板材料分为四种，详见附表30。

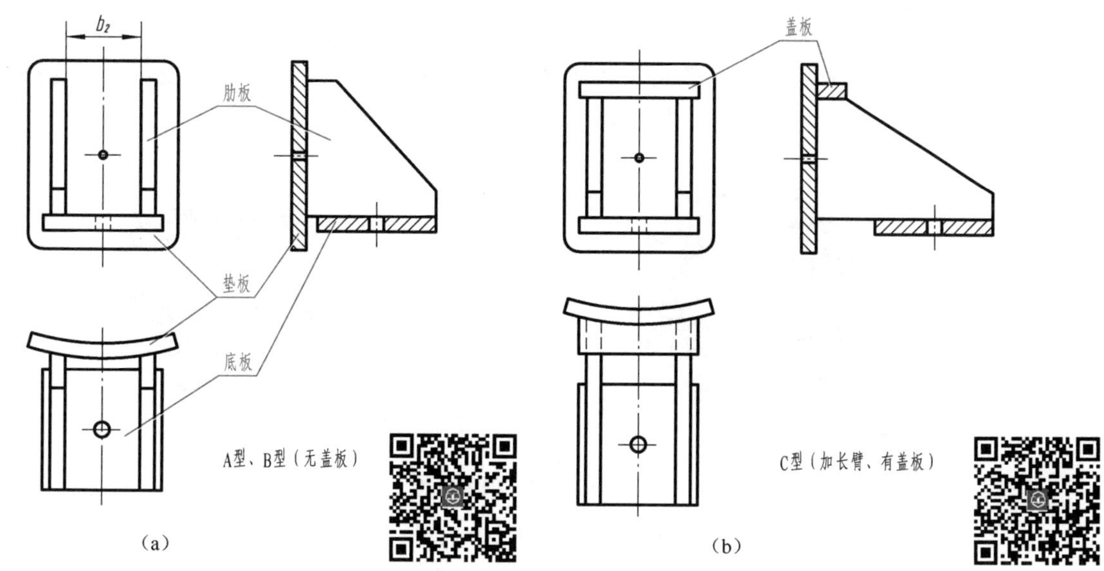

（a）　（b）

图 11-18　耳式支座的结构形式

表 11-9　耳式支座的形式特征（摘自 JB/T 4712.3—2007）

形式		支座号	垫板	盖板	适用公称直径 *DN*/mm	备注
短臂	A 型	1～5	有	无	300～2600	耳式支座的结构尺寸，见附表 30
		6～8		有	1500～4000	
长臂	B 型	1～5	有	无	300～2600	
		6～8		有	1500～4000	
加长臂	C 型	1～3	有	有	300～1400	
		4～8			1000～4000	

A 型和 B 型适用于一般立式设备，C 型有较宽的安装尺寸，适用于带保温层的立式设备。可根据载荷的大小，从标准中选择耳式支座。耳式支座的结构尺寸，见附表 30。

耳式支座的标记格式如下：

JB/T 4712.3—2007　耳式支座 [型号] [支座号]—[材料代号]

型号——A，B，C。

支座号——1～8。

材料代号——Ⅰ，Ⅱ，Ⅲ，Ⅳ（见附表 30）。

【例 11-18】　A 型、3 号耳式支座、支座材料为 Q235A、垫板材料为 Q235A，试写出其规定标记。

解　其规定标记为

JB/T 4712.3—2007　耳式支座 A3—Ⅰ

提示：耳式支座在明细栏的“名称”栏中填写“耳式支座 A3—Ⅰ”。

七、视镜与液面计

1. 视镜（NB/T 47017—2011）

视镜是用来观察设备内部反应情况的装置。供观察用的视镜玻璃，夹紧在接缘和压紧环之间，用双头螺柱连接，构成视镜装置，如图 11-19（a）所示。

视镜接缘可直接焊在设备的封头或筒体上，也可接一短管，然后焊在设备上，这种结构称为带颈视镜，如图 11-19（b）所示。

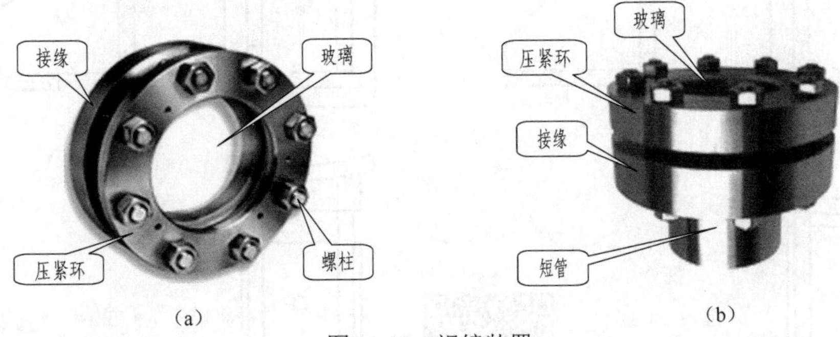

（a）　（b）

图 11-19　视镜装置

视镜和带颈视镜是外购的标准件（按标准图制造），在化工设备图中采用简化画法。视镜的压力系列分为四档，公称直径系列则有六档。详见表 11-10。

表 11-10　视镜的规格、系列

公称直径 *DN*/mm	公称压力 *PN*/MPa				射灯组合形式	冲洗装置
	0.6	1.0	1.6	2.5		
50	—	√	√	√	不带射灯结构 非防爆型射灯结构	不带冲洗装置
80	—	√	√	√		
100	—	√	√	√	不带射灯结构	带冲洗装置
125	√	√	√	—	非防爆型射灯结构	
150	√	√	√	—	防爆型射灯结构	
200	√	√	—	—		

视镜的标记格式如下：

视镜 [视镜公称压力] [视镜公称直径] [视镜材料代号]-[射灯代号]-[冲洗代号]

视镜公称压力：*PN*，MPa。

视镜公称直径：*DN*，mm。

视镜材料代号：Ⅰ——碳钢；Ⅱ——不锈钢。

射灯代号：SB——非防爆型；SF1——防爆型（EExdⅡCT3）；SF2 防爆型（EExdⅡCT3）。

冲洗代号：W——带冲洗装置。

【例 11-19】　公称压力 *PN*2.5MPa、公称直径 *DN*50mm、材料为不锈钢、不带射灯、带冲洗装置的视镜，试写出其规定标记。

解　其规定标记为

视镜　Ⅱ*PN*2.5　*DN*50　Ⅱ-W

【例 11-20】　公称压力 *PN*1.6MPa、公称直径 *DN*80、材料为不锈钢、带非防爆型射灯组合、不带冲洗装置的视镜，试写出其规定标记。

解　其规定标记为

视镜 *PN*1.6　*DN*80　Ⅱ-SB

提示：视镜在明细栏的“名称”栏中按上述规定标记填写。

2. 玻璃管液面计（HG/T 21592—1995）

液面计是用来观察设备内部液面位置的装置。液面计结构有多种型式，常见的有玻璃板液面计和玻璃管液面计，如图 11-20 所示。液面计也是外购的标准件，在化工设备图中同样采用简化画法。

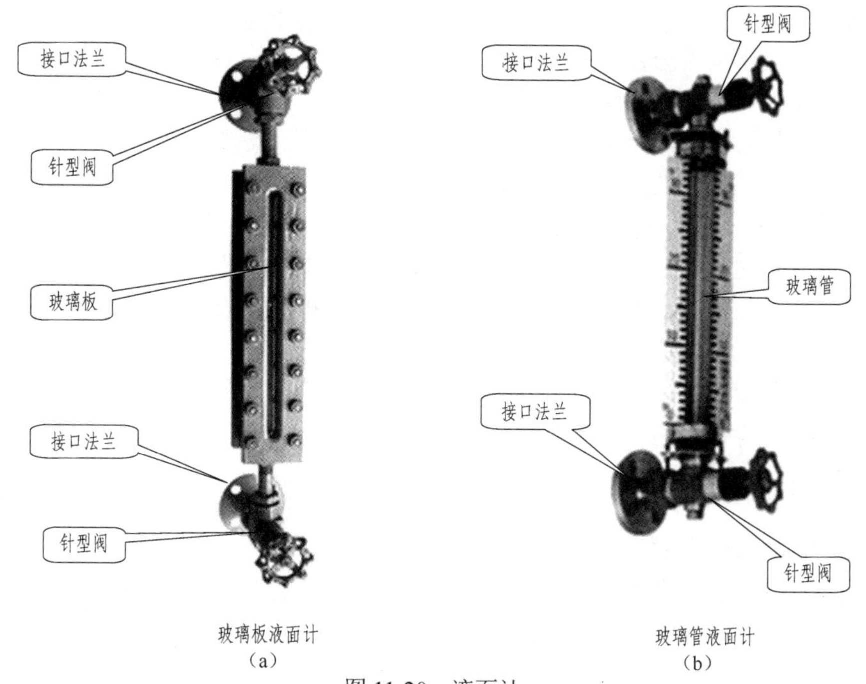

玻璃板液面计
（a）

玻璃管液面计
（b）

图 11-20　液面计

液面计的标记格式如下：

液面计　[法兰型式] [型号] [公称压力]—[材料代号] [结构形式]—[公称长度]

法兰型式：A 型（突面法兰 RF）、B 型（凸面法兰 M）、C 型（突面法兰 RF）。

型号：G（玻璃管式）。

公称压力：*PN*，MPa。

材料代号：Ⅰ——碳钢（锻钢 16Mn）、Ⅱ——不锈钢（0Gr18Ni9）。

结构形式：普通型（不标注代号）、保温型（W）。

公称长度：玻璃管液面计有 500、600、800、1000、1200、1400 六种，mm。

【例 11-21】　公称压力 1.6MPa、碳钢材料、保温型、突面密封连接面、公称长度 *L*=500mm 的玻璃管液面计，试写出其规定标记。

解　其规定标记为

液面计　AG1.6—ⅠW—500

【例 11-22】　公称压力 1.6MPa、不锈钢材料、普通型、凸面法兰、公称长度 1400mm 的玻璃管液面计，试写出其规定标记。

解　其规定标记为

液面计　BG1.6—Ⅱ—1400

提示：液面计在明细栏的“名称”栏中按上述标记示例填写。

第三节　化工设备的表达方法

一、基本视图的选择与配置

由于化工设备的主体结构多为回转体，其基本视图通常采用两个视图。立式设备通常采用主、俯两个基本视图；卧式设备通常采用主、左两个基本视图，如图 11-5 所示。主视图一般应按设备的工作位置选择，并采用剖视的表达方法，使主视图能充分表达其工作原理、主要装配关系及主要零部件的结构形状。

对于形体狭长的设备，当主、俯（或主、左）视图难于安排在基本视图位置时，可以将俯（左）视图配置在图样的其他位置，在俯（左）视图的上方标注“×”（×为大写拉丁字母），在主视图附近用箭头指明投射方向，并标注相同的字母。某些结构形状简单，在装配图上易于表达清楚的零部件，其零件图可与装配图画在同一张图样上。

化工设备是由各种零、部件组成的，因而物体的各种表达方法，如视图、剖视图、断面图及其他简化画法，同样适用于化工设备图。

由于化工设备图所表达的重点是化工设备的总体情况，要想正确识读化工设备图，还必须了解化工设备的特殊表达方法和简化画法。

二、化工设备的特殊表达方法

1. 多次旋转的表达方法

设备壳体周围分布着众多的管口及其他附件，为了在主视图上清楚地表达它们的结构形状及位置高度，主视图可采用多次旋转的表达方法。即假想将设备周向分布的接管及其他附件，分别旋转到与主视图所在的投影面相平行的位置，然后进行投射，得到视图或剖视图。如图 11-21 所示，图中人孔 b 是按逆时针方向旋转 45°、液面计（a_1、a_2）是按顺时针方向旋

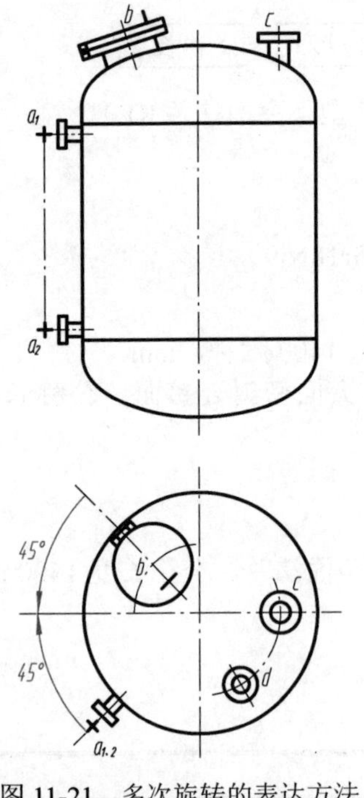

图 11-21　多次旋转的表达方法

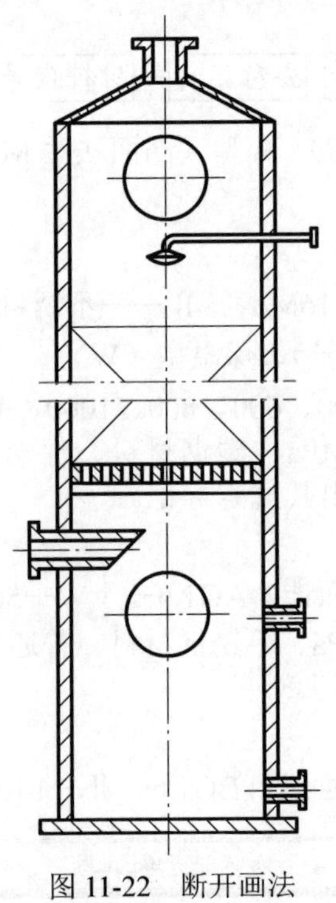
图 11-22　断开画法

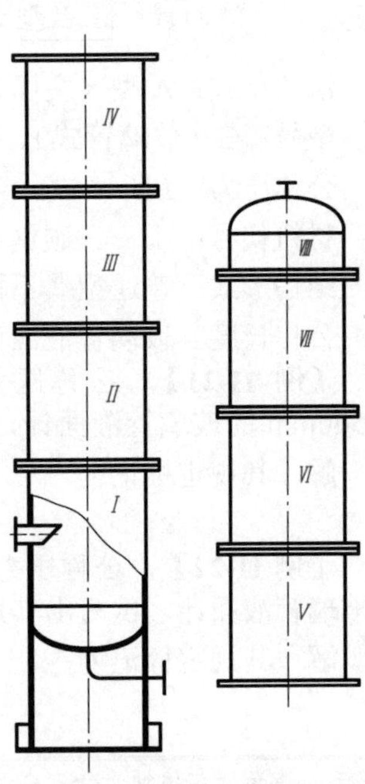

图 11-23　设备分段表示法

转 45°之后，在主视图中画出的。

> 提示：在应用多次旋转的画法时，不能使视图上出现图形重叠的现象。如图 11-21 中的管口 *d* 就无法再用多次旋转的方法同时在主视图上表达出来。因为它无论向左或向右旋转，在主视图上都会和管口 *b* 或管口 *c* 重叠。在这种情况下，管口 *d* 则需用其他的剖视方法来表达。

2. 局部结构的表达方法

对于化工设备的壁厚、垫片、挡板、折流板及管壁厚等，在绘图比例缩小较多时，其厚度一般无法画出，对此必须采用夸大画法：即不按比例，适当夸大地画出它们的厚度。图 11-5 中容器的壁厚，就是未按比例夸大画出的。

3. 断开和分段（层）的表达方法

对于过高或过长的化工设备，且沿其轴线方向有相当部分的结构形状相同或按规律变化时，可以采用断开画法，即用细双点画线将设备中重复出现的结构或相同结构断开，使图形缩短，简化作图，便于选用较大的作图比例，合理地使用图纸幅面。图 11-22 所示的填料塔采用了断开画法，其断开省略部分是填料层，用简化符号（相交的细实线）表示。

对于较高的塔设备，在不适于采用断开画法时，可采用分段的表达方法，即把整个塔体分成若干段（层）画出，以利于图面布置和选择比例，如图 11-23 所示。

4. 管口方位的表达方法

化工设备壳体上众多的管口和附件方位的确定，在设备的制造、安装等方面都是至关重要的，必须在图样中表达清楚。图 11-5 中左视图已将各管口的方位表达清楚了，可不必画出管口方位图。

如果设备上各管口或附件的结构形状已在主视图（或其他视图）上表达清楚时，则设备的俯（左）视图可简化成管口方位图的形式，如图 11-24 所示。

在管口方位图中，用细点画线表明管口的轴线及中心位置，用粗实线示意画出设备管口。在主视图和方位图上标明相同的小写拉丁字母。

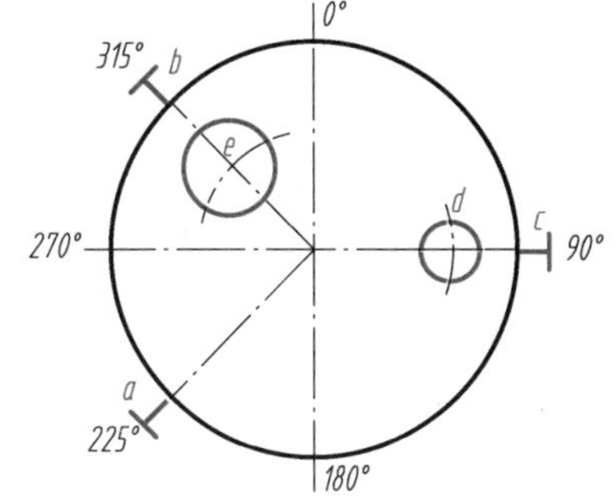

图 11-24　管口方位图

三、简化画法

1. 标准零部件或外购零部件的简化画法

① 标准零部件已有标准图，在化工设备图中不必详细画出，可按比例画出反映其外形特征的简图，如图 11-25 所示，并在明细栏中注明其名称、规格、标准号等。

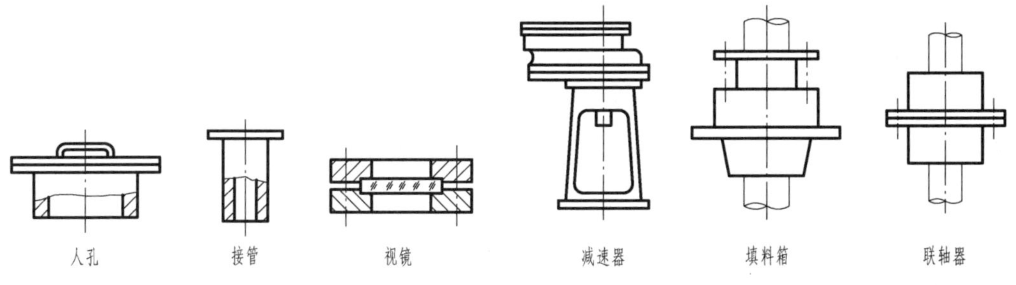

图 11-25　标准零部件的简化画法　　图 11-26　外购零部件的简化画法

② 外购零部件在化工设备图中，只需根据主要尺寸按比例用粗实线画出其外形轮廓简

图，如图 11-26 所示。同时在明细栏中注明其名称、规格、主要性能参数和“外购”字样等。

2. 重复结构的简化画法

① 螺栓孔可以省略圆孔的投影，用对称中心线和轴线表示。装配图中的螺栓联接可用符号“×”（粗实线）表示，若数量较多且均匀分布时，可以只画出几个符号表示其分布方位，如图 11-27 所示。

② 当设备中（主要是塔器）装有同种材料、同一规格的填充物时，在装配图中可用相交的细实线表示，同时注写有关的尺寸和文字说明（规格和堆放方法），如图 11-28 所示。图中“50×50×5”表示瓷环的“直径×高度×壁厚”尺寸。

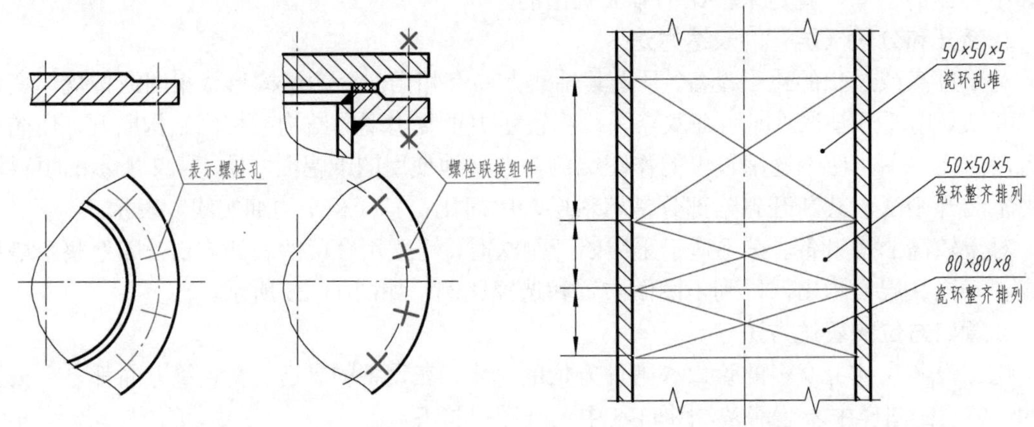

图 11-27　螺栓孔和螺栓连接的简化画法　　图 11-28　填充物的简化画法

③ 当设备中的管子按一定的规律排列或成管束时（如列管式换热器中的换热管），在装配图中至少画出其中一根或几根管子，其余管子均用细点画线简化表示，如图 11-29 所示。

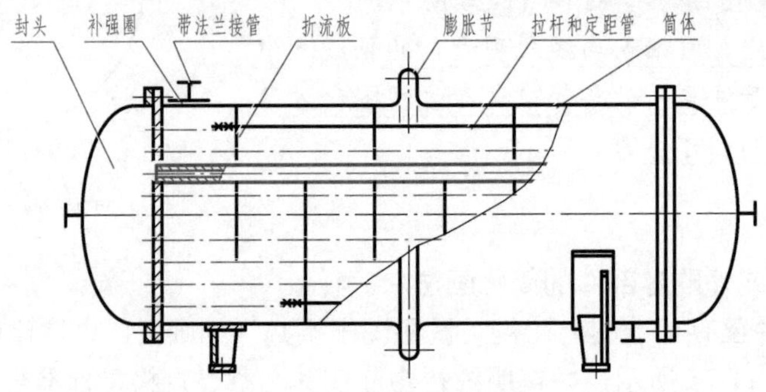

图 11-29　管束的简化画法

④ 当多孔板的孔径相同且按一定的角度规则排列时，用细实线按一定的角度交错来表示孔的中心位置，用粗实线表示钻孔的范围，同时画出几个孔并注明孔数和孔径，如图 11-30（a）所示；若多孔板画成剖视时，则只画出孔的轴线，省略孔的投影，如图 11-30（b）所示。

3. 管法兰的简化画法

在装配图中，不论管法兰的连接面是什么形式（平面、凹凸面、榫槽面），管法兰的画法均可简化，如图 11-31 所示，其连接面形状及焊接形式（平焊、对焊等），可在明细栏及管口表中注明。

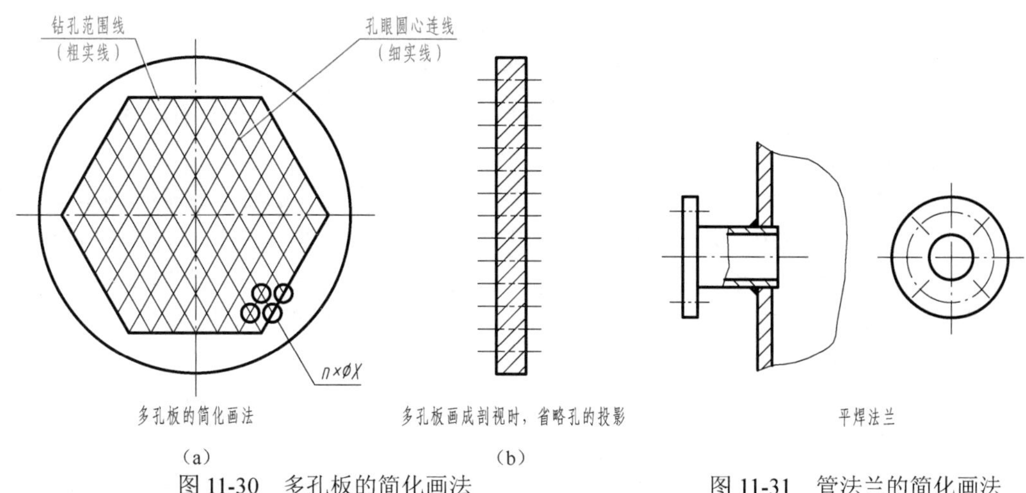

（a）　（b）

图 11-30　多孔板的简化画法

图 11-31　管法兰的简化画法

4. 液面计的简化画法

在装配图中，带有两个接管的玻璃管液面计，可用细点画线和符号“+”（粗实线）示意性地简化表示，如图 11-32 中的 a_1、a_2 所示。在明细栏中要注明液面计的名称、规格、数量及标准号等。

5. 设备结构用单线表示的简化画法

设备上的某些结构，在已有零部件图或另用剖视、断面、局部放大图等方法表达清楚时，装配图上允许用单线表示。如图 11-33 中的塔盘、设备上的悬臂吊钩，图 11-29 中的折流板、挡板、拉杆定距管、膨胀节等。

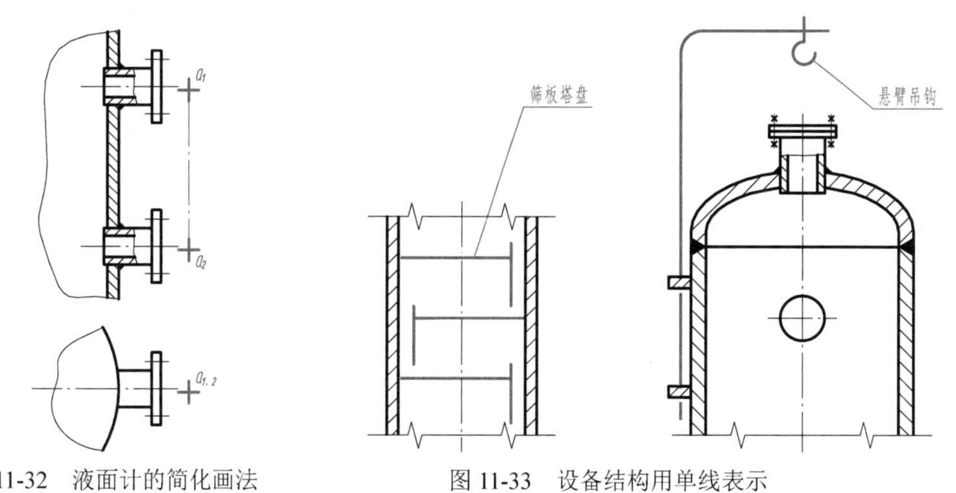

图 11-32　液面计的简化画法

图 11-33　设备结构用单线表示

第四节　尺寸标注及其他

一、尺寸标注

化工设备装配图上的尺寸，主要反映设备的大小、规格、零部件之间的装配关系及设备的安装定位。化工设备装配图的尺寸数量比较多，有的尺寸较大，尺寸精度要求不是很高，并允许注成封闭的尺寸链。

1. 尺寸种类

化工设备装配图一般包括以下几类尺寸（图 11-5）。

（1）规格性能尺寸　反映化工设备的规格、性能、特征及生产能力的尺寸。如容器内径 ϕ1400、筒体长度 2000 等。

（2）装配尺寸　反映零部件之间的相对位置尺寸，它们是制造化工设备时的重要依据。如接管间的定位尺寸（430、500）、接管的伸出长度（120）、支座的定位尺寸（1200）等。

（3）外形（总体）尺寸　表示设备总长、总高、总宽（或外径）的尺寸。这类尺寸对于设备的包装、运输、安装及厂房设计等，是十分必要的。如容器的总长 2807、总高 1820、总宽为筒体外径 ϕ1412（通过计算筒体内径加壁厚得出）。

（4）安装尺寸　化工设备安装在基础或其他构件上所需要的尺寸。如支座上地脚螺栓孔的相对位置尺寸 840、1200 等。

（5）其他尺寸　设备零部件的规格尺寸、设计计算确定的尺寸（如筒体壁厚 6）、焊缝的结构形式尺寸等。

2. 尺寸基准

化工设备图中标注的尺寸，既要保证设备在制造和安装时达到设计要求，又要便于测量和检验。常用的尺寸基准有：设备筒体和封头的轴线、设备筒体和封头焊接时的环焊缝、设备容器法兰的端面、设备支座的底面等。卧式化工设备的尺寸基准，如图 11-34（a）所示；立式化工设备的尺寸基准，如图 11-34（b）所示。

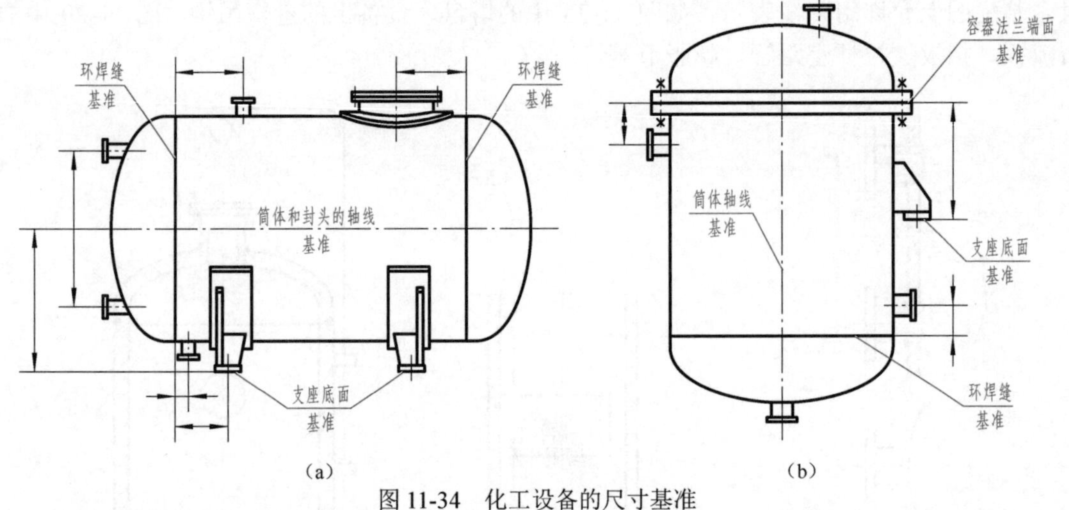

图 11-34　化工设备的尺寸基准

二、管口表

管口表是说明设备上所有管口的用途、规格、连接面形式等内容的一种表格，供备料、制造、检验、使用时参阅。管口表的格式如图 11-35 所示。填写管口表时应注意以下几点。

① 在主视图中，管口符号一律注写在各管口的投影旁边，其编排顺序应从主视图的左下方开始，按顺时针方向依次编写。其他视图上的管口符号，则应根据主视图中对应的符号进行注写。“符号”栏中的字母符号，应和视图中各管口的符号相同，用小写拉丁字母按 a、b、c…的顺序，自上而下填写。当管口的规格、标准、用途完全相同时，可合并成一项，如“$b_{1\sim3}$”。

② “公称尺寸”栏按管口的公称直径填写。无公称直径的管口，则按管口实际内径填写。

③ “连接尺寸，标准”栏填写对外连接管口的有关尺寸和标准。不对外连接的管口，则不予填写，用从左下至右上的细斜线表示。

④ “用途或名称”栏填写管口的标准名称、习惯性名称或简明的用途术语。

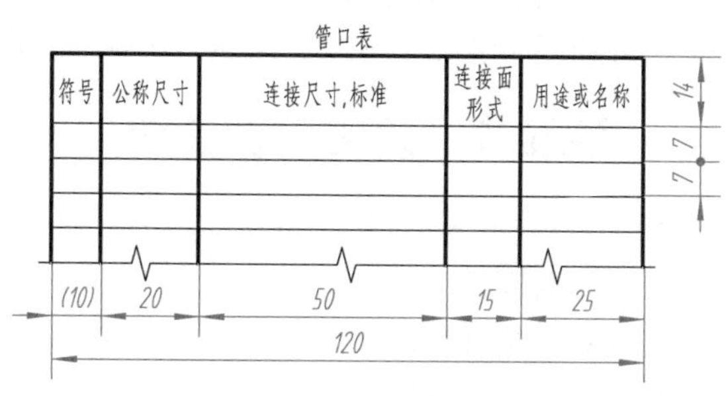

图 11-35　管口表的格式

三、技术特性表

技术特性表是表明该设备技术特性指标的一种表格。技术特性表的格式有两种，适用于不同类型的设备，如图 11-36 所示。对于一般化工设备用的技术特性表，可从中选择合适的一种，并根据不同类型的设备，增加相应的内容。

技 术 特 性 表

内　容	管　程	壳　程
工作压力/MPa		
工作温度/℃		
设计压力/MPa		
设计温度/℃		
物料名称		
换热面积/m^2		
焊缝系数φ		
腐蚀裕度/mm		
容器类别		

(40)　40　40　120

双层设备用

(a)

技 术 特 性 表

工作压力/MPa		工作温度/℃	
设计压力/MPa		设计温度/℃	
物料名称			
焊缝系数φ		腐蚀裕度/mm	
容器类别			

(40)　20　40　20　120

单层设备用

(b)

图 11-36　技术特性表的格式

> 提示：一般情况下，管口表画在明细栏的上方，技术特性表放在管口表的上方，技术要求写在技术特性表的上方。若位置不够时，可将技术要求、技术特性表和管口表移到明细栏的左侧，但其上下位置保持不变，如图 11-37 所示。

四、技术要求

技术要求是用文字说明在图中不能（或没有）表示出来的内容，包括设备在制造、试验和验收时应遵循的标准、规范或规定，以及对于材料、表面处理及涂饰、润滑、包装、运输等方面的特殊要求，作为制造、装配、验收等过程中的技术依据。技术要求通常包括以下几方面的内容。

（1）通用技术条件　通用技术条件是同类化工设备在制造（机加工和焊接）、装配、检验等诸方面的技术规范，已形成标准。在技术要求中可直接引用。

（2）焊接要求　焊接工艺在化工设备制造中应用广泛，在技术要求中，通常对焊接方法、焊条、焊剂等提出要求。

（3）设备的检验　一般对主体设备的水压和气密性进行试验，对焊缝进行探伤等，这些项目相应的规范，在技术要求中也可直接引用。

（4）其他要求　设备在机加工、装配、油漆、保温、防腐、运输、安装等方面的要求。

第五节　读化工设备图

在阅读化工设备图的过程中，应主要了解以下基本内容：

① 设备的性能、作用和工作原理；

② 各零部件之间的装配关系、装拆顺序和有关尺寸；

③ 零部件的主要结构形状、数量、材料及作用，进而了解整个设备的结构；

④ 设备的开口方位，以及在制造、检验和安装等方面的技术要求。

现以图 11-37 所示反应釜装配图为例，说明阅读化工设备图的一般方法和步骤。

一、概括了解

看标题栏，了解设备的名称、规格、材料、质量及绘图比例等内容；看明细栏，了解设备各零部件和接管的名称、数量等内容，了解哪些是标准件和外购件；了解图面上各部分内容的布置情况，概括了解设备的管口表、技术特性表及技术要求等基本情况。

从标题栏知道，该图为反应釜的装配图，反应釜的公称直径（内径）为 *DN*1000，传热面积 F=4m^2，设备容积 1m^3，设备的总质量为 1100kg，绘图比例 1∶10。

反应釜由 45 种零部件组成，其中有 32 种标准零部件，均附有 GB/T（推荐性国家标准）、NB/T（推荐性能源行业标准）、JB/T（推荐性机械行业标准）、HG/T（推荐性化工行业标准）等标准号。设备上装有机械传动装置，电动机型号为 Y100L$_1$-4，功率为 2.2kW，减速机型号为 LJC-250-23。

反应釜罐体内的介质是酸、碱溶液，工作压力为常压，工作温度为 40℃；夹套内的介质是冷冻盐水，工作压力 0.3MPa，工作温度为-15℃。反应釜共有 12 根接管。

二、视图分析

通过读图，分析设备图上共有多少个视图？哪些是基本视图？还有哪些其他视图？各视图都采用了哪些表达方法？各视图及表达方法的作用是什么？等等。

从视图配置可知，图中采用两个基本视图，即主、俯视图。主视图采用剖视和接管多次旋转的画法表达反应釜主体的结构形状、装配关系和各接管的轴向位置。俯视图采用拆卸画法，即拆去了传动装置，表达上、下封头上各接管的位置、壳体器壁上各接管的周向方位和耳式支座的分布。

另有 8 个局部剖视放大图，分别表达顶部几个接管的装配结构、设备法兰与釜体的装配结构和复合钢板上焊缝的焊接形式及要求。

三、零部件分析

以设备的主视图为中心，结合其他视图，对照明细栏中的序号，将零部件逐一从视图中找出，分析其结构、形状、尺寸、与主体或其他零部件的装配关系；对标准化零部件，应查阅相关的标准；同时对设备图上的各类尺寸及代（符）号进行分析，搞清它们的作用和含义；了解设备上所有管口的结构、形状、数目、大小和用途，以及管口的周向方位、轴向距离、外接法兰的规格和形式等。

设备总高为 2777mm，由带夹套的釜体和传动装置两大部分组成。设备的釜体（件 11）与下部封头（件 6）焊接，与上部封头（件 15）采用设备法兰连接，由此组成设备的主体。主体的侧面和底部外层焊有夹套。夹套的筒体（件 10）与封头（件 5）采用焊接。另有一些标准零部件，如填料箱、手孔、支座和接管等，都采用焊接方法固定在设备的筒体、封头上。

主视图左面的尺寸 106mm，确定了夹套在设备主体上的轴向位置。主视图右面的尺寸 650 mm，确定了耳式支座焊接在夹套壁上的轴向位置。

由于反应釜内的物料（酸和碱）对金属有腐蚀作用，为了保证产品质量和延长设备的使用寿命，设备主体的材料在设计时选用了碳素钢（Q235A）与不锈钢（1Cr18Ni9Ti）两种材料的复合钢板制作。从Ⅳ、Ⅴ号局部放大图中可以看出，其碳素钢板厚 8mm，不锈钢板厚 2mm，总厚度为 10mm。冷却降温用的夹套采用碳素钢制作，其钢板厚度为 10mm。釜体与上封头的连接，为防腐蚀而采用了“衬环平密封面乙型平焊法兰”（件 14）的结构，Ⅳ号局部放大图表示了连接的结构情况。

从 B—B 局部剖视中可知，接管 f 是套管式的结构。由内管（件 38）穿过接管（件 2）插入釜内，酸液即由内管进入釜内。

传动装置用双头螺柱固定在上封头的底座（件 18）上。搅拌器穿过填料箱（件 19）伸入釜内，带动搅拌器（件 7）搅拌物料。从主视图中可看出搅拌器的大致形状。搅拌器的传动方式为：由电动机带动减速机（件 22），经过变速后，通过联轴器（件 20）带动搅拌轴（件 9）旋转，搅拌物料。减速机是标准化的定型传动装置，其详细结构、尺寸规格和技术说明可查阅有关资料和手册。为了防止釜内物料泄漏出来，由填料箱（件 19）将搅拌轴密封。主视图中的折线箭头表示了搅拌轴的旋转方向。

该设备通过焊在夹套上的四个耳式支座（件 12），用地脚螺栓固定在基础上。

四、检查总结

通过对视图和零部件的分析，按零部件在设备中的位置及给定的装配关系，加以综合想象，从而获得一个完整的设备形象；同时结合有关技术资料，进一步了解设备的结构特点、工作特性、物料的进出流向和操作原理等。反应釜的工作情况是：

物料（酸和碱）分别从顶盖上的接管 f 和 g 流入釜内，进行中和反应。为了提高物料的反应速度和效果，釜内的搅拌器以 200r/min 的速度进行搅拌。−15℃的冷冻盐水，由底部接管 b_1 和 b_2 进入夹套内，再由夹套上部两侧的接管 c_1 和 c_2 排出，将物料中和反应时所产生的热量带走，起到降温的作用，保证釜内物料的反应正常进行。在物料反应过程中，打开顶部的接管 d，可随时测定物料反应的情况（酸碱度）。当物料反应达到要求后，即可打开底部的接管 a 将物料放出。

设备的上封头与釜体采用设备法兰连接，可整体打开，便于检修和清洗。夹套外部用 80mm 厚的软木保冷。

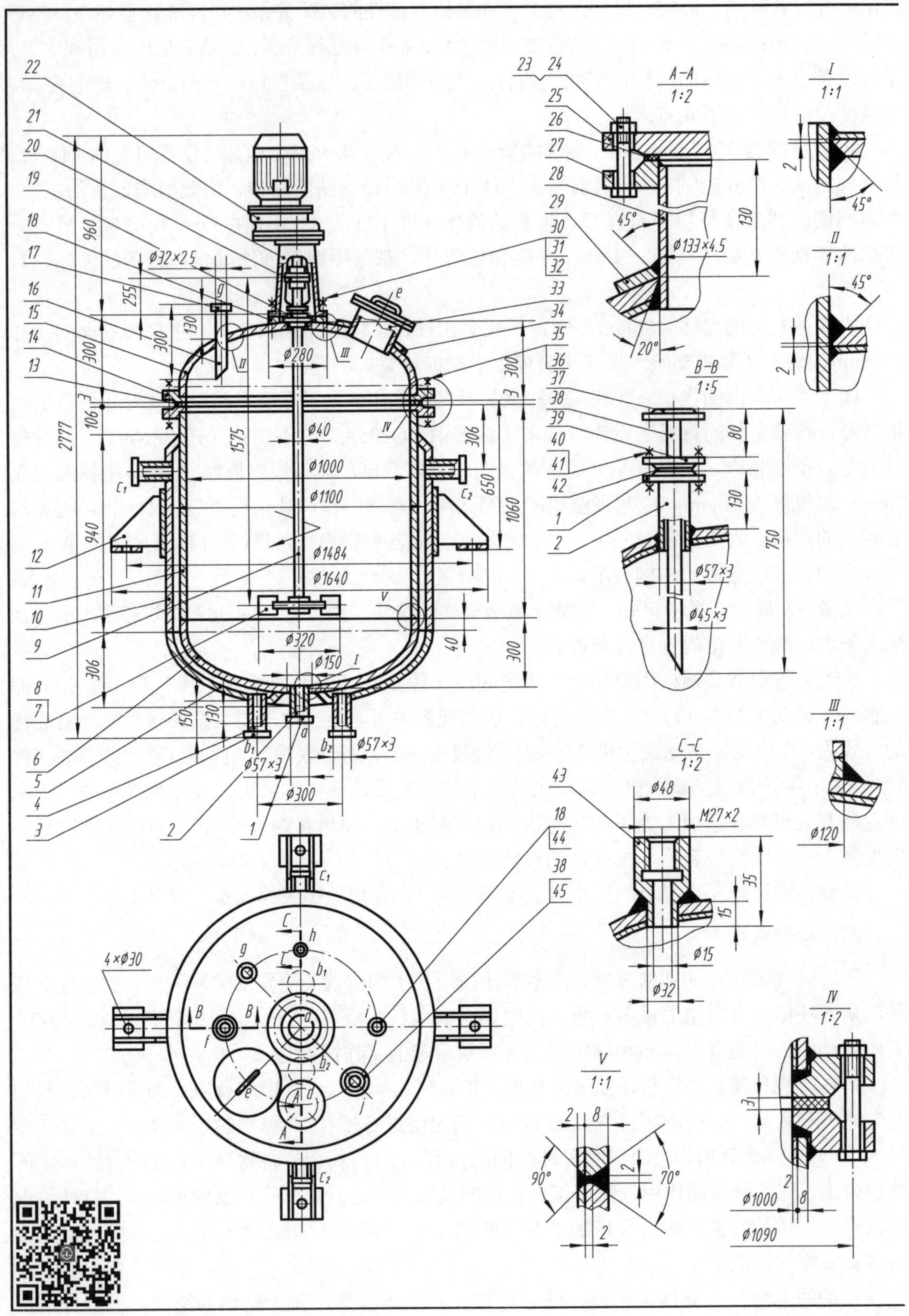

图 11-37　反应

技术要求

1.本设备的釜体用不锈复合钢板制造。复层材料为1Cr18Ni9Ti，其厚度为2mm。

2.焊缝结构除有图示以外，其他按 GB/T 985.1—2008的规定。对接接头采用V形，T型接头采用Δ型，法兰焊接按相应标准。

3.焊条的选用：碳钢与碳钢焊接采用 EA4303 焊条；不锈钢与不锈钢焊接、不锈钢与碳钢焊接采用 E1-23-13-160 JFHIS 。

4.釜体与夹套的焊缝应作超声波和X光检验，其焊缝质量应符合有关规定，夹套内应作0.5MPa水压试验。

5.设备组装后应试运转。搅拌轴转动轻便自如，不应有不正常的噪音和较大的振动等不良现象。搅拌轴下端的径向摆动量不大于0.75mm。

6.釜体复层内表面应作酸洗钝化处理。釜体外表面涂铁红色酚醛底漆，并用80mm厚软木作保冷层。

7.安装所用的地脚螺栓直径为M24。

技术特性表

内容	釜内	夹套内
工作压力/MPa	常压	0.3
工作温度/℃	40	-15
换热面积/m²	4	
容积/m³	1	
电动机型号及功率	Y100L₁-4 2.2kW	
搅拌轴转速/(r/min)	200	
物料名称	酸、碱溶液	冷冻盐水

管口表

符号	公称尺寸	连接尺寸,标准	连接面形式	用途或名称
a	50	HG/T 20592—2009	平面	出料口
$b_{1\text{-}2}$	50	HG/T 20592—2009	平面	盐水进口
$c_{1\text{-}2}$	50	HG/T 20592—2009	平面	盐水出口
d	125	HG/T 20592—2009	平面	检测口
e	150	HG/T 21528—2005		手孔
f	50	HG/T 20592—2009	平面	酸液进口
g	25	HG/T 20592—2009	平面	碱液进口
h		M27×2	螺纹	温度计口
i	25	HG/T 20592—2009	平面	放空口
j	40	HG/T 20592—2009	平面	备用口

总质量：1100kg

序号	代号	名称	数量	材料	备注
45		接管 Ø45×3	1	1Cr18Ni9Ti	l=145
44		接管 Ø32×2.5	1	1Cr18Ni9Ti	l=145
43		接管 M27×2	1	1Cr18Ni9Ti	
42	HG/T 20606—2009	垫片 RF 50—2.5 XB450	1	石棉橡胶板	
41	GB/T 6170—2015	螺母 M12	8		
40	GB/T 5782—2016	螺栓 M12×45	8		
39	HG/T 20592—2009	法兰盖 PL 50—2.5 RF	1	1Cr18Ni9Ti	钻孔Ø46
38		接管 Ø45×3	1	1Cr18Ni9Ti	l=750
37	HG/T 20592—2009	法兰 PL 40—2.5 RF	2	1Cr18Ni9Ti	
36	GB/T 6170—2015	螺母 M12	36		
35	GB/T 5782—2016	螺栓 M20×110	36		
34	JB/T 4736—2002	补强圈 d_N150—C	1	Q235A	
33	HG/T 21528—2014	手孔 Ib (A-XB350) 150	1	1Cr18Ni9Ti	
32	GB/T 93—1987	垫圈 12	6		
31	GB/T 6170—2015	螺母 M12	6		
30	GB/T 901—1988	螺柱 M12×35	6		
29	JB/T 4736—2002	补强圈 d_N125—C	1	Q235A	
28		接管 Ø133×4.5	1	1Cr18Ni9Ti	l=145
27	HG/T 20592—2009	法兰 PL 120—2.5 RF	1	Q235A	
26	HG/T 20606—1997	垫片 RF 120—2.5 XB450	1	石棉橡胶板	
25	HG/T 20592—2009	法兰盖 PL 120—2.5 RF	1	1Cr18Ni9Ti	
24	GB/T 6170—2015	螺母 M16	8		
23	GB/T 5782—2016	螺栓 M16×65	8		
22		减速机 LJC—250—23	1		
21		机架	1	Q235A	
20	HG/T 21570—1995	联轴器 C50—ZG	1		组合件
19	HG/T 21537.7—1992	填料箱 DN40	1		组合件
18		底座	1	Q235A	
17	HG/T 20592—2009	法兰 PL 25—2.5 RF	2	1Cr18Ni9Ti	
16		接管 Ø32×2.5	1	1Cr18Ni9Ti	
15	GB/T 25198—2010	封头 EHA 1000×10	1	1Cr18Ni9Ti(里)	Q235A(外)
14	NB/T 47021—2012	法兰—FM 1000—2.5	2	1Cr18Ni9Ti(里)	Q235A(外)
13	NB/T 47024—2012	垫片 1000—2.5	1	石棉橡胶板	
12	JB/T 4712.3—2007	耳式支座 A3—I	4	Q235A·F	
11		釜体 DN1000×10	1	1Cr18Ni9Ti(里)	Q235A(外)
10		夹套 DN1100×10	1	Q235A	l=970
9		轴 Ø40	1	1Cr18Ni9Ti	
8	GB/T 1096—2003	键 12×8×45	1	1Cr18Ni9Ti	
7	HG/T 2123—1991	桨式搅拌器 320—40	1	1Cr18Ni9Ti	
6	GB/T 25198—2010	封头 EHA DN1000×10	1	1Cr18Ni9Ti(里)	Q235A(外)
5	GB/T 25198—2010	封头 EHA DN1100×10	1	Q235A	
4		接管 Ø57×3	4	10	l=155
3	HG/T 20592—2009	法兰 PL 50—2.5 RF	4	Q235A	
2		接管 Ø57×3	2	1Cr18Ni9Ti	l=145
1	HG/T 20592—2009	法兰 PL 50—2.5 RF	2	1Cr18Ni9Ti	

设计				
校核				
审核		比例	1:10	反应釜 DN1000 V_N=1m³
班级		共　张第　张		

釜装配图

第十二章　化工工艺图

教学提示

① 了解首页图、工艺方案流程图的特点，掌握工艺管道及仪表流程图的画法、各项标注及读图方法。

② 了解设备布置图的画法和标注，能识读设备布置图。

③ 掌握管道连接、交叉、弯折、重叠的规定画法，熟悉管道附件的表示法，能识读管道布置图。

第一节　化工工艺流程图

在炼油、化工、纤维、合成塑料、合成橡胶、化肥等石油化工产品的生产过程中，有着相同的基本操作单元，如蒸发、冷凝、精馏、吸收、干燥、混合、反应等等。化工工艺流程图是用来表达化工生产过程与联系的图样，如物料的流程顺序和操作顺序。它不但是化工工艺人员进行工艺设计的主要内容，也是进行工艺安装和指导生产的技术文件。

一、首页图

在工艺设计施工图中，将所采用的部分规定以图表形式绘制成首页图，以便于识图和更好地使用设计文件。首页图如图 12-1 所示，它包括如下内容：

① 管道及仪表流程图中所采用的图例、符号、设备位号、物料代号和管道编号等；

② 装置及主项的代号和编号；

③ 自控（仪表）专业在工艺过程中所采用的检测和控制系统的图例、符号、代号等；

④ 其他有关需要说明的事项。

二、工艺方案流程图

工艺方案流程图亦称原理流程图或物料流程图。工艺方案流程图是视工艺复杂程度、以工艺装置的主项（工段或工序、车间或装置）为单元绘制的。工艺方案流程图按照工艺流程的顺序，将设备和工艺流程线从左向右展开画在同一平面上，并附以必要标注和说明的一种示意性展开图。工艺方案流程图是设计设备的依据，也可作为生产操作的参考。

图 12-2 为脱硫系统工艺方案流程图。从图中可知：天然气来自配气站，进入罗茨鼓风机（C0701）加压后，送入脱硫塔（T0702）；与此同时，来自氨水储罐（V0703）的稀氨水，经氨水泵（P0704A）打入脱硫塔（T0702）中，在塔中气液两相逆流接触，天然气中有害物质硫化氢被氨水吸收脱除。

脱硫后的天然气进入除尘塔（T0707），在塔内经水洗除尘后，去造气工段。从脱硫塔（T0702）出来的废氨水，经过氨水泵（P0704B）打入再生塔（T0706），与空气鼓风机（C0705）送入再生塔的新鲜空气逆向接触，空气吸收废氨水中的硫化氢后，余下的酸性气体去硫磺回

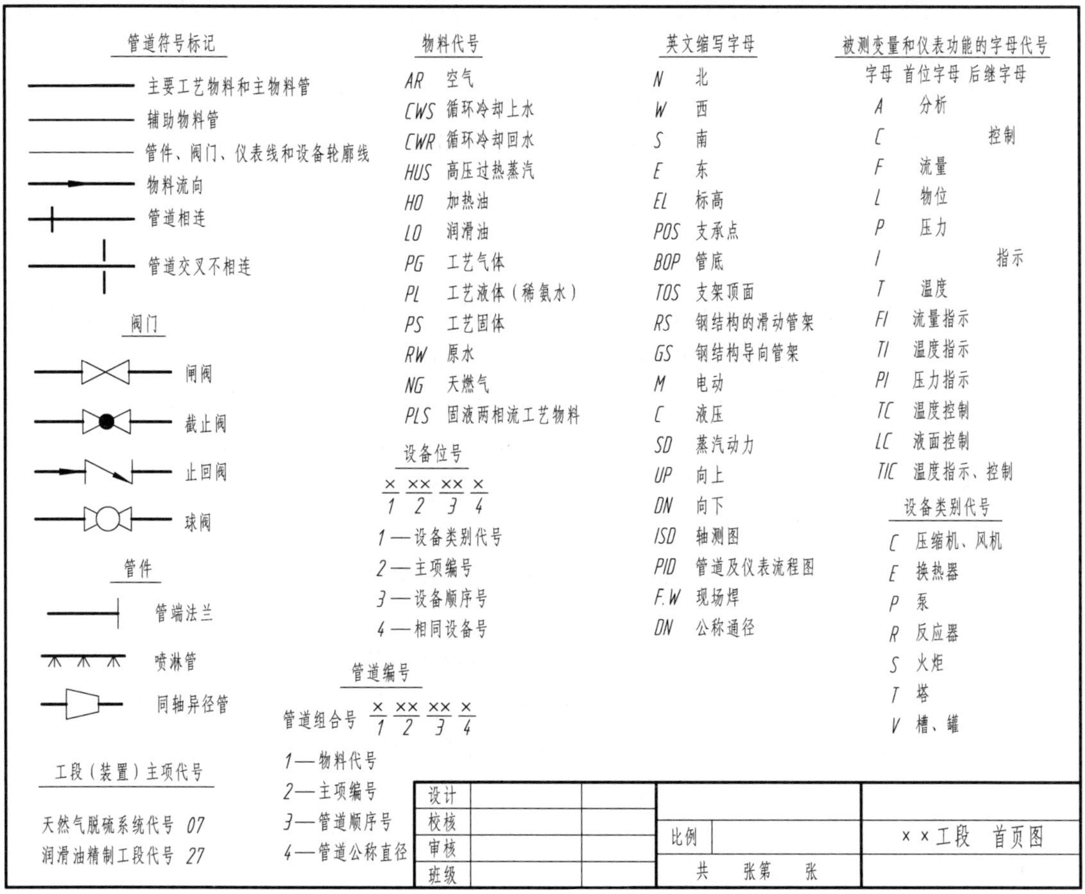

管道符号标记
主要工艺物料和主物料管
辅助物料管
管件、阀门、仪表线和设备轮廓线
物料流向
管道相连
管道交叉不相连
阀门
闸阀
截止阀
止回阀
球阀
管件
管端法兰
喷淋管
同轴异径管
工段（装置）主项代号
天然气脱硫系统代号 07
润滑油精制工段代号 27
物料代号
AR 空气
CWS 循环冷却上水
CWR 循环冷却回水
HUS 高压过热蒸汽
HO 加热油
LO 润滑油
PG 工艺气体
PL 工艺液体（稀氨水）
PS 工艺固体
RW 原水
NG 天燃气
PLS 固液两相流工艺物料
设备位号
× ×× ×× ×
1 2 3 4
1—设备类别代号
2—主项编号
3—设备顺序号
4—相同设备号
管道编号
管道组合号 × ×× ×× ×
1 2 3 4
1—物料代号
2—主项编号
3—管道顺序号
4—管道公称直径
英文缩写字母
N 北
W 西
S 南
E 东
EL 标高
POS 支承点
BOP 管底
TOS 支架顶面
RS 钢结构的滑动管架
GS 钢结构导向管架
M 电动
C 液压
SD 蒸汽动力
UP 向上
DN 向下
ISD 轴测图
PID 管道及仪表流程图
F.W 现场焊
DN 公称通径
被测变量和仪表功能的字母代号
字母 首位字母 后继字母
A 分析
C 控制
F 流量
L 物位
P 压力
I 指示
T 温度
FI 流量指示
TI 温度指示
PI 压力指示
TC 温度控制
LC 液面控制
TIC 温度指示、控制
设备类别代号
C 压缩机、风机
E 换热器
P 泵
R 反应器
S 火炬
T 塔
V 槽、罐
设计
校核
审核
班级
比例
共 张第 张
××工段 首页图

图 12-1　首页图

主要物料流程线
粗实线
辅助物料流程线
中粗实线
酸性气送硫磺回收工段
脱硫气去造气工段
由自来水总管来
天然气来自配气站
空
气
稀氨水来自碳化工段
再生氨水
排污水
处理池
C0701A、B
罗茨鼓风机
T0702
脱硫塔
V0703
氨水储罐
P0704A、B
氨水泵
C0705
空气鼓风机
T0706
再生塔
T0707
除尘塔

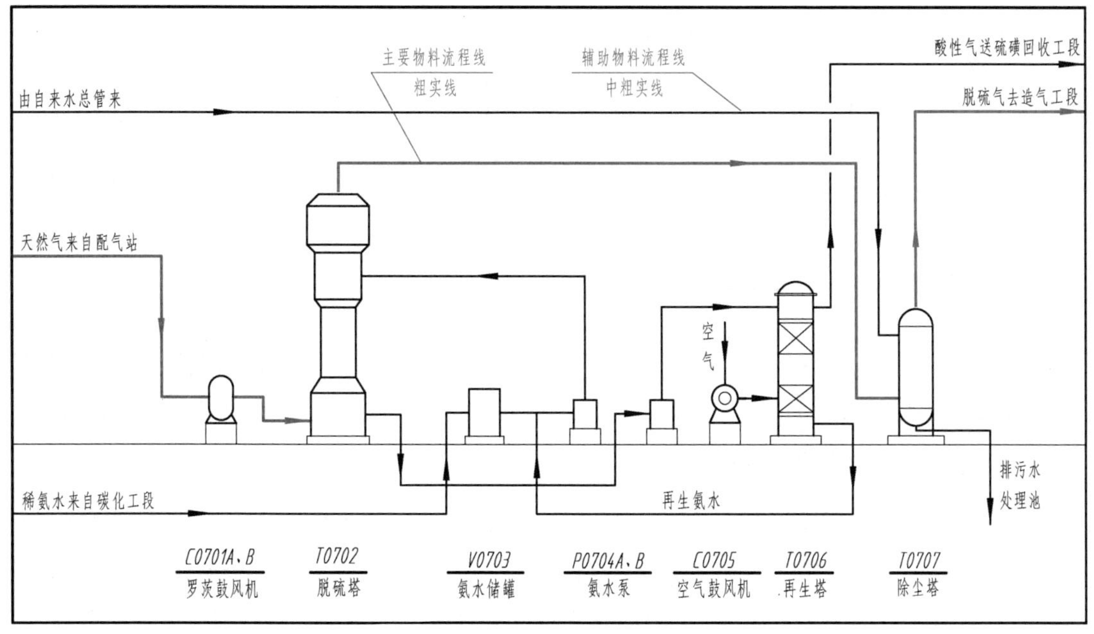

图 12-2　脱硫系统工艺方案流程图

收工段；由再生塔出来的再生氨水，经氨水泵（P0704A）打入脱硫塔（T0702）循环使用。

1. 设备的画法

① 用细实线从左至右、按流程顺序依次画出能反映设备大致轮廓的示意图。一般不按比例，但要保持它们的相对大小及位置高低。常用设备的画法，参阅附表 32。

② 设备上重要接管口的位置，应大致符合实际情况。各设备之间应保留适当距离，以便布置流程线。两个或两个以上的相同设备，可以只画一套，备用设备可以省略不画。

2. 流程线的画法

① 用粗实线画出各设备之间的主要物料流程。用中粗实线画出其他辅助物料的流程线。流程线一般画成水平线和垂直线（不用斜线），转弯一律画成直角。

② 在两设备之间的流程线上，至少应有一个流向箭头。当流程线发生交错时，应将其中一线断开或绕弯通过。同一物料线交错，按流程顺序“先不断、后断”；不同物料线交错时，主物料线不断，辅助物料线断，即“主不断、辅断”。

3. 标注

① 将设备的名称和位号，在流程图上方或下方靠近设备示意图的位置排成一行，如图 12-2 所示。在水平线（粗实线）的上方注写设备位号，下方注写设备名称。

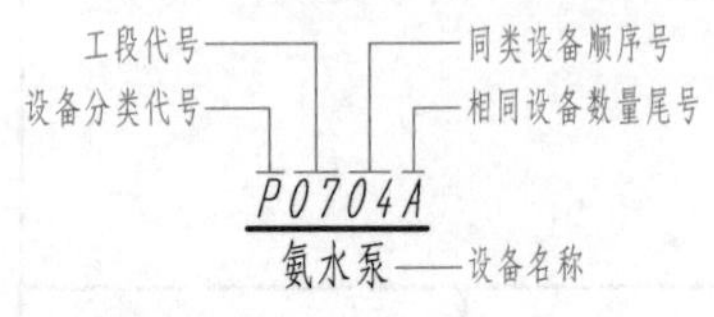

图 12-3　设备位号的标注

② 设备位号由设备分类代号、工段代号（两位数字）、同类设备顺序号（两位数字）和相同设备数量尾号（大写拉丁字母）四部分组成，如图 12-3 所示。设备分类代号见表 12-1。

③ 在流程线开始和终止的上方，用文字说明介质的名称、来源和去向，如图 12-2 所示。

表 12-1　设备分类代号（摘自 HG/T 20519.2—2009）

序号	类别	代号	应　用	序号	类别	代号	应　用
1	塔	T	各种填料塔、板式塔、喷淋塔、湍球塔和萃取塔	7	火炬、烟囱	S	各种工业火炬与烟囱
2	泵	P	离心泵、齿轮泵、往复泵、喷射泵、液下泵、螺杆泵等	8	容器（槽、罐）	V	贮槽、贮罐、气柜、气液分离器、旋风分离器、除尘器等
3	压缩机风机	C	各类压缩机、鼓风机	9	起重运输设备	L	各种起重机械、葫芦、提升机、输送机、运输车等
4	换热器	E	列管式、套管式、螺旋板式、蛇管式、蒸发器等各种换热设备	10	计量设备	W	各种定量给料秤、地磅、电子秤等
5	反应器	R	固定床、硫化床、反应釜、反应罐（塔）、转化器、氧化炉等	11	其他机械	M	电动机、内燃机、汽轮机、离心透平机等其他动力机
6	工业炉	F	裂解炉、加热炉、锅炉、转化炉、电石炉等	12	其他设备	X	各种压滤机、过滤机、离心机、挤压机、揉和机、混合机等

三、工艺管道及仪表流程图

工艺管道及仪表流程图亦称为PID、或施工流程图、或生产控制流程图。工艺管道及仪表流程图，是在工艺方案流程图基础上绘制的，是内容更为详细的工艺流程图。工艺管道及仪表流程图要绘出所有生产设备和管道，以及各种仪表控制点和管件、阀门等有关图形符号。它是经物料平衡、热平衡、设备工艺计算后绘制的，是设备布置、管道布置的原始依据，也是施工的参考资料和生产操作的指导性技术文件。

1. 画法

① 设备与管道的画法与方案流程图的规定相同。管道上所有的阀门和管件，用细实线按标准规定的图形符号（见表12-2）在管道的相应处画出。

表12-2　管道系统常用阀门图形符号（摘自HG/T 20519.2—2009）

名称	符　号	名称	符　号
截止阀		旋塞阀	
闸阀		球阀	
蝶阀		隔膜阀	
止回阀		减压阀	

注：1. 阀门图例尺寸一般为长4mm、宽2mm，或长6mm、宽3mm。
2. 图例中圆黑点直径为2mm，圆直径为4mm。

② 仪表控制点用细实线在相应的管道或设备上用符号画出。符号包括图形符号和字母代号。它们组合起来表达工业仪表所处理的被测变量和功能，或表示仪表、设备、元件、管线的名称。仪表图形符号是一个直径为10mm的细实线圆圈，如图12-4（a）所示，用细实线连到设备轮廓线或管道的测量点上，如图12-4（b）所示。

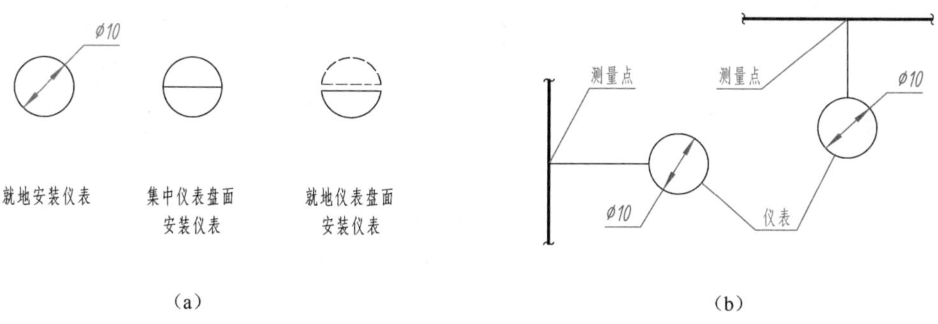

图12-4　仪表的图形符号

2. 标注

（1）设备的标注　设备的标注与方案流程图的规定相同。

（2）管道流程线的标注　管道流程线上除应画出介质流向箭头、并用文字标明介质的来源或去向外，还应对每条管道标注以下四部分内容。

——管道号（或称管段号）。由三个单元组成，即物料代号、工段号、管道顺序号。

——管道公称通径。

——管道压力等级代号。

——隔热（或隔声）代号。

上述四项总称为管道组合号。前面一组由管道号和管道公称通径组成，两者之间用一短线隔开；后面一组由管道等级和隔热（或隔声）代号组成，两者之间用一短线隔开，如图

12-5（a）所示。

管道组合号一般标注在管道的上方，如图 12-5（a）所示；必要时也可将前、后两组分别标注在管道的上方和下方，如图 12-5（b）所示；垂直管道标注在管道的左方（字头向左），如图 12-5（c）所示。

对于工艺流程简单，管道规格不多时，则管道组合号中的管道等级和隔热（或隔声）代号可省略。

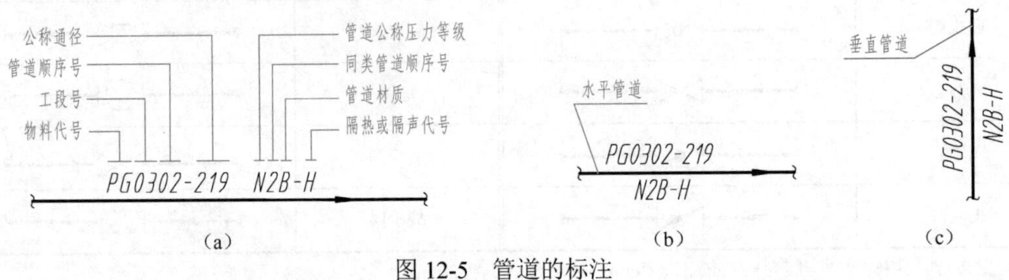

图 12-5 管道的标注

物料代号 物料代号以英文名称的第一个字母（大写）来表示，化工行业的主管部门根据化工行业特点，作出了具体规定，详见表 12-3。

表 12-3 物料名称及代号（摘自 HG/T 20519.2—2009）

类别	物料名称	代号	类别	物料名称	代号	类别	物料名称	代号
工艺物料代号	工业空气	PA	水	锅炉给水	BW	制冷剂	气氨	AG
	工艺气体	PG		化学污水	CSW		液氨	AL
	气液两相流工艺物料	PGL		循环冷却水回水	CWR		气体乙烯或乙烷	ERG
	气固两相流工艺物料	PGS		循环冷却水上水	CWS		液体乙烯或乙烷	ERL
	工艺液体	PL		脱盐水	DNW		氟里昂气体	FRG
	液固两相流工艺物料	PLS		饮用水、生活用水	DW		气体丙烯或丙烷	PRG
	工艺固体	PS		消防水	FW		液体丙烯或丙烷	PRL
	工艺水	PW		热水回水	HWR		冷冻盐水回水	RWR
空气	空气	AR		热水上水	HWS		冷冻盐水上水	RWS
	压缩空气	CA		原水、新鲜水	RW	燃料	燃料气	FG
	仪表用空气	IA		软水	SW		液体燃料	FL
蒸汽及冷凝水	高压蒸汽	HS		生产废水	WW		液化石油气	LPG
	低压蒸汽	LS	其他物料	氢	H		固体燃料	FS
	伴热蒸汽	MS		氮	N		天然气	NG
	中压蒸汽	LS		氧	O		液化天然气	LNG
	蒸汽冷凝水	SC		火炬排放气	FV	增补代号	气氨	AG
油	污油	DO		惰性气	IG		液氨	AL
	燃料油	FO		泥浆	SL		氨水	AW
	填料油	GO		真空排放气	VE		转化气	CG
	润滑油	LO		放空	VT		合成气	SG
	原油	RO		废气	WG		尾气	TG

管道公称压力等级代号 管道公称压力等级代号见表 12-4。

管道材质代号 管道材质代号见表 12-5。

表 12-4　管道公称压力等级代号（摘自 HG/T 20519.6—2009）

公称压力 P /MPa	代号	公称压力 P /MPa	代号	公称压力 P /MPa	代号	公称压力 P /MPa	代号
0.25	H	1.6	M	6.4	Q	20.0	T
0.6	K	2.5	N	10.0	R	22.0	U
1.0	L	4.0	P	16.0	S	25.0	V

表 12-5　管道材质代号（摘自 HG/T 20519.6—2009）

材料类别	代号	材料类别	代号	材料类别	代号	材料类别	代号
铸铁	A	普通低合金钢	C	不锈钢	E	非金属	G
碳钢	B	合金钢	D	有色金属	F	衬里及内防腐	H

隔热或隔声代号　隔热与隔声代号见表 12-6。

表 12-6　隔热与隔声代号（摘自 HG/T 20519.2—2009）

功能类别	代号	备　注	功能类别	代号	备　注
保温	H	采用保温材料	蒸汽伴热	S	采用蒸汽伴管和保温材料
保冷	C	采用保冷材料	热水伴热	W	采用热水伴管和保温材料
人身防护	P	采用保温材料	热油伴热	O	采用热油伴管和保温材料
防结露	D	采用保冷材料	夹套伴热	J	采用夹套管和保温材料
电伴热	E	采用电热带和保温材料	隔声	N	采用隔声材料

（3）仪表及仪表位号的标注　在工艺管道及仪表流程图中，仪表位号中的字母代号填写在圆圈的上半圆中，数字编号填写在圆圈的下半圆中，如图 12-6 所示。在检测控制系统中构成一个回路的每个仪表（或元件），都应有自己的仪表位号。仪表位号由字母代号组合与阿拉伯数字编号组成。第一位字母表示被测变量，后继字母表示仪表的功能。可一个或多个组合，最多不超过五个，字母的组合示例见表 12-7。

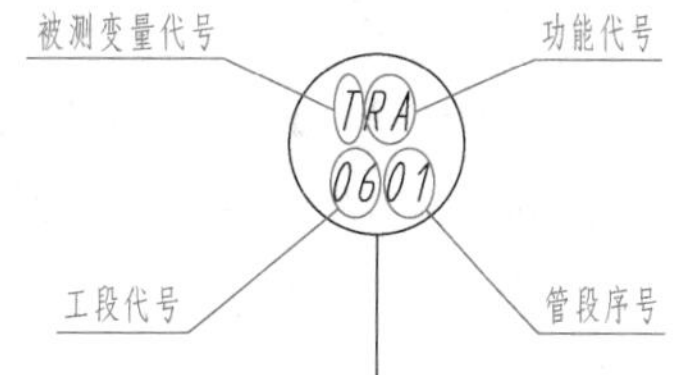

图 12-6　仪表位号的标注

表 12-7　被测变量及仪表功能字母组合示例

仪表功能 \ 被测变量	温度（T）	温差（TD）	压力（P）	压差（PD）	流量（F）	物位（L）	分析（A）	密度（D）	未分类的量（X）
指示（I）	TI	TDI	PI	PDI	FI	LI	AI	DI	XI
记录（R）	TR	TDR	PR	PDR	FR	LR	AR	DR	XR
控制（C）	TC	TDC	PC	PDC	FC	LC	AC	DC	XC
变送（T）	TT	TDT	PT	PDT	FT	LT	AT	DT	XT
报警（A）	TA	TDA	PA	PDA	FA	LA	AA	DA	XA
开关（S）	TS	TDS	PS	PDS	FS	LS	AS	DS	XS
指示、控制	TIC	TDIC	PIC	PDIC	FIC	LIC	AIC	DIC	XIC
指示、开关	TIS	TDIS	PIS	PDIS	FIS	LIS	AIS	DIS	XIS
记录、报警	TRA	TDRA	PRA	PDRA	FRA	LRA	ARA	DRA	XRA
控制、变送	TCT	TDCT	PCT	PDCT	FCT	LCT	ACT	DCT	XCT

3. 阅读工艺管道及仪表流程图

阅读工艺管道及仪表流程图的目的是为选用、设计、制造各种设备提供工艺条件，为管道安装提供方便。对照工艺管道及仪表流程图，可以摸清并熟悉现场流程，掌握开停工顺序，维护正常生产操作。还可根据工艺管道及仪表流程图，判断流程控制操作的合理性，进行工艺改革和设备改造及挖潜。通过工艺管道及仪表流程图，还能进行事故设想，提高操作水平和预防、处理事故的能力。

现以图 12-7 所示天然气脱硫系统工艺管道及仪表流程图为例，说明读图的方法和步骤。

（1）*掌握设备的数量、名称和位号*　天然气脱硫系统的工艺设备共有 9 台。其中有相同型号的罗茨鼓风机两台（C0701A、B），一座脱硫塔（T0702），一台氨水储罐（V0703），两台相同型号的氨水泵（P0704A、B），一台空气鼓风机（C0705），一座再生塔（T0706），一个除尘塔（T0707）。

（2）*了解主要物料的工艺流程*　从天然气配气站来的原料（天然气），经罗茨鼓风机（C0701A、B）从脱硫塔底部进入，在塔内与氨水气液两相逆流接触，其天然气中的有害物质硫化氢，经过化学吸收过程，被氨水吸收脱除。然后进入除尘塔（T0707），在塔中经水洗除尘后，由塔顶馏出，脱硫气送造气工段使用。

（3）*了解动力或其他物料的工艺流程*　由碳化工段来的稀氨水进入氨水储罐（V0703），由氨水泵（P0704A、B）抽出后，从脱硫塔（T0702）上部打入。从脱硫塔底部出来的废氨水，经氨水泵（P0704A、B）抽出，打入再生塔（T0706），在塔中与新鲜空气逆流接触，空气吸收废氨水中的硫化氢后，余下的酸性气去硫磺回收工段。从再生塔底部出来的再生氨水，由氨水泵（P0704A、B）打入脱硫塔，循环使用。

罗茨鼓风机为两台并联（工作时一台备用），它是整个系统流动介质的动力。空气鼓风机的作用是从再生塔下部送入新鲜空气，将稀氨水里的含硫气体除去，通过管道将酸性气体送到硫磺回收工段。由自来水总管提供除尘水源，从除尘塔上部进入塔中。

（4）*了解阀门及仪表控制点的情况*　在两台罗茨鼓风机的出口、两台氨水泵的出口和除尘塔下部物料入口处，共有 5 块就地安装的压力指示仪表。在天燃气原料线、再生塔底出口和除尘塔料气入口处，共有 3 个取样分析点。

脱硫系统整个管段上均装有阀门，对物料进行控制。有 9 个截止阀、7 个闸阀、2 个止回阀。止回方向是由氨水泵打出，不可逆向回流，以保证安全生产。

四、化工工艺图的图线用法

化工工艺图包括化工工艺流程图、设备布置图、管道布置图、管道轴测图、管件图和设备安装图等。化工工艺图虽然与机械图有着紧密的联系，但却有十分明显的行业特征，同时也有自己相对独立的制图规范。

化工工艺图的图线用法与机械制图的图线用法，有明显的区别。机械制图的图线宽度分为两种（见表 1-4），而化工工艺图的图线宽度分为三种：粗线 0.6～0.9mm；中粗线 0.3～0.5mm；细线 0.15～0.25mm。图线用法的一般规定见表 12-8。

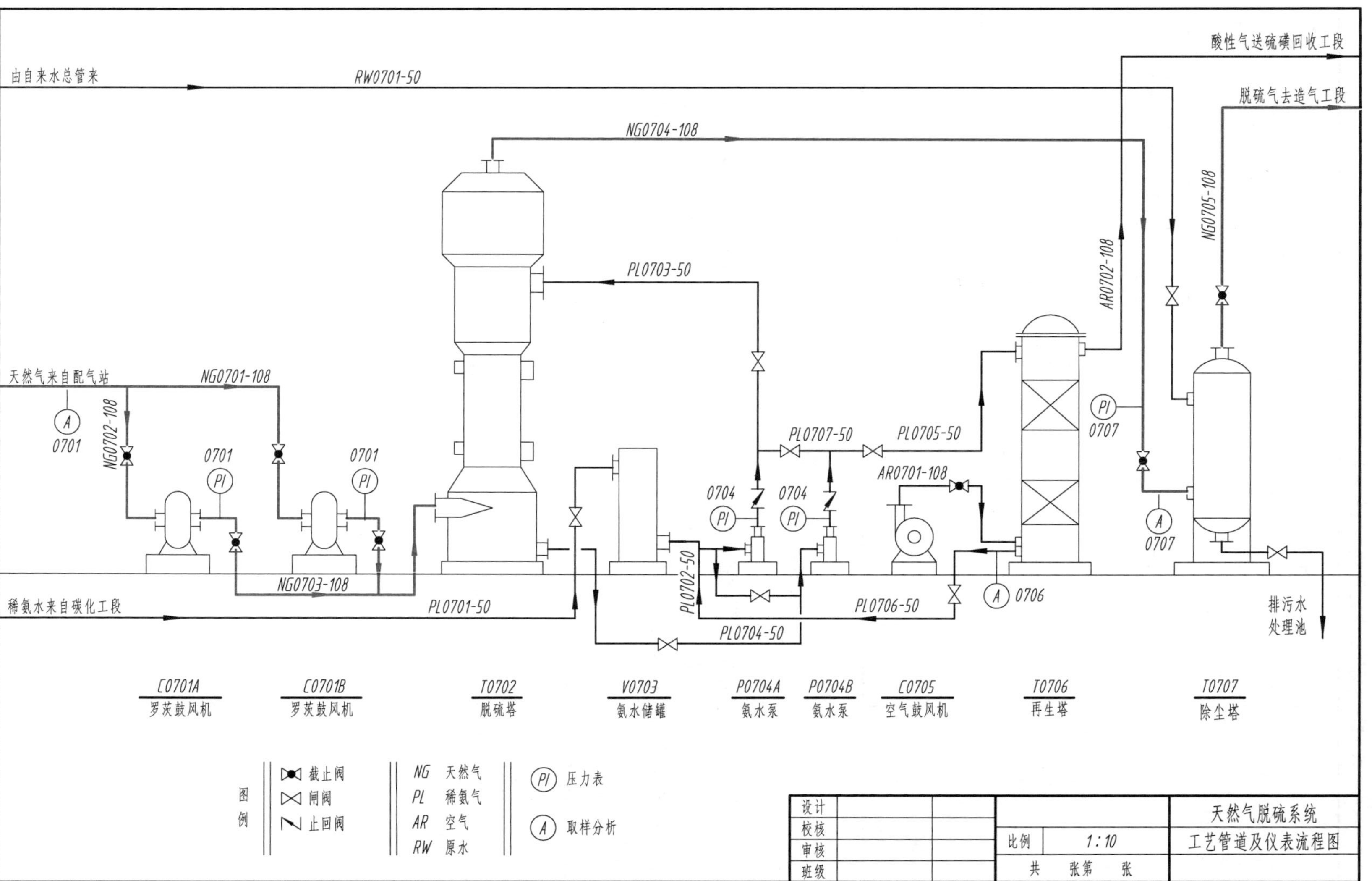

图 12-7 天然气脱硫系统工艺管道及仪表流程图

表 12-8　化工工艺图图线用法的规定（摘自 HG/T 20519.1—2009）

<table>
<tr><th colspan="2" rowspan="2">类　别</th><th colspan="3">图线宽度/mm</th><th rowspan="2">备　注</th></tr>
<tr><th>粗线（0.6～0.9）</th><th>中粗线（0.3～0.5）</th><th>细线（0.15～0.25）</th></tr>
<tr><td colspan="2">工艺管道及仪表流程图</td><td>主物料管道</td><td>其他物料管道</td><td>其他</td><td>机器、设备轮廓线 0.25mm</td></tr>
<tr><td colspan="2">辅助管道及仪表流程图
公用系统管道及仪表流程图</td><td>辅助管道总管
公用系统管道总管</td><td>支管</td><td>其他</td><td></td></tr>
<tr><td colspan="2">设备布置图</td><td>设备轮廓</td><td>设备支架、设备基础</td><td>其他</td><td>动设备若只绘出设备基础，图线宽为 0.6～0.9mm</td></tr>
<tr><td colspan="2">设备管口方位图</td><td>管口</td><td>设备轮廓、设备支架
设备基础</td><td>其他</td><td></td></tr>
<tr><td rowspan="2">管道
布置图</td><td>单线
（实线或虚线）</td><td>管道</td><td>—</td><td rowspan="2">法兰、阀门及其他</td><td rowspan="2"></td></tr>
<tr><td>双线
（实线或虚线）</td><td>—</td><td>管道</td></tr>
<tr><td colspan="2">管道轴测图</td><td>管道</td><td>法兰、阀门、承插焊、
螺纹联接等管件的表示线</td><td>其他</td><td></td></tr>
<tr><td colspan="2">设备支架图、管道支架图</td><td>设备支架及管架</td><td>虚线部分</td><td>其他</td><td></td></tr>
<tr><td colspan="2">特殊管件图</td><td>管件</td><td>虚线部分</td><td>其他</td><td></td></tr>
</table>

第二节　设备布置图

工艺流程设计所确定的全部设备，必须根据生产工艺的要求和具体情况，在厂房内外合理布置，以满足生产的需要。这种用来表示设备与建筑物、设备与设备之间的相对位置，能直接指导设备安装的图样称为设备布置图。设备布置图是进行管道布置设计、绘制管道布置图的依据。

一、设备布置图的内容

设备布置图采用正投影的方法绘制，是在简化了的厂房建筑图上，增加了设备布置的内容。图 12-8 为天然气脱硫系统设备布置图，从中可以看出设备布置图一般包括以下几方面内容。

（1）一组视图　包括平面图和剖面图，表示厂房建筑的基本结构，以及设备在厂房内外的布置情况。

平面图是用来表达某层厂房设备布置情况的水平剖视图。当厂房为多层建筑时，各层平面图是以上一层楼板底面水平剖切的俯视图。平面图主要表示厂房建筑的方位、占地大小、内部分隔情况；设备安装定位有关的、建筑物的结构形状；设备在厂房内外的布置情况及设备的相对位置。

剖面图是在厂房建筑的适当位置上，垂直剖切后绘出的，用来表达设备沿高度方向的布置安装情况。

（2）尺寸及标注　设备布置图中一般要标注与设备有关的建筑物的尺寸，建筑物与设备之间、设备与设备之间的定位尺寸（不标注设备的定形尺寸）。同时还要标注厂房建筑定位轴线的编号、设备的名称和位号，以及注写必要的说明等。

（3）安装方位标　安装方位标也叫设计北向标志，是确定设备安装方位的基准，一般将其画在图样的右上角。

（4）标题栏　注写图名、图号、比例、设计者等。

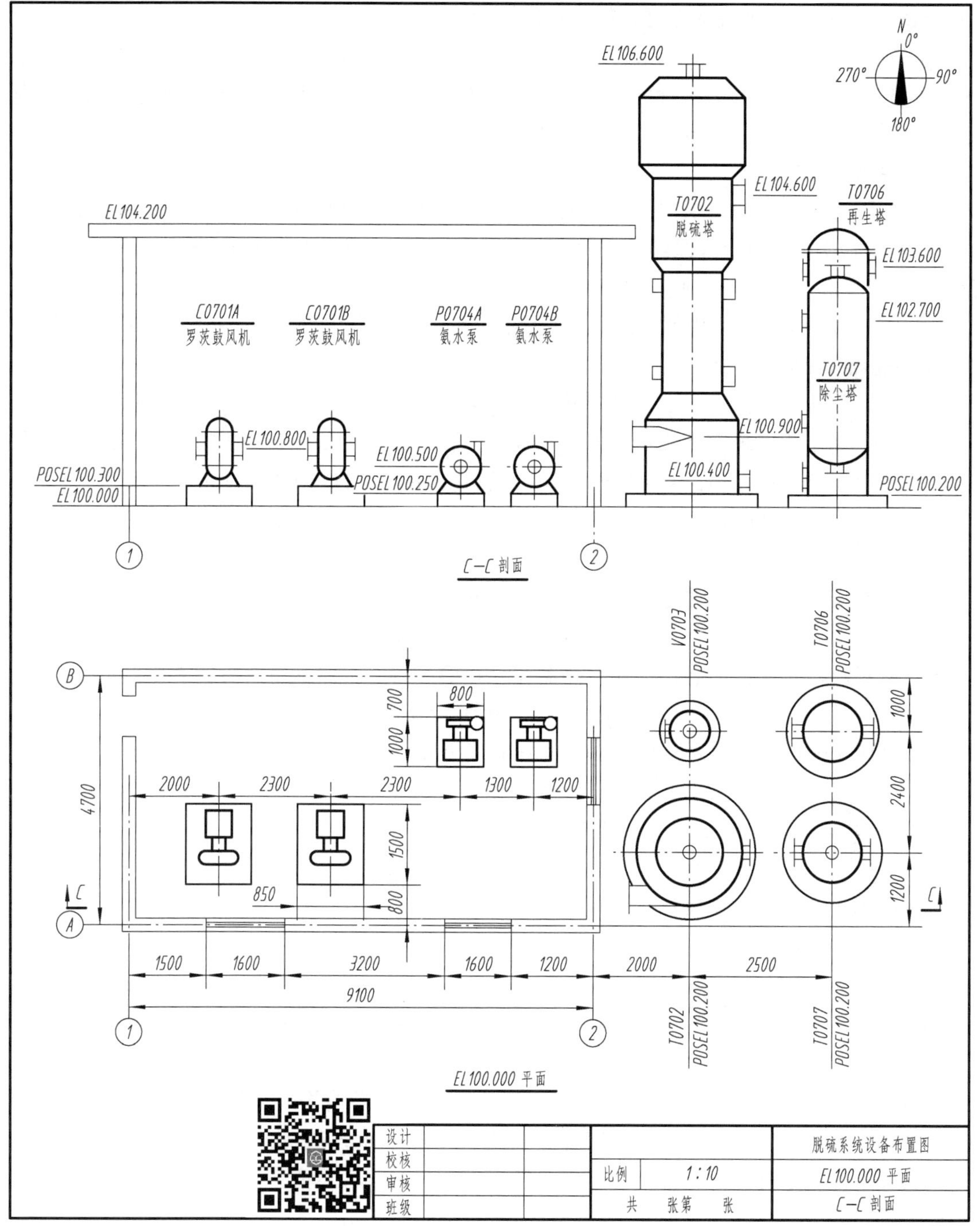

图 12-8　天然气脱硫系统设备布置图

二、设备布置图的规定画法和标注

1. 厂房的画法和标注

① 厂房的平面图和剖面图用细实线绘制。用细实线表示厂房的墙、柱、门、窗、楼梯

等，与设备安装定位关系不大的门窗等构件，以及表示墙体材料的图例，在剖面图上则一概不予表示。用单点长画线画出建筑物的定位轴线。

② 标注厂房定位轴线间的尺寸；标注设备基础的定形和定位尺寸；注出设备位号和名称（应与工艺流程图一致）；标注厂房室内外地面标高（一般以底层室内地面为基准，作为零点进行标注）；标注厂房各层标高；标注设备基础标高。

2. 设备的画法

① 在厂房平面图中，用粗实线画出设备轮廓，用中粗实线画出设备支架、基础、操作平台等基本轮廓，用单点长画线画出设备的中心线。若有多台规格相同的设备，可只画出一台，其余则用粗实线，简化画出其基础的轮廓投影。

② 在厂房剖面图中，用粗实线画出设备的立面图（被遮挡的设备轮廓一般不予画出）。

3. 设备标高的标注方法

标高的英文缩写词为“EL”。基准地面的设计标高为 EL100.000（单位为 m，小数点后取三位数），高于基准地面往上加，低于基准地面往下减。例如：EL112.500，即比基准地面高 12.5 m；EL99.000，即比基准地面低 1m。标注设备标高的规定如下。

① 标注设备标高时，在设备中心线的上方标注与流程图一致的设备位号，下方标注设备的标高。

② 卧式换热器、槽、罐等，以中心线标高表示，即

℄EL×××.×××

③ 反应器、立式换热器、板式换热器和立式槽、罐等，以支承点标高表示，即

POS　EL×××.×××

④ 泵和压缩机等动设备，以主轴中心线标高表示，即

℄EL×××.×××

或以底盘底面（即基础顶面）标高表示，即

POS　EL×××.×××

⑤ 管廊和管架，以架顶标高表示，即

TOS　EL×××.×××

提示：℄是中心线符号，是由英文 Centreline 中 C、L 两字组合而成。

4. 安装方位标的绘制

安装方位标由直径为 20mm 的圆圈及水平、垂直的两轴线构成，并分别在水平、垂直等方位上注以 0°、90°、180°、270°等字样，如图 12-8 中右上角所示。一般采用建筑北向（以“N”表示）作为零度方位基准。该方位一经确定，凡必须表示方位的图样，如管口方位图、管段图等均应统一。

三、阅读设备布置图

阅读设备布置图的目的，是了解设备在工段（装置）的具体布置情况，指导设备的安装施工，以及开工后的操作、维修或改造，并为管道布置建立基础。现以图 12-8 所示天然气脱硫系统设备布置图为例，介绍设备布置图的读图方法和步骤。

1. 了解概况

由标题栏可知，该设备布置图有两个视图，一个为“EL100.000 平面图”，另一个为“*C*—*C* 剖面图”。图中共绘制了 8 台设备，分别布置在厂房内外。厂房外露天布置了 4 台静设备，有脱硫塔（T0702）、除尘塔（T0707）、氨水储罐（V0703）和再生塔（T0706）。厂房内安装了 4 台转动设备，有 2 台罗茨鼓风机（C0701A、B）和 2 台氨水泵（P0704A、B）。

2. 了解建筑物尺寸及定位

图中只画出了厂房建筑的定位轴线①、②和Ⓐ、Ⓑ。其横向轴线间距为 9.1m，纵向轴线间距为 4.7m。厂房地面标高为 EL100.000 m，房顶标高为 EL104.200m（即厂房房顶高为 4.2m）。

3. 掌握设备布置情况

从图中可知，罗茨鼓风机的主轴线标高为 EL100.800m，横向定位为 2.0m，相同设备间距为 2.3m，基础尺寸为 1.5m×0.85m，支承点标高是 POS　EL100.300m。

脱硫塔横向定位是 2.0m，纵向定位是 1.2m，支承点标高为 POS　EL100.200m，塔顶标高为 EL106.600m，料气入口的管口标高为 EL100.900m，稀氨水入口的管口标高为 EL104.600m。废氨水出口的管口标高为 EL100.400m。

氨水储罐（VO703）的支承点标高为 POS　EL100.200m，横向定位是 2.0m，纵向定位是 1.0m。图中右上角的安装方位标（北向标志），指明了设备的安装方位。

第三节　管道布置图

管道布置图又称配管图，主要表达管道及其附件在厂房建筑物内外的空间位置、尺寸和规格，以及与有关机器、设备的连接关系。配管图是管道安装施工的重要技术文件。

一、管道及附件的图示方法

1. 管道的表示法

在管道布置图中，公称通径 *DN* 小于和等于 350mm 或 14in（英吋）的管道，用单线（粗实线）表示，如图 12-9（a）所示；大于和等于 400mm 或 16in 的管道，用双线表示，如图 12-9（b）所示。

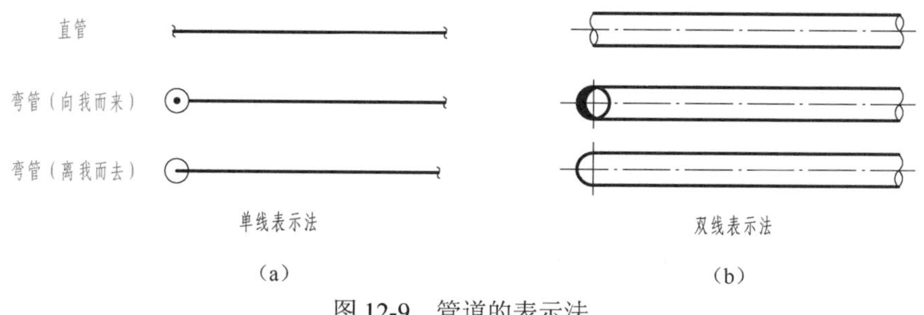

图 12-9　管道的表示法

如果在管道布置图中，大口径的管道不多时，则公称通径大于和等于 250mm 或 10in 的管道用双线表示，小于和等于 200 mm 或 8in 的管道，用单线（粗实线）表示。

2. 管道弯折的表示法

管道弯折的画法，如图 12-10 所示。在管道布置图中，公称通径小于和等于 50mm 的弯头，一律用直角表示。

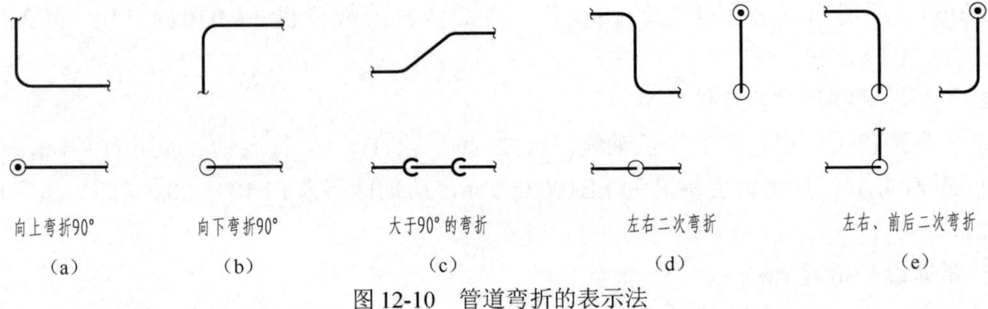

图 12-10　管道弯折的表示法

3. 管道交叉的表示法

管道交叉的表示方法，如图 12-11 所示。

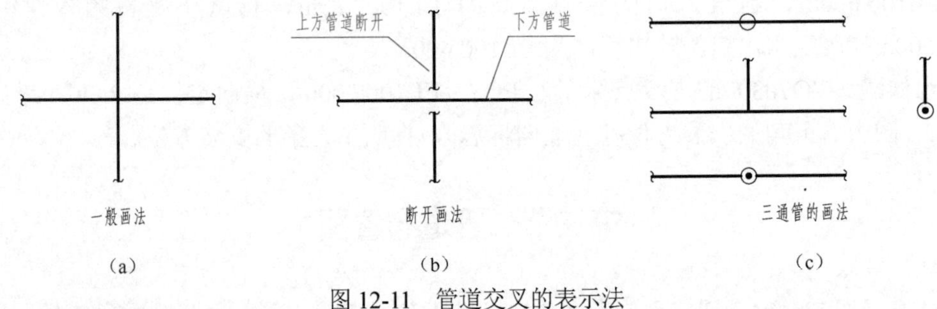

图 12-11　管道交叉的表示法

4. 管道重叠的表示法

当管道的投影重合时，将可见管道的投影断裂表示，如图 12-12（a）所示；当多条管道的投影重合时，最上一条画双重断裂符号，如图 12-12（b）所示；也可在管道投影断裂处，注上 a、a 和 b、b…等小写字母加以区分，如图 12-12（c）所示；当管道转折后的投影重合时，则后面的管道画至重影处，并稍留间隙，如图 12-12（d）所示。

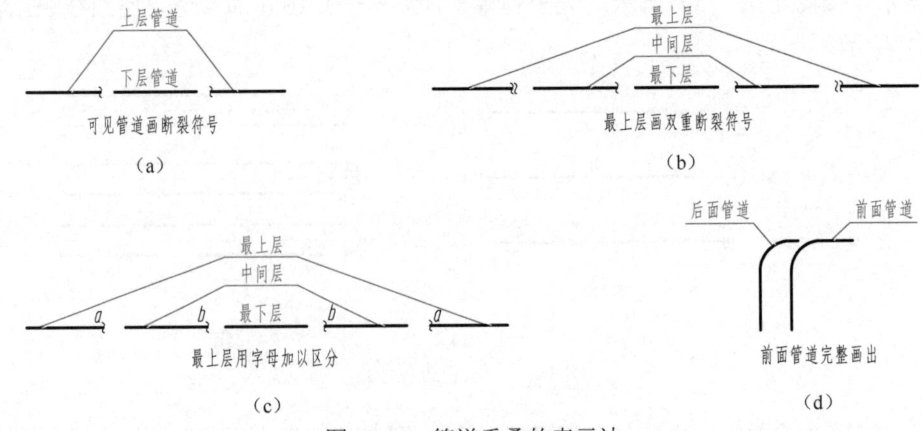

图 12-12　管道重叠的表示法

5. 管道连接的表示法

当两段直管相连时，根据连接的形式不同，其画法也不同。常见的管道连接方式及画法见表 12-9。

表 12-9 常见的管道连接方式及画法

连接方式	轴测图	装配图	规定画法
法兰连接		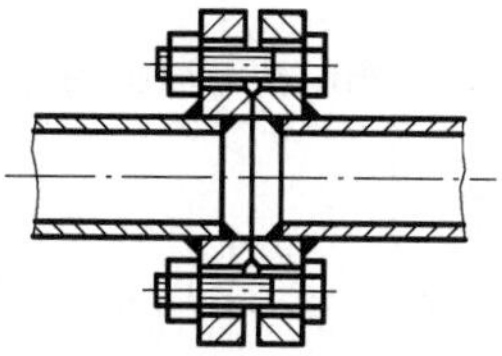	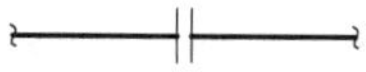
螺纹联接	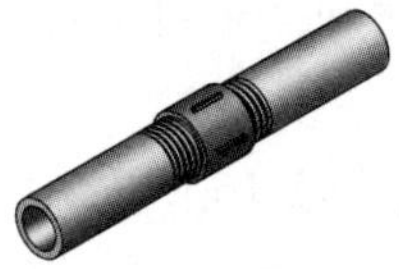	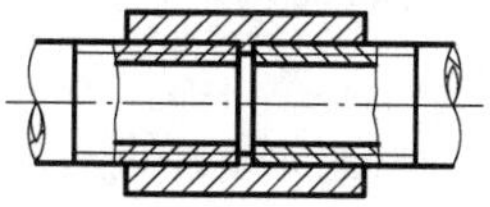	
焊接		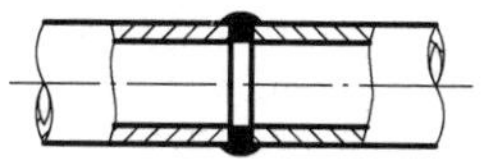	

6. 阀门及控制元件的表示法

控制元件通过阀门来调节流量，切断或切换管道，对管道起安全、控制作用。阀门和控制元件的组合方式，如图 12-13 所示。阀门与管道的连接方式，如图 12-14 所示。

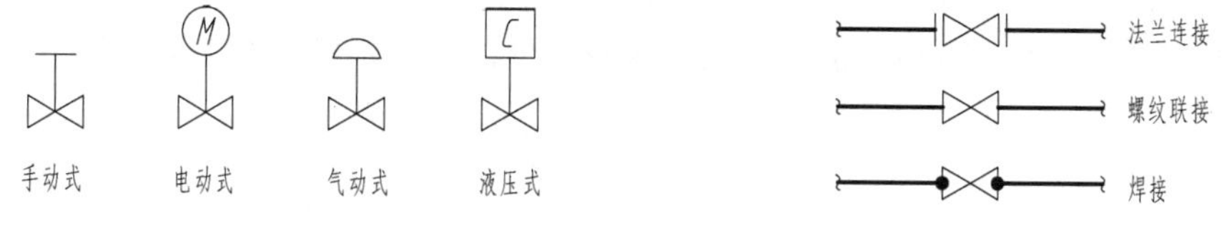

图 12-13 阀门和控制元件的组合方式

图 12-14 阀门与管道的连接画法

常用阀门在管道中的安装方位，一般应在管道中用细实线画出，其三视图和轴测图画法如图 12-15 所示。

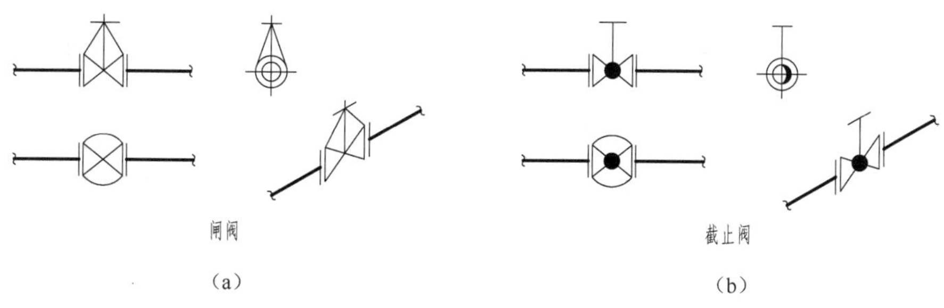

图 12-15

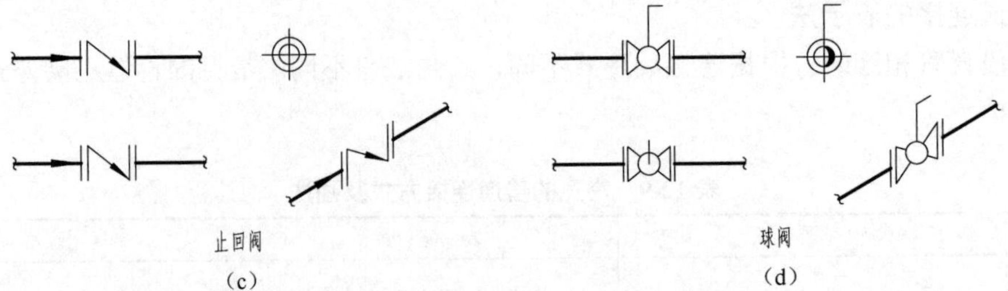

图 12-15　阀门在管道中的三视图和轴测图画法

7. 管道与管件连接的表示法

管道与管件连接的表示法，如附表 31 所示，其中连接符号之间的是管件。

【例 12-1】　已知一段管道的轴测图，试画出其主、俯、左、右的四面投影。

从图 12-16（a）中可知该管道的走向为：自左向右→拐弯向上→再拐弯向前→再拐弯向上→最后拐弯向右。

根据管道弯折的规定画法，画出该管道的四面投影，如图 12-16（b）所示。

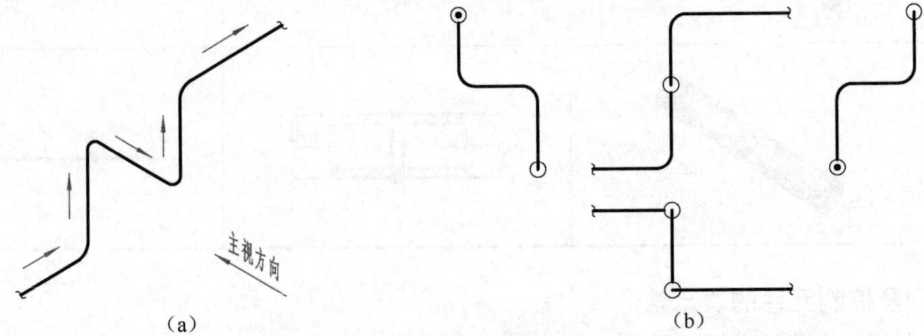

图 12-16　管道转折的画法

【例 12-2】　已知一段（装有阀门）管道的轴测图，试画出其平面图和立面图。

从图 12-17（a）中可看出，该段管道分为两部分：一部分自下而上向后拐弯→再向左拐

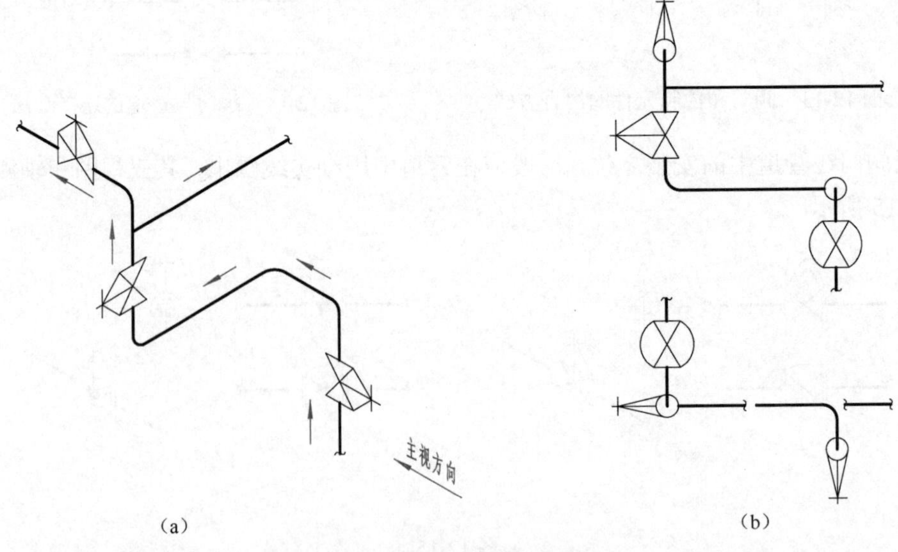

图 12-17　管道与阀门连接的画法

弯→然后向上拐弯→最后向后拐弯；另一段是向右的支管。该段管道共三个闸阀（阀门与管道的连接是螺纹联接），其手轮一个向上、一个向左、一个向前。

据此画出该段管道的平面图和立面图，如图 12-17（b）所示。

8. 管架的表示法

管道是利用各种形式的管架固定在建筑物或基础之上的。管架的形式和位置，在管道平面图上用符号表示，如图 12-18（a）所示。管架的编号由五部分内容组成，标注的格式如图 12-18（b）所示。管架类别和管架生根部位的结构，用大写英文字母表示，详见表 12-10。

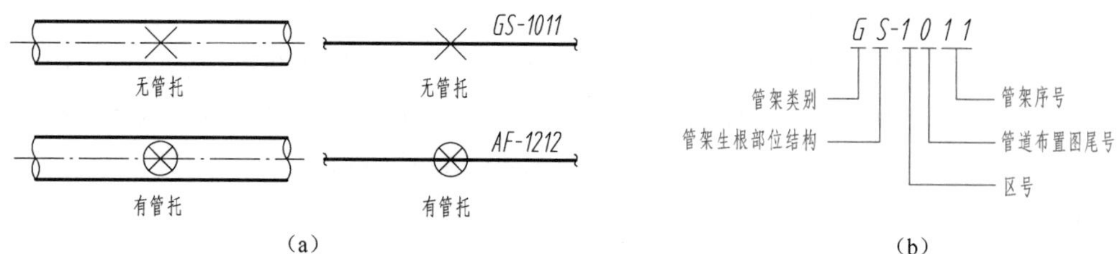

图 12-18　管架的表示法及编号方法

表 12-10　管架类别和管架生根部位的结构（摘自 HG/T 20519.4—2009）

管架类别					
代号	类别	代号	类别	代号	类别
A	固定架	H	吊　架	E	特殊架
G	导向架	S	弹性吊架	T	轴向限位架（停止架）
R	滑动架	P	弹簧支座	—	—
管架生根部位的结构					
代号	结构	代号	结构	代号	结构
C	混凝土结构	S	钢结构	W	墙
F	地面基础	V	设备	—	—

二、管道标高的标注方法

管道布置图中标注的标高以 m 为单位，小数点后取三位数。管子的公称通径及其他尺寸一律以 mm 为单位，只注数字，不注单位。在管道布置图上标注标高的规定如下。

① 用单线表示的管道，在其上方（用双线表示的管道在中心线上方）标注与流程图一致的管道代号，在下方标注管道标高。

② 当标高以管道中心线为基准时，只需标注数字，即

EL×××.×××

③ 当标高以管底为基准时，在数字前加注管底代号，即

BOP　EL×××.×××

④ 在管道布置图中标注设备标高时，在设备中心线的上方标注与流程图一致的设备位号，下方标注支承点的标高，即

POS　EL×××.×××

或标注设备主轴中心线的标高，即

℄EL×××.×××

具体的标注方法，参见图 12-19。

三、阅读管道布置图

阅读管道布置图的目的，是了解管道、管件、阀门、仪表控制点等在车间（装置）中的具体布置情况，主要解决如何把管道和设备连接起来的问题。由于管道布置设计是在工艺管道及仪表流程图和设备布置图的基础上进行的，因此，在读图前，应该尽量找出相关的工艺管道及仪表流程图和设备布置图，了解生产工艺过程和设备配置情况，进而搞清管道的布置情况。

阅读管道布置图时，应以平面图为主，配合剖面图，逐一搞清楚管道的空间走向；再看有无管段图及设计模型，有无管件图、管架图，或蒸汽伴热图等辅助图样，这些图都可以帮助阅读管道布置图。现以图 12-19 为例，说明阅读管道布置图的步骤。

1. 概括了解

图 12-19 是某工段的局部管道布置图。图中表示了物料经离心泵到冷却器的一段管道布置情况，图中画了两个视图，一个是 EL100.00 平面图，一个是 *A*—*A* 剖面图。

2. 了解厂房尺寸及设备布置情况

图中厂房横向定位轴线①、②、③，其间距为 4.5m，纵向定位轴线Ⓑ，离心泵基础标高 POS　EL100.250m，冷却器中心线标高 ℄EL101.200m。

3. 分析管道走向

参考工艺管道及仪表流程图和设备布置图，找到起点设备和终点设备，以设备管口为主，按管道编号，逐条明确走向。遇到管道转弯和分支情况，对照平面图和剖面图将其投影关系搞清。

图中离心泵有进、出两部分管道。一条是原料从地沟中出来，分别进入两台离心泵，另一条是从泵出口出来后汇集在一起，从冷凝器左端下部进入管程。冷凝器有四部分管道，左端下部是原料入口（由离心泵来），左端上部是原料出口，向上位置最高，在冷凝器上方转弯后离去。冷凝器底部是来自地沟的冷却上水管道，右上方是循环水出口，出来后又进入地沟。

4. 详细查明管道编号和安装尺寸

泵（P0801A）出口管道向上、向右与泵（P0801B）管道汇合为 PL0803—65 的管道后，向上、向右拐，再下至地面，再向后、向上，最后向右进入冷凝器左端入口。

冷凝器左端出口编号为 PL0804—65 的管道，由冷凝器左端上部出来后，向上在标高为 EL103.200 m 处向后拐，再向右至冷凝器右上方，最后向前离去。

编号为 CWS0805—75 的循环上水管道从地沟出来，向后、再向上进入冷凝器底部入口。

编号为 CWR0806—75 的循环回水管道，从冷凝器上部出来向前，再向下进入地沟。

编号为 PL0802—65 的原料管道，从地沟出来向后，进入离心泵入口。

5. 了解管道上的阀门、管件、管架安装情况

两离心泵入、出口，分别安装有 4 个阀门，在泵出口阀门后的管道上，还有同心异径管接头。在冷凝器上水入口处，装有 1 个阀门。在冷凝器物料出口编号为 PL0804—65 的管道两端，有编号为 GS—02、GS—03 的通用型托架。

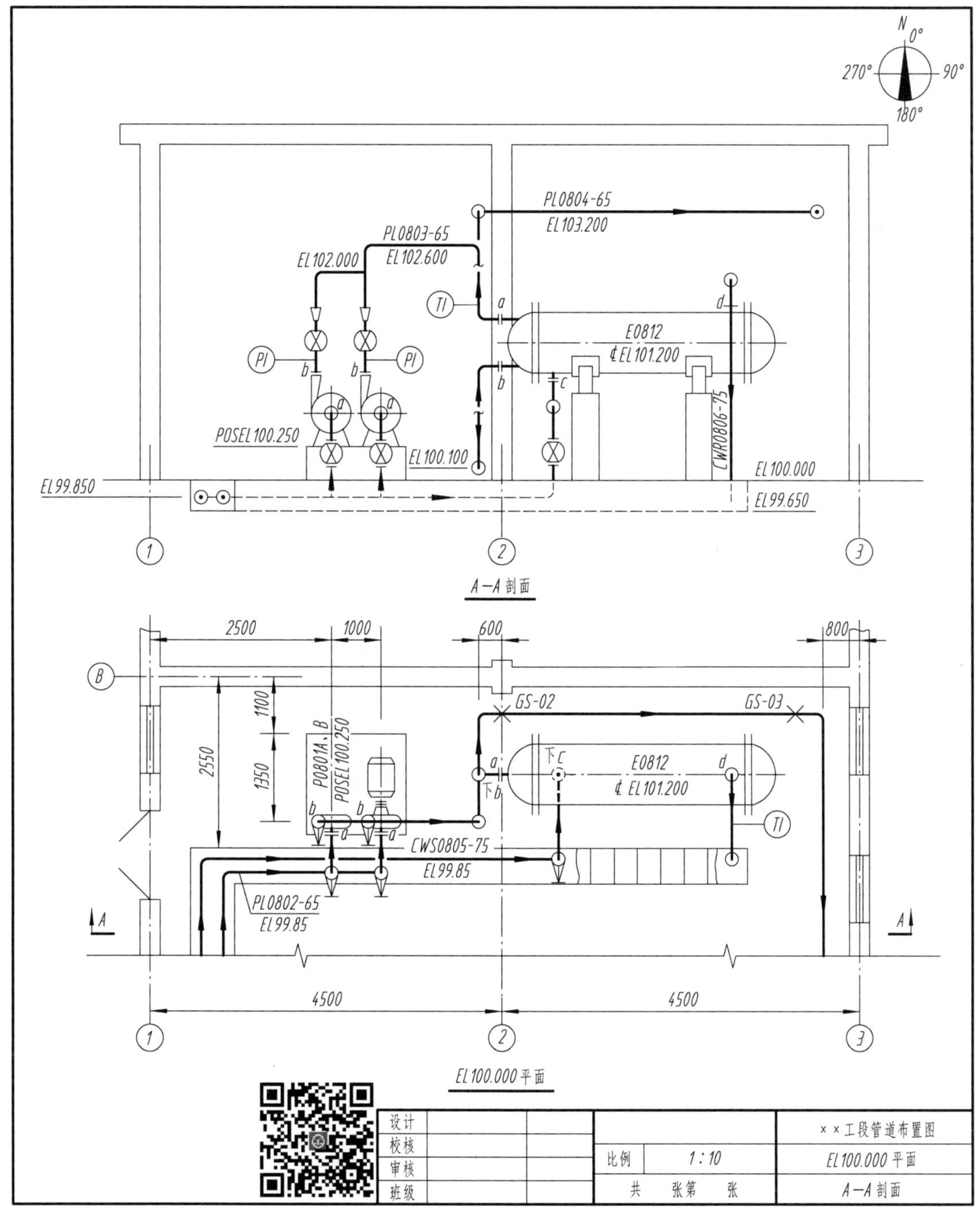

图 12-19　管道布置图

6. 了解仪表、采样口、分析点的安装情况

在离心泵出口处，装有流量指示仪表。在冷凝器物料出口及循环回水出口处，分别装有温度指示仪表。

7. 检查总结

将所有管道分析完后，结合管口表、综合材料表等，明确各管道、管件、阀门、仪表的连接方式，并检查有无错漏等问题。

四、管道轴测图

管道轴测图亦称管段图或空视图。管道轴测图是用来表达一个设备至另一设备、或某区间一段管道的空间走向，以及管道上所附管件、阀门、仪表控制点等安装布置的图样，如图12-20所示。

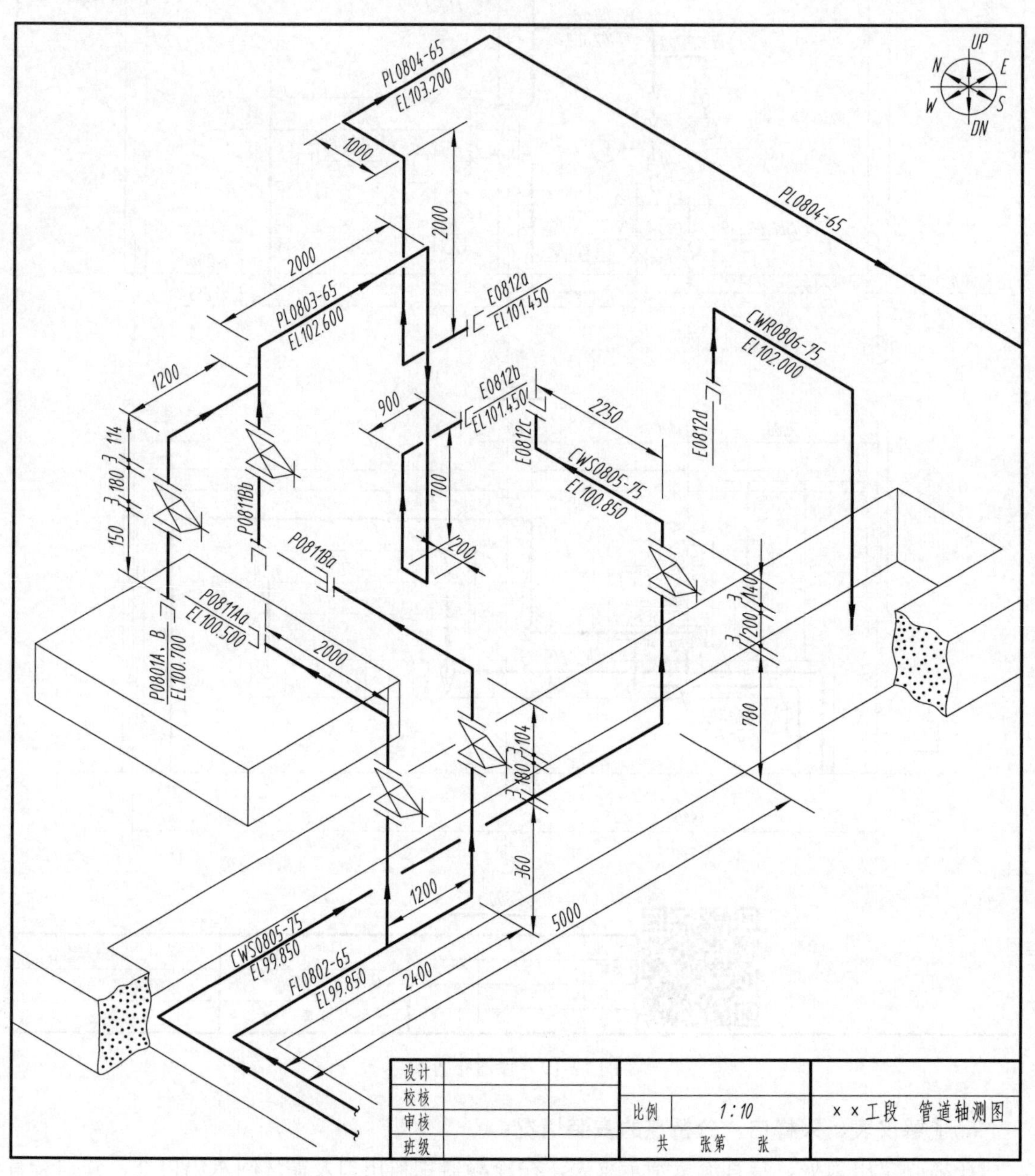

图12-20　管道轴测图

由于管道轴测图能全面、清晰地反映管道布置的设计和施工细节，便于识读，还可以发现在设计中可能出现的误差，避免发生在图样上不易发现的管道碰撞等情况，有利于管道的预制和加快安装施工进度。绘制区域较大的管段图，还可以代替模型设计。管道轴测图是设备和管道布置设计的重要方式，也是管道布置设计发展的趋势。

1. 画法

① 管段图反映的是个别局部管道，原则上一个管段号画一张管段图。对于复杂的管段，或长而多次改变方向的管段，可利用法兰或焊接点作为自然点断开，分别绘制几张管段图，但需用一个图号注明页数。对比较简单，物料、材质均相同的几个管段，也可画在一张图样上，并分别注出管段号。

② 管段图一般按正等测绘制。在画图之前，首先定向，要求与管道布置图标向一致，如图 12-21 所示。

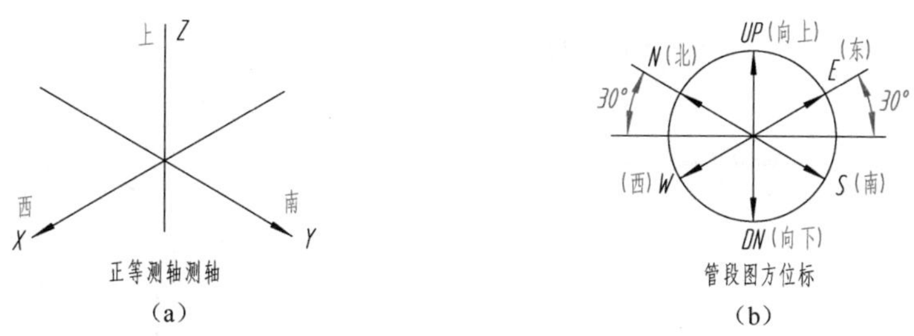

图 12-21　管段图方位标

③ 管道一律用粗实线单线绘制，管件（弯头、三通除外）、阀门、控制点等用细实线按规定的图形符号绘制，相接的设备可用细双点画线绘制，弯头可以不画成圆弧。管道与管件的连接画法，参见附表 28。

④ 管道与管件、阀门连接时，注意保持线向的一致，如图 12-22 所示。

⑤ 为便于安装维修和操作管理，并保证劳动场所整齐美观，一般都力求工艺管道布置平直，使管道走向同三轴测轴方向一致。但有时为了避让，或由于工艺、施工的特殊要求，必须将管道倾斜布置，此时称为偏置管（也称斜管）。

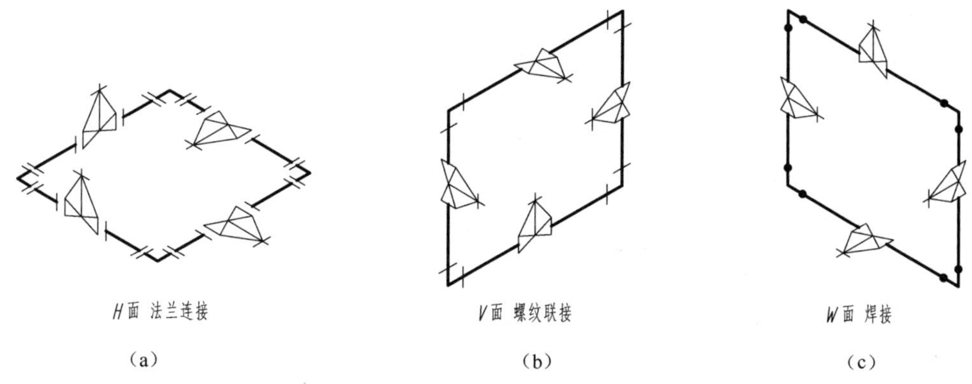

图 12-22　空间管道连接（线向）

在平面内的偏置管，用对角平面表示，如图 12-23（a）所示；对于立体偏置管，可将偏置管画在由三个坐标组成的六面体内，如图 12-23（b）所示。

【例 12-3】　根据图 12-24（a）所示一段包含偏置管的平、立面图，绘制其管段图。

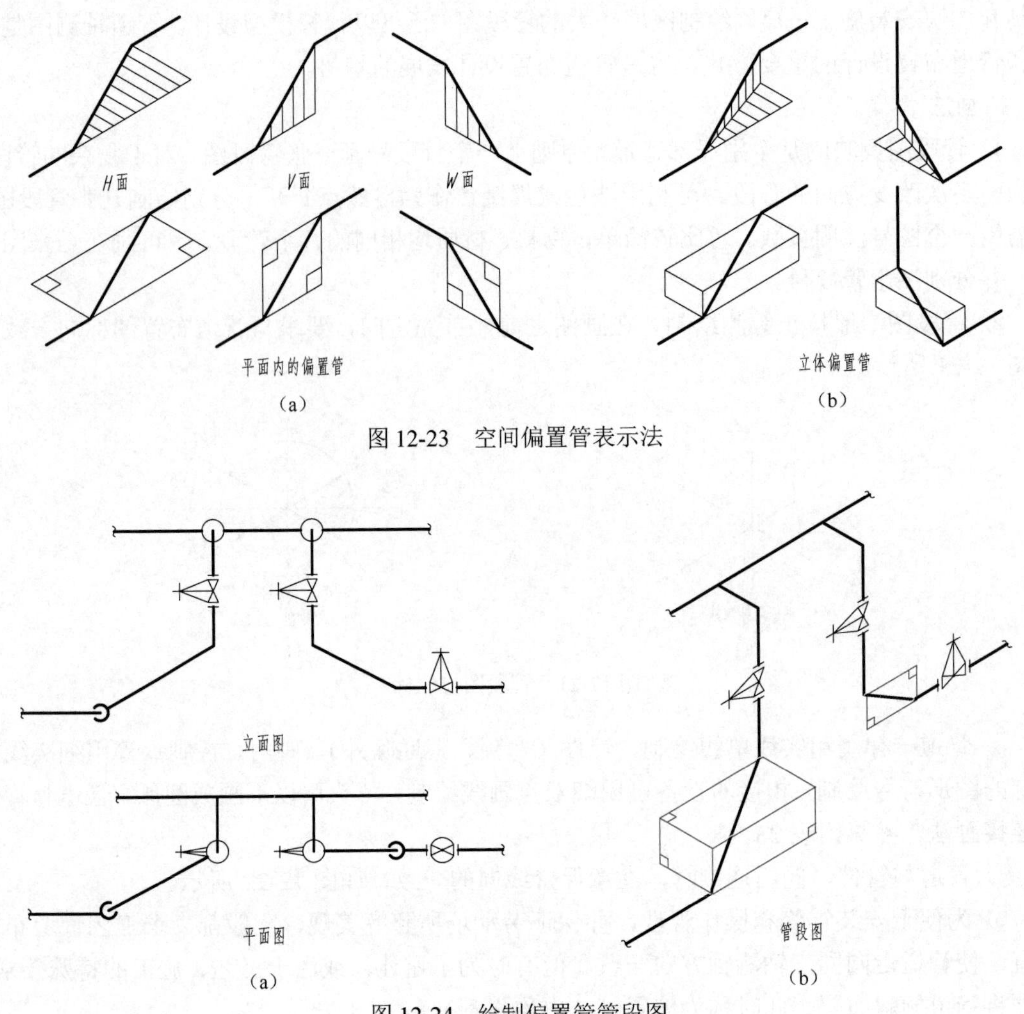

图 12-23　空间偏置管表示法

图 12-24　绘制偏置管管段图

2. 标注

① 注出管子、管件、阀门等为加工预制及安装所需的全部尺寸。如阀门长度、垫片厚度等细节尺寸，以免影响安装的准确性。

② 尺寸界线从管件中心线或法兰面引出，尺寸线与管道平行。

③ 垂直管道可不注高度尺寸，以水平标高“EL×××.×××”表示。

④ 对于不能准确计算，或有待施工时实测修正的尺寸，加注符号“～”作为参考尺寸。现场焊接要注明“F.W”。

⑤ 每级管道至少有一个表示流向的箭头，尽可能在流向箭头附近标注管段编号。

⑥ 注出管道所连接的设备位号及管口序号。

⑦ 列出材料表，说明管段所需的材料、尺寸、规定、数量等。

根据以上介绍，可对照阅读图 12-20，以加深对管段图的了解。

第十三章　电气专业制图

教学提示

① 了解电气专业制图的基本知识。

② 熟悉电气图的图形符号、文字符号、一般规则和电路图的简化画法。

③ 基本掌握电气图中项目代号的含义、应用和基本表示方法，以及电力和照明线路的标注格式及其含义。

第一节　电气图的基础知识

一、电气图及其分类

将电能从发电厂引用到用电设备的工程称为电气工程，而描述电气工程的图称为电气图。电气图是指用图形符号、代号和表示方法，并按一定规则绘制的图。

电气图种类很多，有强电、弱电和强弱电混合的电气图。按照表达的内容和用途的不同，电气图可分为以下几类。

（1）系统图或框图　用符号或带注释的线框，概略表示系统或分系统的基本组成、相互关系及主要特征的一种简图，如图 13-1 所示。

（2）电路图　电路图是按工作顺序用图形符号自上而下、从左到右排列，详细表示电路、设备或成套装置的全部组成和连接关系，而不考虑其实际位置的一种简图。其目的是便于详细理解设备工作原理，分析和计算电路特性及参数。这种图又称为电气原理图或原理接线图，如图 13-2 所示。

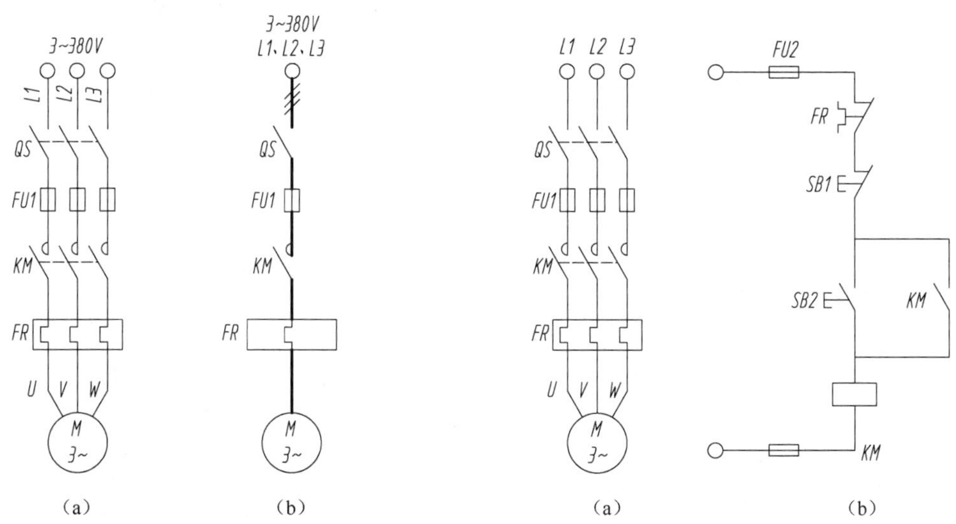

图 13-1　电动机供电系统图　　图 13-2　电动机控制电路图

（3）接线图　接线图是用于表示电气装置内部元件间及外部装置之间物理连接关系的一种简图。它是便于制作、安装及维修人员接线和检查的一种简图，如图 13-3 所示。

二、电气图的图形符号、文字符号和项目代号

电气图的图形符号是构成电气图的基本单元，是电工电子技术文件中的“象形文字”，是电气“工程语言”的“词汇”和“单词”。因此，正确、熟练地理解、绘制和识别各种电气图的图形符号，是绘图与读图的基本功。

1. 电气图的图形符号

用于图样或文件，以表示一个设备或概念的图形、标记或字符，称为图形符号。图形符号通常由一般符号和限定符号构成。

用以表示一类产品或此类产品特征的符号，称为一般符号。用以提供附加信息、加在其他符号上的符号，称为限定符号，如图 13-4 所示。

电气图形符号均按无电压、无外力作用的状态画出。某些设备元件有多个图形符号，在选用时应遵循以下原则：尽可能采用优选形；在满足需要的前提下，尽量采用最简单的形式；在同一图号的图中，使用同一种形式。

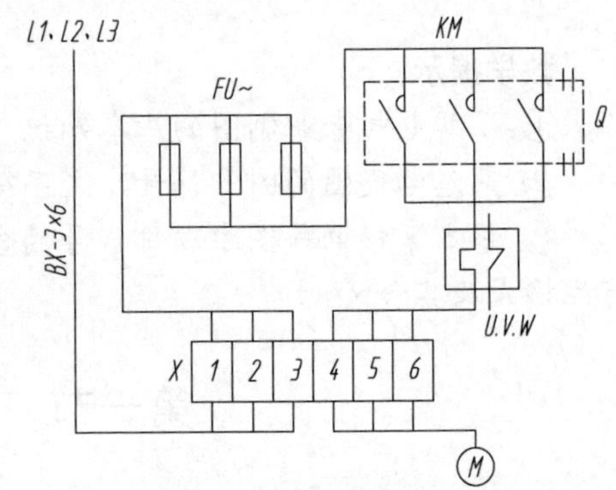

图 13-3　磁力启动器接线图

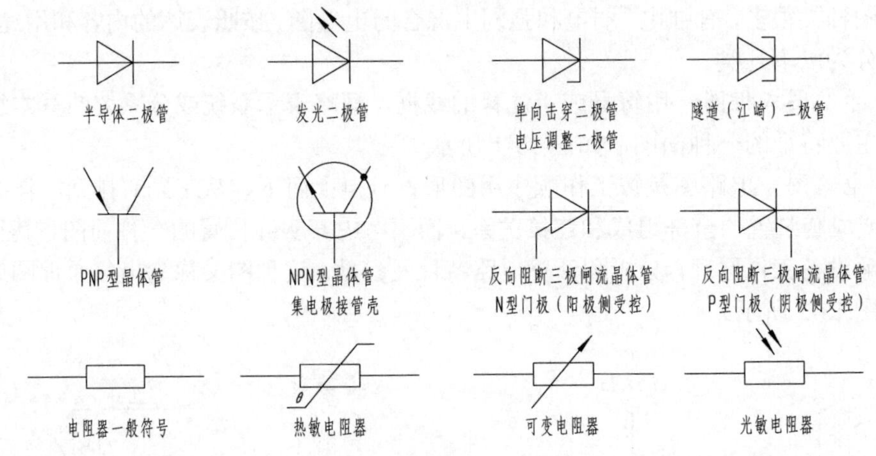

图 13-4　限定符号应用示例

2. 电气设备的图形符号

电气设备的图形符号，是完全区别于电气图的图形符号的另一类符号。设备的图形符号主要适用于各种类型的电气设备或电气设备部件上，使操作人员了解其用途和操作方法；也可用于安装或移动电气设备的场合，以指示诸如补充、限制、禁止或警告等事项。

图 13-5 所示的电路中，为了补充 *R*1、*R*3、*R*4 的功能，在其符号旁使用了设备图形符号，从而使阅读和使用这个图时，非常明确地知道：*R*1 是“亮度”调整用电位器，*R*3 是“对比度”

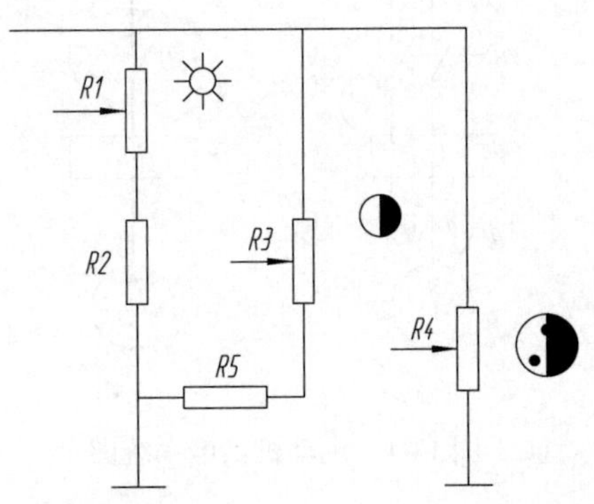

图 13-5　附加有设备用图形符号的电气图

调整用电位器，*R*4 是“彩色饱和度”调整用电位器。

3. 电气图的文字符号

一个电气系统或一种电气设备都是由各种元器件、部件、组件等组成的。为了在电气图上或文件中区分这些元器件、部件和组件，除了各种图形符号外，还必须标注文字符号，以区别其名称、功能、状态、特征、相互关系和安装位置等。

文字符号分为基本文字符号和辅助文字符号。基本文字符号又分为单字母符号和双字母符号。

（1）*单字母符号*　单字母符号用大写拉丁字母将电气设备、装置和元器件划分为二十三大类，每大类用一个字母表示，其中 I、O、J 不允许使用，详见表 13-1。

表 13-1　单字母符号

字母代码	项 目 种 类	举　　例
A	组件、部件	分离元件放大器、磁放大器、激光器、微波激发器、印刷电路板等组件、部件
B	变换器（从非电量到电量或相反）	热电传感器、热电隅、光电池、测功计、晶体换能器、麦克风、扬声器、耳机、自整角机、旋转变压器等
C	电容器	
D	二进制单元、延迟器件、存储器件	数字集成电路和器件、延迟线、双稳态元件、单稳态元件、磁心存储器、寄存器、磁带记录机、盘式记录机
E	杂项	光器件、热器件等元件
F	保护器件	熔断器、过电压放电器件、避雷器
G	发电机、电源	旋转发电机、旋转变频机、电池、振荡器、石英晶体振荡器
H	信号器件	光指示器、声指示器
K	继电器、接触器	—
L	电感器或电抗器	感应线圈、线路陷波器、电抗器（并联和串联）
M	电动机	—
N	模拟集成电路	运算放大器、模拟/数字混合器件
P	测量设备、试验设备	指示、记录、计算、测量设备、信号发生器、时钟
Q	电力电路的开关	断路器、隔离开关
R	电阻器	可变电阻器、电位器、变阻器、分流器、热敏电阻
S	控制电路的开关选择器	控制开关、按钮、限制开关、选择开关、选择器、拨号接触器、连接级
T	变压器	电压互感器、电流互感器
U	调制器、变换器	鉴频器、解调器、变频器、编码器、逆变器、变流器、电报译码器
V	电真空器件、半导体器件	电子管、气体放电管、晶体管、晶闸管、二极管
W	传输通道、波导、天线	导线、电缆、母线、波导、波导定向耦合器、偶极天线、抛物面天线
X	端子、插头、插座	插头和插座、测试塞孔、端子板、焊接端子、连接片、电缆封端和接头
Y	电气操作的机械装置	制动器、离合器、气阀
Z	终端设备、混合变压器、滤波器、均衡器、限幅器	电缆平衡网络、压缩扩展器、晶体滤波器、网络

（2）*双字母符号*　双字母符号是由一个表示种类的单字母符号与另一个字母组成，其组合形式是单字母符号在前、另一个在后的次序列出。

双字母符号可以较详细地表述电气设备、装置和元器件的名称。双字母符号中的另一个字母通常选用该类设备、装置和元器件的英文名词的首位字母，或常用缩略语或习惯用字母。常用的双字母符号见表 13-2。

表 13-2　常用的双字母符号

序号	名称	单字母	双字母	序号	名称	单字母	双字母	序号	名称	单字母	双字母
1	发电机	G	—	5	变压器	T	—	7	脚踏开关	S	SF
	直流发电机	G	GD		电力变压器	T	TM		按钮开关	S	SB
	交流发电机	G	GA		控制变压器	T	TC		接近开关	S	SP
	同步发电机	G	GS		升压变压器	T	TU	8	继电器	K	—
	异步发电机	G	GA		降压变压器	T	TD		电压继电器	K	KV
	永磁发电机	G	GM		自耦变压器	T	TA		电流继电器	K	KA
	水轮发电机	G	GH		整流变压器	T	TR		时间继电器	K	KT
	汽轮发电机	G	GT		电炉变压器	T	TF		频率继电器	K	KF
	励磁机	G	GE		稳压器	T	TS		压力继电器	K	KP
2	电动机	M	—		电流互感器	T	TA	9	电磁铁	Y	YA
	直流电动机	M	MD		电压互感器	T	TV		制动电磁铁	Y	YB
	交流电动机	M	MA	6	断路器	Q	QF		牵引电磁铁	Y	YT
	同步电动机	M	MS		隔离开关	Q	QS		起重电磁铁	Y	YL
	异步电动机	M	MA		自动开关	Q	QK		电磁离合器	Y	YC
	笼型电动机	M	MC		转换开关	Q	QC	10	电阻器	R	—
3	控制开关	S	SA		刀开关	Q	QK		变阻器	R	—
	行程开关	S	ST	7	控制开关	S	SA		电位器	R	RP
4	定子绕组	W	WS		行程开关	S	ST		启动电阻器	R	RS
	转子绕组	W	WR		限位开关	S	SL		制动电阻器	R	RB
	励磁绕组	W	WE		终点开关	S	SE		频敏电阻器	R	RF
	控制绕组	W	WC		微动开关	S	SS		附加电阻器	R	RA

（3）辅助文字符号　辅助文字符号是用以表示电气设备、装置、元器件以及线路的功能、状态和特征。一般构成有如下三种。

① 由英文单词的前一两个字母构成。如“RD”表示红色（Red）。

② 辅助文字符号放在基本文字符号的后边，构成组合文字符号。例如“Y”是电气操作的机器件类的基本文字符号，“B”是表示制动的辅助文字符号，则“YB”是制动电磁铁的组合符号。

③ 同类设备或元器件在其文字后面加序号。例如，两个时间继电器其符号分别为 KT1 和 KT2。常用的辅助文字符号见表 13-3。

表 13-3　常用的辅助文字符号

序号	名称	符号	序号	名称	符号	序号	名称	符号	序号	名称	符号
1	高	H	9	反	R	17	电压	V	25	自动	A，AUT
2	低	L	10	红	RD	18	电流	A	26	手动	M，MAN
3	升	U	11	绿	GN	19	时间	T	27	启动	ST
4	降	D	12	黄	YF	20	闭合	ON	28	停止	STP
5	主	M	13	白	WH	21	断开	OFF	29	控制	—
6	辅	AUM	14	蓝	BL	22	附加	ADD	30	信号	S
7	中	M	15	直流	DC	23	异步	ASY	—	—	—
8	正	FW	16	交流	AC	24	同步	SYN	—	—	—

4. 电气技术中的项目代号

在电气图上，通常用一个图形符号表示的基本件、部件、组件、设备、系统等，称为项目。如电阻器、端子板、发电机、电力系统等都可称为项目。

用以识别图、表图、表格中和设备上的项目种类，并提供项目的层次关系、实际位置等信息的一种特定的代码，称为项目代号。通过项目代号，可以将不同的图或其他技术文件上的项目（软件），与实际设备中的该项目（硬件）一一对应和联系在一起。例如，图上某开关的代码为“=F=B4-S7”，则可根据规定的方法，在高层代号为“F”系统内含有“B4”的子系统中，找到开关“S7”。

一个完整的项目代号含有四个代号段。分别是：高层代号段，其前缀符号为“=”；种类代号段，其前缀符号为“-”；位置代号段，其前缀符号为“+”；端子代号段，其前缀符号为“：”。

（1）高层代号　系统或设备中任何较高层次（对给予代号的项目而言）项目的代号，称为高层代号。高层代号具有该项目“总代号”的含义。例如，某电力系统（H）中第一个变电所中第三个电压表（PV3）可表示为“=H=1-PV3”，简化为“=H1-PV3”。其中“=H1”为高层代号。

（2）种类代号　用以识别项目种类的代号，称为种类代号。种类代号段是项目代号的核心部分。表示方法有以下三种。

① 由字母代码和数字组成种类代号。其中的字母代码为规定的文字符号（单字母、双字母、辅助字母符号）。例如，某系统的第2个继电器可表示为

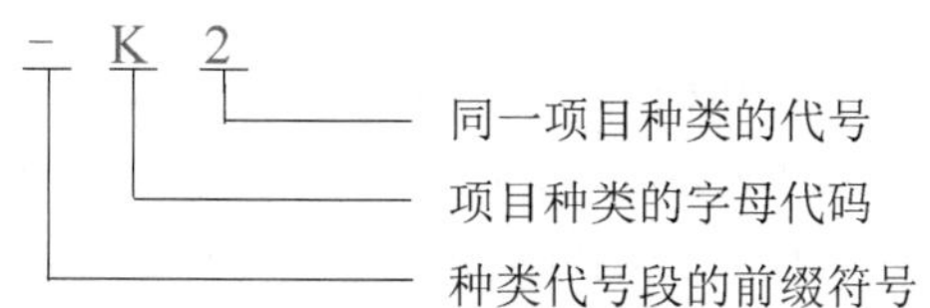

② 用顺序数字表示图中的各个项目，同时将这些顺序数字和它所代表的项目，排列于图中或另外的说明中。例如，-1、-2、-3、…等。

③ 对不同种类的项目采用不同组别的数字编号。例如，在具有多种继电器的图中，对电流继电器用11、12、13…表示，对电压继电器用21、22、23…表示。

对于以上三种方法表示项目的相似部分，可在数字后加“•”，再用数字来区别。例如，第一种方法，继电器K1，触点K1•1、K1•2；第二种方法，继电器1，触点1•1、1•2；第三种方法，继电器11，触点11•1、11•2。具体标注方法如图13-6所示。

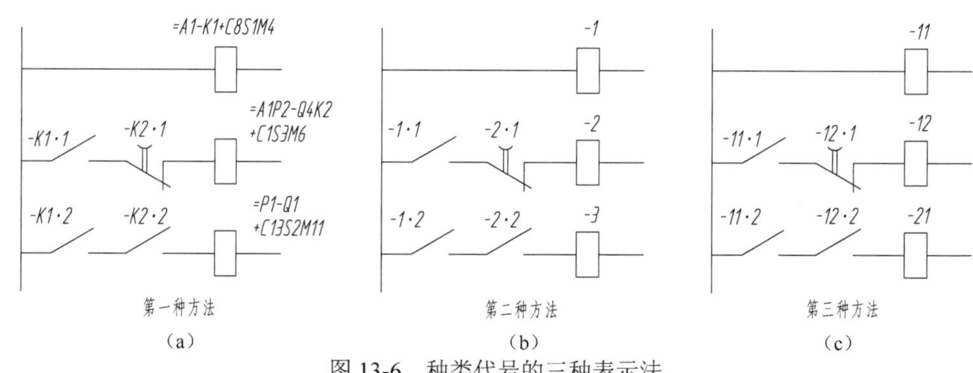

（a）　（b）　（c）

图13-6　种类代号的三种表示法

（3）位置代号　项目在组件、设备、系统或建筑物中的实际位置的代号，称为位置代号。位置代号通常由自行规定的拉丁字母或数字组成。在使用位置代号时，应给出表示该项目位置的示意图。

图 13-7 是一个包括 4 个开关柜和控制柜的控制室，其中每列分别由若干机柜构成。各列用字母表示，各机柜用数字表示。例如，A 列柜的第 4 机柜的位置代号为“+A+4”。

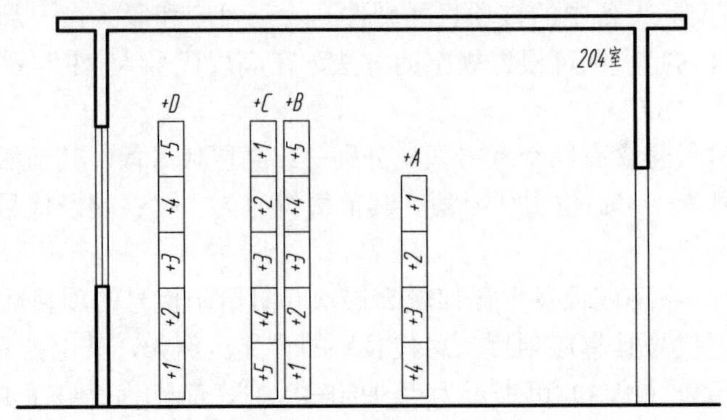

图 13-7　位置代号示意图

（4）端子代号　当项目具有接线端子标记时，项目代号还应有端子代号段。为简便起见，端子代号通常不与前三段组合在一起，而只与种类代号组合即可。端子代号可采用数字或大写拉丁字母，由使用者自定。例如，“-S4：A”表示控制开关 S4 的 A 号端子。

5. 项目代号的应用

项目代号是用来识别项目的特定代码。一个项目可以由一个代号段组成，也可以由几个代号段组成。通常，种类代号可单独表示一个项目，其余大多应与种类代号组合起来，才能较完整地表示一个项目。一般项目代号在电气技术文件中的书写格式如下：

= 高层代号段 - 种类代号段 + 位置代号段

在电气图上，由于受图纸幅面的限制，位置代号段可以书写在前两段的上方或下方。如图 13-6（a）所示，“=A1P2-Q4K2+C1S3M6”的含义是，在 A1 装置 P2 系统、Q4 开关中的继电器 K2，其位置在 C1 区间 S3 列操作柜 M6 柜中。

三、电气制图的一般规则（GB/T 6988.1—2008）

电气图样作为一种工程图样，和其他工程图样在绘制规则上有许多相同的地方，如图纸幅面和格式、图线、字体、比例等（详见第一章）。以下简要介绍电气制图的特殊规定。

1. 箭头和指引线

电气图中使用两种形状的箭头，如图 13-8（a）、（b）所示。开口箭头主要用于电气能量和电气设备的传递方向；实心箭头主要用于可变性、力和运动方向，以及指引线方向。两种箭头的画法及应用如图 13-8（c）所示。

指引线（细实线）用来指示注释的对象，并在其末端加注如下标记。

指向轮廓线内，用一黑点，如图 13-9（a）所示；指到轮廓线上，用一实心箭头，如图 13-9（b）所示；指向电气连线上，加一短画线，如图 13-9（c）所示。

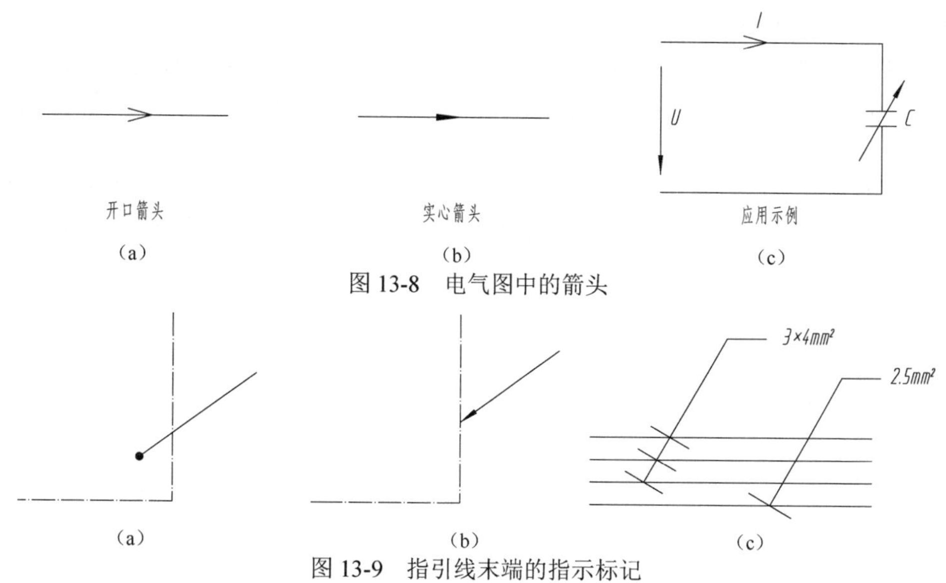

图 13-8 电气图中的箭头

图 13-9 指引线末端的指示标记

2. 围框

当需要在图上显示出图的某一部分，如功能单元、项目组（电位器、继电器装置）等，可用细点画线围框表示。围框一般是规则的，但有时为了不使图的布局复杂化，也可以是不规则的，如图 13-10（a）所示。如果在图上含有安装在别处，而功能与本图相关的部分，这部分功能等资料能在其他文件上查阅，则这部分可加细双点画线围框，简化和省略该部分的电路等，如图 13-10（b）所示。

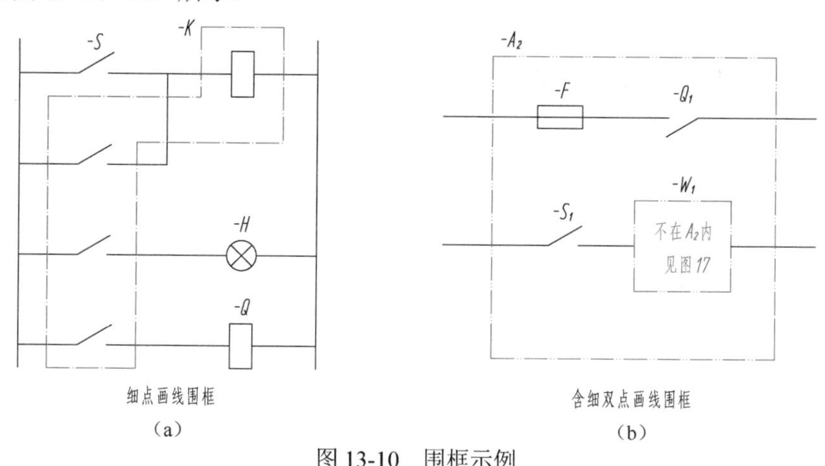

图 13-10 围框示例

3. 比例

大部分电气图（如电路图等）都是不按比例绘制的，但位置图等一般按比例绘制，并且多按缩小比例绘制。电气图通常采用 1∶10、1∶20、1∶50、1∶100、1∶200、1∶500 等比例，如需要选用其他比例，可从表 1-2 中选取。

四、电气图的基本表示方法

1. 电路的多线表示法和单线表示法

（1）多线表示法　每根连接线或导线各用一条图线表示的方法，称为多线表示法，如

图 13-1（a）所示。在各相或各线内容不对称的情况下，多采用这种方法。

（2）单线表示法　两根或两根以上的连接线或导线，只用一条图线表示的方法，称为单线表示法，如图 13-1（b）所示。这种方法多用于三相或多线基本对称的情况。也可引申用于用单个图形符号表示多个相同的元器件，如图 13-11 所示。

（3）混合表示法　在一张图中，一部分用单线表示法，一部分用多线表示法，称为混合表示法。这种表示方法既有单线表示法简洁、精练的优点，又有多线表示法对描述对象精确、充分的优点。

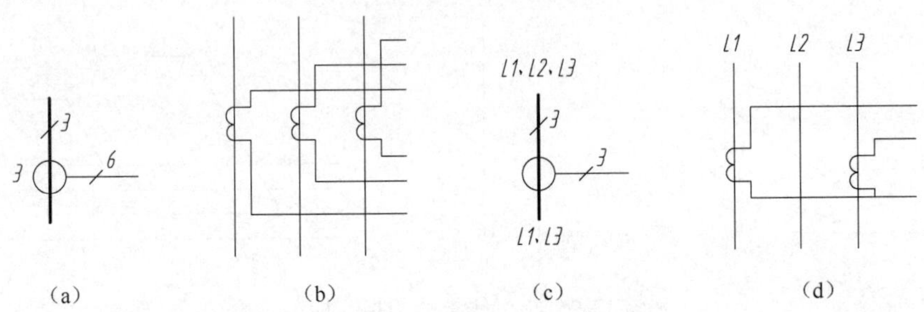

图 13-11　单线表示法用于单个图形符号示例

2. 电气元件的集中表示法和分开表示法

把设备或成套装置中一个项目各组成部分的图形符号，在简图上绘制在一起的方法，称为集中表示法，如图 13-12（a）所示；把一个项目中某些部分的图形符号，在简图上分开布置，并用机械连接线表示它们之间关系的方法，称为半集中表示法，如图 13-12（b）所示；把一个项目中某些部分的图形符号，在简图上分开布置，并仅用项目代号表示它们之间关系的方法，称为分开表示法，如图 13-12（c）所示。

3. 项目代号和技术数据的标注方法

在图形符号旁，通常还需标注项目代号。其标注方法如下。

采用集中表示法和半集中表示法绘制的元件，其项目代号标注在符号旁，且只标注一次，如图 13-12（a）、（b）所示。采用分开表示法绘制的元件，其项目代号应在项目的每一部分的符号旁标注，如图 13-12（c）所示。

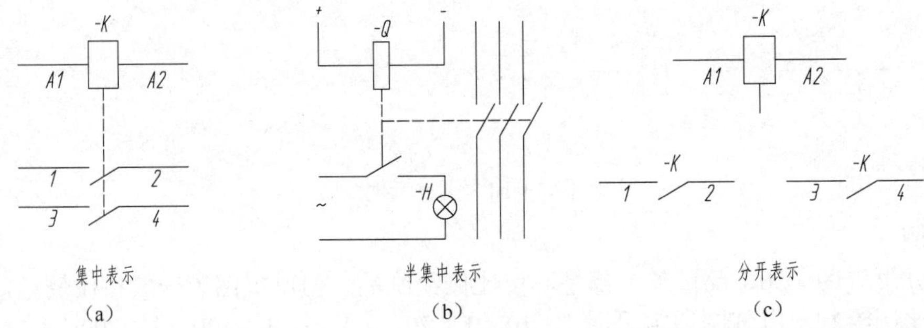

图 13-12　电气元件的表示法

当电路水平布置时，项目代号标注在符号的上方；当电路垂直布置时，项目代号标注在符号的左方。无论是水平布置还是垂直布置，项目代号一律水平书写，可以自上而下或从左到右排列，如图 13-13 所示。

技术数据的标注方法：当连接线水平布置时，元器件的技术数据标注在图形符号的下方；

垂直布置时，标在项目代号的下方，如图 13-14 所示。

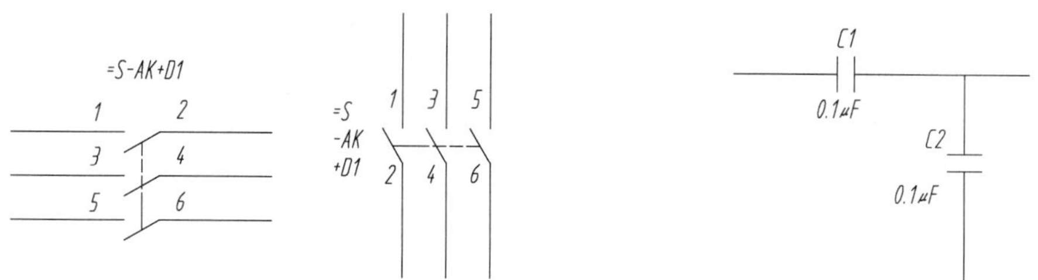

图 13-13　项目代号的标注方法

图 13-14　技术数据的标注方法

第二节　基本电气图

一、电气系统图和框图

1. 系统图和框图的基本特征和用途

系统图和框图在表示方法上没有原则性的区别。但在实际应用中，两者所描述的对象有些区别。系统图通常用于表示系统或成套装置，而框图通常用于表示分系统或设备。

2. 绘制系统图和框图的基本原则和方法

（1）*符号的运用*　系统图和框图多采用方框符号或带注释的框绘制。框的形式有粗实线框和细点画线框，细点画线框包含的容量大一些。框内注释可以分别采用符号、文字或同时采用符号与文字，如图 13-15 所示。

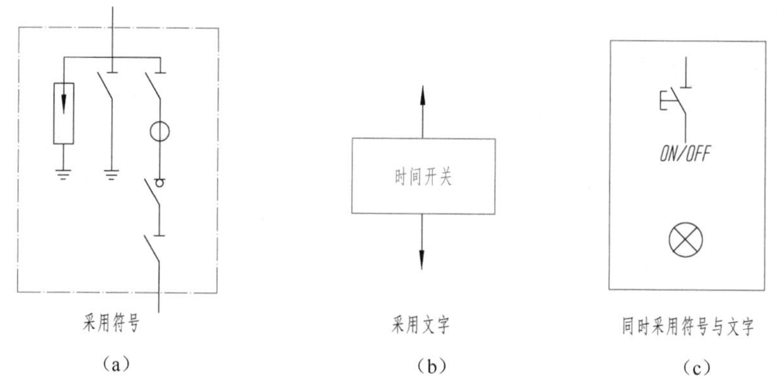

（a）　（b）　（c）

图 13-15　框的注释方法示例

（2）*层次划分*　系统图和框图均可在不同层次上绘制。在较高层次上绘制的系统图和框图，可反映对象的粗略概况；在较低层次上绘制的系统图和框图，可将对象表达得较为详细。

（3）*项目代号的标注方法*　在系统图和框图上，各框一般应标注项目代号。在较高层次的系统图上，标注高层代号；在较低层次框图上，一般标注种类代号。若不需要标注项目代号时，也可不标注。系统图和框图的项目代号一般标注在各框的上方或左上方，如图 13-16 所示。

（4）*连接线的表示法*　当采用细点画线框绘制时，连接线接到该框内的图形符号上；当采用方框符号或带注释的粗实线框时，连接线接到框的轮廓线上。

电连接线采用与图中图形符号相同的细实线表示；电源电路和主信号电路的连接线，用粗实线表示；机械连接线一般用细虚线表示；非电过程流向的连接线，采用粗实线表示。

控制信号流向与过程流向垂直绘制。在连接线上用开口箭头表示电信号流向，实心箭头表示非电过程和信息的流向，如图 13-16 所示。

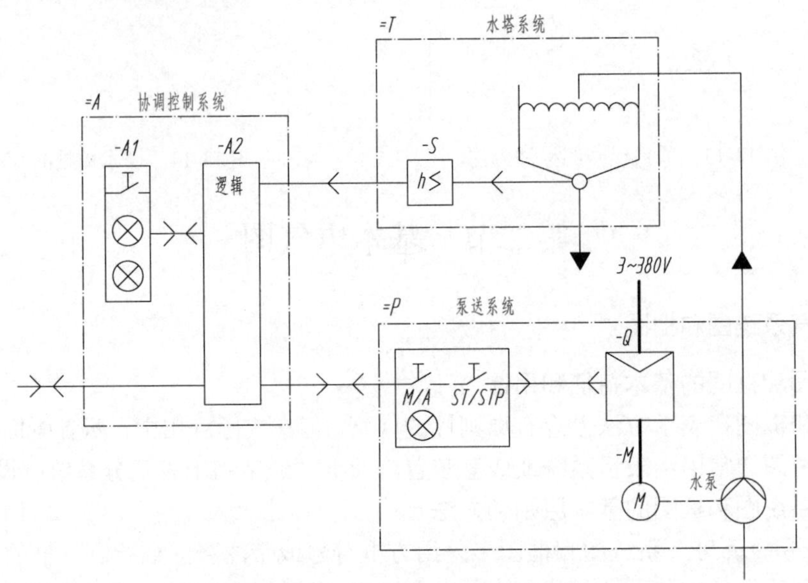

图 13-16　某冷却供应系统的系统图

二、电路图

1. 电路图的基本特征和主要用途

用图形符号并按工作顺序排列，详细表示电路、设备或成套装置的全部基本组成和连接关系，而不考虑其实际位置的简图，称为电路图，如图 13-2 所示。电路图的主要用途是：供详细表达和理解设计对象的作用原理，分析和计算电路特性；作为编制接线图的依据；为测试和寻找故障提供信息。电路图具有以下特点。

① 该图按供电电源和功能分为两部分，即主电路按能量流（即电流）流向绘制；辅助电路按动作顺序绘制。

② 主电路采用垂直布置，在图面的左方或上方；辅助电路垂直或水平布置，在主电路的右方或下方。

③ 各元器件均用图形符号表示，与它们的外形结构和实际位置无关。

2. 绘制电路图的原则和方法

（1）图上位置的表示方法　图上位置的表示方法有以下三种。

① 图幅分区法。其基本方法是用行、列和行列结合标记表明图上的位置。在图的边框处，竖边方向用大写拉丁字母，横边方向用阿拉伯数字，编号顺序从左上角开始，分区数应是偶数，如图 13-17 所示。

在采用图幅分区法的电路图中，对水平布置的电路，一般只注明行的标记（阿拉伯数字）；对垂直布置的图中，一般只注明列的标记（拉丁字母）；复杂的电路图才需注明组合标记（区的代号是字母在左，数字在右），如图 13-18 所示。

在图 13-18（a）中，表示了导线的去向。电源线 L1、L2、L3 接至配电系统=E 的第 24

张图的 D 列。在图 13-18（b）中，表示了项目在图上的位置。触点 1-2 的驱动线圈在第 3 张图上的 4 行，而触点 5-6 的驱动线圈在第 4 张图上的 D 列。

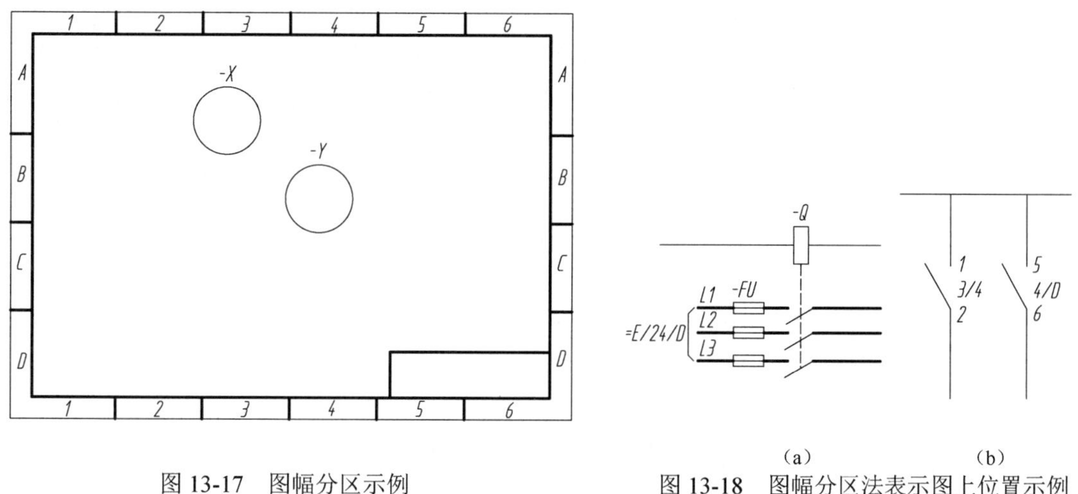

图 13-17　图幅分区示例

图 13-18　图幅分区法表示图上位置示例

② 电路编号法。在支路较多的电路中，对每个支路按一定顺序编号，图 13-19 有 4 个支路，编号为 1～4。图中编号上边的框格，表示各继电器触点的位置。框格上部用图形符号表示触点，框格下边的数字，表示该触点所在支路编号，“-”表示未用的触点。

③ 表格法。对于项目种类较少而同类项目数量较多的电路图，可在图的边缘部分绘制一个以项目代号分类的表格，表格中的项目代号和图中相应的图形符号，垂直或水平方向对齐，如图 13-20 所示。

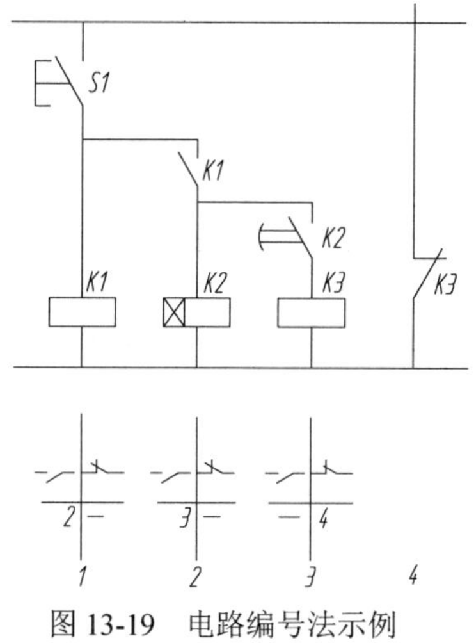

图 13-19　电路编号法示例

电容器	C1	C2	C3	
电阻器	R1	R2		R3 R4
半导体管		V1		

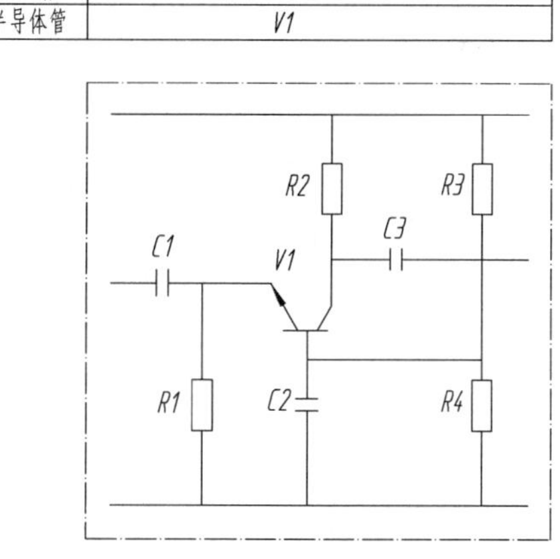

图 13-20　表格法示例

（2）项目代号的标注和项目目录的编制　电路图中项目代号的标注，可根据电路的用途和繁简程度，采用不同的标注方法。

与项目代号相对应，在电路图适当位置（如标题栏）或另页，一般还应编制图中全部元器件的目录表。目录表应按电气设备的常用基本文字、符号顺序逐项填写。它包括位号（填写各项目的项目代号）、代号（填写项目的标准号或技术条件号）、名称和型号（填写各项目名称、型号及某些参数）、数据（填写同种型号规格的台、件数）、备注（填写补充说明的内容）等。

3. 电路图的简化画法

（1）主电路的简化　主电路通常为三相三线或三相四线，可将主电路或其一部分用单线表示。为了表示互感器、热电器的连接方法，可部分用多线表示。表示多相电源的导线符号，按相序自上而下或从左到右排列，中性线应排在相线的下方或右方，如图 13-21 所示。

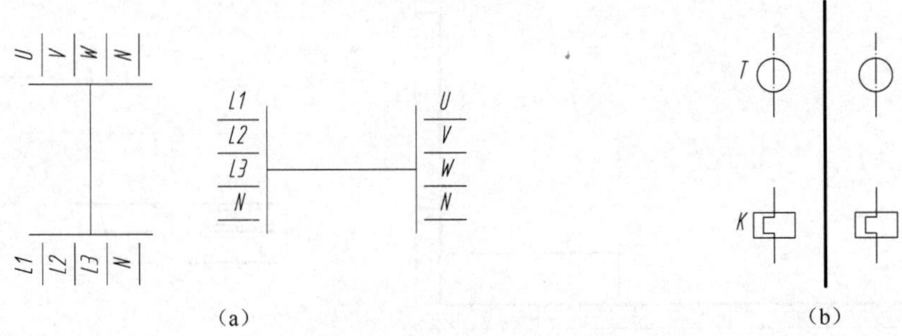

图 13-21　主电路的简化画法

（2）并联电路的简化　多个相同支路并联时，可用标有公共连接符号的一个支路来表示，但仍应标上全部项目代号和并联支路数，如图 13-22 所示。

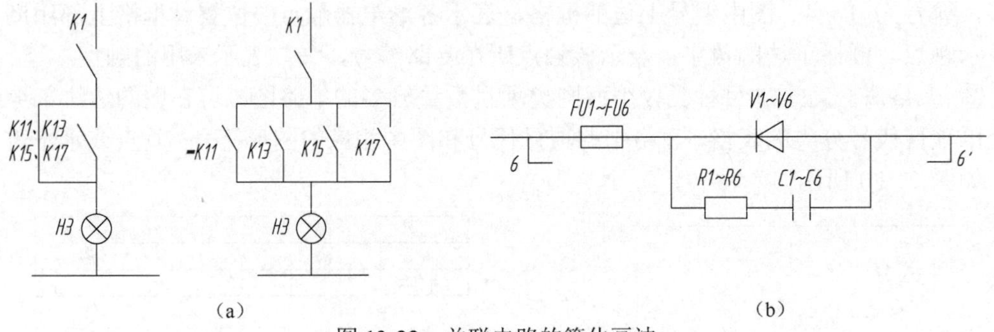

图 13-22　并联电路的简化画法

（3）相同电路的简化　相同电路重复出现时，仅需详细地表示出其中一个，其余电路可用细点画线围框表示，如图 13-23（a）所示。围框内加注说明，并绘出该电路与外部连接的有关部分，简化部分的元件代号标注在括号内。图 13-23（b）是六个相同电路的简化画法，注明了项目代号。

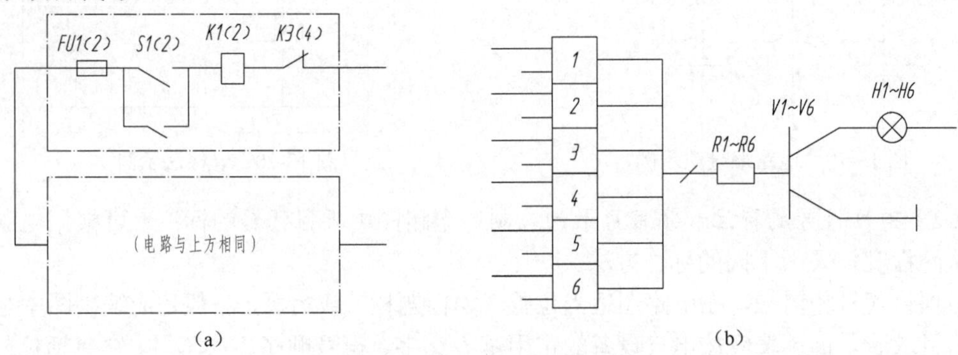

图 13-23　相同电路的简化画法

（4）功能单元和外部电路的简化　对功能单元，可用方框符号或端子功能图加以简化。

在方框符号或端子功能图上加注标记，以便查找其代表的详细电路。这种简化的实质是将电路图分成若干层次，然后逐层展开。

（5）某些基础电路的简化模式　某些常用基础电路的布局，若按统一的形式出现在电路图上则容易识别，也简化了电路图。无源二端网络的两个端，一般画在同一侧，如图 13-24（a）所示。无源四端网络的四个端，应画在两侧，如图 13-24（b）所示。

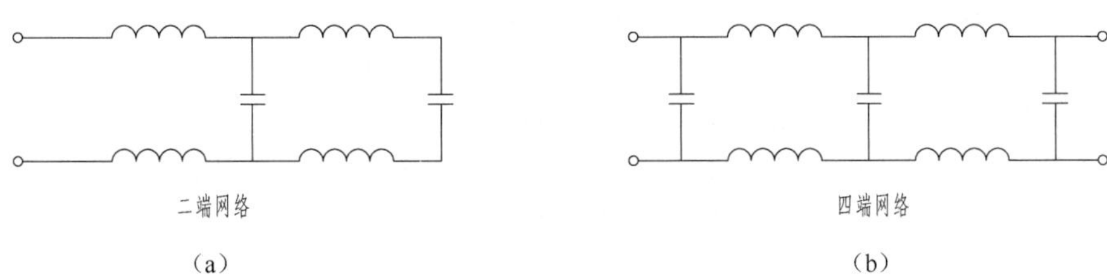

（a）　（b）

图 13-24　网络端的简化模式

三、接线图和接线表

接线图是表示成套装置、设备或装置的连接关系的一种简图，接线表则是用表格表示这种连接关系。接线图和接线表可以单独使用，也可以组合使用。接线图和接线表是一种最基本的电气图，它是进行安装接线、线路检查、维修和故障分析处理的主要依据。

1. 接线图和接线表的一般表示法

（1）项目的表示法　接线图中的项目，一般采用简化外形符号（正方形、长方形、圆形等）表示。对简单的元件，如电阻、电容等，也可用一般符号表示。简化外形符号常用细实线绘制，如图 13-25（a）所示。在某些情况下，也可用细点画线围框，但有引接线的边要用细实线，如图 13-25（b）所示。

在接线图项目符号旁要标注项目代号，但一般只标注种类代号段和位置代号段。

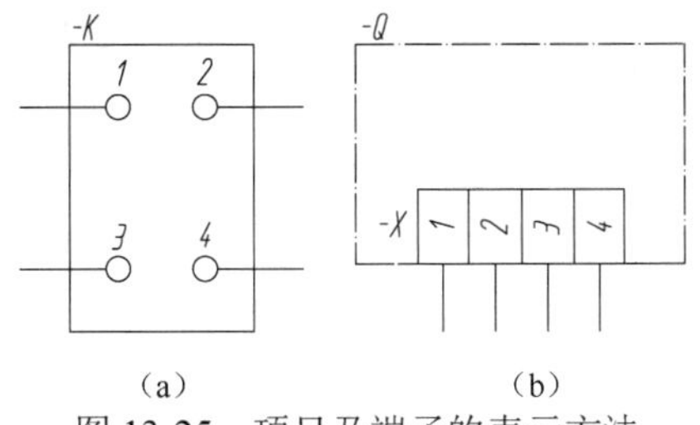

（a）　（b）

图 13-25　项目及端子的表示方法

（2）端子的表示法　端子一般用图形符号和端子代号表示。在图 13-25（a）中，端子符号（圆圈）旁标注的数字就是端子代号，详细书写为-K：1、：2、…。当用简化外形表示端子所在的项目（如端子排）时，可不画端子符号，仅用端子代号表示。在图 13-25（b）中，端子排-X 用简化外形表示，其端子代号为-Q-X：1、：2、…。

（3）导线的表示法　端子间的连接导线可用连续线表示，也可以用中断线表示。用中断线表示时，要分别在中断处标明导线的去向。

导线组、电缆、线束等可用多线表示，也可用单线表示。用单线表示时，线条应加粗，在不致引起误解的情况下，可部分地加粗。当一个单元成套装置中包括几处导线组时，用数字或文字加以区别。

（4）导线的标记　接线图中导线的标记方法有以下三种。

一是等电位编号法，用两位号码表示。第一位表示电位的顺序号，第二位表示同一电位内的导线顺序号，两个号码间用短横线隔开，如“2-3”表示第 2 等电位线中的第 3 条线。

二是顺序法编号，即将所有导线按顺序编号。

三是呼应法（或称相对编号法），通常按导线的另一端去向标记，如图 13-28（c）所示。

2. 单元接线图和单元接线表

（1）单元接线图的绘制方法　在单元接线图上，代表项目的简化外形和图形符号，是按一定规则布置的，即大体按各个项目的相对位置进行布置，项目间的距离不以实际距离为准，而以连接线的复杂程序决定。

单元接线图的视图，应能清晰地表示出各个项目的端子和布线情况。当一个视图不能清楚地表示多面布线时，可用多个视图。在图 13-26 中，为了表示箱内正面（后壁）和左、右侧面、顶面项目间的接线情况，采用了以正面为主的展开视图，其连接关系表示得更清楚。

对于转换开关、组合开关之类的项目，具有多层接线端子，上层端子遮盖了下层端子，可延长被遮盖端，标明各层接线关系。如图 13-27 中，Ⅰ层 1-4 号端子本来被Ⅱ层 5-8 号端子遮盖，将Ⅰ层端子延长后，便将其接线关系表示得更加清楚。

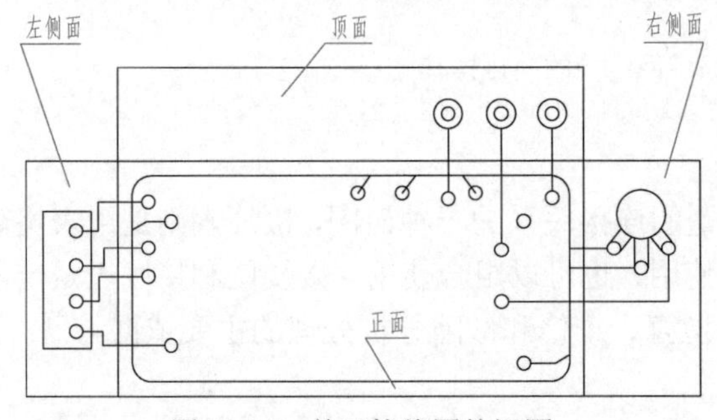

图 13-26　单元接线图的视图

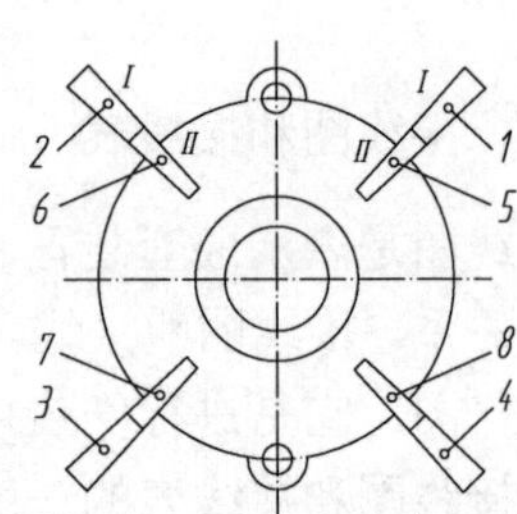

图 13-27　延长被遮盖端子示例

（2）单元接线表的绘制　单元接线表一般包括线缆号、线号、导线型号、规格、长度、连接点号、所属项目代号等内容。

图 13-28 和表 13-4 是单元接线图和接线表，该单元包括四个项目，其中 11、12 用简化外形符号，项目 13（电阻）、项目 X（端子排）用一般符号表示。该单元内 10 根相互连接线，其中 8 根采用独立标记，顺序号为 31～38。项目 11 和项目 13 间两根互连线，因相距很近没有编号。

在采用中断表示的图 13-28（c）中，导线标记采用独立标记和从属远端标记。

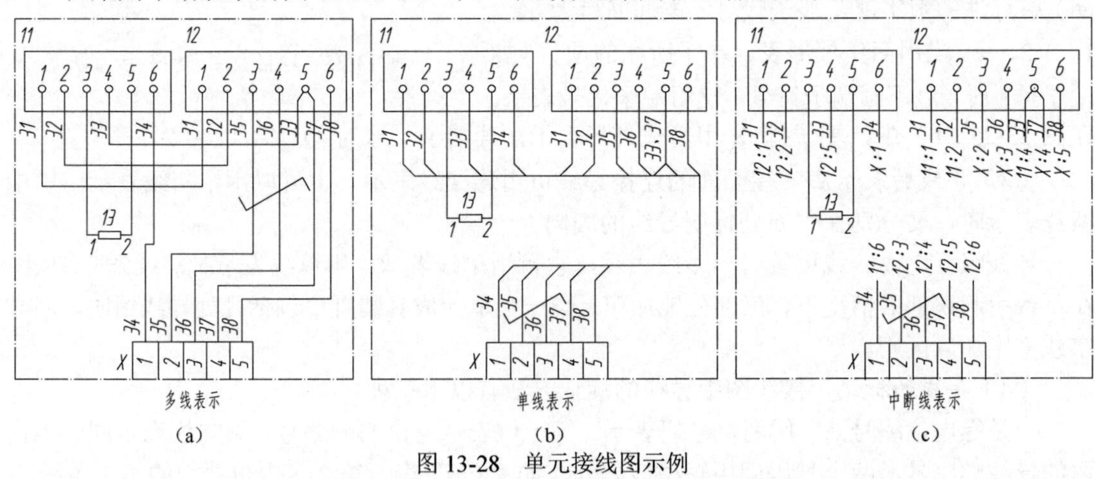

图 13-28　单元接线图示例

在接线图中，33 号线和 37 号线一端都接项目 12 的端子 5，二者属于等电位线。在表 13-4 中，编号 37，连接点Ⅰ的参考栏内填“33”，表示 37 与 33 是等电位线。

在接线图中，35、36 号线均有标记“√”，表示两根线为同一绞合线。在接线表“附注”栏中，写有 T_1，也是说明这两根线为同一绞合线。

表 13-4　单元接线图和接线表示例

线缆号	线　号	线缆型号及规格	连接点 Ⅰ			连接点 Ⅱ			附注
			项目代号	端子号	参　考	项目代号	端子号	参　考	
	31		11	1		12	1		
	32		11	2		12	2		
	33		11	4		12	5		
	34		11	6		X	1		
	35		12	3		X	2		T_1
	36		12	4		X	3		T_1
	37		12	5	33	X	4		
	38		12	6		X	5		
	—		11	3		13	1		
	—		11	5		13	2		

第三节　专业电气图

一、建筑电气安装平面图

1. 建筑电气安装平面图的特点

建筑电气安装平面图是应用最广泛的电气工程图，是电气工程设计图的主要组成部分。它是用图形符号绘制的，表示一个区域或一幢建筑物的电气装置、设备、线路的安装位置、连接关系，以及安装方法的简图。

建筑电气安装平面图的主要用途是提供建筑电气安装的依据，如设备的安装位置、接线、安装方法、设备的编号、容量及有关型号等；在运行、维护管理中，建筑电气安装图是必不可少的技术文件。

2. 电力和照明平面图

表示建筑物电力、照明设备和线路平面布置的电气工程图，称为电力和照明平面图。电力和照明平面图主要表示电力和照明线路、设备的安装位置和接线等。通常按建筑物不同标高的楼层平面分别绘制，电力和照明是分开表示的。

（1）电力和照明线路的表示法　在平面图上采用图线和文字符号结合的方法，表示电力和照明线路的走向、导线的型号、规格、根数、长度、配线方式和用途等。

文字符号基本上是按汉语拼音字母组合的。例如，M——明配线；A——暗配线；CP——瓷珠或瓷瓶配线；SPG——蛇铁皮管配线；LM——沿梁或屋架下弦明配线；DA——在地面下或地板下暗配线等。线路标注的一般格式如下：

$$a\text{-}b\ (e \times f)\ \text{-}g\text{-}h$$

格式中　a——线路编号或功能的符号；

b——导线型号；

e——导线根数；

f——导线截面积（mm^2），不同截面积应分别表示；

g——导线敷设方法的符号；

h——导线敷设部位符号。

例如，某线路上标注的文字符号“2LFG-BLX-3×4-VG20-QA”，其含义是：2 号动力干线（2LFG）；铝芯橡胶绝缘线（BLX）；3 根导线，分别为 4 mm^2；穿直径（外径）为 20 的硬塑料管（VG20）；沿墙暗敷（QA）。

（2）照明器具的表示法　照明器具采用图形符号和文字标注相结合的方法。

（3）电气照明平面图　图 13-29 是某建筑物第六层的电气照明平面图。

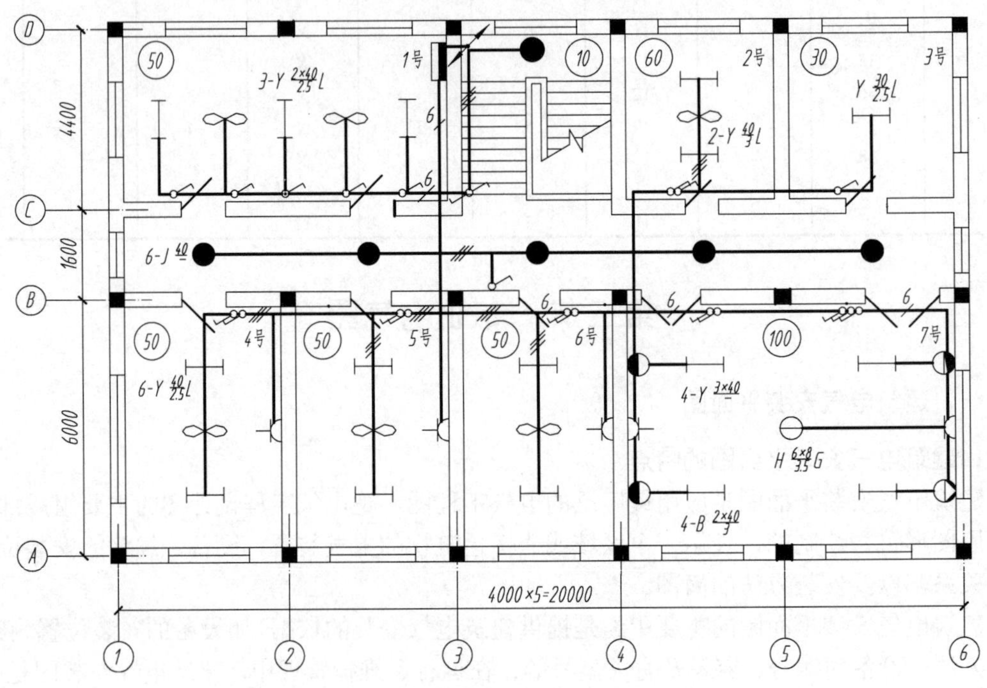

图 13-29　某建筑物第六层电气照明平面图

照明平面图中，用定位轴线①～⑥、Ⓐ～Ⓒ和尺寸线，表示了各部分的尺寸关系。线路的文字标注，在施工说明中表示，以使图样清晰。

根据 1 号房间灯具标注的格式 $3\text{-}Y\dfrac{2\times40}{2.5}L$ 可知：该房间有 3 盏荧光灯，每盏灯 2 支 40W，安装高度 2.5 m，链吊式安装。

根据走廊及楼道灯具标注的格式 $6\text{-}J\dfrac{40}{-}$ 可知：走廊及楼道有 6 盏灯具，水晶底罩灯（J），每灯 40W，吸顶安装。图上还标出了照度，如 1 号房间为 50lx，走廊及楼道为 10lx。

（4）电力平面图　用来表示电动机等动力设备、配电箱的安装位置，以及供电线路敷设路径、方法的平面图，称为电力平面图。

图 13-30 是某车间的电力平面图，它是在建筑平面图上绘制的，该建筑物采用尺寸数值定位。电力平面图主要表示了线缆配置和电力设备配置情况。

例如，由总电力配电箱（0 号）至 4 号配电箱的线槐，标注为“BLX-3×120+1×50-CP”，它表示导线型号为 BLX，截面积为 3×120+1×50mm^2，沿墙瓷瓶敷设（CP），长度约为 40 m（由建筑物尺寸确定）。

又如，由 5 号配电箱至 11 号电动机的线缆，标注为“BLX-3×50-G40-DA”，它表示导线的型号为 BLX，截面积为 3×50mm^2，穿入ϕ40 的钢管，地中暗敷（DA）。

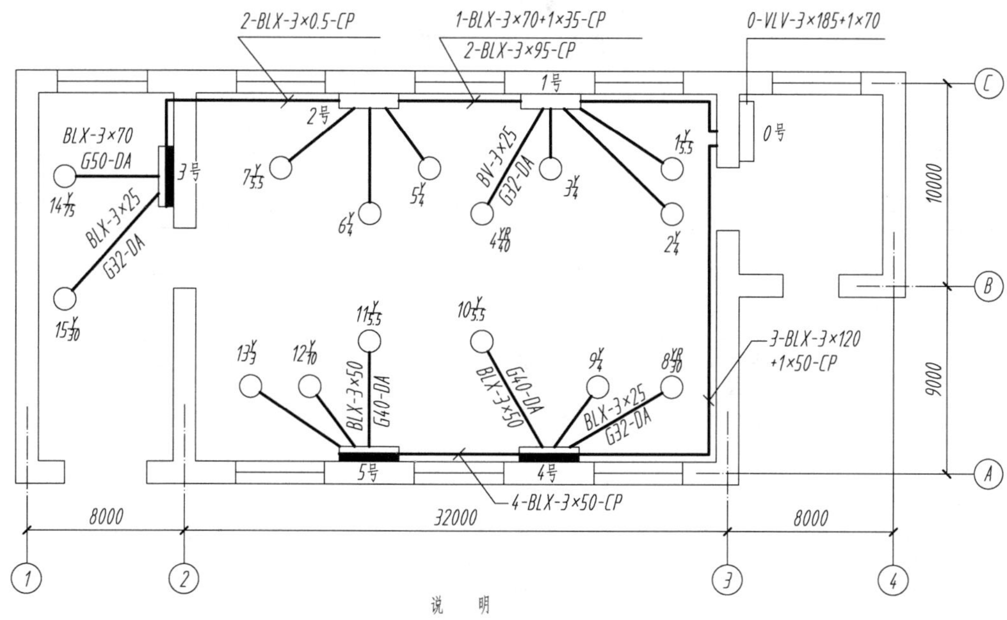

说　明

1. 进线电缆引自室外 380V 架空线路第 42 号杆。

2. 各电动机配线除注明者外，其余均为 BLX-3×2.5-G15-DA。

图 13-30　某车间电力平面图

电力平面图中表示了电动机位置、型号、容量等。如 3 号电动机标注符号及含义是：

$$3\frac{Y}{4}$$

Y —— 电动机型号；4 —— 容量（kW）；3 —— 编号

二、二次电路图和接线图

实现电能转换与传输的发、供、用电设备，通常称为一次设备，对一次设备与系统进行监视、测量、保护及控制的设备，称为二次设备。如果一次系统为低压，这时二次设备又称为辅助设备。将二次设备按一定顺序连接起来，用来说明电气工作原理的图，称为二次电路图；用来说明电气安装接线的图，称为二次接线图。

该部分内容不作详述，请参考建筑电气专业教材。

附　　录

一、螺纹

附表 1　普通螺纹直径、螺距与公差带（摘自 GB/T 192、193、196、197—2003）　　mm

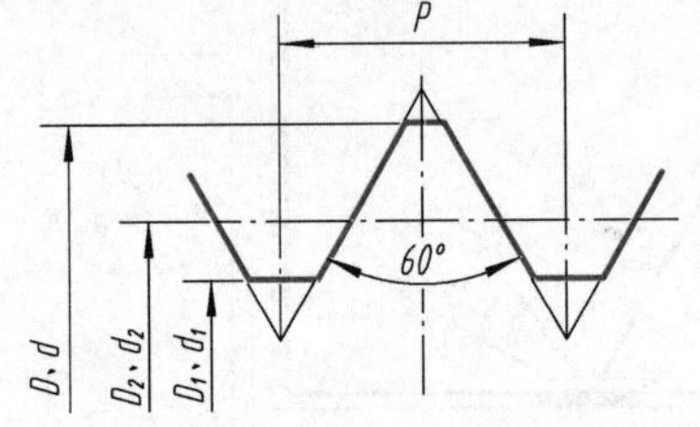

D——内螺纹大径
d——外螺纹大径
D_2——内螺纹中径
d_2——外螺纹中径
D_1——内螺纹小径
d_1——外螺纹小径
P——螺距

标记示例：

M16-6e（粗牙普通外螺纹、公称直径为 M16、螺距 P=2mm、中径及大径公差带均为 6e、中等旋合长度、右旋）

M20×2-6G-LH（细牙普通内螺纹、公称直径为 M20、螺距 P=2mm、中径及小径公差带均为 6G、中等旋合长度、左旋）

公称直径 D、d			螺距 P	
第一系列	第二系列	第三系列	粗牙	细牙
4	—	—	0.7	0.5
5	—	—	0.8	
6	—	—	1	0.75
	7	—		
8	—	—	1.25	1、0.75
10	—	—	1.5	1.25、1、0.75
12	—	—	1.75	1.25、1
—	14	—	2	1.5、1.25、1
—	—	15	—	1.5、1
16	—	—	2	
—	18	—	2.5	2、1.5、1
20	—	—		
—	22	—		
24	—	—	3	
—	—	25	—	
—	27	—	3	
30	—	—	3.5	（3）、2、1.5、1
—	33	—		（3）、2、1.5
—	—	35	—	1.5
36	—	—	4	3、2、1.5
—	39	—		

螺纹种类	精度	外螺纹公差带			内螺纹公差带		
		S	N	L	S	N	L
普通螺纹	中等	（5g6g） （5h6h）	*6g（带方框） *6e 6h	（7e6e） （7g6g） （7h6h）	*5H （5G）	*6H（带方框） *6G	*7H （7G）
	粗糙	—	8g （8e）	（9e8e） （9g8g）	—	7H，（7G）	8H （8G）

注：1. 优先选用第一系列，其次是第二系列，第三系列尽可能不用；括号内尺寸尽可能不用。

2. 大量生产的紧固件螺纹，推荐采用带方框的公差带；带*的公差带优先选用，括号内的公差带尽可能不用。

3. 两种精度选用原则：中等——一般用途；粗糙——对精度要求不高时采用。

附表 2 管螺纹

55° 密封管螺纹(摘自 GB/T 7306.1、7306.2—2000)

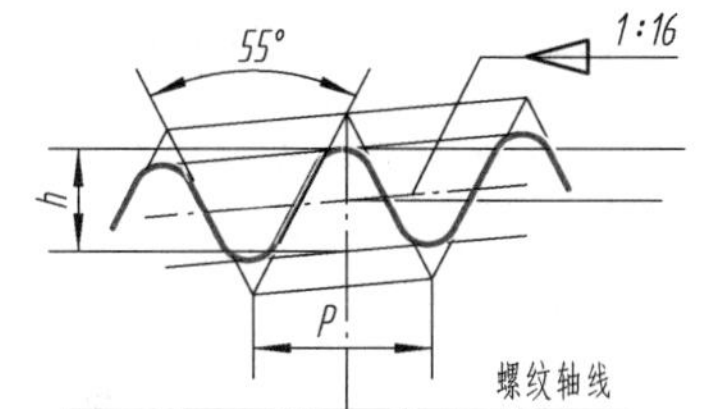

标记示例：

R1/2（尺寸代号 1/2，右旋圆锥外螺纹）

Rc1/2LH（尺寸代号 1/2，左旋圆锥内螺纹）

55° 非密封管螺纹(摘自 GB/T 7307—2001)

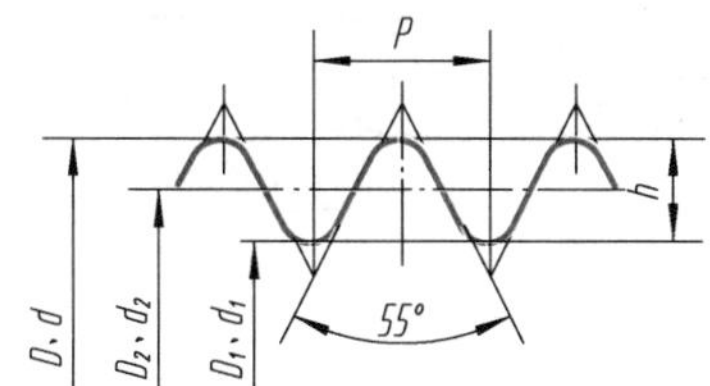

标记示例：

G1/2LH（尺寸代号 1/2，左旋内螺纹）

G1/2A（尺寸代号 1/2，A 级右旋外螺纹）

尺寸代号	大径 d、D /mm	中径 d_2、D_2 /mm	小径 d_1、D_1 /mm	螺距 P /mm	牙高 h /mm	每 25.4mm 内的牙数 n
1/4	13.157	12.301	11.445	1.337	0.856	19
3/8	16.662	15.806	14.950			
1/2	20.955	19.793	18.631	1.814	1.162	14
3/4	26.441	25.279	24.117			
1	33.249	31.770	30.291	2.309	1.479	11
1¼	41.910	40.431	38.952			
1½	47.803	46.324	44.845			
2	59.614	58.135	56.656			
2½	75.184	73.705	72.226			
3	87.884	86.405	84.926			

注：大径、中径、小径值，对于 GB/T 7306.1—2000、GB/T 7306.2—2000 为基准平面内的基本直径，对于 GB/T 7307—2001 为基本直径。

二、常用的标准件

附表 3 六角头螺栓

mm

六角头螺栓 C 级（摘自 GB/T 5780—2016）　　六角头螺栓 全螺纹 C 级（摘自 GB/T 5781—2016）

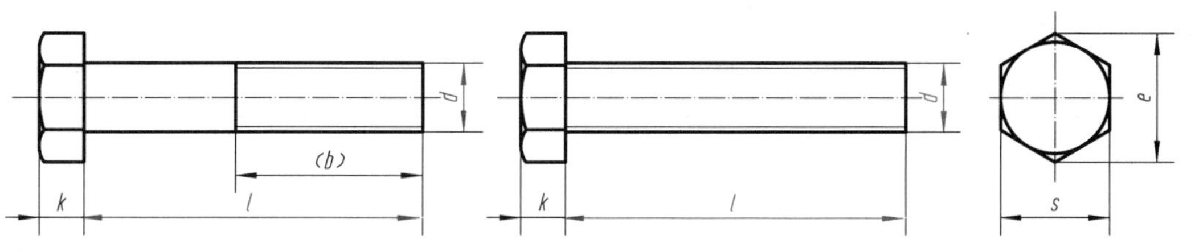

标记示例：

螺栓 GB/T 5780 M20×100（螺纹规格为 M20、公称长度 l=100mm、性能等级为 4.8 级、表面不经处理、产品等级为 C 级的六角头螺栓）

螺纹规格 d		M5	M6	M8	M10	M12	M16	M20	M24	M30	M36	M42
$b_{参考}$	$l_{公称}$≤125	16	18	22	26	30	38	46	54	66	—	—
	125<$l_{公称}$≤200	22	24	28	32	36	44	52	60	72	84	96
	$l_{公称}$>200	35	37	41	45	49	57	65	73	85	97	109
$k_{公称}$		3.5	4.0	5.3	6.4	7.5	10	12.5	15	18.7	22.5	26
s_{max}		8	10	13	16	18	24	30	36	46	55	65
e_{min}		8.63	10.9	14.2	17.6	19.9	26.2	33.0	39.6	50.9	60.8	71.3
$l_{范围}$	GB/T 5780	25～50	30～60	35～80	40～100	45～120	55～160	65～200	80～240	90～300	110～300	160～420
	GB/T 5781	10～40	12～50	16～65	20～80	25～100	35～100	40～100	50～100	60～100	70～100	80～420
$l_{公称}$		10、12、16、20～50（5 进位）、(55)、60、(65)、70～160（10 进位）、180、220～500（20 进位）										

附表 4 双头螺柱（摘自 GB/T 897～900—1988） mm

$b_m=1d$（GB/T 897—1988） $b_m=1.25d$（GB/T 898—1988） $b_m=1.5d$（GB/T 899—1988） $b_m=2d$（GB/T 900—1988）

A 型 B 型

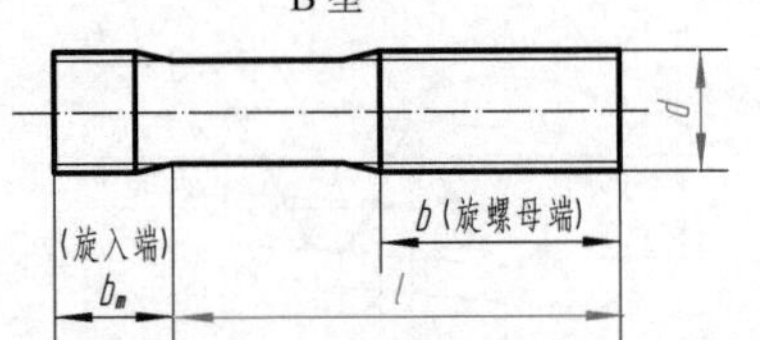

标记示例：

螺柱 GB/T 900 M10×50（两端均为粗牙普通螺纹、d=M10、l=50mm、性能等级为 4.8 级、不经表面处理、B 型、$b_m=2d$ 的双头螺柱）

螺柱 GB/T 900 AM10-10×1×50（旋入机体一端为粗牙普通螺纹、旋螺母一端为螺距 P=1mm 的细牙普通螺纹、d=M10、l=50mm、性能等级为 4.8 级、不经表面处理、A 型、$b_m=2d$ 的双头螺柱）

螺纹规格 d	旋入端长度 b_m				螺柱长度 l/旋螺母端长度 b
	GB/T 897	GB/T 898	GB/T 899	GB/T 900	
M4	—	—	6	8	（16～22）/8、（25～40）/14
M5	5	6	8	10	（16～22）/10、（25～50）/16
M6	6	8	10	12	（20～22）/10、（25～30）/14、（32～75）/18
M8	8	10	12	16	（20～22）/12、（25～30）/16、（32～90）/22
M10	10	12	15	20	（25～28）/14、（30～38）/16、（40～120）/26、130/32
M12	12	15	18	24	（25～30）/16、（32～40）/20、（45～120）/30、（130～180）/36
M16	16	20	24	32	（30～38）/20、（40～55）/30、（60～120）/38、（130～200）/44
M20	20	25	30	40	（35～40）/25、（45～65）/35、（70～120）/46、（130～200）/52
（M24）	24	30	36	48	（45～50）/30、（55～75）/45、（80～120）/54、（130～200）/60
（M30）	30	38	45	60	（60～65）/40、（70～90）/50、（95～120）/66、（130～200）/72、（210～250）/85
M36	36	45	54	72	（65～75）/45、（80～110）/60、120/78、（130～200）/84、（210～300）/97
M42	42	52	63	84	（70～80）/50、（85～110）/70、120/90、（130～200）/96、（210～300）/109
$l_{公称}$	12、（14）、16、（18）、20、（22）、25、（28）、30、（32）、35、（38）、40、45、50、55、60、（65）、70、75、80、（85）、90、（95）、100～260（10 进位）、280、300				

注：1. 尽可能不采用括号内的规格。末端按 GB/T 2—2016 规定。

2. $b_m=1d$，一般用于钢对钢；$b_m=(1.25～1.5)d$，一般用于钢对铸铁；$b_m=2d$，一般用于钢对铝合金。

附表 5 六角螺母 C 级（摘自 GB/T 41—2016） mm

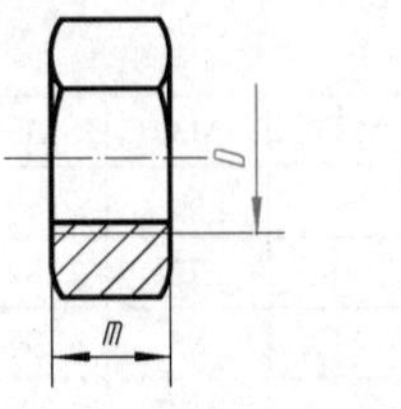

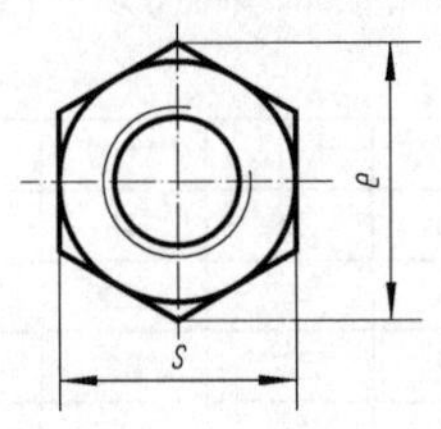

标记示例：

螺母 GB/T 41 M10

（螺纹规格为 M10、性能等级为 5 级、表面不经处理、产品等级为 C 级的 1 型六角螺母）

螺纹规格 D	M5	M6	M8	M10	M12	M16	M20	M24	M30	M36	M42	M48	M56
s_{max}	8	10	13	16	18	24	30	36	46	55	65	75	85
e_{min}	8.63	10.89	14.20	17.59	19.85	26.17	32.95	39.55	50.85	60.79	72.3	82.6	93.56
m_{max}	5.6	6.4	7.9	9.5	12.2	15.9	19	22.3	26.4	31.9	34.9	38.9	45.9

附表 6 圆柱销 不淬硬钢和奥氏体不锈钢（摘自 GB/T 119.1—2000） mm

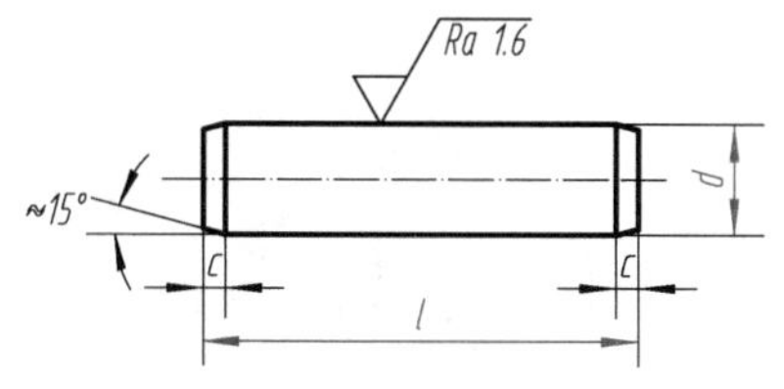

标记示例：

销 GB/T 119.1 10m6×90（公称直径 d=M10、公差为 m6、公称长度 l=50mm、材料为钢、不经淬火、不经表面处理的圆柱销）

销 GB/T 119.1 10m6×90－A1（公称直径 d=M6、公差为 m6、公称长度 l=30mm、材料为 A1 组奥氏体不锈钢、表面简单处理的圆柱销）

$d_{公称}$	2	2.5	3	4	5	6	8	10	12	16	20	25
c≈	0.35	0.4	0.5	0.63	0.8	1.2	1.6	2.0	2.5	3.0	3.5	4.0
$l_{范围}$	6～20	6～24	8～30	8～40	10～50	12～60	14～80	18～95	22～140	26～180	35～200	50～200
$l_{公称}$	2、3、4、5、6～32（2 进位）、35～100（5 进位）、120～200（20 进位）（公称长度大于 200，按 20 递增）											

附表 7 圆锥销（摘自 GB/T 117—2000） mm

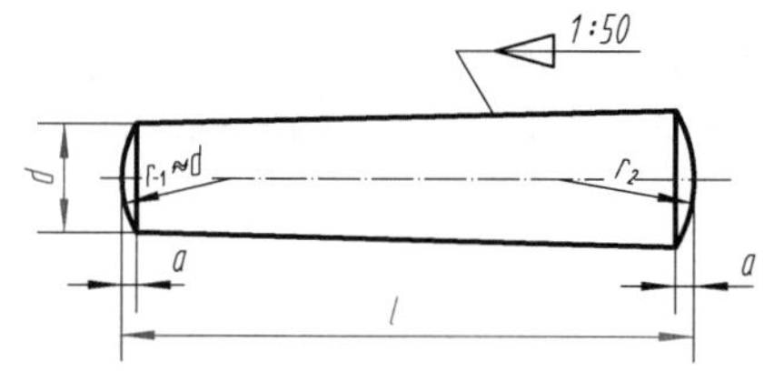

A 型（磨削）：锥面表面粗糙度 Ra=0.8μm

B 型（切削或冷镦）：锥面表面粗糙度 Ra=3.2μm

$$r_2 \approx \frac{a}{2} + d + \frac{(0.02l)^2}{8a}$$

标记示例：

销 GB/T 117 6×30（公称直径 d=M6、公称长度 l=30mm、材料为 35 钢、热处理硬度 28～38HRC、表面氧化处理的 A 型圆锥销）

$d_{公称}$	2	2.5	3	4	5	6	8	10	12	16	20	25
a≈	0.25	0.3	0.4	0.5	0.63	0.8	1.0	1.2	1.6	2.0	2.5	3.0
$l_{范围}$	10～35	10～35	12～45	14～55	18～60	22～90	22～120	26～160	32～180	40～200	45～200	50～200
$l_{公称}$	2、3、4、5、6～32（2 进位）、35～100（5 进位）、120～200（20 进位）（公称长度大于 200，按 20 递增）											

附表 8 垫 圈 mm

平垫圈 C 级（GB/T 95—2002）　平垫圈 倒角型 A 级（GB/T 97.2—2002）　标准型弹簧垫圈（GB/T 93—1987）

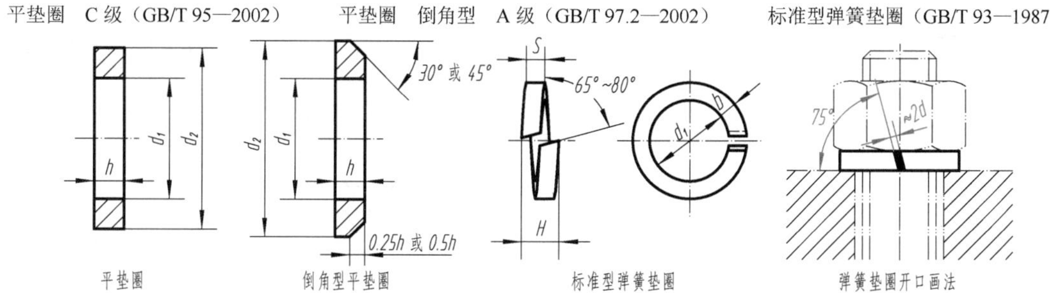

标记示例：

垫圈 GB/T 95 8（标准系列、公称规格 8mm、硬度等级为 100HV 级、不经表面处理，产品等级为 C 级的平垫圈）

垫圈 GB/T 93 10（公称规格 10mm、材料为 65Mn、表面氧化的标准型弹簧垫圈）

公称规格（螺纹大径 d）		4	5	6	8	10	12	16	20	24	30	36	42	48
GB/T 95（C 级）	d_1	4.5	5.5	6.6	9	11	13.5	17.5	22	26	33	39	45	52
	d_2	9	10	12	16	20	24	30	37	44	56	66	78	92
	h	0.8	1	1.6	1.6	2	2.5	3	3	4	4	5	8	8
GB/T 97.2（A 级）	d_1	—	5.3	6.4	8.4	10.5	13	17	21	25	31	37	45	52
	d_2	—	10	12	16	20	24	30	37	44	56	66	78	92
	h	—	1	1.6	1.6	2	2.5	3	3	4	4	5	8	8
GB/T 93	d_1	4.1	5.1	6.1	8.1	10.2	12.2	16.2	20.2	24.5	30.5	36.5	42.5	48.5
	$S=b$	1.1	1.3	1.6	2.1	2.6	3.1	4.1	5	6	7.5	9	10.5	12
	H	2.75	3.25	4	5.25	6.5	7.75	10.25	12.5	15	18.75	22.5	26.25	30

注：A 级适用于精装配系列，C 级适用于中等装配系列。

附表 9　平键及键槽各部尺寸（摘自 GB/T 1095、1096—2003）　　mm

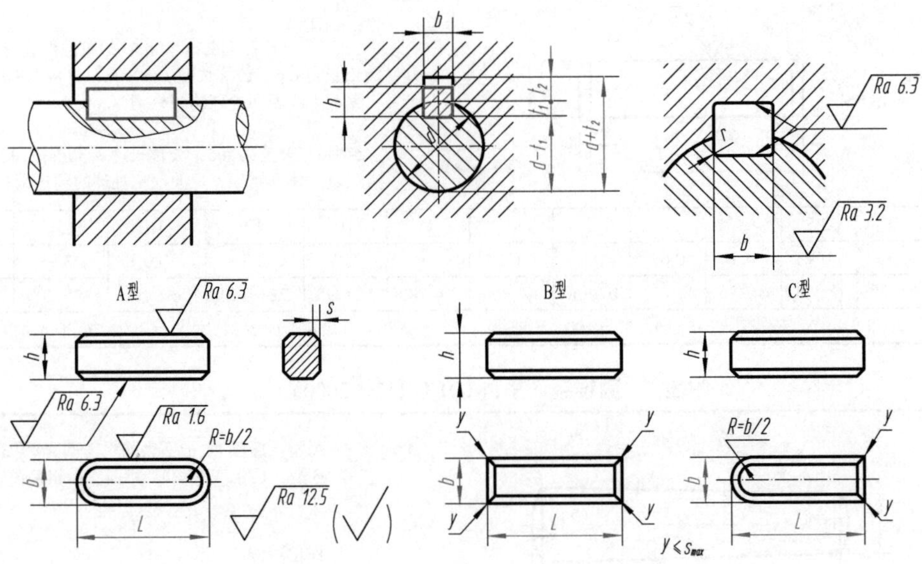

标记示例：

GB/T 1096　键 16×10×100（普通 A 型平键、宽度 b=16 mm、高度 h=10 mm、长度 L=100 mm）

GB/T 1096　键 B16×10×100（普通 B 型平键、宽度 b=16 mm、高度 h=10 mm、长度 L=100 mm）

GB/T 1096　键 C16×10×100（普通 C 型平键、宽度 b=16 mm、高度 h=10 mm、长度 L=100 mm）

键		键槽											
键尺寸 $b \times h$	标准长度范围 L	宽度 b						深度				半径 r	
		基本尺寸 b	极限偏差					轴 t_1		毂 t_2			
			正常联结		紧密联结	松联结		基本尺寸	极限偏差	基本尺寸	极限偏差	最小	最大
			轴 N9	毂 JS9	轴和毂 P9	轴 H9	毂 D10						
4×4	8～45	4	0 −0.030	±0.015	−0.012 −0.042	+0.030 0	+0.078 +0.030	2.5	+0.1 0	1.8	+0.1 0	0.08	0.16
5×5	10～56	5						3.0		2.3		0.16	0.25
6×6	14～70	6						3.5		2.8			
8×7	18～90	8	0 −0.036	±0.018	−0.015 −0.051	+0.036 0	+0.098 +0.040	4.0	+0.2 0	3.3	+0.2 0		
10×8	22～110	10						5.0		3.3		0.25	0.40
12×8	28～140	12	0 −0.043	±0.0215	−0.018 −0.061	+0.043 0	+0.120 +0.050	5.0		3.3			
14×9	36～160	14						5.5		3.8			
16×10	45～180	16						6.0		4.3			
18×11	50～200	18						7.0		4.4			
20×12	56～220	20	0 −0.052	±0.026	−0.022 −0.074	+0.052 0	+0.149 +0.065	7.5		4.9		0.40	0.60
22×14	63～250	22						9.0		5.4			
25×14	70～280	25						9.0		5.4			
28×16	80～320	28						10		6.4			
$L_{系列}$	8～22（2 进位）、25、28、32、36、40、45、50、56、63、70～110（10 进位）、125、140～220（20 进位）、250、280、320												

注：1.（$d-t$）和（$d+t_1$）两组组合尺寸的极限偏差按相应的 t 和 t_1 的极限偏差选取，但（$d-t$）极限偏差应取负号（−）。

2. 键 b 的极限偏差为 h8；键 h 的极限偏差矩形为 h11，方形为 h8；键长 L 的极限偏差为 h14。

附表 10　滚动轴承

mm

深沟球轴承（摘自 GB/T 276—2013）

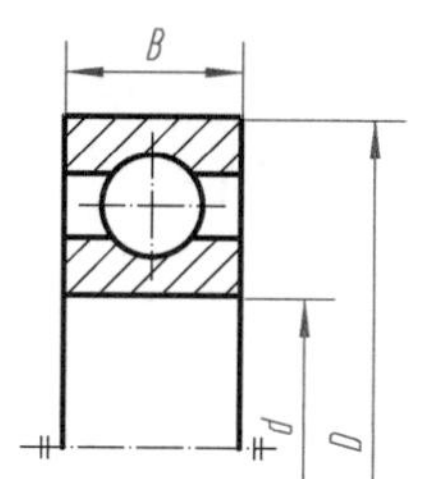

标记示例：

滚动轴承　6310　GB/T 276—2013

（深沟球轴承、内径 d=50mm、直径系列代号为 3）

轴承型号	尺　寸		
	d	D	B
尺寸系列〔（0）2〕			
6202	15	35	11
6203	17	40	12
6204	20	47	14
6205	25	52	15
6206	30	62	16
6207	35	72	17
6208	40	80	18
6209	45	85	19
6210	50	90	20
6211	55	100	21
6212	60	110	22
尺寸系列〔（0）3〕			
6302	15	42	13
6303	17	47	14
6304	20	52	15
6305	25	62	17
6306	30	72	19
6307	35	80	21
6308	40	90	23
6309	45	100	25
6310	50	110	27
6311	55	120	29
6312	60	130	31
尺寸系列〔（0）4〕			
6403	17	62	17
6404	20	72	19
6405	25	80	21
6406	30	90	23
6407	35	100	25
6408	40	110	27
6409	45	120	29
6410	50	130	31
6411	55	140	33
6412	60	150	35
6413	65	160	37

圆锥滚子轴承（摘自 GB/T 297—2015）

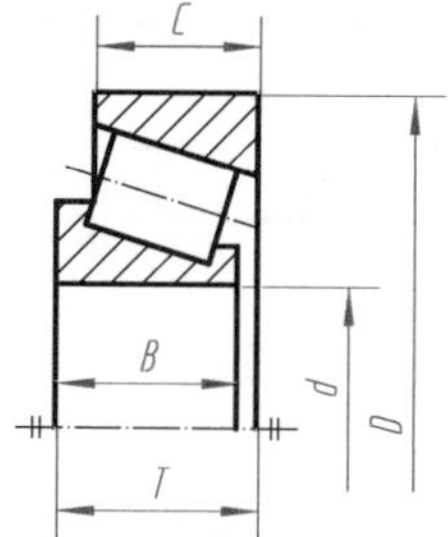

标记示例：

滚动轴承　30212　GB/T 297—2015

（圆锥滚子轴承、内径 d=60mm、宽度系列代号为 0，直径系列代号为 2）

轴承型号	尺　寸				
	d	D	B	C	T
尺寸系列〔02〕					
30203	17	40	12	11	13.25
30204	20	47	14	12	15.25
30205	25	52	15	13	16.25
30206	30	62	16	14	17.25
30207	35	72	17	15	18.25
30208	40	80	18	16	19.75
30209	45	85	19	16	20.75
30210	50	90	20	17	21.75
30211	55	100	21	18	22.75
30212	60	110	22	19	23.75
30213	65	120	23	20	24.75
尺寸系列〔03〕					
30302	15	42	13	11	14.25
30303	17	47	14	12	15.25
30304	20	52	15	13	16.25
30305	25	62	17	15	18.25
30306	30	72	19	16	20.75
30307	35	80	21	18	22.75
30308	40	90	23	20	25.25
30309	45	100	25	22	27.25
30310	50	110	27	23	29.25
30311	55	120	29	25	31.50
30312	60	130	31	26	33.50
尺寸系列〔13〕					
31305	25	62	17	13	18.25
31306	30	72	19	14	20.75
31307	35	80	21	15	22.75
31308	40	90	23	17	25.25
31309	45	100	25	18	27.25
31310	50	110	27	19	29.25
31311	55	120	29	21	31.50
31312	60	130	31	22	33.50
31313	65	140	33	23	36.00
31314	70	150	35	25	38.00
31315	75	160	37	26	40.00

推力球轴承（摘自 GB/T 301—2015）

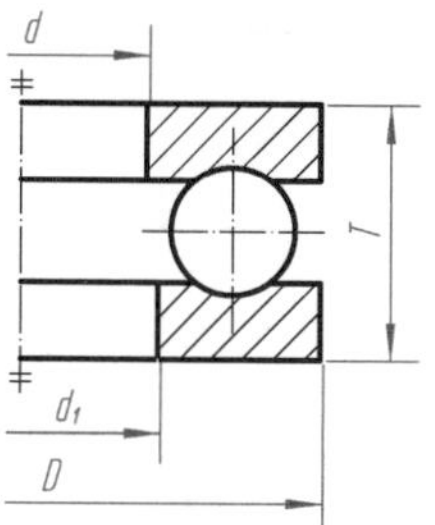

标记示例：

滚动轴承　51305　GB/T 301—2015

（推力球轴承、内径 d=25mm、高度系列代号为 1，直径系列代号为 3）

轴承型号	尺　寸			
	d	D	T	d_1
尺寸系列〔12〕				
51202	15	32	12	17
51203	17	35	12	19
51204	20	40	14	22
51205	25	47	15	27
51206	30	52	16	32
51207	35	62	18	37
51208	40	68	19	42
51209	45	73	20	47
51210	50	78	22	52
51211	55	90	25	57
51212	60	95	26	62
尺寸系列〔13〕				
51304	20	47	18	22
51305	25	52	18	27
51306	30	60	21	32
51307	35	68	24	37
51308	40	78	26	42
51309	45	85	28	47
51310	50	95	31	52
51311	55	105	35	57
51312	60	110	35	62
51313	65	115	36	67
51314	70	125	40	72
尺寸系列〔14〕				
51405	25	60	24	27
51406	30	70	28	32
51407	35	80	32	37
51408	40	90	36	42
51409	45	100	39	47
51410	50	110	43	52
51411	55	120	48	57
51412	60	130	51	62
51413	65	140	56	68
51414	70	150	60	73
51415	75	160	65	78

注：圆括号中的尺寸系列代号在轴承型号中省略。

三、常用符号的画法

附表 11　一些特定图形符号的比例画法

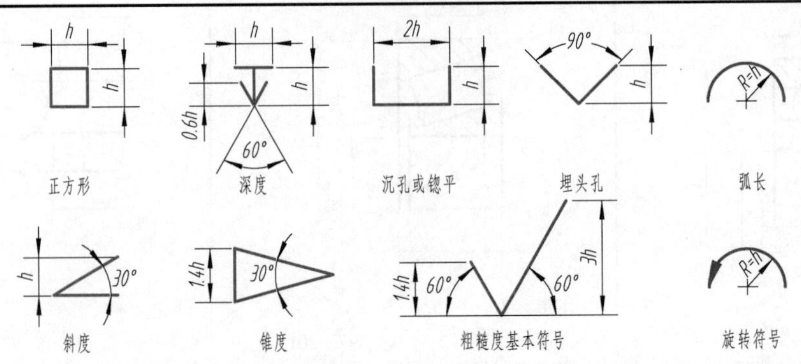

附表 12　焊缝基本符号的比例画法

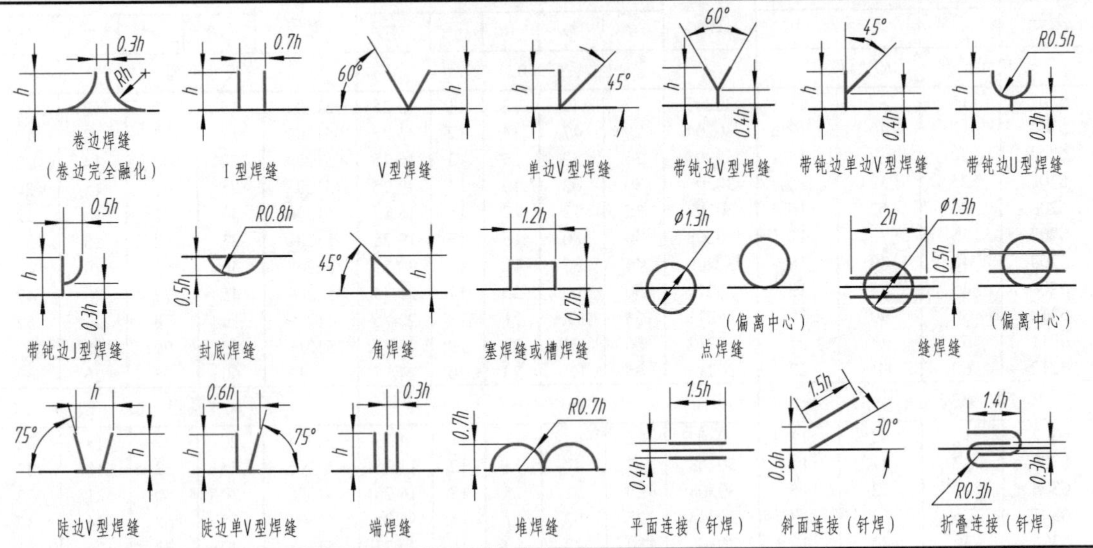

附表 13　焊缝补充符号的比例画法

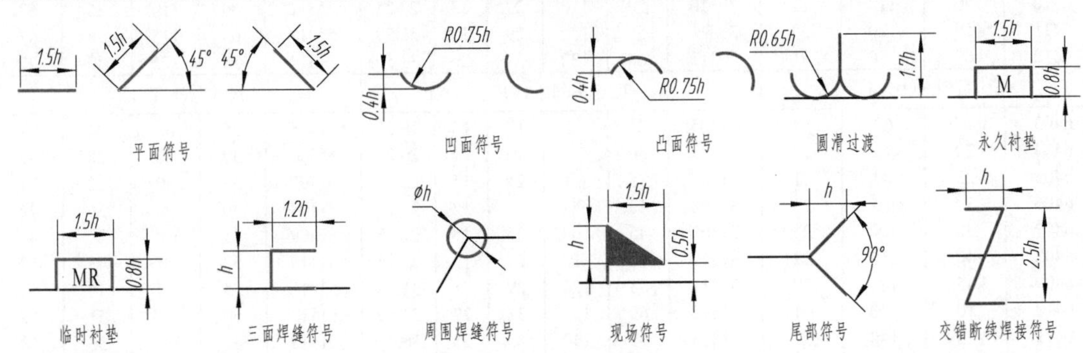

注：在绘制工程图样时，以上三类图形符号的尺寸及比例画法按表中图例绘制，图形符号中的 h 为图样中的字高；图形符号的线宽既不是粗实线，也不是细实线，其线宽=h/10。

四、极限与配合

附表 14　标准公差数值（摘自 GB/T 1800.1—2009）

公称尺寸/mm		标准公差等级																	
		IT1	IT2	IT3	IT4	IT5	IT6	IT7	IT8	IT9	IT10	IT11	IT12	IT13	IT14	IT15	IT16	IT17	IT18
大于	至	μm											mm						
—	3	0.8	1.2	2	3	4	6	10	14	25	40	60	0.1	0.14	0.25	0.4	0.6	1	1.4
3	6	1	1.5	2.5	4	5	8	12	18	30	48	75	0.12	0.18	0.3	0.48	0.75	1.2	1.8
6	10	1	1.5	2.5	4	6	9	15	22	36	58	90	0.15	0.22	0.36	0.58	0.9	1.5	2.2
10	18	1.2	2	3	5	8	11	18	27	43	70	110	0.18	0.27	0.43	0.7	1.1	1.8	2.7
18	30	1.5	2.5	4	6	9	13	21	33	52	84	130	0.21	0.33	0.52	0.84	1.3	2.1	3.3
30	50	1.5	2.5	4	7	11	16	25	39	62	100	160	0.25	0.39	0.62	1	1.6	2.5	3.9
50	80	2	3	5	8	13	19	30	46	74	120	190	0.3	0.46	0.74	1.2	1.9	3	4.6
80	120	2.5	4	6	10	15	22	35	54	87	140	220	0.35	0.54	0.87	1.4	2.2	3.5	5.4
120	180	3.5	5	8	12	18	25	40	63	100	160	250	0.4	0.63	1	1.6	2.5	4	6.3
180	250	4.5	7	10	14	20	29	46	72	115	185	290	0.46	0.72	1.15	1.85	2.9	4.6	7.2
250	315	6	8	12	16	23	32	52	81	130	210	320	0.52	0.81	1.3	2.1	3.2	5.2	8.1
315	400	7	9	13	18	25	36	57	89	140	230	360	0.57	0.89	1.4	2.3	3.6	5.7	8.9
400	500	8	10	15	20	27	40	63	97	155	250	400	0.63	0.97	1.55	2.5	4	6.3	9.7
500	630	9	11	16	22	32	44	70	110	175	280	440	0.7	1.1	1.75	2.8	4.4	7	11
630	800	10	13	18	25	36	50	80	125	200	320	500	0.8	1.25	2	3.2	5	8	12.5
800	1000	11	15	21	28	40	56	90	140	230	360	560	0.9	1.4	2.3	3.6	5.6	9	14
1000	1250	13	18	24	33	47	66	105	165	260	420	660	1.05	1.65	2.6	4.2	6.6	10.5	16.5
1250	1600	15	21	29	39	55	78	125	195	310	500	780	1.25	1.95	3.1	5	7.8	12.5	19.5
1600	2000	18	25	35	46	65	92	150	230	370	600	920	1.5	2.3	3.7	6	9.2	15	23
2000	2500	22	30	41	55	78	110	175	280	440	700	1100	1.75	2.8	4.4	7	11	17.5	28
2500	3150	26	36	50	68	96	135	210	330	540	860	1350	2.1	3.3	5.4	8.6	13.5	21	33

注：1. 公称尺寸大于 500 的 IT1 至 IT5 的标准公差数值为试行的。

2. 公称尺寸小于或等于 1 时，无 IT14 至 IT18。

附表 15　轴的基本偏差

公称尺寸/mm		基本偏差														
		上极限偏差（es）														
		所有标准公差等级												IT5和IT6	IT7	IT8
大于	至	a	b	c	cd	d	e	ef	f	fg	g	h	js	j		
—	3	-270	-140	-60	-34	-20	-14	-10	-6	-4	-2	0	偏差=±（IT*n*）/2，式中IT*n*是IT值数	-2	-4	-6
3	6	-270	-140	-70	-46	-30	-20	-14	-10	-6	-4	0		-2	-4	—
6	10	-280	-150	-80	-56	-40	-25	-18	-13	-8	-5	0		-2	-5	—
10	14	-290	-150	-95	—	-50	-32	—	-16	—	-6	0		-3	-6	—
14	18															
18	24	-300	-160	-110	—	-65	-40	—	-20	—	-7	0		-4	-8	—
24	30															
30	40	-310	-170	-120	—	-80	-50	—	-25	—	-9	0		-5	-10	—
40	50	-320	-180	-130												
50	65	-340	-190	-140	—	-100	-60	—	-30	—	-10	0		-7	-12	—
65	80	-360	-200	-150												
80	100	-380	-220	-170	—	-120	-72	—	-36	—	-12	0		-9	-15	—
100	120	-410	-240	-180												
120	140	-460	-260	-200	—	-145	-85	—	-43	—	-14	0		-11	-18	—
140	160	-520	-280	-210												
160	180	-580	-310	-230												
180	200	-660	-340	-240	—	-170	-100	—	-50	—	-15	0		-13	-21	—
200	225	-740	-380	-260												
225	250	-820	-420	-280												
250	280	-920	-480	-300	—	-190	-110	—	-56	—	-17	0		-16	-26	—
280	315	-1050	-540	-330												
315	355	-1200	-600	-360	—	-210	-125	—	-62	—	-18	0		-18	-28	—
355	400	-1350	-680	-400												
400	450	-1500	-760	-440	—	-230	-135	—	-68	—	-20	0		-20	-32	—
450	500	-1650	-840	-480												

注：1. 公称尺寸小于或等于 1 时，基本偏差 a 和 b 均不采用。

2. 公差带 js7 至 js11，若 IT*n* 值是奇数，则取极限偏差=±（IT*n*-1）/2。

数值（摘自 GB/T 1800.1—2009） μm

差数值															
下极限偏差（ei）															
IT4至IT7	≤IT3 >IT7	所有标准公差等级													
k		m	n	p	r	s	t	u	v	x	y	z	za	zb	zc
0	0	+2	+4	+6	+10	+14	—	+18	—	+20	—	+26	+32	+40	+60
+1	0	+4	+8	+12	+15	+19	—	+23	—	+28	—	+35	+42	+50	+80
+1	0	+6	+10	+15	+19	+23	—	+28	—	+34	—	+42	+52	+67	+97
+1	0	+7	+12	+18	+23	+28	—	+33	—	+40	—	+50	+64	+90	+130
									+39	+45	—	+60	+77	+108	+150
+2	0	+8	+15	+22	+28	+35	—	+41	+47	+54	+63	+73	+98	+136	+188
							+41	+48	+55	+64	+75	+88	+118	+160	+218
+2	0	+9	+17	+26	+34	+43	+48	+60	+68	+80	+94	+112	+148	+200	+274
							+54	+70	+81	+97	+114	+136	+180	+242	+325
+2	0	+11	+20	+32	+41	+53	+66	+87	+102	+122	+144	+172	+226	+300	+405
					+43	+59	+75	+102	+120	+146	+174	+210	+274	+360	+480
+3	0	+13	+23	+37	+51	+71	+91	+124	+146	+178	+214	+258	+335	+445	+585
					+54	+79	+104	+144	+172	+210	+254	+310	+400	+525	+690
+3	0	+15	+27	+43	+63	+92	+122	+170	+202	+248	+300	+365	+470	+620	+800
					+65	+100	+134	+190	+228	+280	+340	+415	+535	+700	+900
					+68	+108	+146	+210	+252	+310	+380	+465	+600	+780	+1000
+4	0	+17	+31	+50	+77	+122	+166	+236	+284	+350	+425	+520	+670	+880	+1150
					+80	+130	+180	+258	+310	+385	+470	+575	+740	+960	+1250
					+84	+140	+196	+284	+340	+425	+520	+640	+820	+1050	+1350
+4	0	+20	+34	+56	+94	+158	+218	+315	+385	+475	+580	+710	+920	+1200	+1550
					+98	+170	+240	+350	+425	+525	+650	+790	+1000	+1300	+1700
+4	0	+21	+37	+62	+108	+190	+268	+390	+475	+590	+730	+900	+1150	+1500	+1900
					+114	+208	+294	+435	+530	+660	+820	+1000	+1300	+1650	+2100
+5	0	+23	+40	+68	+126	+232	+330	+490	+595	+740	+920	+1100	+1450	+1850	+2400
					+132	+252	+360	+540	+660	+820	+1000	+1250	+1600	+2100	+2600

附表 16　孔的基本偏差

公称尺寸/mm		基本偏差																		
		下极限偏差（EI）																		
		所有标准公差等级												IT6	IT7	IT8	≤IT8	>IT8	≤IT8	>IT8
大于	至	A	B	C	CD	D	E	EF	F	FG	G	H	JS	J			K		M	
—	3	+270	+140	+60	+34	+20	+14	+10	+6	+4	+2	0	偏差=±（IT*n*）/2，式中IT*n*是IT值数	+2	+4	+6	0	0	−2	−2
3	6	+270	+140	+70	+46	+30	+20	+14	+10	+6	+4	0		+5	+6	+10	−1+Δ	—	−4+Δ	−4
6	10	+280	+150	+80	+56	+40	+25	+18	+13	+8	+5	0		+5	+8	+12	−1+Δ	—	−6+Δ	−6
10	14	+290	+150	+95	—	+50	+32	—	+16	—	+6	0		+6	+10	+15	−1+Δ	—	−7+Δ	−7
14	18																			
18	24	+300	+160	+110	—	+65	+40	—	+20	—	+7	0		+8	+12	+20	−2+Δ	—	−8+Δ	−8
24	30																			
30	40	+310	+170	+120	—	+80	+50		+25	—	+9	0		+10	+14	+24	−2+Δ	—	−9+Δ	−9
40	50	+320	+180	+130																
50	65	+340	+190	+140	—	+100	+60	—	+30	—	+10	0		+13	+18	+28	−2+Δ	—	−11+Δ	−11
65	80	+360	+200	+150																
80	100	+380	+220	+170	—	+120	+72	—	+36	—	+12	0		+16	+22	+34	−3+Δ	—	−13+Δ	−13
100	120	+410	+240	+180																
120	140	+460	+260	+200	—	+145	+85	—	+43	—	+14	0		+18	+26	+41	−3+Δ	—	−15+Δ	−15
140	160	+520	+280	+210																
160	180	+580	+310	+230																
180	200	+660	+340	+240	—	+170	+100	—	+50	—	+15	0		+22	+30	+47	−4+Δ	—	−17+Δ	−17
200	225	+740	+380	+260																
225	250	+820	+420	+280																
250	280	+920	+480	+300	—	+190	+110	—	+56	—	+17	0		+25	+36	+55	−4+Δ	—	−20+Δ	−20
280	315	+1050	+540	+330																
315	355	+1200	+600	+360	—	+210	+125	—	+62	—	+18	0		+29	+39	+60	−4+Δ	—	−21+Δ	−21
355	400	+1350	+680	+400																
400	450	+1500	+760	+440	—	+230	+135	—	+68	—	+20	0		+33	+43	+66	−5+Δ	—	−23+Δ	−23
450	500	+1650	+840	+480																

注：1. 公称尺寸小于或等于1时，基本偏差A和B及大于IT8的N均不采用。

2. 公差带JS7至JS11，若IT*n*值数是奇数，则取极限偏差=±（IT *n*−1）/2。

3. 对小于或等于IT8的K、M、N和小于或等于IT7的P至ZC，所需Δ值从表内右侧选取。例如：18～30段的K7：

4. 特殊情况：250～315段的M6，ES=−9μm（代替−11μm）。

数值（摘自 GB/T 1800.1—2009） μm

差数值															Δ值					
上极限偏差（ES）																				
≤IT8	>IT8	≤IT7	标准公差等级大于 IT7												标准公差等级					
N		P至ZC	P	R	S	T	U	V	X	Y	Z	ZA	ZB	ZC	IT3	IT4	IT5	IT6	IT7	IT8
−4	−4	在大于 IT7 的相应数值上增加一个Δ值	−6	−10	−14	—	−18	—	−20	—	−26	−32	−40	−60	0	0	0	0	0	0
−8+Δ	0		−12	−15	−19	—	−23	—	−28	—	−35	−42	−50	−80	1	1.5	1	3	4	6
−10+Δ	0		−15	−19	−23	—	−28	—	−34	—	−42	−52	−67	−97	1	1.5	2	3	6	7
−12+Δ	0		−18	−23	−28	—	−33	—	−40	—	−50	−64	−90	−130	1	2	3	3	7	9
								−39	−45	—	−60	−77	−108	−150						
−15+Δ	0		−22	−28	−35	—	−41	−47	−54	−63	−73	−98	−136	−188	1.5	2	3	4	8	12
						−41	−48	−55	−64	−75	−88	−118	−160	−218						
−17+Δ	0		−26	−34	−43	−48	−60	−68	−80	−94	−112	−148	−200	−274	1.5	3	4	5	9	14
						−54	−70	−81	−97	−114	−136	−180	−242	−325						
−20+Δ	0		−32	−41	−53	−66	−87	−102	−122	−144	−172	−226	−300	−405	2	3	5	6	11	16
				−43	−59	−75	−102	−120	−146	−174	−210	−274	−360	−480						
−23+Δ	0		−37	−51	−71	−91	−124	−146	−178	−214	−258	−335	−445	−585	2	4	5	7	13	19
				−54	−79	−104	−144	−172	−210	−254	−310	−400	−525	−690						
−27+Δ	0		−43	−63	−92	−122	−170	−202	−248	−300	−365	−470	−620	−800	3	4	6	7	15	23
				−65	−100	−134	−190	−228	−280	−340	−415	−535	−700	−900						
				−68	−108	−146	−210	−252	−310	−380	−465	−600	−780	−1000						
−31+Δ	0		−50	−77	−122	−166	−236	−284	−350	−425	−520	−670	−880	−1150	3	4	6	9	17	26
				−80	−130	−180	−258	−310	−385	−470	−575	−740	−960	−1250						
				−84	−140	−196	−284	−340	−425	−520	−640	−820	−1050	−1350						
−34+Δ	0		−56	−94	−158	−218	−315	−385	−475	−580	−710	−920	−1200	−1550	4	4	7	9	20	29
				−98	−170	−240	−350	−425	−525	−650	−790	−1000	−1300	−1700						
−37+Δ	0		−62	−108	−190	−268	−390	−475	−590	−730	−900	−1150	−1500	−1900	4	5	7	11	21	32
				−114	−208	−294	−435	−530	−660	−820	−1000	−1300	−1650	−2100						
−40+Δ	0		−68	−126	−232	−330	−490	−595	−740	−920	−1100	−1450	−1850	−2400	5	5	7	13	23	34
				−132	−252	−360	−540	−660	−820	−1000	−1250	−1600	−2100	−2600						

Δ=8μm，所以 ES=(−2+8)μm =+6μm；18～30 段的 S6：Δ=4μm，所以 ES=(−35+4)μm =−31μm。

附表 17　优先选用的轴的公差带（摘自 GB/T 1800.2—2009）　μm

代号		c	d	f	g	h				k	n	p	s	u
公称尺寸/mm		公差等级												
大于	至	11	9	7	6	6	7	9	11	6	6	6	6	6
—	3	-60 -120	-20 -45	-6 -16	-2 -8	0 -6	0 -10	0 -25	0 -60	+6 0	+10 +4	+12 +6	+20 +14	+24 +18
3	6	-70 -145	-30 -60	-10 -22	-4 -12	0 -8	0 -12	0 -30	0 -75	+9 +1	+16 +8	+20 +12	+27 +19	+31 +23
6	10	-80 -170	-40 -76	-13 -28	-5 -14	0 -9	0 -15	0 -36	0 -90	+10 +1	+19 +10	+24 +15	+32 +23	+37 +28
10	14	-95 -205	-50 -93	-16 -34	-6 -17	0 -11	0 -18	0 -43	0 -110	+12 +1	+23 +12	+29 +18	+39 +28	+44 +33
14	18													
18	24	-110 -240	-65 -117	-20 -41	-7 -20	0 -13	0 -21	0 -52	0 -130	+15 +2	+28 +15	+35 +22	+48 +35	+54 +41
24	30													+61 +48
30	40	-120 -280	-80 -142	-25 -50	-9 -25	0 -16	0 -25	0 -62	0 -160	+18 +2	+33 +17	+42 +26	+59 +43	+76 +60
40	50	-130 -290												+86 +70
50	65	-140 -330	-100 -174	-30 -60	-10 -29	0 -19	0 -30	0 -74	0 -190	+21 +2	+39 +20	+51 +32	+72 +53	+106 +87
65	80	-150 -340											+78 +59	+121 +102
80	100	-170 -390	-120 -207	-36 -71	-12 -34	0 -22	0 -35	0 -87	0 -220	+25 +3	+45 +23	+59 +37	+93 +71	+146 +124
100	120	-180 -400											+101 +79	+166 +144
120	140	-200 -450											+117 +92	+195 +170
140	160	-210 -460	-145 -245	-43 -83	-14 -39	0 -25	0 -40	0 -100	0 -250	+28 +3	+52 +27	+68 +43	+125 +100	+215 +190
160	180	-230 -480											+133 +108	+235 +210
180	200	-240 -530											+151 +122	+265 +236
200	225	-260 -550	-170 -285	-50 -96	-15 -44	0 -29	0 -46	0 -115	0 -290	+33 +4	+60 +31	+79 +50	+159 +130	+287 +258
225	250	-280 -570											+169 +140	+313 +284
250	280	-300 -620	-190 -320	-56 -108	-17 -49	0 -32	0 -52	0 -130	0 -320	+36 +4	+66 +34	+88 +56	+190 +158	+347 +315
280	315	-330 -650											+202 +170	+382 +350
315	355	-360 -720	-210 -350	-62 -119	-18 -54	0 -36	0 -57	0 -140	0 -360	+40 +4	+73 +37	+98 +62	+226 +190	+426 +390
355	400	-400 -760											+244 +208	+471 +435
400	450	-440 -840	-230 -385	-68 -131	-20 -60	0 -40	0 -63	0 -155	0 -400	+45 +5	+80 +40	+108 +68	+272 +232	+530 +490
450	500	-480 -880											+292 +252	+580 +540

附表 **18** 优先选用的孔的公差带（摘自 GB/T 1800.2—2009） μm

代号		C	D	F	G	H				K	N	P	S	U
公称尺寸/mm		公差等级												
大于	至	11	9	8	7	7	8	9	11	7	7	7	7	7
—	3	+120 +60	+45 +20	+20 +6	+12 +2	+10 0	+14 0	+25 0	+60 0	0 -10	-4 -14	-6 -16	-14 -24	-18 -28
3	6	+145 +70	+60 +30	+28 +10	+16 +4	+12 0	+18 0	+30 0	+75 0	+3 -9	-4 -16	-8 -20	-15 -27	-19 -31
6	10	+170 +80	+76 +40	+35 +13	+20 +5	+15 0	+22 0	+36 0	+90 0	+5 -10	-4 -19	-9 -24	-17 -32	-22 -37
10	14	+205 +95	+93 +50	+43 +16	+24 +6	+18 0	+27 0	+43 0	+110 0	+6 -12	-5 -23	-11 -29	-21 -39	-26 -44
14	18													
18	24	+240 +110	+117 +65	+53 +20	+28 +7	+21 0	+33 0	+52 0	+130 0	+6 -15	-7 -28	-14 -35	-27 -48	-33 -54
24	30													-40 -61
30	40	+280 +120	+142 +80	+64 +25	+34 +9	+25 0	+39 0	+62 0	+160 0	+7 -18	-8 -33	-17 -42	-34 -59	-51 -76
40	50	+290 +130												-61 -86
50	65	+330 +140	+174 +100	+76 +30	+40 +10	+30 0	+46 0	+74 0	+190 0	+9 -21	-9 -39	-21 -51	-42 -72	-76 -106
65	80	+340 +150											-48 -78	-91 -121
80	100	+390 +170	+207 +120	+90 +36	+47 +12	+35 0	+54 0	+87 0	+220 0	+10 -25	-10 -45	-24 -59	-58 -93	-111 -146
100	120	+400 +180											-66 -101	-131 -166
120	140	+450 +200	+245 +145	+106 +43	+54 +14	+40 0	+63 0	+100 0	+250 0	+12 -28	-12 -52	-28 -68	-77 -117	-155 -195
140	160	+460 +210											-85 -125	-175 -215
160	180	+480 +230											-93 -133	-195 -235
180	200	+530 +240	+285 +170	+122 +50	+61 +15	+46 0	+72 0	+115 0	+290 0	+13 -33	-14 -60	-33 -79	-105 -151	-219 -265
200	225	+550 +260											-113 -159	-241 -287
225	250	+570 +280											-123 -169	-267 -313
250	280	+620 +300	+320 +190	+137 +56	+69 +17	+52 0	+81 0	+130 0	+320 0	+16 -36	-14 -66	-36 -88	-138 -190	-295 -347
280	315	+650 +330											-150 -202	-330 -382
315	355	+720 +360	+350 +210	+151 +62	+75 +18	+57 0	+89 0	+140 0	+360 0	+17 -40	-16 -73	-41 -98	-169 -226	-369 -426
355	400	+760 +400											-187 -244	-414 -471
400	450	+840 +440	+385 +230	+165 +68	+83 +20	+63 0	+97 0	+155 0	+400 0	+18 -45	-17 -80	-45 -108	-209 -272	-467 -530
450	500	+880 +480											-229 -292	-517 -580

五、化工设备常用的标准零部件

附表 19　椭圆形封头（摘自 GB/T 25198—2010）　　mm

以内径为基准的封头（EHA）

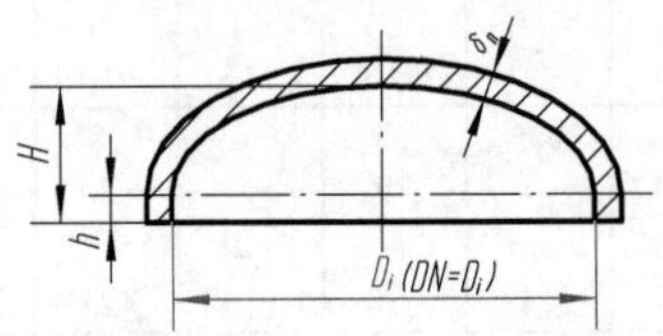

以外径为基准的封头（EHB）

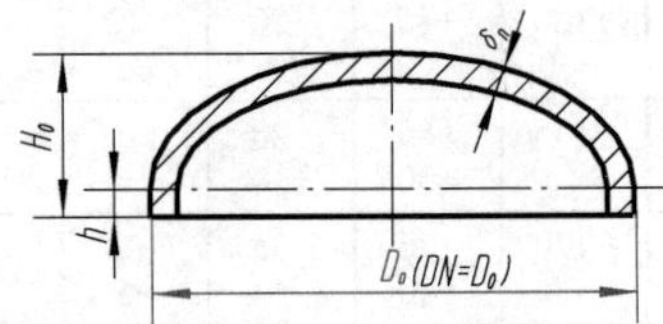

符号含义

DN——公称直径；D_i——椭圆形封头内径；D_o——椭圆形封头外径；*H*——以内径为基准椭圆形封头总深度；H_0——以外径为基准椭圆形封头总高度；δ_n——封头名义厚度；*h*——直边高度（当封头公称直径 *DN*≤2000mm 时，*h*=25mm；当封头公称直径 *DN*>2000mm 时，*h*=40mm）

标记示例

EHA 2000×16-16MnR　GB/T 25198

（公称直径 2000mm、名义厚度 16mm、材质 16MnR、以内径为基准的椭圆形封头）

以内径为基准的封头/EHA

公称直径/*DN*	总深度/*H*	名义厚度/δ_n	公称直径/*DN*	总深度/*H*	名义厚度/δ_n
300	100	2～8	1600	425	6～32
350	113		1700	450	8～32
400	125	3～14	1800	475	
450	138		1900	500	
500	150	3～20	2000	525	
550	163		2100	565	
600	175		2200	590	
650	188		2300	615	10～32
700	200		2400	650	
750	213		2500	665	
800	225	4～28	2600	690	
850	238		2700	715	
900	250		2800	740	
950	263		2900	765	
1000	275		3000	790	
1100	300	5～32	3100	815	12～32
1200	325		3200	840	
1300	350	6～32	3300	865	16～32
1400	375		3400	890	
1500	400		3500	915	

以外径为基准的封头/EHB

公称直径/*DN*	总高度/H_0	名义厚度/δ_n	公称直径/*DN*	总高度/H_0	名义厚度/δ_n
159	65	4～8	325	106	6～12
219	80	5～8	377	119	8～14
273	93	6～12	426	132	
名义厚度系列	2，3，4，5，6，8，10，12，14，16，18，20，22，24，26，28，30，32				

注：*DN*3600 至 *DN*6000 的数据未摘引。

附表 20　板式平焊钢制管法兰和法兰盖

板式平焊钢制管法兰（HG/T 20592—2009）

全平面（FF）

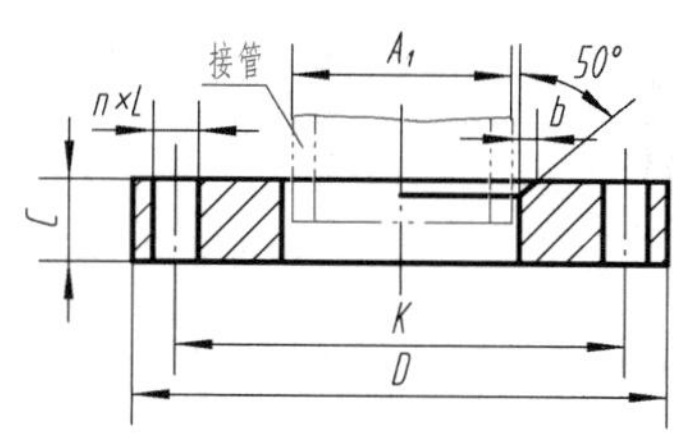

突面（RF）

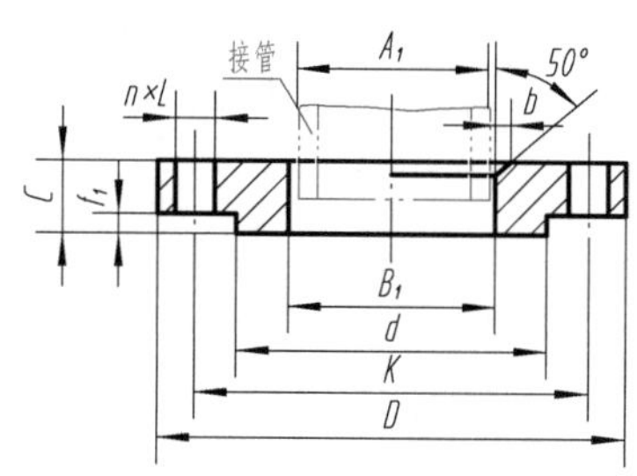

钢制管法兰盖（HG/T 20592—2009）

全平面（FF）

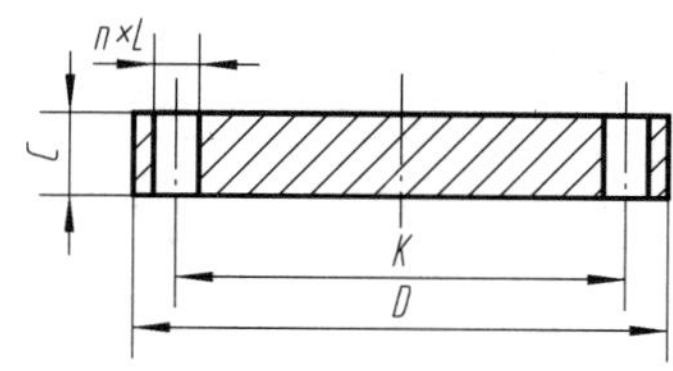

突面（RF）

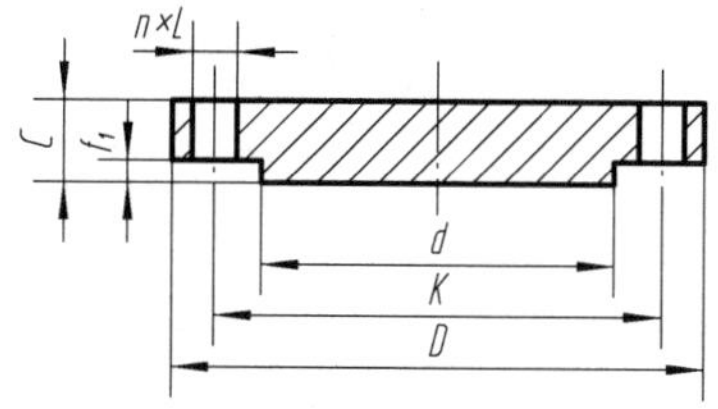

标记示例

HG/T 20592　法兰　PL150（B）-6　RF　Q235A

（公称尺寸 *DN*150mm、公称压力 *PN*6bar、配用公制管的突面板式平焊法兰、法兰材料为 Q235A）

HG/T 20592　法兰盖　BL150（B）-10　FF　Q235A

（公称尺寸 *DN*150mm、公称压力 *PN*10bar、配用公制管的全平面法兰盖、法兰盖材料为 Q235A）

PN 6　板式平焊钢制法兰和法兰盖　　mm

公称尺寸 *DN*	钢管外径 A_1		连接尺寸					法兰与法兰盖厚度 *C*	法兰内径 B_1		密封面直径 *d*	密封面厚度 f_1	坡口宽度 *b*
	A	B	法兰外径 *D*	螺栓孔中心圆直径 *K*	螺栓孔直径 *L*	螺栓孔数量 *n*（个）	螺栓 Th		A	B			
10	17.2	14	75	50	11	4	M10	12	18	15	35	2	0
15	21.3	18	80	55	11	4	M10	12	22.5	19	40	2	0
20	26.9	25	90	65	11	4	M10	14	27.5	26	50	2	0
25	33.7	32	100	75	11	4	M10	14	34.5	33	60	2	0
32	42.4	38	120	90	14	4	M12	16	43.5	39	70	2	0
40	48.3	45	130	100	14	4	M12	16	49.5	46	80	2	0
50	60.3	57	140	110	14	4	M12	16	61.5	59	90	2	0
65	76.1	76	160	130	14	4	M12	16	77.5	78	110	2	0
80	88.9	89	190	150	18	4	M16	18	90.5	91	128	2	0
100	114.3	108	210	170	18	4	M16	18	116	110	148	2	0
125	139.7	133	240	200	18	8	M16	20	143.5	135	178	2	0
150	168.3	159	265	225	18	8	M16	20	170.5	161	202	2	0
200	219.1	219	320	280	18	8	M16	22	221.5	222	258	2	0
250	273	273	375	335	18	12	M16	24	276.5	276	312	2	0
300	323.9	325	440	395	22	12	M20	24	328	328	365	2	0

续表

PN 10　板式平焊钢制法兰和法兰盖　　mm

公称尺寸 DN	钢管外径 A_1		连接尺寸					法兰与法兰盖厚度 C	法兰内径 B_1		密封面直径 d	密封面厚度 f_1	坡口宽度 b
	A	B	法兰外径 D	螺栓孔中心圆直径 K	螺栓孔直径 L	螺栓孔数量 n（个）	螺栓 Th		A	B			
10	17.2	14	90	60	14	4	M12	14	18	15	40	2	0
15	21.3	18	95	65	14	4	M12	14	22.5	19	45	2	0
20	26.9	25	105	75	14	4	M12	16	27.5	26	58	2	0
25	33.7	32	115	85	14	4	M12	16	34.5	33	68	2	0
32	42.4	38	140	100	18	4	M16	18	43.5	39	78	2	0
40	48.3	45	150	110	18	4	M16	18	49.5	46	88	2	0
50	60.3	57	165	125	18	4	M16	20	61.5	59	102	2	0
65	76.1	76	185	145	18	4	M16	20	77.5	78	122	2	0
80	88.9	89	200	160	18	8	M16	20	90.5	91	138	2	0
100	114.3	108	220	180	18	8	M16	22	116	110	158	2	0
125	139.7	133	250	210	18	8	M16	22	143.5	135	188	2	0
150	168.3	159	285	240	22	8	M20	24	170.5	161	212	2	0
200	219.1	219	340	295	22	8	M20	24	221.5	222	268	2	0
250	273	273	395	350	22	12	M20	26	276.5	276	320	2	0
300	323.9	325	445	400	22	12	M20	28	328	328	370	2	0

PN 16　板式平焊钢制法兰和法兰盖　　mm

公称尺寸 DN	钢管外径 A_1		连接尺寸					法兰与法兰盖厚度 C	法兰内径 B_1		密封面直径 d	密封面厚度 f_1	坡口宽度 b
	A	B	法兰外径 D	螺栓孔中心圆直径 K	螺栓孔直径 L	螺栓孔数量 n（个）	螺栓 Th		A	B			
10	17.2	14	90	60	14	4	M12	14	18	15	40	2	4
15	21.3	18	95	65	14	4	M12	14	22.5	19	45	2	4
20	26.9	25	105	75	14	4	M12	16	27.5	26	58	2	4
25	33.7	32	115	85	14	4	M12	16	34.5	33	68	2	5
32	42.4	38	140	100	18	4	M16	18	43.5	39	78	2	5
40	48.3	45	150	110	18	4	M16	18	49.5	46	88	2	5
50	60.3	57	165	125	18	4	M16	19	61.5	59	102	2	5
65	76.1	76	185	145	18	8	M16	20	77.5	78	122	2	6
80	88.9	89	200	160	18	8	M16	20	90.5	91	138	2	6
100	114.3	108	220	180	18	8	M16	22	116	110	158	2	6
125	139.7	133	250	210	18	8	M16	22	143.5	135	188	2	6
150	168.3	159	285	240	22	8	M20	24	170.5	161	212	2	6
200	219.1	219	340	295	22	12	M20	26	221.5	222	268	2	8
250	273	273	405	355	26	12	M24	29	276.5	276	320	2	10
300	323.9	325	460	410	26	12	M24	32	328	328	378	2	11

PN 25　板式平焊钢制法兰和法兰盖　　mm

公称尺寸 DN	钢管外径 A_1		连接尺寸					法兰与法兰盖厚度 C	法兰内径 B_1		密封面直径 d	密封面厚度 f_1	坡口宽度 b
	A	B	法兰外径 D	螺栓孔中心圆直径 K	螺栓孔直径 L	螺栓孔数量 n（个）	螺栓 Th		A	B			
10	17.2	14	90	60	14	4	M12	14	18	15	40	2	4
15	21.3	18	95	65	14	4	M12	14	22.5	19	45	2	4
20	26.9	25	105	75	14	4	M12	16	27.5	26	58	2	4

续表

PN 25 板式平焊钢制法兰和法兰盖														mm
公称尺寸 *DN*	钢管外径 A_1		连接尺寸					法兰与法兰盖厚度 *C*	法兰内径 B_1		密封面直径 *d*	密封面厚度 f_1	坡口宽度 *b*
	A	B	法兰外径 *D*	螺栓孔中心圆直径 *K*	螺栓孔直径 *L*	螺栓孔数量 *n*（个）	螺栓 Th		A	B			
25	33.7	32	115	85	14	4	M12	16	34.5	33	68	2	5
32	42.4	38	140	100	18	4	M16	18	43.5	39	78	2	5
40	48.3	45	150	110	18	4	M16	18	49.5	46	88	2	5
50	60.3	57	165	125	18	4	M16	20	61.5	59	102	2	5
65	76.1	76	185	145	18	8	M16	22	77.5	78	122	2	6
80	88.9	89	200	160	18	8	M16	24	90.5	91	138	2	6
100	114.3	108	235	190	22	8	M20	26	116	110	162	2	6
125	139.7	133	270	220	26	8	M24	28	143.5	135	188	2	6
150	168.3	159	300	250	26	8	M24	30	170.5	161	218	2	6
200	219.1	219	360	310	26	12	M24	32	221.5	222	278	2	8
250	273	273	425	370	30	12	M27	35	276.5	276	335	2	10
300	323.9	325	480	430	30	16	M27	38	328	328	395	2	11

附表 21 管法兰用非金属平垫片（摘自 HG/T 20606—2009）

FF 型（全平面）

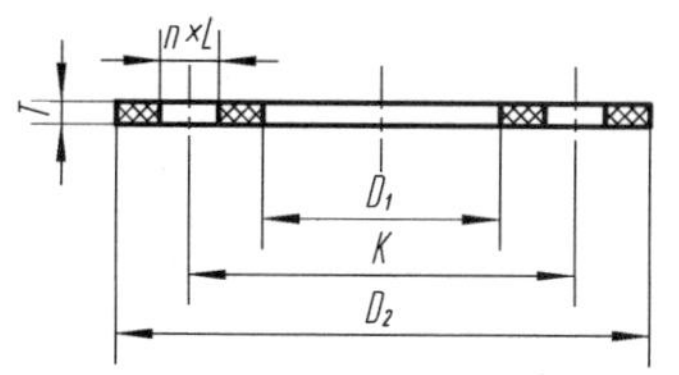

RF、MFM、TG 型（突面、凹凸面、榫槽面）

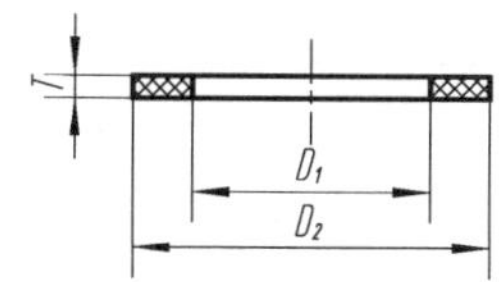

RF-E 型（突面、带内包边）

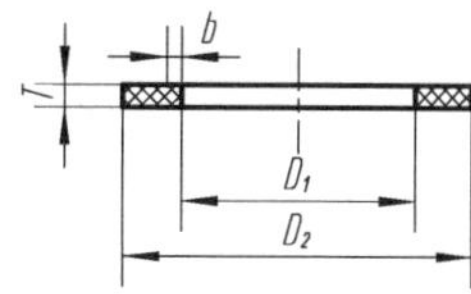

标记示例

HG/T 20606 垫片 RF 100-25 XB400

（公称尺寸 *DN*100mm、公称压力 *PN*25bar、突面法兰用 RF 型 XB400 耐油石棉橡胶垫片）

全平面法兰用 FF 型垫片尺寸										mm
公称尺寸 *DN*	垫片内径 D_1	*PN* 2.5				*PN* 6				垫片厚度 *T*
		垫片外径 D_2	螺栓孔数量 *n*（个）	螺栓孔直径 *L*	螺栓孔中心圆直径 *K*	垫片外径 D_2	螺栓孔数量 *n*（个）	螺栓孔直径 *L*	螺栓孔中心圆直径 *K*	
10	18	75	4	11	50	75	4	11	50	1.5
15	22	80	4	11	55	80	4	11	55	1.5
20	27	90	4	11	65	90	4	11	65	1.5
25	34	100	4	11	75	100	4	11	75	1.5
32	43	120	4	14	90	120	4	14	90	1.5
40	49	130	4	14	100	130	4	14	100	1.5
50	61	140	4	14	110	140	4	14	110	1.5
65	77	160	4	14	130	160	4	14	130	1.5
80	89	190	4	18	150	190	4	18	150	1.5
100	115	210	4	18	170	210	4	18	170	1.5
125	141	240	8	18	200	240	8	18	200	1.5

续表

全平面法兰用 FF 型垫片尺寸

mm

公称尺寸 DN	垫片内径 D_1	PN 2.5				PN 6				垫片厚度 T
		垫片外径 D_2	螺栓孔数量 n（个）	螺栓孔直径 L	螺栓孔中心圆直径 K	垫片外径 D_2	螺栓孔数量 n（个）	螺栓孔直径 L	螺栓孔中心圆直径 K	
150	169	265	8	18	225	265	8	18	225	1.5
200	220	320	8	18	280	320	8	18	280	1.5
250	273	375	12	18	335	375	12	18	335	1.5
300	324	440	12	22	395	440	12	22	395	1.5

全平面法兰用 FF 型垫片尺寸

mm

公称尺寸 DN	垫片内径 D_1	PN 10				PN 16				垫片厚度 T
		垫片外径 D_2	螺栓孔数量 n（个）	螺栓孔直径 L	螺栓孔中心圆直径 K	垫片外径 D_2	螺栓孔数量 n（个）	螺栓孔直径 L	螺栓孔中心圆直径 K	
10	18	90	4	14	60	90	4	14	60	1.5
15	22	95	4	14	65	95	4	14	65	1.5
20	27	105	4	14	75	105	4	14	75	1.5
25	34	115	4	14	85	115	4	14	85	1.5
32	43	140	4	18	100	140	4	18	100	1.5
40	49	150	4	18	110	150	4	18	110	1.5
50	61	165	4	18	125	165	4	18	125	1.5
65	77	185	8	18	145	185	8	18	145	1.5
80	89	200	8	18	160	200	8	18	160	1.5
100	115	220	8	18	180	220	8	18	180	1.5
125	141	250	8	18	210	250	8	18	210	1.5
150	169	285	8	22	240	285	8	22	240	1.5
200	220	340	8	22	295	340	12	22	295	1.5
250	273	395	12	22	350	405	12	26	355	1.5
300	324	445	12	22	400	460	12	26	410	1.5

突面法兰用 RF 和 RF-E 型垫片尺寸

mm

公称尺寸 DN	垫片内径 D_1	垫片外径 D_2							垫片厚度 T	包边宽度 b
		公称压力 PN								
		2.5	6	10	16	25	40	63		
10	18	39	39	46	46	46	46	56	1.5	3
15	22	44	44	51	51	51	51	61	1.5	3
20	27	54	54	61	61	61	61	72	1.5	3
25	34	64	64	71	71	71	71	82	1.5	3
32	43	76	76	82	82	82	82	88	1.5	3
40	49	86	86	92	92	92	92	103	1.5	3
50	61	96	96	107	107	107	107	113	1.5	3
65	77	116	116	127	127	127	127	138	1.5	3
80	89	132	132	142	142	142	142	148	1.5	3
100	115	152	152	162	162	168	168	174	1.5	3
125	141	182	182	192	192	194	194	210	1.5	3
150	169	207	207	218	218	224	224	247	1.5	3
200	220	262	262	273	273	284	290	309	1.5	3
250	273	317	317	328	329	340	352	364	1.5	3
300	324	373	373	378	384	400	417	424	1.5	3

附表 22　管法兰用紧固件

mm

六角头螺栓（GB/T 5782—2016）　六角头螺栓　细牙（GB/T 5785—2016）　Ⅰ型六角螺母（GB/T 6170—2015）
六角头螺栓　全螺纹（GB/T 5783—2016）（注：螺杆为全螺纹，未画出；螺纹规格与GB/T 5782相同）

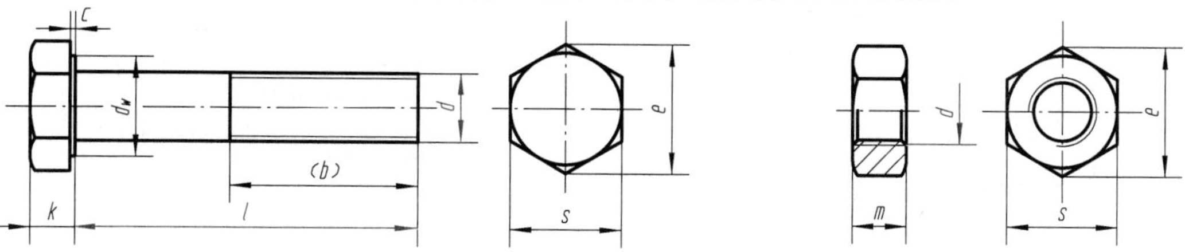

等长双头螺柱　B 级（GB/T 901—1988）

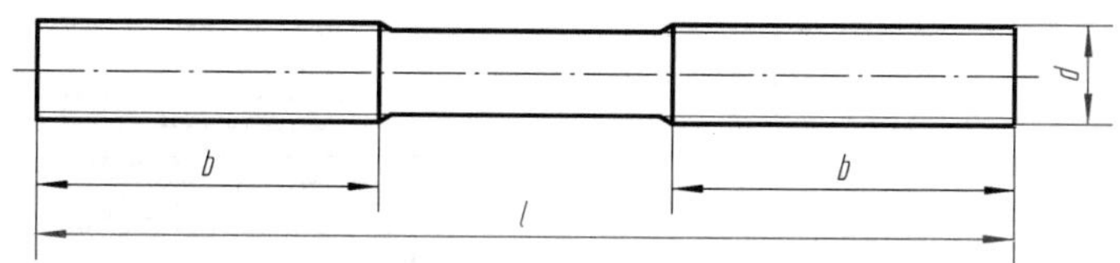

标记示例

螺栓　GB/T 5782　M12×80

（螺纹规格为 M12、公称长度 l=80mm、性能等级为 8.8 级、表面不经处理、产品等级为 A 级的六角头螺栓）

螺柱　GB/T 901　M12×100

（螺纹规格为 M12、公称长度 l=100mm、性能等级为 4.8 级、不经表面处理的等长双头螺柱）

六角头螺栓

螺纹规格 d		M10	M12	M16	M20	M24	M30
	GB/T 5782—2016	M10	M12	M16	M20	M24	M30
	GB/T 5785—2016	M10×1	M12×1.5	M16×1.5	M20×1.5	M24×2	M30×3
b（参考）	l（公称）≤125	26	30	38	46	54	66
	125<l（公称）≤200	32	36	44	52	60	72
	l（公称）>200	45	49	57	65	73	85
s（公称）		16	18	24	30	36	46
k（公称）		6.4	7.5	10	12.5	15	18.7
e（最小）	A	17.77	20.03	26.75	33.53	39.98	—
	B	17.59	19.85	26.17	32.95	39.55	50.85
d_w（最小）	A	14.63	16.63	22.49	28.19	33.61	—
	B	14.47	16.47	22	27.7	33.25	42.75
c（最大）		0.6	0.6	0.8	0.8	0.8	0.8
l（范围）	GB/T 5782—2016	45～100	50～120	65～160	80～200	90～240	110～300
	GB/T 5785—2016	45～100	50～120	65～160	80～200	100～240	120～300
	GB/T 5783—2016	20～100	25～120	30～150	40～150	50～150	60～200
l（公称）		12、16、20～70（5 进位）、80～160（10 进位）、180～500（20 进位）					

等长双头螺柱

b	32	36	44	52	60	72
l（范围）	40～300	50～300	60～300	70～300	90～300	120～400
l（公称）	40、45、50、(55)、60、(65)、70、(75)、80、(85)、90、(95)、100、110、120、130、140、150、160、170、180、190、200、(210)、220、(230)、(240)、250、(260)、300					

Ⅰ型六角螺母

e（最小）	17.8	20	26.8	33	39.6	50.9
s（公称）	16	18	24	30	36	46
m（最大）	8.4	10.8	14.8	18	21.5	25.6

附表 23　压力容器法兰　甲型平焊法兰（摘自 NB/T 47021—2012）

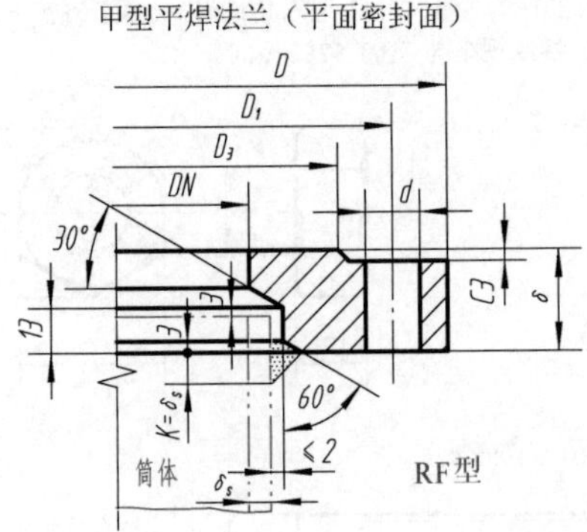

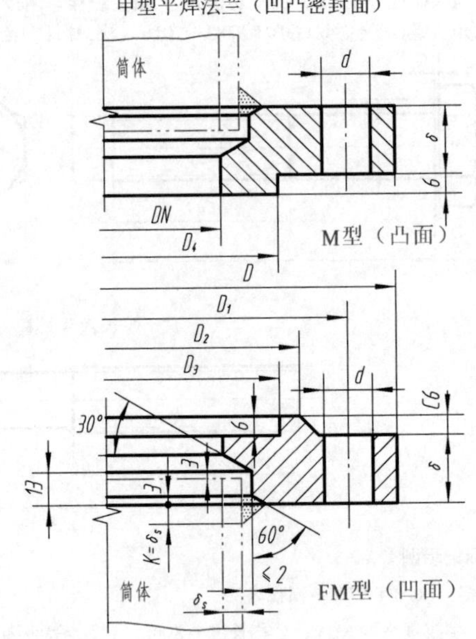

标记示例

法兰—FM　900-0.6　NB/T 47021—2012

（公称压力为0.6MPa、公称直径为900mm、甲型平焊凹凸密封面法兰的凹密封面法兰）

公称直径 DN/mm	法兰/mm							螺柱	
	D	D_1	D_2	D_3	D_4	δ	d	规格	数量
				PN=0.25MPa					
700	815	780	750	740	737	36	18	M16	28
800	915	880	850	840	837	36	18	M16	32
900	1015	980	950	940	937	40	18	M16	36
1000	1130	1090	1055	1045	1042	40	23	M20	32
1100	1230	1190	1155	1141	1138	40	23	M20	32
1200	1330	1290	1255	1241	1238	44	23	M20	36
1300	1430	1390	1355	1341	1338	46	23	M20	40
1400	1530	1490	1455	1441	1438	46	23	M20	40
1500	1630	1590	1555	1541	1538	48	23	M20	44
1600	1730	1690	1655	1641	1638	50	23	M20	48
1700	1830	1790	1755	1741	1738	52	23	M20	52
1800	1930	1890	1855	1841	1838	56	23	M20	52
1900	2030	1990	1955	1941	1938	56	23	M20	56
2000	2130	2090	2055	2041	2038	60	23	M20	60
				PN=0.6MPa					
450	565	530	500	490	487	30	18	M16	20
500	615	580	550	540	537	30	18	M16	20
550	665	630	600	590	587	32	18	M16	24
600	715	680	650	640	637	32	18	M16	24
650	765	730	700	690	687	36	18	M16	28
700	830	790	755	745	742	36	23	M20	24
800	930	890	855	845	842	40	23	M20	24
900	1030	990	955	945	942	44	23	M20	32
1000	1130	1090	1055	1045	1042	48	23	M20	36

续表

公称直径 DN/mm	法兰/mm							螺柱	
	D	D_1	D_2	D_3	D_4	δ	d	规格	数量
1100	1230	1190	1155	1141	1138	55	23	M20	44
1200	1330	1290	1255	1241	1238	60	23	M20	52
PN=1.0MPa									
300	415	380	350	340	337	26	18	M16	16
350	465	430	400	390	387	26	18	M16	16
400	515	480	450	440	437	30	18	M16	20
450	565	530	500	490	487	34	18	M16	24
500	630	590	555	545	542	34	23	M20	20
550	680	640	605	595	592	38	23	M20	24
600	730	690	655	645	642	40	23	M20	24
650	780	740	705	705	692	44	23	M20	28
700	830	790	755	745	742	46	23	M20	32
800	930	890	855	845	842	54	23	M20	40
900	1030	990	955	945	942	60	23	M20	48
PN=1.6MPa									
300	430	390	355	345	342	30	23	M20	16
350	480	440	405	395	392	32	23	M20	16
400	530	490	455	445	442	36	23	M20	20
450	580	540	505	495	492	40	23	M20	24
500	630	590	555	545	542	44	23	M20	28
550	680	640	605	595	592	50	23	M20	36
600	730	690	655	645	642	54	23	M20	40
650	780	740	705	695	692	58	23	M20	44

附表 24　压力容器法兰　乙型平焊法兰（摘自 NB/T 47022—2012）

乙型平焊法兰（平面密封面）

RF型

乙型平焊法兰（凹凸密封面）

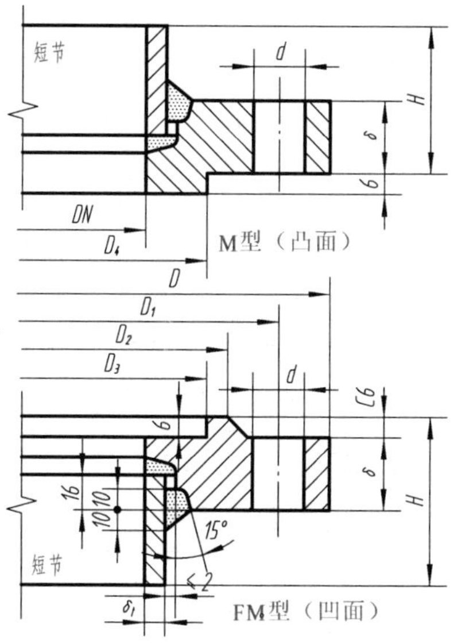

M型（凸面）

FM型（凹面）

标记示例

法兰－RF　1000-1.6　NB/T 47022—2012

（公称压力为1.6MPa、公称直径为1000mm、乙型平焊法兰的平面密封面法兰）

续表

公称直径 DN/mm	法兰/mm									螺柱	
	D	D_1	D_2	D_3	D_4	δ	H	δ_t	d	规格/mm	数量
PN=0.25MPa											
2600	2760	2715	2676	2656	2653	96	345	16	27	M24	72
2800	2960	2915	2876	2856	2853	102	350	16	27	M24	80
3000	3160	3115	3076	3056	3053	104	355	16	27	M24	84
PN=0.6MPa											
1300	1460	1415	1376	1356	1353	70	270	16	27	M24	36
1400	1560	1515	1476	1456	1453	72	270	16	27	M24	40
1500	1660	1615	1576	1556	1553	74	270	16	27	M24	40
1600	1760	1715	1676	1656	1653	76	275	16	27	M24	44
1700	1860	1815	1776	1756	1753	78	280	16	27	M24	48
1800	1960	1915	1876	1856	1853	80	280	16	27	M24	52
1900	2060	2015	1976	1956	1953	84	285	16	27	M24	56
2000	2160	2115	2076	2056	2053	87	285	16	27	M24	60
2200	2360	2315	2276	2256	2253	90	340	16	27	M24	64
2400	2560	2515	2476	2456	2453	92	340	16	27	M24	68
PN=1.0MPa											
1000	1140	1100	1065	1055	1052	62	260	12	23	M20	40
1100	1260	1215	1176	1156	1153	64	265	16	27	M24	32
1200	1360	1315	1276	1256	1253	66	265	16	27	M24	36
1300	1460	1415	1376	1356	1353	70	270	16	27	M24	40
1400	1560	1515	1476	1456	1453	74	270	16	27	M24	44
1500	1660	1615	1576	1556	1553	78	275	16	27	M24	48
1600	1760	1715	1676	1656	1653	82	280	16	27	M24	52
1700	1860	1815	1776	1756	1753	88	280	16	27	M24	56
1800	1960	1915	1876	1856	1853	94	290	16	27	M24	60
PN=1.6MPa											
700	860	815	776	766	763	46	200	16	27	M24	24
800	960	915	876	866	863	48	200	16	27	M24	24
900	1060	1015	976	966	963	56	205	16	27	M24	28
1000	1160	1115	1076	1066	1063	66	260	16	27	M24	32
1100	1260	1215	1176	1156	1153	76	270	16	27	M24	36
1200	1360	1315	1276	1256	1253	85	280	16	27	M24	40
1300	1460	1415	1376	1356	1353	94	290	16	27	M24	44
1400	1560	1515	1476	1456	1453	103	295	16	27	M24	52
PN=2.5MPa											
300	440	400	365	355	352	35	180	12	23	M20	16
350	490	450	415	405	402	37	185	12	23	M20	16
400	540	500	465	455	452	42	190	12	23	M20	20
450	590	550	515	505	502	43	180	12	23	M20	20
500	660	615	576	566	563	43	190	16	27	M24	20
550	710	665	626	616	613	45	195	16	27	M24	20
600	760	715	676	666	663	50	200	16	27	M24	24
650	810	765	726	716	713	60	205	16	27	M24	24

续表

公称直径 DN/mm	法兰/mm									螺 柱	
	D	D_1	D_2	D_3	D_4	δ	H	δ_t	d	规格/mm	数量
700	860	815	776	766	763	66	210	16	27	M24	28
800	960	915	876	866	863	77	220	16	27	M24	32

附表 25 压力容器法兰用非金属软垫片（摘自 NB/T 47024—2012） mm

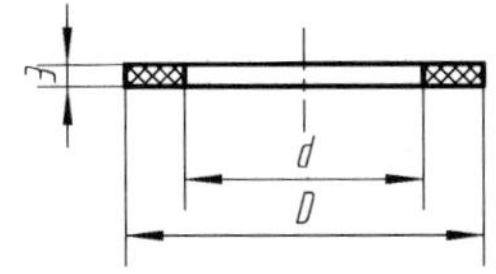

标记示例

垫片 1000-1.6 NB/T 47024—2012

（公称直径 1000mm、公称压力 1.6MPa、压力容器法兰用非金属软垫片）

公称直径 DN/mm	公 称 压 力 PN/MPa											
	0.25		0.6		1.0		1.6		2.5		4.0	
	D	d	D	d	D	d	D	d	D	d	D	d
300	339	303	339	303	339/354	303/310	344/354	304/310	354	310	365	315
350	389	353	389	353	389/404	353/360	394/404	354/360	404	360	415	365
400	439	403	439	403	439/454	403/410	444/454	404/410	454	410	465	415
450	489	453	489	453	489/504	453/460	494/504	454/460	504	460	515	465
500	544	504	539	503	544/554	504/510	544/554	504/510	565	515	565	515
550	594	554	589	553	594/604	554/564	594/604	554/560	615	565	615	565
600	644	604	639	603	644/654	604/610	644/654	604/610	665	615	665	615
650	694	654	689	653	694/704	654/660	694/704	654/660	715	665	737	687
700	739	703	744	704	744/754	704/710	765	715	765	715	887	737
800	839	803	844	804	844/854	804/810	865	815	865	815	787	837
900	939	903	944	904	944/954	904/910	965	915	987	937	999	939
1000	1044	1044	1044	1004	1054	1010	1065	1015	1087	1037	1099	1039
1100	1140	1100	1140	1100	1155	1105	1155	1105	1177	1127	1208	1148
1200	1240	1200	1240	1200	1255	1205	1255	1205	1277	1227	1308	1248
1300	1340	1300	1355	1305	1355	1305	1355	1305	1377	1327	1408	1348
1400	1440	1400	1455	1405	1455	1405	1455	1405	1477	1427	1508	1448
1500	1540	1500	1555	1505	1555	1505	1577	1527	1589	1529	1608	1548
1600	1640	1600	1655	1605	1655	1605	1677	1627	1689	1629	1708	1648
1700	1740	1700	1755	1705	1755	1705	1777	1727	1808	1748	1808	1748
1800	1840	1800	1855	1805	1855	1805	1877	1827	1908	1848	1908	1848
1900	1940	1900	1955	1905	1977	1927	1989	1929	2008	1948	2008	1948
2000	2040	2000	2055	2005	2077	2027	2089	2029	2108	2048	2108	2048

注：表中粗实线范围内的数据（分母部分除外）为甲型平焊法兰用软垫片尺寸，分母部分为长颈对焊法兰用软垫片尺寸。

附表 26 压力容器法兰用等长双头螺柱（摘自 NB/T 47027—2012） mm

A 型螺柱　　B 型螺柱

标记示例

螺柱 M16×120-A NB/T 47027—2012

（公称直径为 M16、长度 L=120 mm、$d_2=d$ 的等长双头螺柱）

螺柱 M24×180-B NB/T 47027—2012

（公称直径为 M24、长度 L=180 mm、$d_2<d$ 的等长双头螺柱）

等长双头螺柱尺寸

螺纹规格 d	M16	M20	M24	M27	M30	M36×3
L_0	40	50	60	70	75	90
C	2	2.5	3	3	3.5	3
L（系列）	100、110、120、130、140、150、160、170、180、190、200、（210）、220、（230）、（240）、250、（260）、280、300、320、350、380、400、420、450、480					

注：A 型螺柱无螺纹部分直径 d_2 等于螺纹公称直径；B 型螺柱无螺纹部分直径 d_2 等于螺纹的基本小径 d_1。

附表 27 人孔与手孔

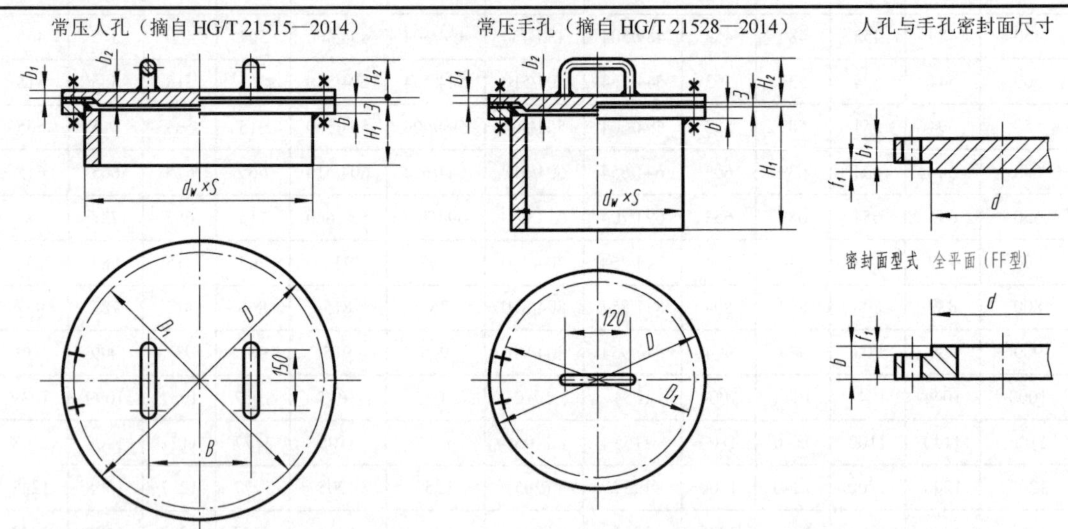

标记示例

人孔（A-XB350） 450 HG/T 21515（公称直径 DN450、H_1=160、采用石棉橡胶板垫片的常压人孔）

公称直径 DN/mm	$d_w \times S$ /mm	D /mm	D_1 /mm	B /mm	b /mm	b_1 /mm	b_2 /mm	H_1 /mm	H_2 /mm	螺栓 数量	螺栓 规格/mm	密封面尺寸 d/mm	密封面尺寸 f_1/mm
150	159×4.5	235	205	120	10	6	8	100	72	8	M16×40	202	2
250	273×6.5	350	320	120	12	8	10	120	74	12	M16×45	312	2
（400）	426×6	515	480	250	14	10	12	150	90	16	M16×50	465	2
450	480×6	570	535	250	14	10	12	160	90	20	M16×50	520	2
500	530×6	620	585	300	14	10	12	160	90	20	M16×50	570	2
600	630×6	720	685	300	16	12	14	180	92	24	M16×55	670	2

附表 28 补强圈（摘自 JB/T 4736—2002）

mm

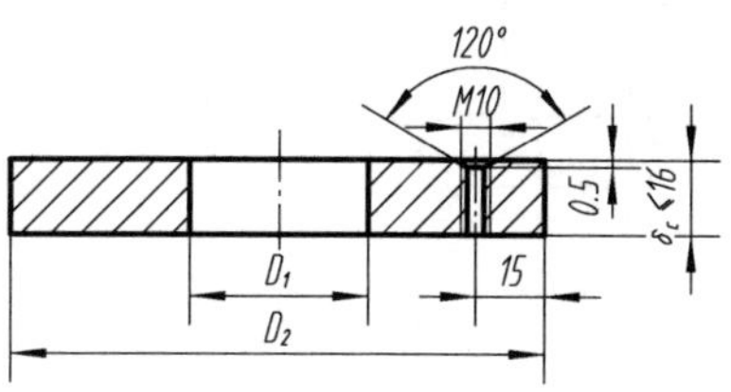

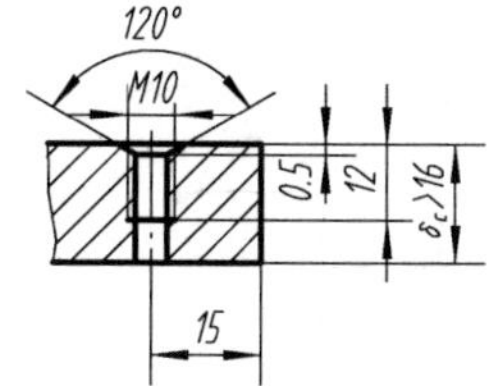

符号说明

D_1——补强圈内径，mm

D_2——补强圈外径，mm

d_N——接管公称直径，mm

d_0——接管外径，mm

δ_c——补强圈厚度，mm

δ_n——壳体开孔处名义厚度，mm

δ_{nt}——接管名义厚度，mm

A 型

（适用于壳体为内坡口的填角焊结构）

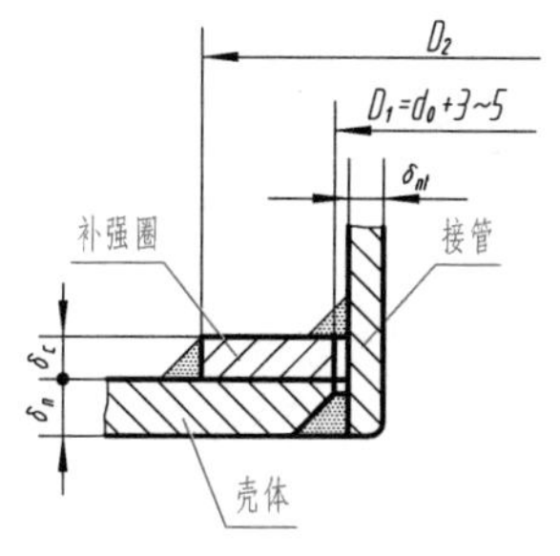

B 型

（适用于壳体为内坡口的局部焊透结构）

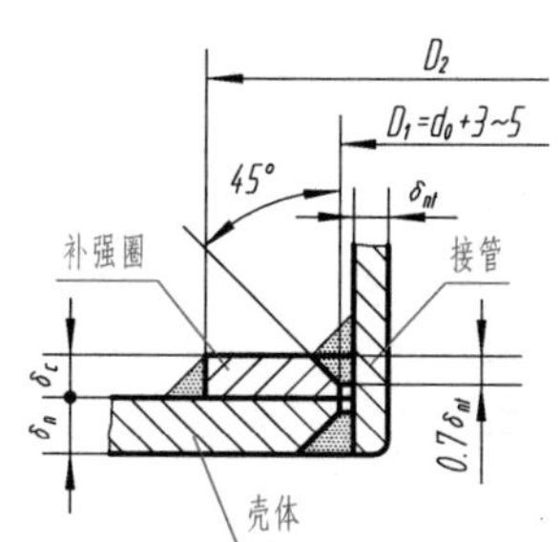

C 型

（适用于壳体为外坡口的全焊透结构）

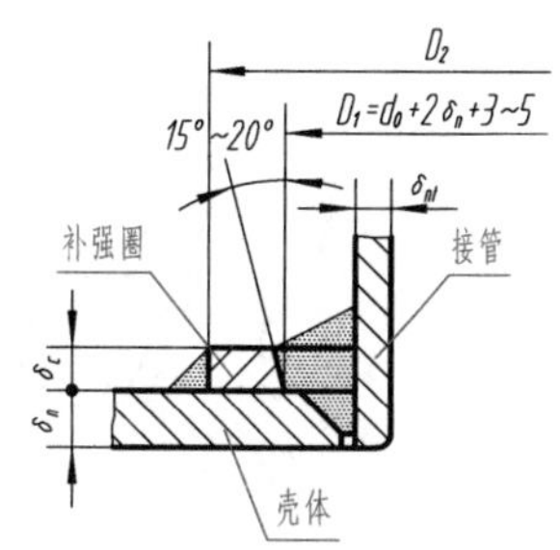

D 型

（适用于壳体为内坡口的全焊透结构）

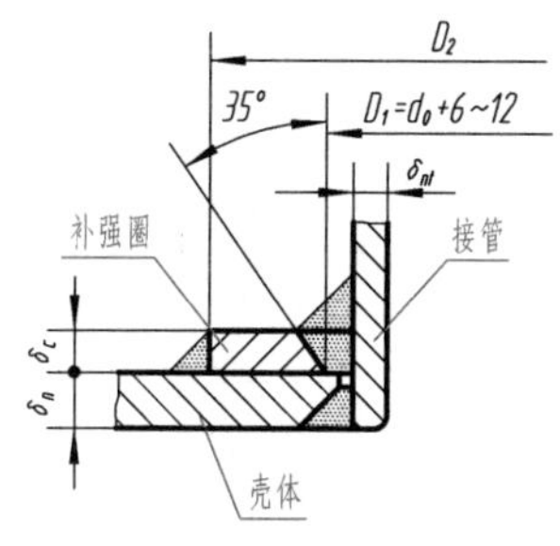

E 型

（适用于壳体为内坡口的全焊透结构）

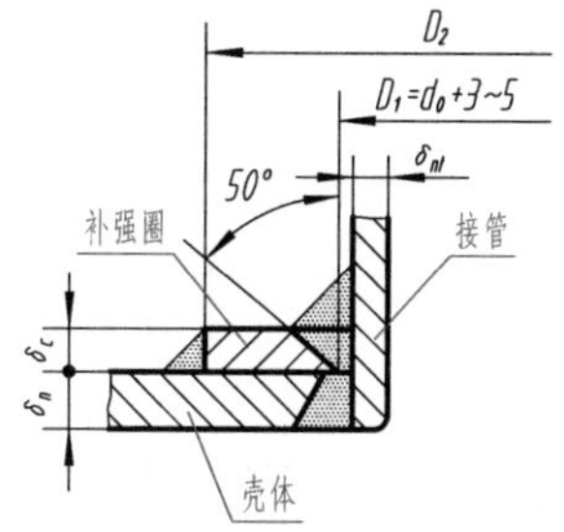

标记示例

d_N100×8-D-Q235B　JB/T 4736

（接管公称直径 d_N=100mm、补强圈厚度为 8mm、坡口形式采用 D 型、材质为 Q235B 的补强圈）

接管公称直径（d_N）	50	65	80	100	125	150	175	200	225	250	300	350	400	450	500	600
外径（D_2）	130	160	180	200	250	300	350	400	440	480	550	620	680	760	840	980
内径（D_1）	按补强圈坡口类型确定															
厚度系列（δ_c）	4、6、8、10、12、14、16、18、20、22、24、26、28、30															

附表 29　鞍式支座（摘自 JB/T 4712.1—2007）

mm

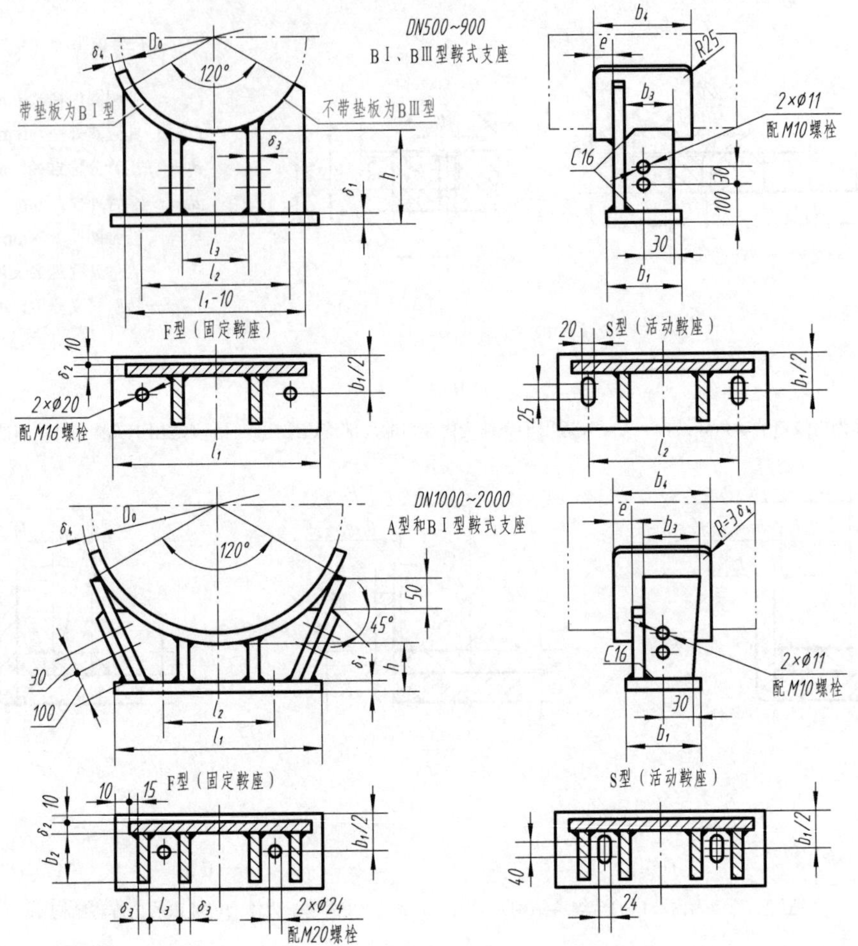

标记示例

JB/T 4712.1—2007　鞍座　BⅠ900-S　（*DN* 为 900mm、120°包角、重型、带垫板、标准高度的焊制滑动鞍座）

型式特征	公称直径 *DN*	鞍座高度 *h*	底板 l_1	底板 b_1	底板 δ_1	腹板 δ_2	肋板 l_3	肋板 b_2	肋板 b_3	肋板 δ_3	垫板 弧长	垫板 b_4	垫板 δ_4	垫板 *e*	螺栓间距 (l_2)
*DN*500～900 焊制、120°包角、BⅠ型、带垫板或不带垫板（若去掉垫板，则为BⅢ型）	500	200	460	150	10	8	250	—	120	8	590	200	6	36	330
	550	200	510	150	10	8	275	—	120	8	650	200	6	36	360
	600	200	550	150	10	8	300	—	120	8	710	200	6	36	400
	650	200	590	150	10	8	325	—	120	8	770	200	6	36	430
	700	200	640	150	10	8	350	—	120	8	830	200	6	36	460
	800	200	720	150	10	10	400	—	120	10	940	200	6	36	530
	900	200	810	150	10	10	450	—	120	10	1060	200	6	36	590
*DN*1000～2000 焊制、120°包角、A 型和 BⅠ型、带垫板（分子为轻型、分母为重型）	1000	200	760	170	10/12	6/8	170	140	180	6/8	1180	270	6/8	40	600
	1100	200	820	170	10/12	6/8	185	140	180	6/8	1290	270	6/8	40	660
	1200	200	880	170	10/12	6/10	200	140	180	6/10	1410	270	6/8	40	720
	1300	200	940	170	10/12	8/10	215	140	180	6/10	1520	270	6/8	40	780
	1400	200	1000	170	10/12	8/10	230	140	180	6/10	1640	270	6/8	40	840
	1500	250	1060	200	12/16	8/12	242	170	230	8/12	1760	320	8/10	40	900
	1600	250	1120	200	12/16	8/12	257	170	230	8/12	1870	320	8/10	40	960
	1700	250	1200	200	12/16	8/12	277	170	230	8/12	1990	320	8/10	40	1040
	1800	250	1280	220	12/16	10/14	296	190	260	8/12	2100	350	8/10	40	1120
	1900	250	1360	220	12/16	10/14	316	190	260	8/12	2220	350	8/10	40	1200
	2000	250	1420	220	12/16	10/14	331	190	260	8/12	2330	350	8/10	40	1260

附表 30　耳式支座（摘自 JB/T 4712.3—2007）　　mm

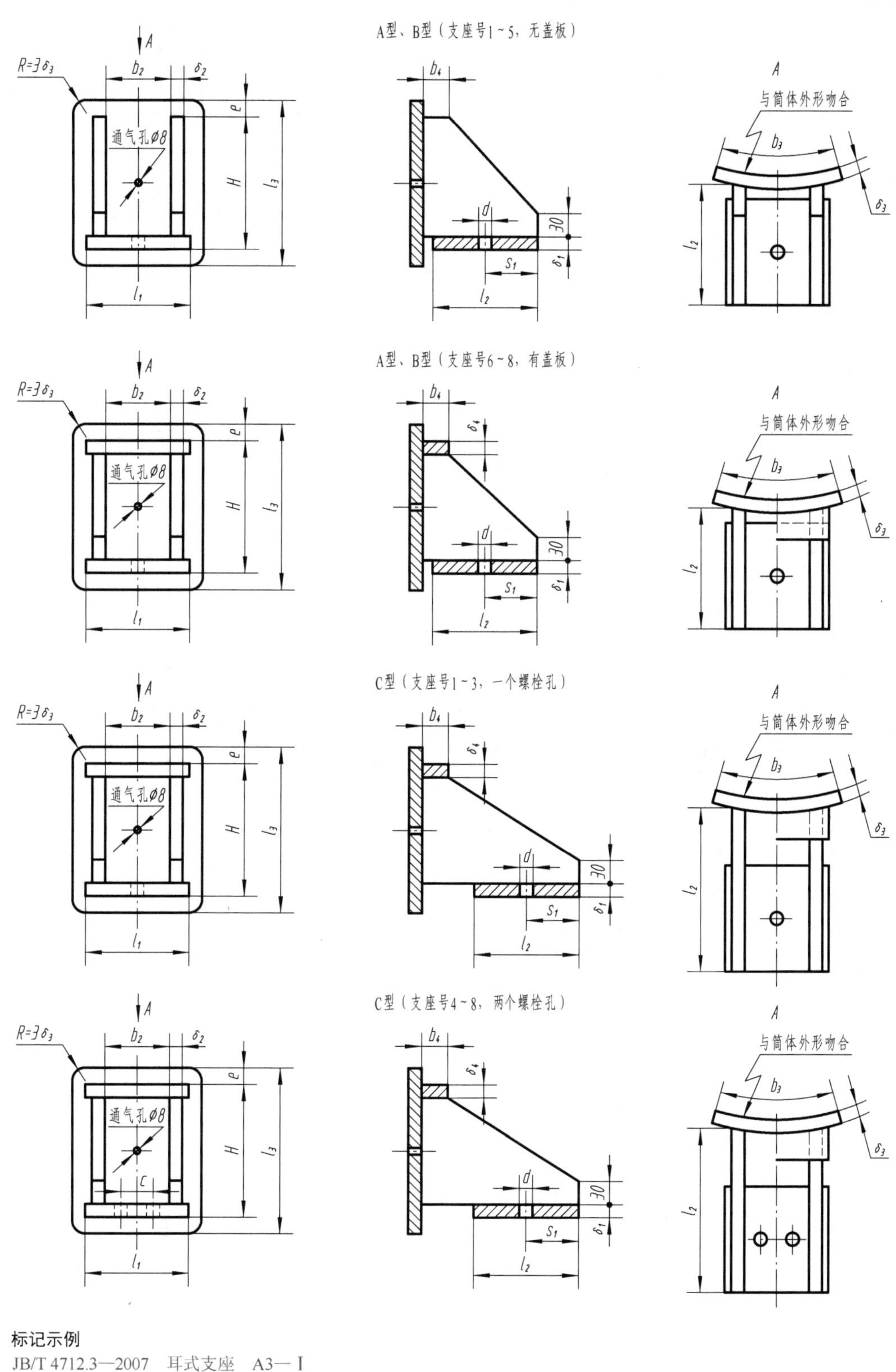

标记示例

JB/T 4712.3—2007　耳式支座　A3—Ⅰ

（A 型、3 号耳式支座、支座材料 Q235A）

续表

支座号			1	2	3	4	5	6	7	8
容器公称直径 DN			300～600	500～1000	700～1400	1000～2000	1300～2600	1500～3000	1700～3400	2000～4000
高度 H			125	160	200	250	320	400	480	600
底板	l_1	A型 B型 C型	100	125	160	200	250	320	375	480
	b_1		60	80	105	140	180	230	280	360
	δ_1		6	8	10	14	16	20	22	26
	s_1		30	40	50	70	90	115	130	145
	c	C型	—	—	—	90	120	160	200	280
肋板	l_2	A型	80	100	125	160	200	250	300	380
		B型	160	180	205	290	330	380	430	510
		C型	250	280	300	390	430	480	530	600
	b_2	A型	70	90	110	140	180	230	280	350
		B型	70	90	110	140	180	230	280	350
		C型	80	100	130	170	210	260	310	400
	δ_2	A型	4	5	6	8	10	12	14	16
		B型	5	6	8	10	12	14	16	18
		C型	6	6	8	10	12	14	16	18
垫板	l_3	A、B型	160	200	250	315	400	500	600	720
		C型	260	310	370	430	510	570	630	750
	b_3	A、B型	125	160	200	250	320	400	480	600
		C型	170	210	260	320	380	450	540	650
	δ_3		6	6	8	8	10	12	14	16
	e	A、B型	20	24	30	40	48	60	70	72
		C型	30	30	35	35	40	45	45	50
盖板	b_4	A型	30	30	30	30	30	50	50	50
		B、C型	50	50	50	70	70	100	100	100
	δ_4	A型	—	—	—	—	—	12	14	16
		B型	—	—	—	—	—	14	16	18
		C型	8	10	12	12	14	14	16	18
地脚螺栓	d	A、B型	24	24	30	30	30	36	36	36
	规格		M20	M20	M24	M24	M24	M30	M30	M30
	d	C型	24	30	30	30	30	36	36	36
	规格		M20	M24	M24	M24	M24	M30	M30	M30
材料代号			Ⅰ		Ⅱ		Ⅲ		Ⅳ	
肋板和底板材料			Q235A		16MnR		0Cr18Ni9		15CrMoR	

六、化工工艺图的有关代号和图例

附表 31 管子、管件及管道特殊件图例（摘自 HG/T 20519.4—2009）

方式 名称	螺纹或承插焊连接	对焊连接	法兰连接
90°弯头	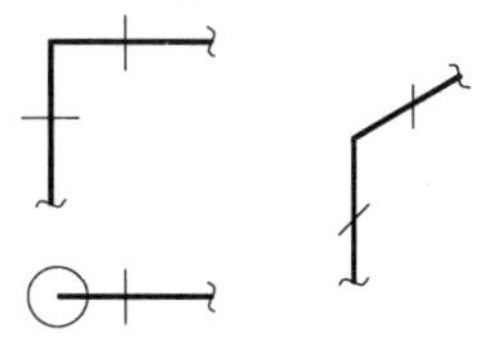	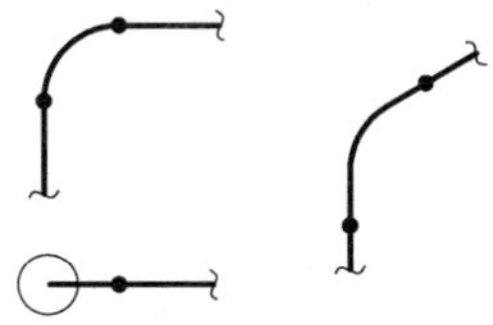	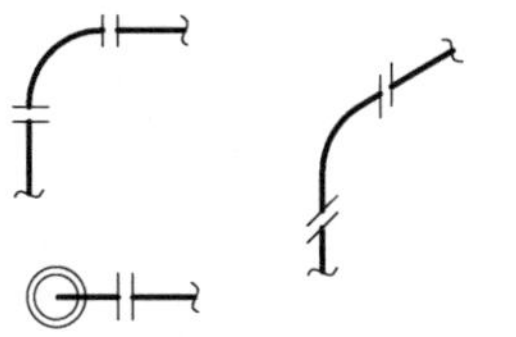
三通管	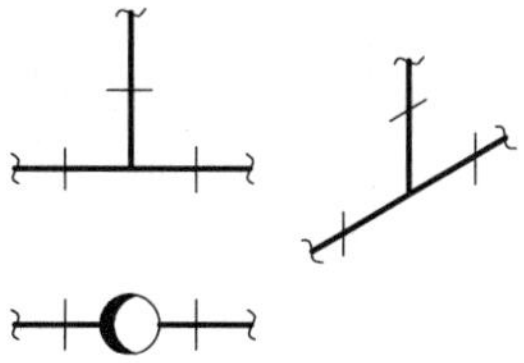	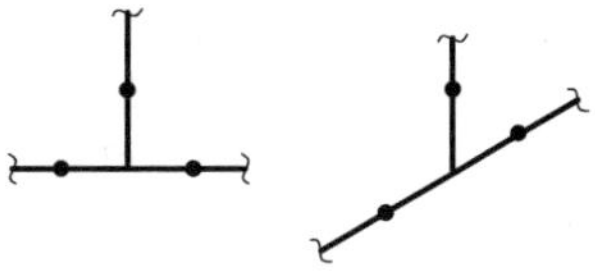	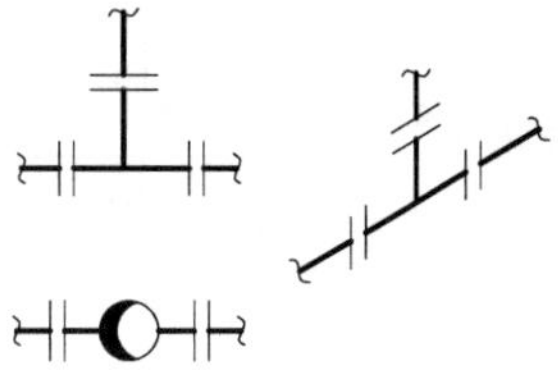
四通管	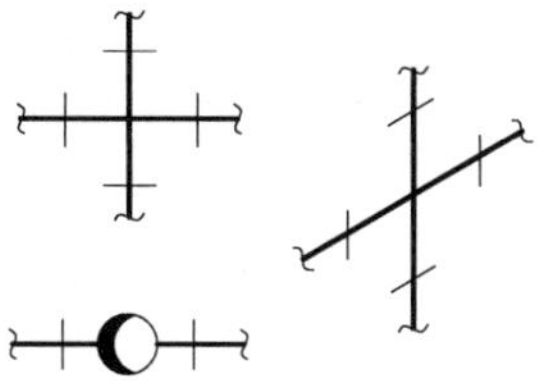	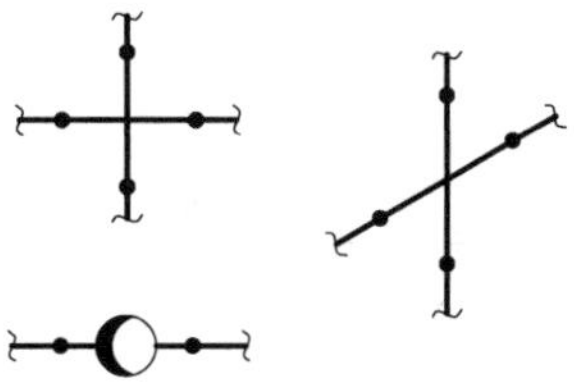	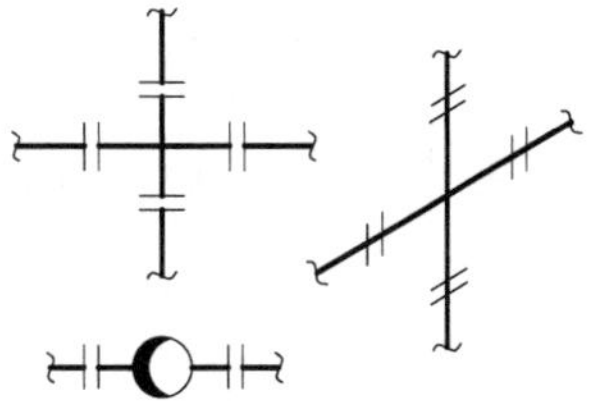
45°弯头	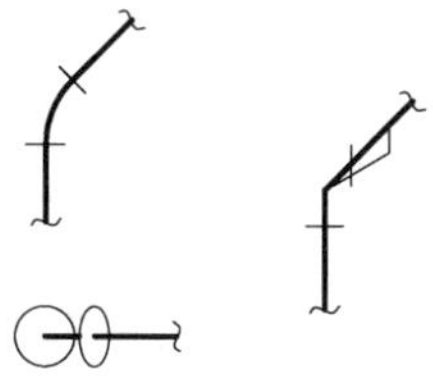	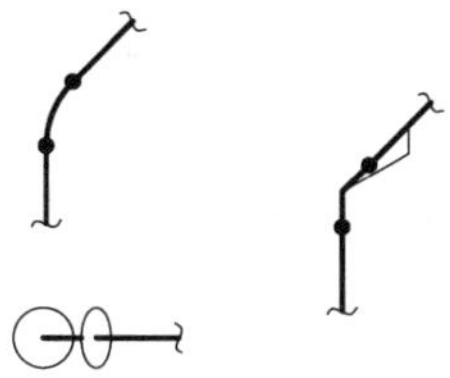	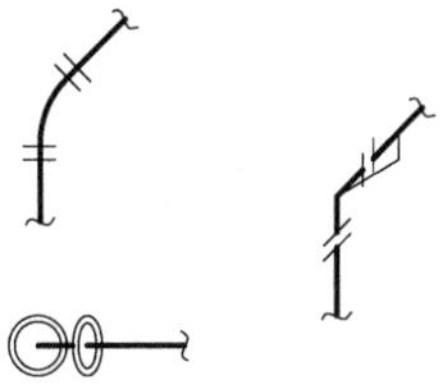
偏心异径管	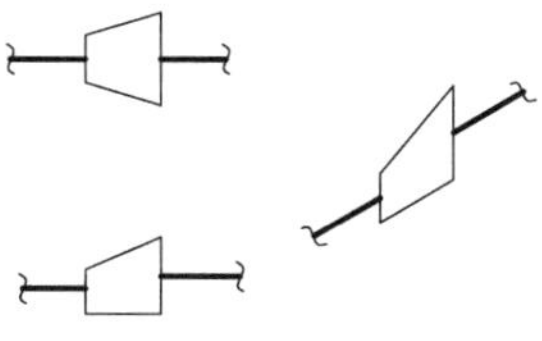	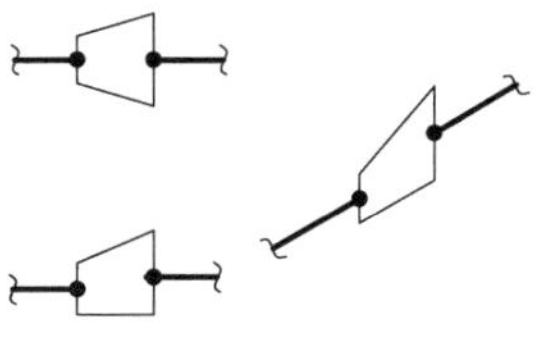	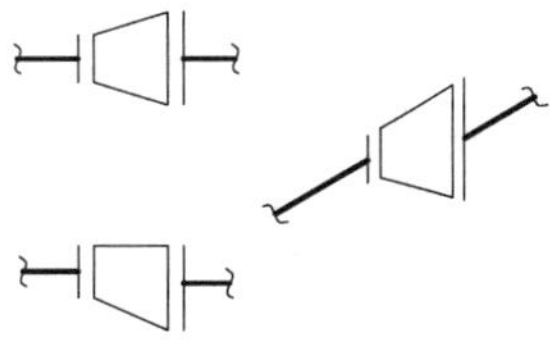
管帽	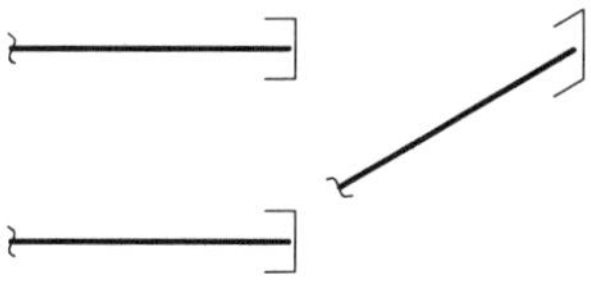	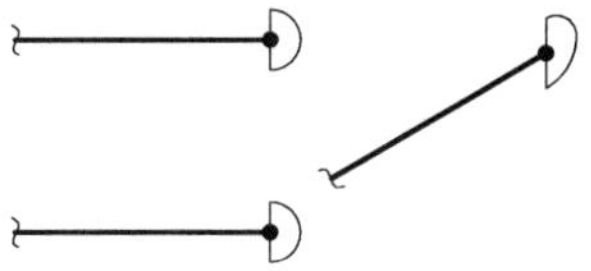	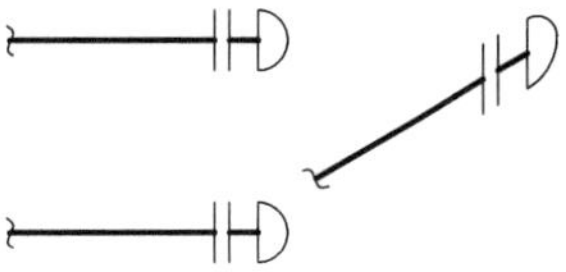

附表 32　管路及仪表流程图中的设备、机器图例（摘自 HG/T 20519.2—2009）

设备类型及代号	图　例	设备类型及代号	图　例
塔（T）	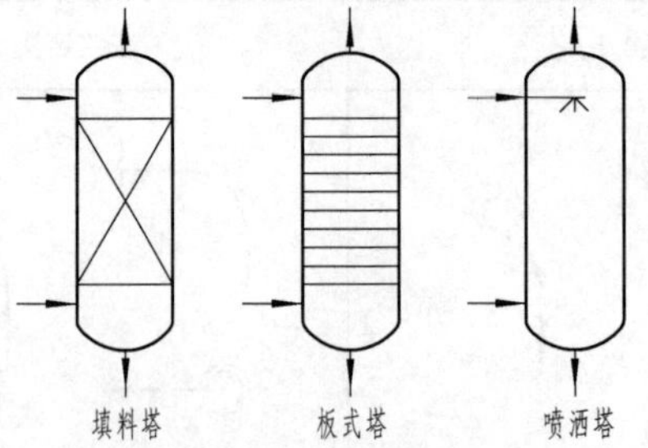 填料塔　板式塔　喷洒塔	泵（P）	离心泵　液下泵　齿轮泵　螺杆泵　往复泵　喷射泵
工业炉（F）	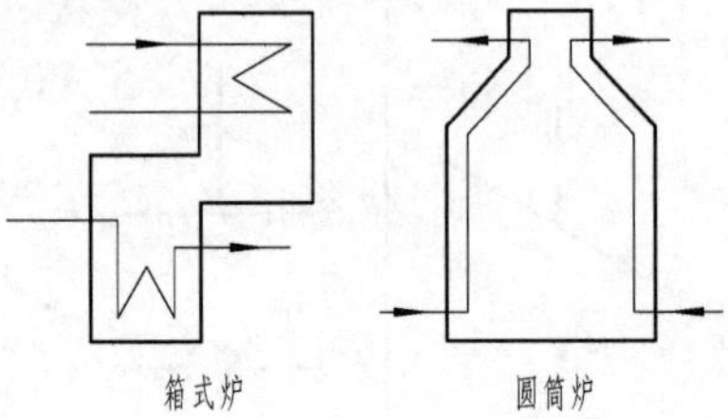 箱式炉　圆筒炉	火炬烟囱（S）	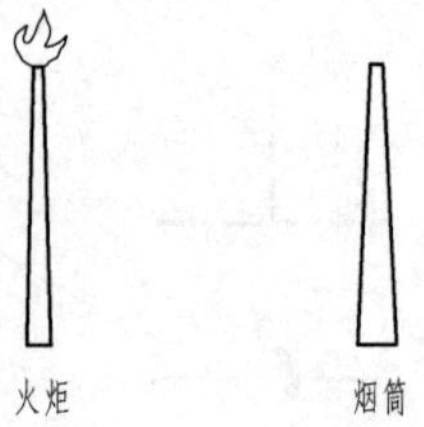 火炬　烟筒
容　器（V）	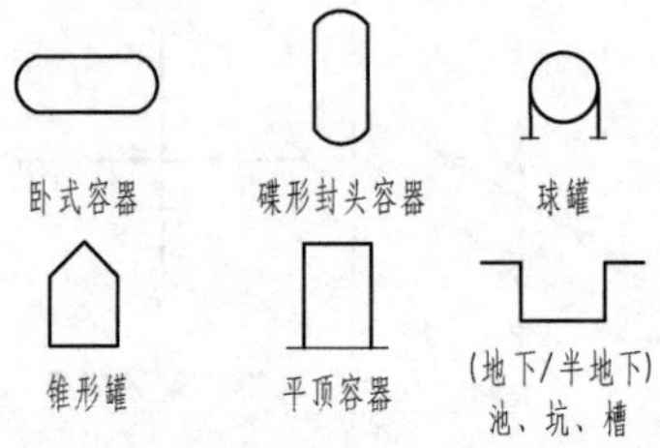 卧式容器　碟形封头容器　球罐　锥形罐　平顶容器　(地下/半地下)池、坑、槽	换热器（E）	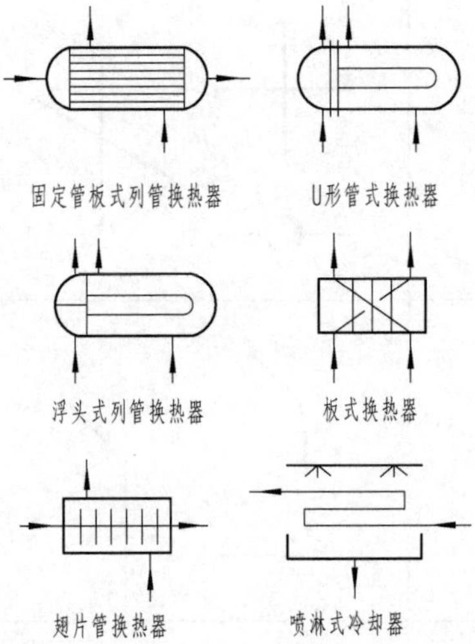 固定管板式列管换热器　U形管式换热器　浮头式列管换热器　板式换热器　翅片管换热器　喷淋式冷却器
压缩机（C）	鼓风机　(卧式)　(立式)　旋转式压缩机　离心式压缩机		
反应器（R）	固定床反应器　列管式反应器　反应釜（开式、带搅拌、夹套）	其他机械（M）	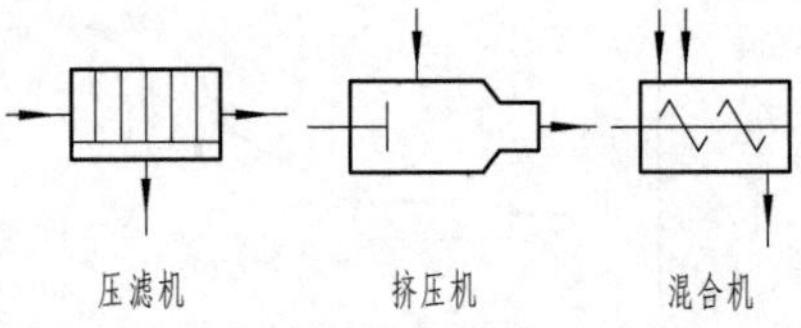 压滤机　挤压机　混合机
		动力机（M、E、S、D）	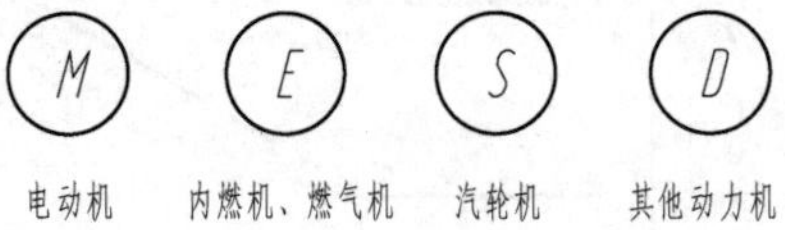 M 电动机　E 内燃机、燃气机　S 汽轮机　D 其他动力机

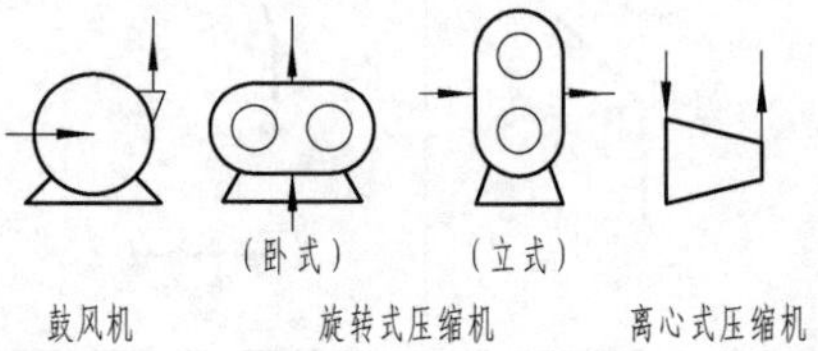

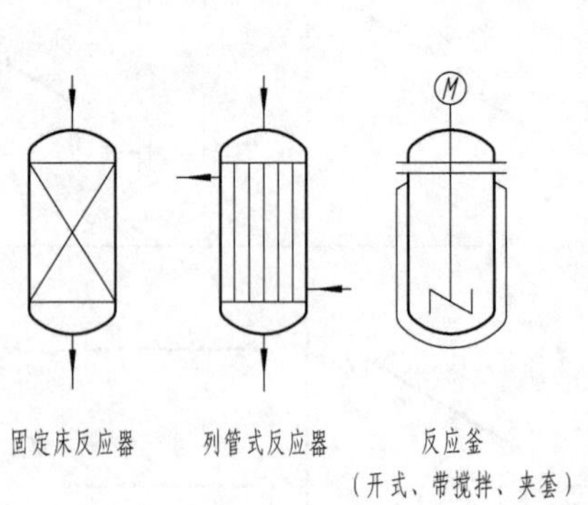

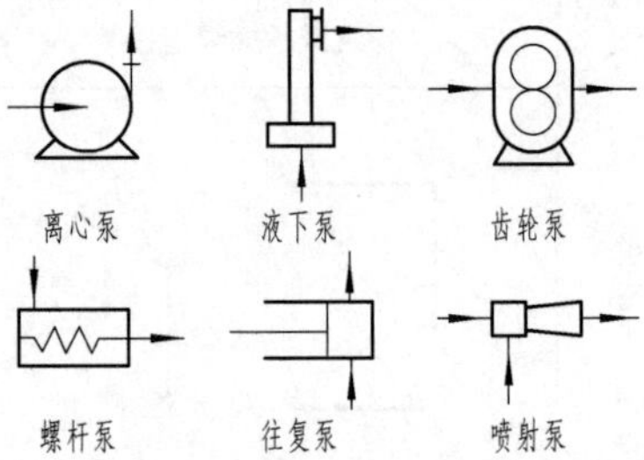

参考文献

[1] 成大先主编. 机械设计手册. 第 6 版. 北京：化学工业出版社，2017.

[2] 机械设计手册编委会. 机械设计手册. 第 3 版. 北京：机械工业出版社，2009.

[3] 董大勤，袁凤隐编. 压力容器设计手册. 第 2 版. 北京：化学工业出版社，2014.

[4] 安继儒，田龙刚主编. 金属材料手册. 北京：化学工业出版社，2008.

[5] 胡忆沩，李鑫编. 实用管工手册. 第 2 版. 北京：化学工业出版社，2008.

[6] 化工工艺设计施工图内容和深度统一规定. 北京：化工部工程建设标准编辑中心，2009.

[7] 胡建生主编. 化工制图. 第 3 版. 北京：化学工业出版社，2015.

[8] 胡建生主编. 机械制图（少学时）. 第 3 版. 北京：机械工业出版社，2017.

郑重声明